高等院校信息技术规划教材

数据库技术实训教程（第2版）

——以 SQL Server 2014 为例

蒋秀英 迟庆云 吕加国 编著

清华大学出版社

北京

内容简介

本书以SQL Server 2014为平台，讲述了数据库的基本原理、平台功能和开发应用技术。从结构上，本书共分为数据库基础与编程两部分，共12章。

第一部分为SQL Server数据库基础，从基本概念和实际应用出发，讲述了数据库设计基础、数据库的使用、数据库和表的管理、数据库的查询和视图、索引、事务处理与锁，介绍了数据库应用系统开发所需的基础知识。第二部分为SQL Server数据库编程基础，从编程和系统开发的角度，重点讲解了T-SQL程序设计基础、存储过程、触发器、自定义函数等的实现，最后，从软件工程的角度，以Visual Studio为开发前台，详细讲解了"教学管理系统"这一案例的开发，实现了数据库与前台开发工具的有机结合。

本书结构清晰、语言简练、实例丰富，与应用相结合、难点讲细，含常见错误分析，注重培养学生的实践能力，书中案例可直接应用于数据库开发。本书适合作为普通高等院校、高职高专院校计算机及其相关专业教材，也可作为从事相关工作的人员学习SQL Server知识的自学教材或参考书。

图书在版编目(CIP)数据

数据库技术实训教程：以SQL Server 2014为例/蒋秀英，迟庆云，吕加国编著. --2版. --北京：清华大学出版社，2016(2020.9重印)
高等院校信息技术规划教材
ISBN 978-7-302-44614-9

Ⅰ. ①数… Ⅱ. ①蒋… ②迟… ③吕… Ⅲ. ①关系数据库系统－高等学校－教材 Ⅳ. ①TP311.138

中国版本图书馆CIP数据核字(2016)第175373号

责任编辑：白立军　柴文强
封面设计：何凤霞
责任校对：焦丽丽
责任印制：丛怀宇

出版发行：清华大学出版社
网　　址：http://www.tup.com.cn，http://www.wqbook.com
地　　址：北京清华大学学研大厦A座　　**邮　　编**：100084
社 总 机：010-62770175　　**邮　　购**：010-83470235
投稿与读者服务：010-62776969，c-service@tup.tsinghua.edu.cn
质量反馈：010-62772015，zhiliang@tup.tsinghua.edu.cn
课件下载：http://www.tup.com.cn，010-83470236
印 装 者：北京建宏印刷有限公司
经　　销：全国新华书店
开　　本：185mm×260mm　　**印　　张**：22.5　　**字　　数**：519千字
版　　次：2010年12月第1版　2016年9月第2版　　**印　　次**：2020年9月第5次印刷
定　　价：45.00元

产品编号：065293-01

前言 Foreword

数据库技术是20世纪60年代后期产生和发展起来的一项计算机数据管理技术，从诞生到现在一直备受关注，目前已经是计算机科学的重要分支，也是计算机科学技术中发展最快、应用最广泛的重要分支之一，它已经成为计算机信息系统和计算机应用系统的重要技术基础和支柱。因此，也是一个十分活跃的研究领域，一个日新月异的研究领域。它是计算机专业的必修课程。

SQL Server 2014是微软公司于2014年发布的基于C/S模式的大型分布式高性能关系数据库管理系统，是一个全面的、集成的、端到端的数据解决方案，它为企业中的用户提供了一个更安全可靠和更高效的平台，业界装机量较大而用户众多，而且越来越多的开发工具提供了与SQL Server的接口。

2010年，我们结合教学和应用开发实践，编写了《SQL Server 2005数据库技术》。本教材在前面版本的经验基础上，结合近年来教学与应用情况，对教材进行了全面整合、优化和完善，更加有利于学生理解和教师教学。

本书以SQL Server 2014为平台，讲述了数据库的基本原理、平台功能和开发应用技术。从结构上，本书共分为数据库基础与编程两部分，共12章。

第一部分为SQL Server数据库基础，从基本概念和实际应用出发，讲述了数据库设计基础、数据库的使用、数据库和表的管理、数据库的查询和视图、索引、事务处理与锁，介绍了数据库应用系统开发所需的知识点。

第二部分为SQL Server数据库编程基础，从编程和系统开发的角度，重点讲解了T-SQL程序设计基础、存储过程、触发器、自定义函数等的实现，最后，从软件工程的角度，以Visual Studio为开发前台，详细讲解了"教学管理系统"这一案例的开发，实现了数据库与前台开发工具的有机结合。

本书主要特点：

(1) 知识编排条理清晰、实用、易用。每章均按照"本章教学重点及要求、章节内容、小结、实训项目、习题”体例编写,开篇知晓要求,带着问题学习,小结有助于对所学内容进行归纳,通过实训和习题帮助读者训练并掌握相关的操作技能、编程设计与开发技术。

(2) 全书使用统一的jxgl数据库,方便教师教学和学生学习。

(3) 理论知识要点突出,注重实践能力的培养。章节中对本部分的理论知识讲解语言简练、条理清晰,重点应用性内容突出,实例丰富,案例均通过实验验证,并附有插图,给人一目了然的感觉。

(4) 每章均有大量的实训项目和习题,并配有答案,方便学习和提高。

(5) 与微软的Visual Studio开发工具有机结合,突出综合应用。第12章“教学管理系统”从软件工程的角度,以Visual Studio为开发前台,详细讲解了“教学管理系统”这一案例的开发,实现了数据库与前台开发工具的有机结合。

本书第2、3、4、5章由蒋秀英编写,第1、6、7、8、12章由迟庆云编写,第9、10、11章由吕加国编写,全书由蒋秀英策划和统稿。

本书结构清晰、语言简练、实例丰富,与应用相结合、难点讲易,含常见错误分析,注重培养学生的实践能力,书中案例可直接应用于数据库开发。适合作为普通高等院校、高职高专院校计算机及其相关专业教材,也可作为从事相关工作的人员学习SQL Server知识的自学教材或参考书。

为了配合教学和参考,本书提供了配套的电子教案、课件、系统数据库、实验参考材料,读者可到清华大学出版社网站(http://www.tup.com.cn)下载。

由于编者水平有限,书中难免有疏漏与错误之处,衷心希望广大读者批评、指正,我们的邮箱是sqlserverfk@uzz.com。

编 者

2016年4月

目录 Contents

第1章 chapter 1

数据库基础

本章教学重点及要求

- 了解有关数据库技术的发展历史，掌握与数据库技术相关的几个基本概念
- 理解数据模型的三要素
- 理解概念模型的概念，掌握概念模型的表示方法 E-R 图，以及向关系模型的转换
- 掌握关系模型的相关概念
- 了解数据库的设计，规范化过程

1.1 概　　述

数据库技术是随着信息社会对数据处理任务的需要而产生的。随着信息技术和市场的发展，特别是 20 世纪 90 年代以后，数据管理不再仅仅是存储和管理数据，而是转变成用户所需要的各种数据管理的方式，它已成为企业、部门乃至个人日常工作、生产和生活的基础设施。因此，数据库技术已成为当今计算机信息系统的核心技术，是计算机技术应用和发展的基础。经过几十年的发展，它已形成了较为完整的理论体系和实用技术。

1.1.1 数据库技术的发展

数据管理技术是对数据进行分类、组织、编码、输入、存储、检索、维护和输出的技术。随着计算机硬件和软件的发展，计算机数据管理方法大致经过了以下三个阶段：人工管理阶段、文件管理阶段、数据库系统阶段。

1. 人工管理阶段

20 世纪 50 年代中期以前，计算机主要用于数值计算。从当时的硬件看，外存只有纸带、卡片、磁带，没有直接存取设备；从软件看（实际上，当时还未形成软件的整体概念），没有操作系统以及管理数据的软件；从数据看，数据量小，数据无结构，由用户直接管理，且数据间缺乏逻辑组织，数据依赖于特定的应用程序，缺乏独立性。

人工管理阶段数据管理存在的主要问题如下。

(1) 数据不保存

因为该阶段计算机主要应用于科学计算，对于数据保存的需求尚不迫切，只是在计算某一课题时将数据输入，计算完成后得到结果，因此无须保存数据。

(2) 系统没有专用的软件对数据进行管理

数据需要由应用程序自己管理，没有相应的软件系统负责数据的管理工作。因此，每个应用程序不仅要规定数据的逻辑结构，而且要设计物理结构，包括存储结构、存取方法、输入方式等，因此程序员负担很重。

(3) 数据不共享

数据是面向程序的，一组数据只能对应一个程序。多个应用程序涉及某些相同的数据时，也必须各自定义，因此程序之间有大量的冗余数据。

(4) 数据不具有独立性

程序依赖于数据，如果数据的类型、格式、输入输出方式等逻辑结构或物理结构发生变化，必须对应用程序做出相应的修改，程序员的负担很重。

在人工管理阶段，程序与数据之间的关系如图 1-1 表示。

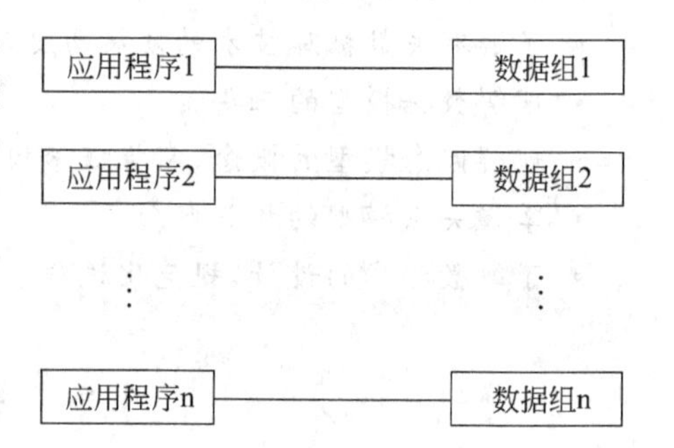

图 1-1 人工管理阶段应用程序与数据之间的对应关系

2. 文件管理阶段

20 世纪 50 年代后期到 60 年代中期，出现了磁鼓、磁盘等数据存储设备。新的数据处理系统迅速发展起来，这种数据处理系统是把计算机中的数据组织成相互独立的数据文件。系统可以按照文件的名称对其进行访问，对文件中的记录进行存取，并可以实现对文件的修改、插入和删除，这就是文件系统。文件系统实现了记录内的结构化，即给出了记录内各种数据间的关系。但是，文件从整体来看却是无结构的。其数据面向特定的应用程序，因此数据共享性、独立性差，且冗余度大，管理和维护的代价也很大。

与人工管理阶段相比，文件管理阶段对数据的管理有了很大的进步，但一些根本性问题仍没有彻底解决，主要表现在以下三方面。

(1) 数据没有完全独立：虽然数据和程序分开，但是，文件系统中的数据文件是为了满足特定业务领域，或某部门的需要而专门设计的，服务于某一特定应用程序，这样，所设计的数据是针对某一特定程序的，所以无论是修改数据文件还是程序文件都要相互影响。

(2) 存在数据冗余：数据没有合理和规范的结构，使得数据的共享性极差，哪怕不同程序使用部分相同数据，也得要创建各自的数据文件，造成数据的重复存储。

(3) 数据不能集中管理：数据文件没有集中的管理机制，数据的安全性和完整性都不能保障。各数据之间、数据文件之间缺乏联系，给数据处理造成不便。

文件管理阶段应用程序与数据之间的关系如图 1-2 所示。

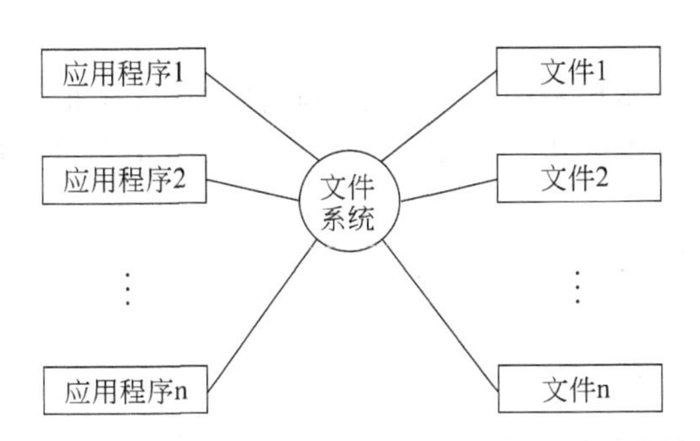

图 1-2 文件管理阶段应用程序与数据之间的对应关系

3. 数据库系统阶段

20 世纪 60 年代后期，计算机硬件、软件有了进一步的发展。计算机应用于管理的规模更加庞大，数据量急剧增加；硬件方面出现了大容量磁盘，使计算机联机存取大量数据成为可能；硬件价格下降，而软件价格上升，使开发和维护系统软件的成本增加。文件系统的数据管理方法已无法适应开发应用系统的需要。为解决多用户、多个应用程序共享数据的需求，出现了统一管理数据的专门软件系统，即数据库管理系统。用数据库系统来管理数据比用文件系统具有明显的优点，从文件系统到数据库系统，标志着数据管理技术的飞跃。

这个时期的数据管理具有以下 4 个特点。

(1) 数据结构化

数据结构化是数据库与文件系统的根本区别。有了数据库管理系统后，数据库中的数据不属于任何应用。数据是公共的，结构是全面的。它是在对整个组织的各种应用(包括将来可能的应用)进行全局考虑后建立起来的总的数据结构。它是按照某种数据模型，将全组织的各种数据组织到一个结构化的数据库中，整个组织的数据不是一盘散沙，可表示出数据之间的有机关联。

(2) 数据共享性高、冗余少，易扩充

数据库系统从全局角度看待和描述数据，数据不再面向某个应用程序而是面向整个系统，因此数据可以被多个用户、多个应用共享使用。这样便减少了不必要的数据冗余，节约存储空间，同时也避免了数据之间的不相容性与不一致性。

由于数据面向整个系统，是有结构的数据，不仅可被多个应用共享使用，而且容易增加新的应用，这就使得数据库系统弹性大，易于扩充，可以适应各种用户的要求。

(3) 数据独立性高

数据的独立性是指数据的逻辑独立性和数据的物理独立性。

数据的逻辑独立性是指用户的应用程序与数据库的逻辑结构是相互独立的，即当数据的总体逻辑结构改变时，数据的局部逻辑结构不变，由于应用程序是依据数据的局部逻辑结构编写的，所以应用程序不是必须修改，从而保证了数据与程序间的逻辑独立性。

例如，在原有的记录类型之间增加新的联系，或在某些记录类型中增加新的数据项，均可确保数据的逻辑独立性。

数据的物理独立性是指用户的应用程序与存储在磁盘上的数据库中数据是相互独立的，即当数据的存储结构发生改变时，数据的逻辑结构不变，从而应用程序也不必改变。

例如，改变存储设备和增加新的存储设备，或改变数据的存储组织方式，均可确保数据的物理独立性。

（4）有统一的数据控制功能

数据库为多个用户和应用程序所共享，对数据的存取往往是并发的，即多个用户可以同时存取数据库中的数据，甚至可以同时存取数据库中的同一个数据，为确保数据库数据的正确有效和数据库系统的有效运行，数据库管理系统提供数据的安全性（Security）控制、数据的完整性（Integrity）控制、并发（Concurrency）控制、数据恢复（Recovery）四方面的数据控制功能。

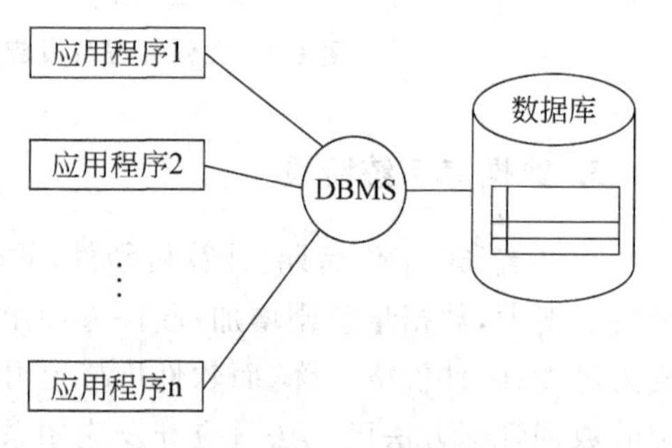

图 1-3 数据库系统阶段应用程序与数据之间的对应关系

数据库系统阶段应用程序与数据之间的对应关系如图 1-3 所示。

以上三个阶段的特点及其比较如表 1-1 所示。

表 1-1 数据库管理发展的三个阶段的比较

		人工管理	文件管理	数据库系统
背景	应用背景	科学计算	科学计算、管理	大规模管理
	硬件背景	无直接存取存储设备	磁盘、磁鼓	大容量磁盘
	软件背景	没有操作系统	有文件系统	有数据库管理系统
	处理方式	批处理	联机实时处理，批处理	联机实时处理分布处理批处理
特点	数据的管理者	人	文件系统	数据库管理系统
	数据面向的对象	某一应用程序	某一应用程序	整个应用系统
	数据的共享程度	无共享，冗余度极大	共享性差，冗余度大	共享性高，冗余度小
	数据的独立性	不独立，完全依赖于程序	独立性差	具有高度的物理独立性和逻辑独立性
	数据的结构化	无结构	记录内有结构，整体无结构	整体结构化，用数据模型描述
	数据控制能力	应用程序自己控制	应用程序自己控制	由数据库管理系统提供数据安全性、完整性、并发控制和恢复能力

1.1.2 数据库技术的应用

20 世纪 70 年代，层次、网状、关系等三大数据库系统奠定了数据库技术的概念、原理和方法。20 世纪 80 年代以来，数据库技术在商业领域的巨大成功刺激了其他领域对数据库技术需求的迅速增长。这些新的领域为数据库应用开辟了新的天地，另一方面在应用中提出的一些新的数据管理的需求也直接推动了数据库技术的研究和发展，尤其是面向对数据库系统。另外，数据库技术不断与其他计算机分支结合，向高一级的数据库技术发展。例如，数据库技术与分布处理技术相结合，出现了分布式数据库系统；数据库技术与并行处理技术相结合，出现了并行数据库系统。

此外，为了适应数据库应用多元化的要求，在传统数据库基础上，结合各个应用领域的特点，研究适合该应用领域的数据库技术，如数据仓库、工程数据库、统计数据库、科学数据库、空间数据库、地理数据库等，这是当前数据库技术发展的又一重要特征。随着计算机科学技术的发展，数据存储不断膨胀的需要，未来的数据库技术将会应用到各行各业。

1.1.3 数据库系统基本概念

数据、数据库、数据库管理系统和数据库系统是与数据库技术紧密相关的概念。

1. 数据

数据（Data）是数据库中存储的基本对象，可以是数字、文字、声音、图形、图像等，而不是狭义的“数字”。用数据描述的现实世界中的对象可以是实实在在的事物，也可以是一个抽象的行为。

如描述一个学生的情况可以这样描述：

```
(200712110101,陈琛军,男,1986-7-19,计算机专业英语,68)
```

这里的学生记录就是数据。对于这条记录，了解其含义将得到如下信息：学号为 200712110101 的陈琛军，性别男，1986-7-19 出生，计算机专业英语考了 68 分；而不了解含义的人则无法理解其含义。可见，数据形式本身还不能完全表达其内容，需要经过语义解释。因此数据和关于数据的解释是不可分的，数据的解释是对数据含义的说明，数据的含义成为数据的语义，数据与其语义是不可分的。

2. 数据库

文件系统阶段中数据是分散的，应用程序对应着各自的数据文件。而在数据库系统中的数据被集中进行管理，就像仓库中的货物一样，用户需要什么数据就去库中提取。因此，有人形象地把这样的数据系统称为“数据库”（DataBase，DB）。严格地说数据库是存储数据的仓库，是长期存储在计算机内的、有组织的、可共享的数据集合。数据库中的数据按一定的数据模型组织、描述、存储，具有较小的冗余度，较高的数据独立性和易扩展性，并为各种用户共享。

总之，数据库中的数据具有永久存储、有组织和可共享三个基本特点。

3. 数据库管理系统

数据库管理系统(DataBase Management System，DBMS)是一种操纵和管理数据库的大型软件，用于建立、使用和维护数据库，是数据库系统的中心枢纽。它对数据库进行统一的管理和控制，以保证数据库的安全性和完整性。用户通过 DBMS 访问数据库中的数据，数据库管理员也通过 DBMS 进行数据库的维护工作。

因为有 DBMS 负责处理数据库和用户程序间的接口，所以用户不必注重数据的逻辑和物理表达细节，只需注意数据的内容就可以了。它的主要功能有以下几个方面。

(1) 数据定义

DBMS 提供数据定义语言(Data Define Language，DDL)，用户通过它可以方便地对数据库中的数据对象进行定义。例如，为保证数据库安全而定义用户口令和存取权限，为保证正确语义而定义完整性规则。

(2) 数据操纵

DBMS 提供数据操纵语言(Data Manipulation Language，DML)，实现对数据库的基本操作，包括检索、插入、修改、删除等。SQL 语言就是 DML 的一种。

(3) 数据库运行管理

数据库在建立、运行和维护时由数据库管理系统统一管理、统一控制。DBMS 通过对数据的安全性控制、完整性控制、多用户环境下的并发控制以及数据库的恢复，来确保数据正确有效和数据库系统的正常运行。

(4) 数据库的建立和维护功能

它包括数据库的初始数据的装入、转换功能，数据库的转储、恢复、重组织功能，系统性能监视、分析等功能。这些功能通常是由一些实用程序完成的。

(5) 数据通信

DBMS 提供与其他软件系统进行通信的功能。实现用户程序与 DBMS 之间的通信，通常与操作系统协调完成。

数据库管理系统 DBMS 所处的地位如图 1-4 所示。

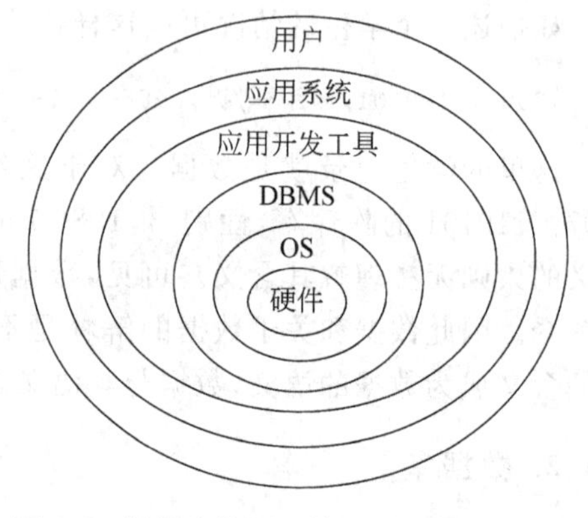

图 1-4 数据库管理系统 DBMS 所处的地位

4. 数据库系统

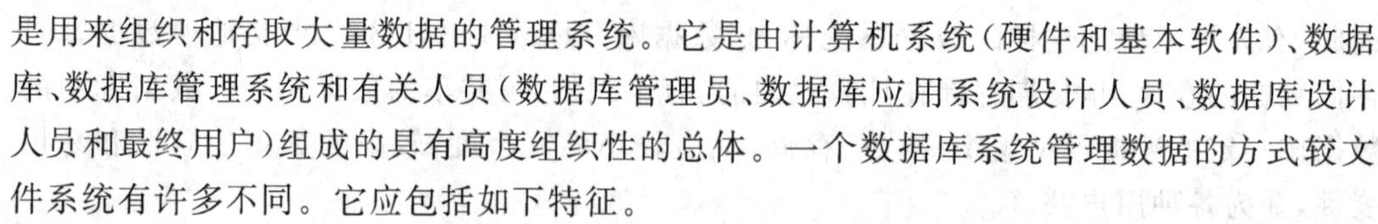

数据库系统(Data Base System，DBS)是指计算机系统引入数据库之后组成的系统，是用来组织和存取大量数据的管理系统。它是由计算机系统(硬件和基本软件)、数据库、数据库管理系统和有关人员(数据库管理员、数据库应用系统设计人员、数据库设计人员和最终用户)组成的具有高度组织性的总体。一个数据库系统管理数据的方式较文件系统有许多不同。它应包括如下特征。

(1) 数据共享。数据库中的数据可以供多个用户所使用，在同一时刻不同的用户可以同时存取数据而互不影响，大大提高了数据的利用率。

(2) 数据独立性。应用程序不再同物理存储器上具体的文件相对应，每个用户所使用的数据有其自身的逻辑结构。数据独立性表现在物理独立性和逻辑独立性两个方面。它给数据库的使用、调整、维护和扩充带来了方便，提高了数据库应用系统的稳定性，减轻了程序员的负担。

(3) 减少数据冗余。数据库系统管理下的数据不再是面向应用，而是面向系统。数据集中管理，统一进行组织、定义和存储，避免了不必要的冗余，因而也避免了数据的不一致性。

(4) 数据的结构化。数据库系统中的数据是相互关联的，这种关联不仅表现在记录内部，更重要的是记录类型之间的相互联系。整个数据库是以一定的形式构成的。

(5) 统一的数据保护功能。多个用户共享数据资源，需要解决数据的安全性、一致性和并发控制问题。为使数据安全、可靠，系统对用户数据进行严格检查，将拒绝非法用户进入数据库。同时，还可以规定密码和用户权限。另外，对于不同用户同时使用数据库，可能造成数据的不一致，数据库系统具有并发控制功能，以保证数据的正确性。

此外，系统还提供其他的数据保护措施，如数据的有效性检查、故障恢复等来保证数据的正确性。

数据库系统的组成如图 1-5 所示。

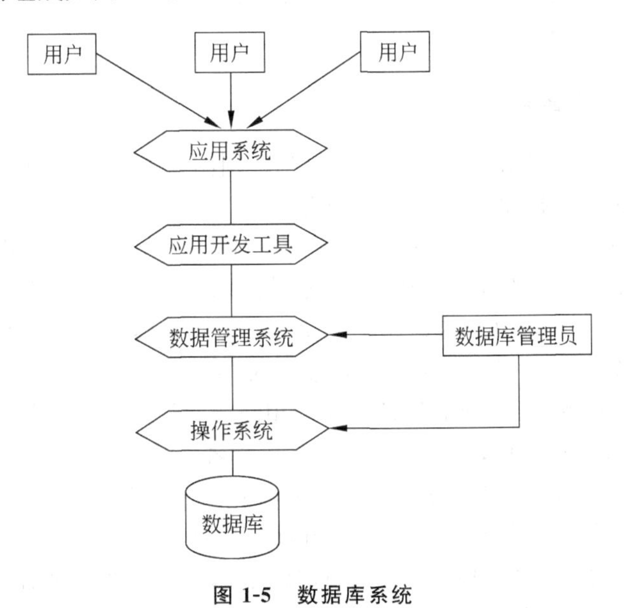

图 1-5 数据库系统

1.2 数据模型

通俗地讲，数据模型是现实世界的模拟。数据模型(Data Model)是专门用来抽象、表示和处理现实世界中的数据和信息的工具。计算机系统是不能直接处理现实世界的，现实世界只有数据化后,才能由计算机系统来处理。为了把现实世界的具体事物及事物之间的联系转换成计算机能够处理的数据,必须用某种数据模型来抽象和描述这些数据。

数据模型应满足三方面要求:一是能比较真实地模拟现实世界;二是容易理解;三是易在计算机上实现。在数据库系统中针对不同的使用对象和应用目的,采用不同的数据模型。

数据模型按不同的应用层次分成三种类型:分别是概念数据模型、逻辑数据模型、物理数据模型。

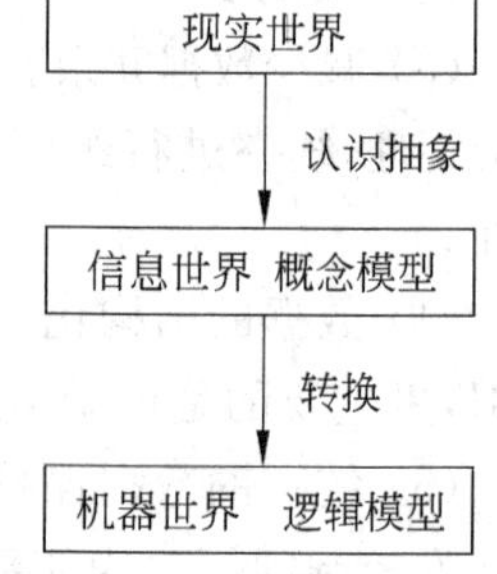

图 1-6 现实世界中客观对象的抽象过程

1.2.1 概念模型

概念数据模型(Conceptual Data Model)简称概念模型,是面向数据库用户的现实世界的模型,主要用来描述世界的概念化结构,它使数据库的设计人员在设计的初始阶段,摆脱计算机系统及DBMS的具体技术问题,集中精力分析数据以及数据之间的联系等,与具体的数据管理系统无关。概念数据模型必须换成逻辑数据模型,才能在DBMS中实现。

总之,概念数据模型用来建立信息世界的数据模型,强调语义表达,描述信息结构,是对现实世界的第一层抽象。

1. 信息世界中的基本概念

(1) 实体(Entity):客观存在并且可以相互区别的事物,可以是具体的事物,如一个学生、一本书 ,也可以是抽象的事物,如一次选课。

(2) 属性(Attribute):实体所具有的某一特性。一个实体可以用若干个属性来描述。如学生用学号、姓名、性别、年龄、籍贯等属性描述,则(200712110101,陈琛军,男,1986-7-19,计算机专业英语,68)这组属性值就构成了一个具体的学生实体。属性有属性名和属性值之分,如:“姓名”是属性名,“陈琛军”是姓名属性的一个属性值。

(3) 实体集(Entity set):所有属性名完全相同的同类实体的集合。如全体学生就是一个实体集,为了区分实体集,每个实体集都有一个名称,即实体名。学生实体指的是名为学生的实体集,而(200712110101,陈琛军,男,1986-7-19,计算机专业英语,68)是该实体集中的一个实体,同一实体集中没有完全相同的两个实体。

(4) 码(Key):能唯一标识实体的属性或属性集,有时也称为实体标识符,或简称为键,如学生实体中的学号属性。当码是属性组合时,应当具有最小性,每一个属性都是不可缺少的。例如,学生选课实体,有学号、课程号、成绩等属性。由于一位学生可以选多门课程,一门课程可以被多位同学选,学号与课程号的组合才可以唯一标识一个实体,这两个属性是缺一不可的,也不能有多余的属性,假如(学号,课程号,成绩)作为码,成绩属性就是多余的了。

(5) 域(Domain):属性的取值范围称为该属性的域(值域),如“学生性别”的属性域为[男,女]。

(6) 实体型(Entity Type)：实体集的名及其所有属性名的集合。如学生(学号、姓名、性别、出生日期、籍贯、邮箱、电话)就是学生实体集的实体型。实体型抽象地刻画了所有同集实体，在不引起混淆的情况下，实体型往往简称为实体。

2. 两个实体之间的联系

在现实世界中，事物内部以及事物之间是有联系的，这些联系在信息世界中反映为实体(型)内部的联系和实体(型)之间的联系(Relationship)。实体内部的联系通常是指组成实体的各属性之间的联系，实体之间的联系通常是指不同实体集之间的联系。

两个实体集之间的联系可归纳为以下三类：

(1) 一对一联系：如果实体集 A 中的每一个实体至多和实体集 B 中的一个实体有联系，反之亦然，则称 A 和 B 是一对一的联系，表示为 1∶1。

例如：病人实体集和医院床位实体集之间的联系是一对一。

(2) 一对多联系：如果实体集 A 中的每个实体与实体集 B 中的多个实体有联系，而实体集 B 中的每一个实体至多和实体集 A 中的一个实体有联系，则称 A 和 B 之间是一对多的联系，表示为 1∶n，A 称为一方，B 为多方。

例如，系实体集和教师实体集之间是一对多的联系，一方是系实体集，多方是教师实体集。

(3) 多对多联系：如果实体集 A 中的每个实体与实体集 B 中的任意个实体有联系，反之，实体集 B 中的每个实体与实体集 A 中的任意个实体有联系，则称 A 和 B 之间是多对多的联系，表示为 m∶n。

例如，学生实体集和课程实体集之间是多对多的关系。

实际上，一对一联系是一对多联系的特例，而一对多联系又是多对多联系的特例。可以用图形来表示两个实体集之间的这三类联系，如图 1-7 所示。

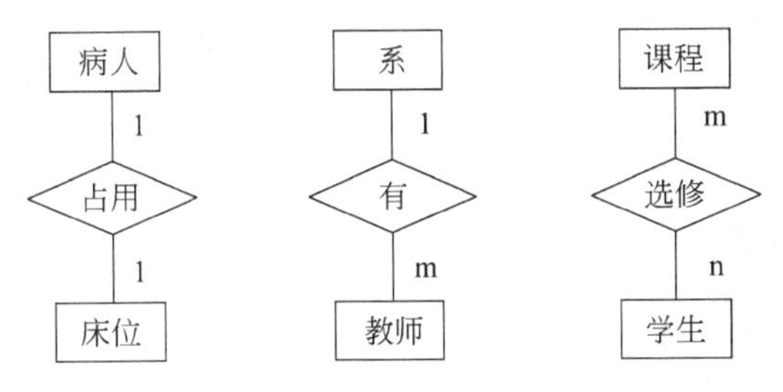

图 1-7 两个实体型之间的三类联系

一般地，实体之间的一对一、一对多和多对多联系不仅存在于两个实体型之间，也存在于两个以上的实体型之间。如对于售货员、商品与顾客三个实体型，每个顾客可以从多名售货员那里购买商品，并且可以购买多种商品；每个售货员可以向多名顾客销售多种商品；每种商品可由多个售货员销售，并且可以销售给多名顾客。则售货员、商品与顾客之间的联系如图 1-8 所示。

两个实体集之间的联系究竟是属于哪一类，不仅与实体集有关，还与具体的语义有关。如教师实体集与课程实体集之间，若规定一名教师只教授一门课程，一门课程只被一名教师讲授，则两实体集具有一对一的联系；而若规定一名教师可以教授多门课程，一门课程可以被多名教师讲授，就应是多对多的联系。

与现实世界不同，信息世界中实体集之间往往只有一种联系。此时，在谈论两个实体集之间的联系性质时，就可略去联系名，直接说两个实体集之间具有一对一、一对多或多对多的联系。

同一实体集内的各实体之间也可以存在一对一、一对多、多对多的联系。如售货员实体集内部具有领导与被领导的联系，如图 1-9 所示。

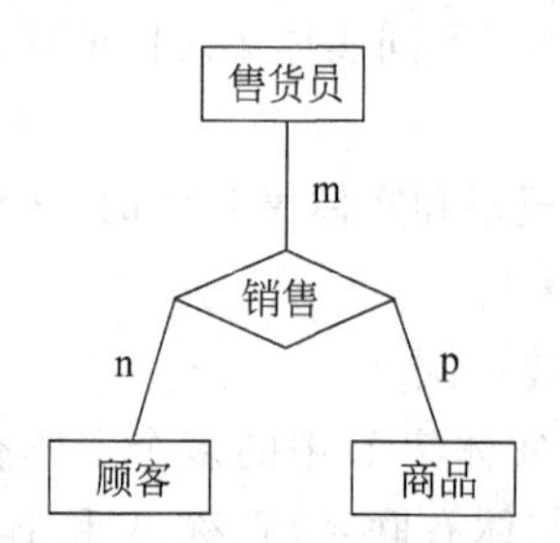

图 1-8　三个实体型之间的联系示例

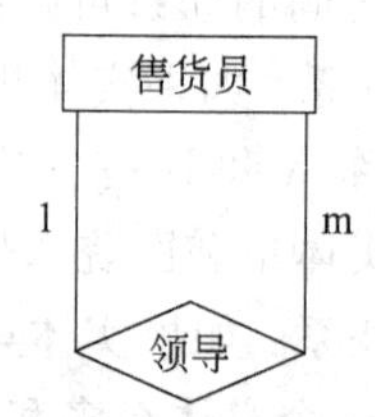

图 1-9　同一实体集内一对多联系示例

3. 概念模型的表示方法：E-R 图

在数据库的概念设计过程中，最常用的就是实体-联系图（Entity-Relationship Diagram，E-R 图）。实体联系模型图是 Peter P. S Chen 于 1976 年提出的一套数据库的设计工具，他运用真实世界中事物与关系的观念，来解释数据库中的抽象的数据架构。实体关系模型利用图形的方式来表示数据库的概念设计，有助于设计过程中的构思及沟通讨论。

在 E-R 模型图中，实体用矩形框表示，实体的属性用椭圆表示，它们之间的联系用菱形框表示，在实体和联系之间用无向边连接起来，无向边带有“1”、“N”或“M”等值，用来表示联系的性质，即表示实体之间的联系是一对一、一对多或多对多等关系。联系也会有属性，用于描述联系的特征，如学生参加考试的成绩等。

4. 建立 E-R 图的步骤

(1) 确定实体和实体的属性；

(2) 确定实体和实体之间的联系及联系的类型；

(3) 给实体和联系加上属性。

如何划分实体及其属性有两个原则可参考：一是属性不再具有需要描述的性质。属性在含义上是不可分的数据项。二是属性不能再与其他实体集具有联系，即 E-R 模型指定联系只能是实体集间的联系。例如，医生是一个实体集，可以有工作证号、姓名、职称、年龄等属性，职称若没有进一步描述的特性，则职称可作为医生的一个属性。但若涉及职称的详细情况，如工资、各种补贴、住房标准时，它就成为一个实体集。职称由属性变为实体集的过程如图 1-10 所示。

实体集可用多种方式连接起来，然而，把每种可能的联系都加到设计中却不是个好

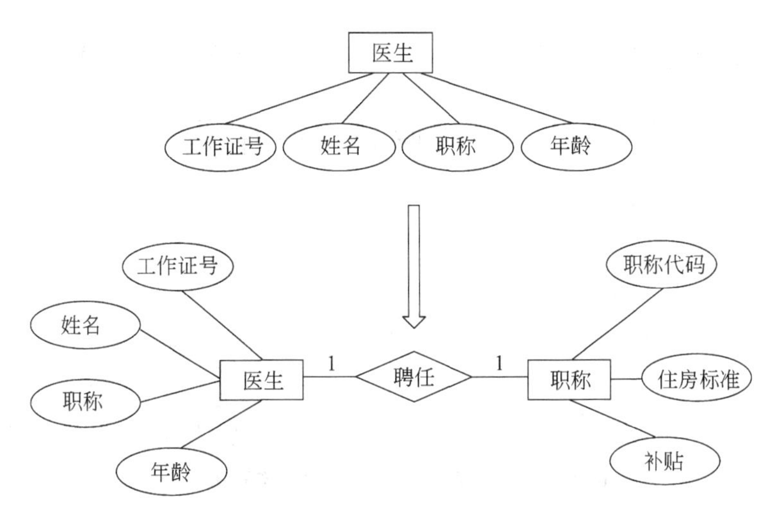

图 1-10 职称由属性变为实体集

办法。首先,它导致冗余,即一个联系连接起来的两个实体或实体集可以从一个或多个其他联系中导出。其次,使得数据库可能需要更多的空间来存储冗余元素,而且修改数据库会更复杂,因为数据的一处变动会引起存储联系的多处变动。

如何划分实体和联系也有一个原则可参考:当描述发生在实体集之间的行为时,最好用联系集。如读者和图书之间的借、还书行为,顾客和商品之间的购买行为,均应作为联系集。

联系也有属性,一般来说,发生联系的实体的标识属性应作为联系的缺省属性,与联系中的所有实体都有关的属性也要作为联系的属性。如,学生和课程的选课联系中的成绩属性。

【例 1-1】 某医院病房计算机管理中心需要如下信息。

科室:科室名,科室地址,科室电话,医生姓名。

病房:病房号,床位号,所属科室名。

医生:姓名,职称,所属科室名,年龄,工作证号。

病人:病历号,姓名,性别,诊断,主管医生,病房号。

其中,一个科室有多个病房、多个医生,一个病房只能属于一个科室,一个医生只属于一个科室,但可负责多个病人的诊治,一个病人的主管医生只有一个。根据以上的语义可以用 E-R 图表示,如图 1-11 所示。

1.2.2 逻辑模型

逻辑数据模型(Logical Data Model)简称数据模型,这是用户从数据库所看到的模型,是具体的 DBMS 所支持的数据模型,如网状数据模型(Network Data Model)、层次数据模型(Hierarchical Data Model)等等。此模型既要面向用户,又要面向系统,主要用于数据库管理系统(DBMS)的实现。

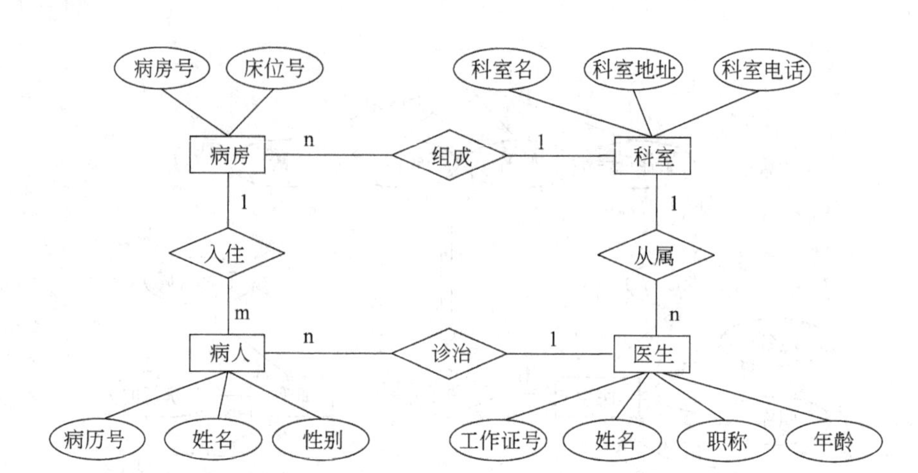

图 1-11 医院病房管理系统的实体联系图

1. 数据模型的组成要素

数据模型是现实世界在数据库中的抽象，也是数据库系统的核心和基础。数据模型通常包括 3 个要素：

(1) 数据结构。数据结构主要用于描述数据的静态特征，包括数据的结构和数据间的联系。

(2) 数据操作。数据操作是指在数据库中能够进行的查询、修改、删除现有数据或增加新数据的各种数据访问方式，并且包括数据访问相关的规则。

(3) 数据完整性约束。数据完整性约束由一组完整性规则组成。

2. 最常用的数据模型

目前，数据库领域中最常用的数据模型有五种，它们是：

(1) 层次模型(Hierarchical Model)。

(2) 网状模型(Network Model)。

(3) 关系模型(Relational Model)。

(4) 面向对象模型(Object Oriented Model)。

(5) 对象关系模型(Object Relational Model)。

其中，层次模型与网状模型称为非关系模型。非关系模型的数据库系统在 20 世纪 70 年代至 80 年代初非常流行，在数据库系统产品中占据了主导地位，在数据库系统的初期起了重要的作用。在关系模型发展后，非关系模型迅速衰退。在我国，基本不见非关系模型，但在美国等一些国家里，仍有层次数据库和网状数据库系统在继续使用。

面向对象模型和对象关系模型是近几年才出现的数据模型，是目前数据库技术的研究方向之一。关系模型是目前使用最广泛的数据模型，下一节重点介绍关系模型。

1.2.3 物理模型

物理数据模型(Physical Data Model)简称物理模型，是面向计算机表示的模型，描述了数据在存储介质上的组织结构，它不但与具体的DBMS有关，而且还与操作系统和硬件有关。每一种逻辑数据模型在实现时都有对应的物理数据模型。DBMS为了保证其独立性与可移植性，大部分物理数据模型的实现工作由系统自动完成，而设计者只设计索引、聚集等特殊结构。

1.3 关系模型

层次模型和网状模型分别用有向树和有向图来描述实体，使用链接指针来存储和体现实体间的联系。而关系模型与层次型、网状型的本质区别在于数据描述的一致性，模型概念单一。在关系模型中，现实世界中的实体以及实体间的各种联系均可用关系来表示。与其他的数据模型相同，关系模型也是由数据结构、数据操作和完整性约束三个要素组成，下面就关系模型的三要素简要介绍。

1.3.1 数据结构

首先应从直观的角度理解关系模型的数据结构，然后进一步从数学的角度严格地定义关系模型的数据结构，数学上的严格定义是对关系模型运行理论研究的基础。

1. 直观意义下理解关系模型的数据结构

表1-2所对应的表格，由于使用二维的坐标（行，列）就能唯一确定一个单元格的位置，所以称为二维表，二维表的另一个特点是每一列内容必须是同质的，所谓同质即出生日期列必须全部是出生日期而不能出现年龄，学号列必须全部是学号而不能出现姓名等。

表1-2 关系模型的数据结构

学　号	姓　名	性别	出生日期	课　程　名	成绩
200712110101	陈琛军	男	1986-7-19	大学语文	45
200712110101	陈琛军	男	1986-7-19	中国近现代史纲要	90
200712110102	仇立权	男	1985-11-10	大学语文	51
200712110102	仇立权	男	1985-11-10	中国近现代史纲要	70
…	…	…	…	…	…

关系模型研究的对象的数据结构就是二维表。确定一个二维表的结构就是要确定以下两个内容。

（1）列的组成以及每一列的数据类型

在使用二维表之前，必须首先确定二维表由哪些列组成，每个列的最多的字符数或数字长度，又由于在计算机内数字、字符和日期信息的存储方式及提供的运算是不同的，因此还要确定每一列的数据类型。能为二维表的每一列确定唯一的数据类型，是由二维表每一列必须是同质的要求所保证的。

(2) 能唯一确定行的一个列或组合列

在手工制作二维表的过程中，我们事实上不自觉地遵守着一个法则，那就是不允许出现相同行。也就是说，如果表格中出现了两个完全相同的行，可能是由两种情况造成的，一种情况是同一对象的信息重复输入，那显然是个错误；另一种情况是不同对象在表格中反映出完全一样的信息，难分彼此，那显然是表格设计的缺陷。所以规定二维表中不能出现完全相同的行是合理的，并且是必需的。

为了确保二维表中不出现完全相同的行，如果在增加和修改每一行时，把该行数据与二维表中其他行的数据逐一比较，当二维表横向数据和纵向数据很多时，其工作量和效率是可想而知的，而事实上，大多数情况下，我们只需要确保二维表的某些列的组合取值不重复就可以了。

在没有相同行的条件下，可以确保这些能标识整个行的列是存在的，因为不存在相同行的另一个等价表述使得二维表所有列的列值组合能确定并且只能确定二维表中的一行，然后在所有列的组合中用逐个剔除的方法可以得到某些列的组合，使它满足以下两条：

(1) 这些列值能唯一确定表中的一行。

(2) 去掉任何一个列，剩下的列的列值不能唯一确定表中一行。

我们把这些列的组合称为二维表的候选码(或称键)，其中要满足的第一个条件称为候选码的唯一性，第二个条件称为候选码的最小性。一个二维表可能有多个候选码，属于任一候选码的列称为主属性，不属于任一候选码的列称为非主属性。

如表1-2(学号，姓名，性别，出生日期，课程名，成绩)这些列中，可以判断(学号，课程名)就是候选码，因为这个组合能够确定表中的一行，“学号”、“课程名”是主属性，而其他属性都是非主属性。

从候选码中可以任选一个设定为二维表的主码(或称主键)，设定了主码就可以通过确保主码的唯一性而避免表中出现完全相同的行。

以上的阐述事实上同时论证了二维表候选码的存在性和为二维表设定主码的必要性。

必须注意候选码的唯一性是基于语义的，即随语义环境的变化而变化，在不可能出现重名情况下，(姓名，课程名)可以作为候选码。

2. 数学上严格定义的关系模型数据结构

关系模型的理论是建立在严格的数学概念基础上的，可以从数学的角度严格地定义二维表，由此我们也可以理解为什么一个二维表也称为一个关系，这也是把此数据模型称为关系模型的原因，同时为理解和掌握关系模型理论(如对数据库设计具有重要指导意义的范式理论)以及关系运算语言(如SQL语言)打下基础。

(1) 域

域是一组具有相同数据类型的值的集合。域的定义蕴含了两个含义：首先域是一个集合，符合某种规则和长度限制的字符串、一定日期区段内的日期、某一区间内的自然数都可以作为域;其次该集合的元素必须是具有相同数据类型的值,相同的数据类型指数字、日期、字符串等简单数据类型,而不能是数组或结构等复杂类型,也就是说不是所有集合都能作为域,某班的全体学生构成一个集合,但不能构成一个域,因为不能用一个简单数据类型反映一个学生的基本信息。

(2) 笛卡儿积

笛卡儿积是两个或两个以上域进行的一种运算,运算结果仍为一个集合,具体定义为:

给定一组域 D1,D2,…,Dn,这些域的笛卡儿积为集合:{(d1,d2,…,dn)|di∈Di,1≤i≤n},记为 D1×D2×…×Dn。

通俗地讲,参与笛卡儿积运算的各个域中值的每一个组合都是笛卡儿积的成员,组合的全体构成笛卡儿积。显然,若笛卡儿积中某个域元素个数不可数,则笛卡儿积的元素个数也不可数,相反,若笛卡儿积中各个域的元素均可数,分别为 M1,M2,…,Mn,则笛卡儿积的元素个数为 M1×M2×…×Mn。

一般地讲,在具体的应用问题中,有具体含义的域的笛卡儿积是没有意义的,如两个域,即姓名 D1={李小亮,王丽娟},性别 D2={男,女},则 D1×D2={{李小亮,男},{李小亮,女},{王丽娟,男},{王丽娟,女}},显然这样的笛卡儿积的结果没有任何意义,原因是 D1×D2 是 D1 和 D2 元素的任意组合,没有反映出姓名 D1 和性别 D2 的关系,有意义的是它的一个子集{{李小亮,男},{王丽娟,女}},它反映了姓名 D1 和性别 D2 的关系。

(3) 关系

关系的一般定义为:D1×D2×…×Dn 的子集称为 D1,D2,…,Dn 上的一个关系。如上例中{{王刚,男},{李玲,女}}是 D1×D2 的一个子集,所以是一个关系,它确实反映了通常意义下的姓名 D1 和性别 D2 的"关系"。

关系事实上就是一个二维表,如上例中关系可以看成由姓名和性别两个列组成的二维表。

关系中的每一个元素称为元组,从二维表的角度看,元组就是行。

关系中的每一个域的名称也称为关系的属性,如"姓名"和"性别"。从二维表的角度看,属性就是列名。

二维表的候选码也就是关系的候选码,候选码中的属性称为主属性,不包含在任一候选码中的属性称为非主属性。

因此,关系模型的数据结构,从最直观的角度理解就是二维表,从数学角度理解就是笛卡儿积的一个子集。从其反映的内容来看,其本质是表达了各个域的取值关系,所以也称为关系。

1.3.2 数据操作

关系数据模型操作的特点在于操作对象和操作结果都是关系,即关系模型中的操作是集合操作。它是若干元组的集合,而不像非关系模型中那样是单记录的操作方式,这种操作的方式称为一次一集合的方式。

关系模型中,存取路径对用户是隐藏的。用户只要指出"干什么"或"找什么",不必详细说明"怎么干"或"怎么找",从而方便了用户,提高了数据的独立性。

关系模型中常用的关系操作包括：选择（Select）、投影（Project）、连接（Join）、除（Divide）、并（Union）、交（Intersection）、差（Difference）、查询（Query）等操作和增加（Insert）、删除（Delete）、修改（Update）操作。其中，查询的表达能力是其最主要的部分。

本书介绍的 SQL（Structured Query Language，结构化查询语言）已成为关系数据库（RDBMS）的标准语言，它提供了强大的对数据进行查询、修改、控制的功能，现在所有的关系数据库管理系统都支持 SQL。

1.3.3 完整性约束

完整性约束是一组完整的数据约束规则，它规定了数据模型中的数据必须符合的条件，对数据做任何操作都保证数据库中的数据正确、相容、有效。关系的完整性约束条件包括三大类：实体完整性、参照完整性和用户定义的完整性。

1. 避免出现重复行——实体完整性

关系数据模型是将概念模型中的实体以及实体之间的联系都用关系这一数据模型来表示。一个基本关系通常只对应一个实体集。由于在实体集合当中的每一个实体都是可以相互区分，即它们通过实体键唯一标识。因此关系模型当中能唯一标识一个元组的候选码就对应了实体集的实体键。这样，候选码之中的属性即主属性不能取空值。如果主属性取空值，就说明存在某个不可标识的元组，即存在不可区分的实体，这与现实世界的应用环境相矛盾。在实际的数据存储中我们用候选码来唯一标识每一个元组，因此在具体的 RDBMS 中，实体完整性（Entity Integrity）应变为：任一关系候选码中的属性不能为空。

目前大部分 RDBMS 都支持实体完整性约束，但是只有用户在创建关系模式中说明了主关键字，系统才会自动进行这项检查，否则它是不强制的。

2. 表之间的数据一致性——参照完整性

现实世界中的事物和概念往往是存在某种联系的。这自然就决定了关系和关系之间也不会是孤立的，它们是按照某种规律进行联系的。在关系数据模型中，关键字和外部关键字提供了两个关系联系的桥梁。

外键（Foreign Key，又称外码）：如果一个关系 R 中包含另一个关系 S 的主键（即主码）所对应的属性组 F，则称此属性组 F 为关系 R 的外键，并称关系 S 为参照关系，关系 R 是依赖关系。为了表示关联，可以将一个关系的主键作为属性放入另外一个关系中，第二个关系中的那些属性就称为外键。一个外键联系图如图 1-12 所示。

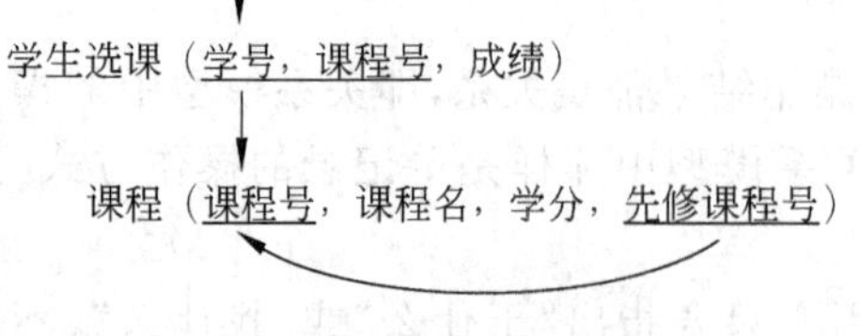

学生（学号，姓名，性别，年龄）

学生选课（学号，课程号，成绩）

课程（课程号，课程名，学分，先修课程号）

图 1-12 外键联系图

参照完整性（Referential Integrity）约束

就是不同关系之间或同一关系的不同元组必须满足的约束。它要求关系的外部关键字和被引用关系的主关键字之间遵循参照完整性约束。

设关系 R 有一外部关键字 FK，它引用关系 S 的主关键字 PK，则 R 中任一元组在外部关键字 FK 上的分量必须满足以下两种情况：

(1) 等于 S 中某一元组在主关键字 PK 上的分量；

(2) 取空值(FK 中的每一个属性的分量都是空值)。

例如：在学生选课关系中，学号只能取学生关系表中实际存在的一个学号；课程号也只能取课程关系表中实际存在的一个课程号。在这个例子当中学号和课程号都不能取空值，因为它们既是外部关键字又是该关系的主键，所以既要满足该关系的实体完整性约束，又要满足该关系的参照完整性约束。

不仅两个或两个以上的关系间存在参照完整性，同一关系内部属性间也可能存在参照完整性。

再看课程关系表(课程号，课程名，学分，先修课程号)，其中，属性“课程号”是主键，“先修课课程号”表示开设这门课时必须先要开设的课程号，显然它应该来自本关系属性“课程号”的取值，如果它取空值则表示当前的这门课程没有先修课。

现在很多 DBMS 都增加了参照完整性约束的检查功能，可以帮助用户维护参照完整性约束。

3. 表中数据的合理性和有效性——用户自定义完整性

以上两类完整性约束都是最基本的，因为关系数据模型普遍遵循。此外，不同的关系数据库系统根据其应用环境的不同，往往还需要一些特殊的约束条件。用户自定义的完整性(User-defined Integrity)约束就是对某一具体关系数据库的约束条件，它反映了某一具体应用所涉及的数据必须满足的语义要求。例如在职教师年龄不能大于 60 岁，成绩只能在 0～100 之间等。这些约束条件需要用户自己来定义，故称为用户自定义完整性约束。

关系数据系统应向用户提供定义这类完整性约束的手段，并能对此类完整性进行检查。

1.4 关系数据库概述

关系数据库是建立在关系数据库模型基础上的数据库，借助于集合代数等概念和方法来处理数据库中的数据，也就是说，它是建立在严格的数学理论基础之上的。1970 年 IBM 公司的研究员 E. F. Codd 发表了题为《大型共享数据库的关系模型》的论文，提出了数据库的关系模型，奠定了关系数据库的理论基础。

关系数据库产品一问世，就以其简单清晰的概念，易懂易学的数据库语言，深受广大用户喜爱，涌现出许多性能优良的商品化关系数据库管理系统，即 RDBMS。著名的 DB2、Oracle、Sybase、Informix 等都是关系数据库管理系统。关系数据库产品也从单一的集中式系统发展到可在网络环境下运行的分布式系统，从联机事务处理到支持信息管理、辅助决策，系统的功能不断完善，数据库的应用领域迅速扩大。

1.4.1 关系模式

关系数据库系统是支持关系模型的数据库系统，关系的描述称为关系模式(Relation Schema)。一个关系的关系模式包括关系的关系名及其全部的属性名的集合，属性向域的映像，属性间数据依赖关系的集合等。因此，完整的关系模式应当是一个5元组，它的数学定义为：

R(U,D,dom,F)

其中：R为关系模式名，U为组成该关系的属性名的集合，D为属性组U中属性所来自的域的集合，dom为属性向域映像的集合，F为属性间函数依赖关系的集合。

关系模式通常简写为：

R(U)或R(A1,A2,A3,…,An)

其中：R为关系名，Ai(i=1,2,3,…,n)为属性名。域名构成的集合及属性向域映像的集合一般为关系模式定义中的属性的类型和长度。

在数据库中要区分型和值，关系模式是型，关系是值。关系模式和关系是型与值的联系。关系模式指出了一个关系的结构；而关系则是由满足关系模式结构的元组构成的集合，是某一时刻关系模式的状态或内容。关系模式是稳定的、静态的，而关系则是随时间变化的、动态的。通常在不引起混淆的情况下，两者可都称为关系。

1.4.2 关系数据库

在关系模型中，实体以及实体间的联系都是用关系来表示的，例如：教师实体、学生实体、教师任课、学生选课之间的多对多的联系都可以分别用一个关系来表示。在一个给定的应用领域中，所有实体以及实体间的联系的关系集合构成一个关系数据库。

关系数据库也有型和值之分。关系数据库的型也称为关系数据库模式，是对关系数据库的描述。关系数据库模式包括：

(1) 若干域的定义。

(2) 在这些域上定义的若干关系模式。

关系数据库的值是这些关系模式在某一时刻对应的关系的集合，通常称为关系数据库。

以医院信息管理系统数据库为例，就包含下面几个关系：

(1) 科室(科室名,科室地址,科室电话)

(2) 病房(病房号,床位号,科室名)

(3) 医生(工作证号,姓名,职称,科室名,年龄)

(4) 病人(病历号,姓名,性别,诊治,主管医生,病房号)

1.5 关系数据库的设计

数据库设计是指对于一个给定的应用环境，构造最优的数据库模式，建立数据库，使之能够有效地存储数据，满足用户的应用需求。

数据库设计的任务有广义和狭义两种定义。广义的数据库设计，是指建立数据库及其应用系统，包括选择合适的计算机平台和数据库管理系统、设计数据库以及开发数据库应用系统等。这种数据库设计实际是“数据库系统”的设计，其成果有二：一是数据库，二是以数据库为基础的应用系统。狭义的数据库设计，是指根据一个组织的信息需求、处理需求和相应的数据库支撑环境（主要是数据库管理系统 DBMS），设计出数据库，包括概念结构、逻辑结构和物理结构。其成果主要是数据库，不包括应用系统。本书采用狭义的定义，因为应用系统的开发设计属于软件工程，超出了本书的范围。

在软件工程之前，主要采用手工试凑法。由于信息结构复杂，应用环境多样，这种方法主要凭借设计人员的经验和水平，缺乏科学理论和工程方法，工程的质量难以保证，数据库很难最优，数据库运行一段时间后各种各样的问题会渐渐地暴露出来，增加了系统维护的工作量。为了改进手工试凑法，人们运用软件工程的思想和方法，使设计过程工程化，提出了各种设计准则和规程，形成了一些规范化设计方法。其中比较著名的有新奥尔良方法（New Orleans），它将数据库设计分为需求分析、概念结构设计、逻辑结构设计、物理结构设计四个阶段。其后有 S. B. Yao 的五步骤方法，还有 Barker 方法等。

随着数据库设计工具的出现，产生了一种借助数据库设计工具的计算机辅助设计方法。另外，随着面向对象设计方法的发展和成熟，面向对象的设计方法也开始应用于数据库设计。

1.5.1 数据库设计概述

数据库的设计按规范化设计方法，划分为五个阶段，如图 1-13 所示。

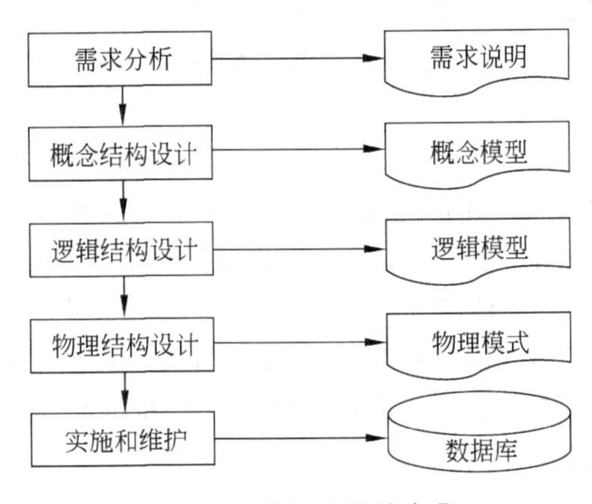

图 1-13 数据库设计步骤

1. 需求分析阶段

需求分析阶段，主要是准确收集用户信息需求和处理需求，并对收集的结果进行整理和分析，形成需求说明。需求分析是整个设计活动的基础，也是最困难和最耗时的一步。如果需求分析不准确或不充分，可能导致整个数据库设计的返工。

2. 概念结构设计阶段

概念结构设计是数据库设计的重点，对用户需求进行综合、归纳、抽象，形成一个概念模型(一般为E-R模型)，形成的概念模型是与具体的DBMS无关的模型，是对现实世界的可视化描述，属于信息世界，是逻辑结构设计的基础。

3. 逻辑结构设计阶段

逻辑结构设计是将概念结构设计的概念模型转化为某个特定的DBMS所支持的数据模型，建立数据库逻辑模式，并对其进行优化，同时为各种用户和应用设计外模式。

概念结构设计所得的概念模型，是独立于任何一种DBMS的信息结构，与实现无关。逻辑结构设计的任务是将概念结构设计阶段设计的E-R图，转化为选用的DBMS所支持的数据模型相符的逻辑结构，形成逻辑模型。

本节以关系数据模型为例讲解逻辑结构设计，基于关系数据模型的逻辑结构的设计一般分为以下三个步骤。

(1) 概念模型转换为关系数据模型。

(2) 关系模型的优化。

(3) 设计用户子模式。

4. 物理结构设计阶段

物理结构设计是为设计好的逻辑模型选择物理结构，包括存储结构和存取方法，建立数据库物理模式(内模式)。

物理结构设计的目的主要有两点：一是提高数据库的性能，满足用户的性能需求；二是有效地利用存储空间。总之，是为了使数据库系统在时间和空间上最优。

数据库的物理结构设计包括两个步骤：

(1) 确定数据库的物理结构，在关系数据库中主要是存储结构和存储方法；

(2) 对物理结构进行评价，评价的重点是时间和空间的效率。

如果评价结果满足应用要求，则可进入到物理结构的实施阶段，否则要重新进行物理结构设计或修改物理结构设计，有的甚至返回到逻辑结构设计阶段，修改逻辑结构。

由于物理结构设计与具体的数据库管理系统有关，各种产品提供了不同的物理环境、存取方法和存储结构，能供设计人员使用的设计变量、参数范围都有很大差别，因此物理结构设计没有通用的方法。

5. 实施和维护阶段

实施阶段就是使用数据定义语言(DLL)建立数据库模式，将实际数据载入数据库，建立真正的数据库；在数据库上建立应用系统，并经过测试、试运行后正式投入使用。维护阶段是对运行中的数据库进行评价、调整和修改。

数据库的物理设计完成后，设计人员就要用DBMS提供的数据定义语言和其他应用程序将数据库逻辑设计和物理设计结果严格地描述出来，成为DBMS可以接受的源代码，再经过调试产生出数据库模式。然后就可以组织数据入库、调试应用程序，这就是数据库实施阶段。在数据库实施后，对数据库进行测试，测试合格后，数据库进入运行阶段。在运行的过程中，要对数据库进行维护。

1.5.2 概念模型向关系模型转换

概念模型向关系数据模型的转化就是将用E-R图表示的实体、实体属性和实体联系转化为关系模式。具体而言就是转化为选定的DBMS支持的数据库对象。现在，绝大部分关系数据库管理系统（RDBMS）都支持表（Table）、列（Column）、视图（View）、主键（Primary Key）、外键（Foreign）、约束（Constraint）等数据库对象。

E-R模型向关系模型的转换规则如下。

（1）一个实体型转换为一个关系模式，实体的属性就是关系的属性，实体的码就是关系的码。

对于医生实体如图1-14所示，应将其转化为关系：

医生（<u>工作证号</u>，姓名，职称，年龄），其中下划线标注的属性表示关键字。

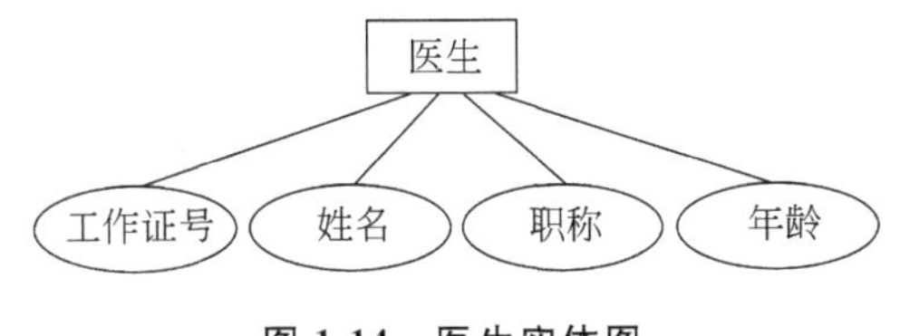

图1-14 医生实体图

（2）一个1∶1联系可以转换为一个独立的关系模式，也可以与任意一端对应的关系模式合并。如果转换为一个独立的模式，则与该联系相连的各实体的码及联系本身的属性均转换为关系的属性，每个实体的码均是该关系的候选键。

（3）一个1∶n联系的转换有两种方式。一是将联系转换成一个独立的关系模式，关系模式的名称取联系的名称，关系模式的属性取该联系所关联的两个实体的码及联系的属性，关系的码是多方实体的码；另一方式是将联系归并到关联的两个实体的多方，给待归并的多方实体属性集中增加一方实体的码和该联系的属性即可，归并后的多方实体码保持不变。一般采用后一种方式。

医生隶属关系E-R图如图1-15所示。图1-15 E-R图转化为以下两个关系：

① 医生（<u>工作证号</u>，姓名，职称，年龄，科室名）

② 科室（<u>科室名</u>，科室地址，科室电话）

其中，医生与科室之间的隶属关系通过医生关系的外键科室名来体现。

（4）一个m∶n联系转换为一个独立的关系模式，与该联系相连的各实体的码及联系本身的属性均转换为关系的属性，而关系的码为各实体码的组合。

学生选课E-R图如图1-16所示。图1-16学生选课关系E-R图转化为以下三个关系：

① 学生（<u>学号</u>，姓名，性别，出生年月）

② 课程（<u>课程号</u>，课程名，学分）

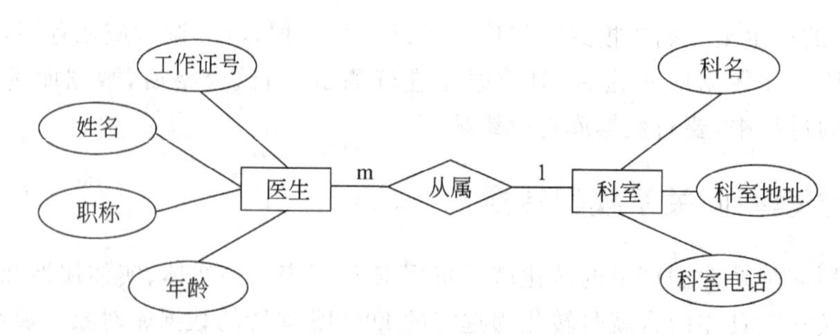

图 1-15　医生隶属关系 E-R 图

③ 选修(<u>学号</u>,<u>课程号</u>,成绩)

选修关系体现了学生选课的情况,它的码是学号与课程号的组合,学号属性是外键,它的取值参照学生关系学号的取值,课程号属性也是外键,它的取值参照课程关系中的课程号的取值。

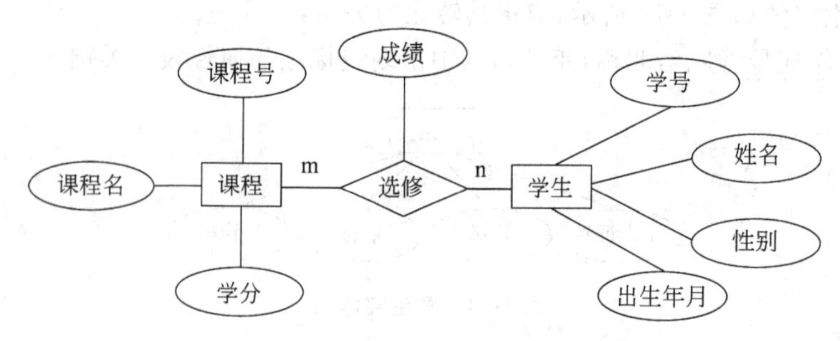

图 1-16　学生选课关系 E-R 图

(5) 3 个以上实体间的一个多元联系可以转换为一个独立的关系模式,与该联系相连的各实体的码及联系本身的属性均转换为关系的属性,而关系的码为各实体码的组合。

1.5.3　数据库设计实例

按照数据库设计的要求,数据库设计包括需求分析、概念结构设计、逻辑结构设计、物理结构设计、数据库实施、数据库运行和维护 6 个阶段。

1. 需求分析

需要设计一个教学管理系统,方便管理教师教学,学生选课考试等情况,经过详细调查、仔细分析后得出以下信息:一位学生可以选修多门课程,每门课程可以被多个学生选修,每个学生每门课程对应一个成绩。一门课程可以被多个老师讲授,一位老师可以讲授多门相关课程。每一位老师只来自一个系,一个系有很多位老师,同样每一位学生只能属于一个系,一个系拥有很多学生。

学生基本信息包括:学号,姓名,性别,出生年月,籍贯,邮箱,电话等。

教师基本信息包括:教师号,姓名,性别,出生年月,籍贯,邮箱,电话,职称,研究方向。

课程信息包括：学号，课程名，周课时，学期，学分。

系的信息包括：系编号，系名称，系主任。

2. 概念结构设计

采用自底向上法，即先定义各局部概念结构，再逐步整合画出 E-R 图。根据需求分析的结果，设计出“教学管理系统”数据库的 E-R 图。该 E-R 图有 4 个实体：系实体、教师实体、学生实体、课程实体、分别画出各个实体图，如图 1-17 至图 1-20 所示。

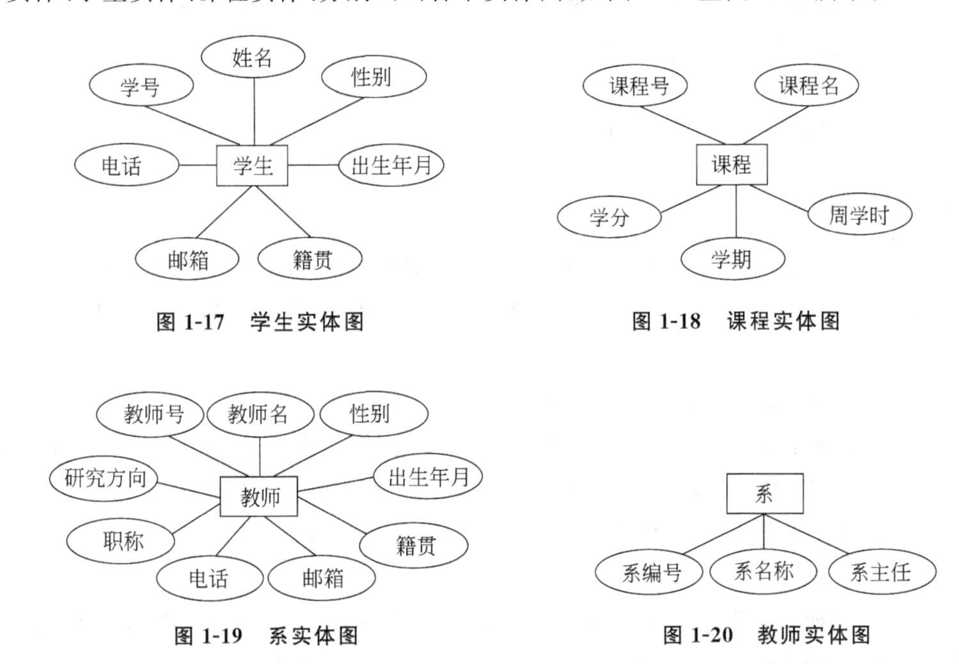

图 1-17 学生实体图

图 1-18 课程实体图

图 1-19 系实体图

图 1-20 教师实体图

根据全局设计概念模式，将局部 E-R 图根据它们之间的联系合并成一个完整的全局 E-R 图。由需求分解得出：学生实体与课程实体之间是多对多的联系，教师与课程之间也是多对多的联系，教师实体与系实体之间的联系是多对一联系。最后画出实体联系，将局部 E-R 图合成全局 E-R 图，如图 1-21 所示。

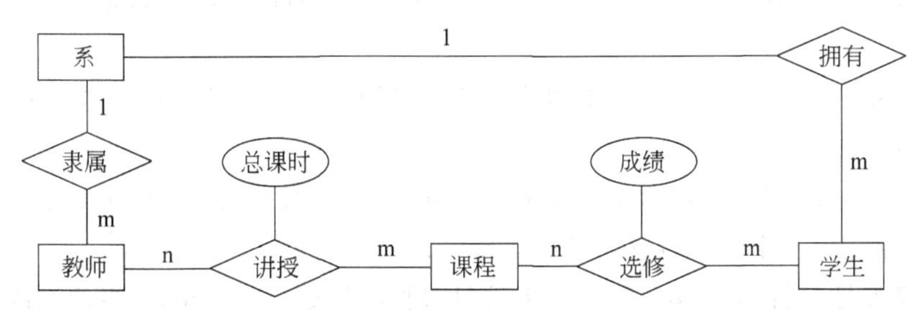

图 1-21 某教学管理系统的全局 E-R 图

3. 逻辑结构设计

根据概念结设计的结果，设计出“教学管理”数据库的逻辑关系模型，将E-R图转换为如下关系模型。

(1) 系(系编号，系名称，系主任)。

(2) 教师(教师号，姓名，性别，出生年月，籍贯，邮箱，联系电话，职称，研究方向，系编号)。

(3) 学生(学号，姓名，性别，出生年月，籍贯，邮箱，联系电话，系编号)。

(4) 课程(课程号，课程名，周课时，学期，学分)。

(5) 教师授课(教师号，课程号，总课时)。

(6) 学生选修(学号，课程号，成绩)。

4. 物理结构设计

将逻辑结构设计的关系模型转换为物理模型，即具体的关系型数据库管理系统所能够支持的模型。在SQL Server 2014中创建系表、学生表、教师表、课程表、授课表、学生选课表。

以学生表为例，说明一下表结构设计。

(1)“学号”列：只有学号列能唯一标识一个学生，将学号列设为该表主键。学号值有一定的意义。例如“200712110125”中“2007”表示入学年份，“12”表示系，“11”表示专业，“01”表示班级，“25”表示在班级中的序号。所以学号列可以是12位的定长字符型数据，数据类型为char(12)。

(2)“姓名”列：正常情况下，姓名一般不超过4个中文字符，但是考虑到少数民族学生的情况，可以采用可变字长字符型数据，数据类型为varchar(30)。

(3)“性别”列：只有“男”,“女”两种值，定义数据类型char(2)。

(4)“出生年月”列：该列可能进行日期运算，存放日期时间类型数据，列类型为datetime。

(5)“籍贯”列：存放家庭住址，可以采用可变字长字符型数据，数据类型为varchar(30)。

(6)“邮箱”列：存放学生的常用邮箱，可以采用可变字长字符型数据，数据类型为varchar(30)。

(7)“联系电话”列：存放学生的常用联系电话，考虑到手机以及固定电话两种情况，都是11位，采用定长字符型，数据类型为char(11)。

(8)“系编号”列：存放学生所在的系编号，对应系表departments表的系编号，采用4位定长字符型数据，数据类型为char(4)。

最后设计的学生students表的结构如表1-3所示。为了方便操作，表结构均采用英文字段名。

表 1-3　学生 students 表

列　名	列说明	数据类型	是否允许为空	默认值	是否主键
stu_id	学号	char(12)	不允许		是
stu_name	姓名	varchar(30)	不允许		否
stu_sex	性别	char(2)	允许		否
stu_birth	出生年月	datetime	允许		否
stu_birthplace	籍贯	varchar(30)	允许		否
stu_email	邮箱	varchar(20)	允许		否
stu_telephone	联系电话	char(11)	允许		否
dept_id	所在系	char(4)	不允许		外键

参照表学生 students 表的设计方法，同样设计其他表的结构分别如表 1-4 至表 1-8 所示。

表 1-4　系 departments 表

列　名	列说明	数据类型	是否允许为空	默认值	是否主键
dept_id	系编号	char(4)	不允许		是
dept_name	系名称	varchar(30)	不允许		否
dept_dean	系主任	varchar(30)	允许		否

表 1-5　教师 teachers 表

列　名	列说明	数据类型	是否允许为空	默认值	是否主键
teach_id	教师号	char(6)	不允许		是
teach_name	姓名	varchar(30)	不允许		否
teach_sex	性别	char(2)	允许		否
dept_id	所在系	char(4)	允许		外键
teach_birth	出生年月	datetime	允许		否
teach_birthplace	籍贯	varchar(30)	允许		否
teach_email	邮箱	varchar (20)	允许		否
teach_telephone	联系电话	char(11)	允许		否
teach_ professional	职称	varchar(10)	允许		否
teach_ research	研究方向	varchar(100)	允许		否

表 1-6 课程 courses 表

列　名	列说明	数据类型	是否允许为空	默认值	是否主键
cour_id	课程号	char(8)	不允许		是
cour_name	课程名	varchar(30)	不允许		否
cour_hour	周课时	int	允许		否
semester	学期	int	允许		否
credit	学分	int	允许		否

表 1-7 教师授课 course_arrange 表

列　名	列说明	数据类型	是否允许为空	默认值	是否主键
teach_id	教师号	char(6)	不允许		是
cour_id	课程号	char(8)	不允许		是
lecture_time	总课时	int			否

表 1-8 学生选课 course_score 表

列　名	列说明	数据类型	是否允许为空	默认值	是否主键
stu_id	学号	char(12)	不允许		是
cour_id	课程号	char(8)	不允许		是
score	成绩	float			否

另外，还需要对表设置完整性约束，创建索引、视图等。

5. 数据库实施、数据库运行和维护

在 SQL Server 2014 中创建表成功后，向表添加数据。

1.6 关系数据库规范化

针对一个具体应用，构造一个适合的数据模式，是数据库逻辑设计中一个极其重要的问题。由于关系模型有较为严格的数学理论基础，从而形成了关系数据库的设计理论。又因为这种合适的数据模式符合一定的规范化要求，又称为关系数据库的规范化理论。

规范化是降低和消除数据库中冗余数据的过程，尽管在大多数情况下冗余数据不能被完全消除，但可以将冗余数据降得最低。冗余度低的数据库容易维护数据的完整性，并且可以解决数据的插入、更新、删除异常。

为了方便说明问题，我们先看一个实例。

【例 1-2】 某系教学管理系统需要存储如下信息：学生的学号，姓名、性别、出生日期、学生所选修课程以及对应的成绩、课程的任课教师、教师所在的部门。该教学管理系统对应的语义是：一位学生可以选几门课程，每门课程被多位同学选修，每门课程有一位老师来讲授，每位教师来自不同的系。

作数据库设计时就要考虑：该系统需要构造几个关系模式？每个关系由哪些属性组成？

假设该系统数据库由一个单一关系模式 R 构成，则该关系模式的属性为学号、姓名、性别、出生日期、课程名、教师姓名、成绩、教师部门，即 R(学号，姓名，性别，出生日期，课程名，教师姓名，成绩，教师部门)。该关系的部分数据如表图 1-9 所示。

表 1-9 教学管理关系部分数据

学号	姓名	性别	出生日期	课程名	教师姓名	成绩	教师部门
200712110101	陈琛军	男	1986-7-19	大学语文	李小亮	45	中文系
200712110101	陈琛军	男	1986-7-19	计算机专业英语	韩晓丽	68	外国语系
200712110101	陈琛军	男	1986-7-19	Delphi 应用程序设计	蒋秀英	63	计算机科学系
200712110101	陈琛军	男	1986-7-19	操作系统	吕加国	78	计算机科学系
200712110101	陈琛军	男	1986-7-19	编译原理	迟庆云	60	计算机科学系
200712110101	陈琛军	男	1986-7-19	马克思主义基本原理	张丽英	80	政治与历史系
…	…	…	…	…	…	…	…
200712110145	韩小林	男	1989-7-18	中国近现代史纲要	王丽娟	60	政治与历史系

不难看出，关系教学管理存在着如下问题。

1. 数据冗余(Data Redundancy)

学生信息、教师信息重复存储，数据冗余度很大。假设有 500 名学生，学习 6 门课，则共有 3000 个元组，那么每个学生信息要存 3000 遍；每位任课教师及所在的部门要出现 500 次，其实都出现一次就够了。

2. 插入异常(Insert Anomalies)

由于主键中元素的属性值不能取空值，如果新分配来一位教师，还没有开课，则这位教师就无法插入；如果一位教师所开的课程无人选修，也无法插入。

3. 修改异常(Modification Anomalies)

如果一门课程更换任课教师，则需要修改多个元组。如果仅部分修改，部分不修改，就会造成数据的不一致性。

4. 删除异常(Deletion Anomalies)

如果该系的所有学生全部毕业，又没有新生，当从表中删除毕业学生的选课信息时，则连同此系的信息、教师信息全部丢失了。

由此可知，上述的教学管理关系尽管看起来能满足一定的需求，但存在的问题太多，并不是一个合理的关系模式。不合理的关系模式最突出的问题是数据冗余。关系系统中数据冗余产生的重要原因就在于对数据依赖的处理，从而影响到关系模式本身的结构设计。

解决数据间的依赖关系常常采用对关系的分解来消除不合理的部分，以减少数据冗余。在例 1-2 中，我们可以将教学管理关系分解为三个关系模式：学生基本信息（学号，姓名，性别，出生日期），教师任课信息（课程名，教师姓名，教师部门），及学生成绩（学号，课程名，成绩），分解后的部分数据如表 1-10、表 1-11 与表 1-12 所示。

表 1-10　学生信息

学　　号	姓　名	性 别	出生日期
200712110101	陈琛军	男	1986-7-19
200712110103	崔衍丽	女	1987-7-11
200712110104	冬晓超	男	1986-12-2
200712110105	甘明	男	1986-7-13
200712110106	葛瑞真	男	1988-5-14
…	…	…	…
200712110145	韩小林	男	1989-7-18

表 1-11　教师任课信息

课　程　名	教师姓名	教 师 部 门
大学语文	李小亮	中文系
计算机专业英语	韩晓丽	外国语系
Delphi 应用程序设计	蒋秀英	计算机科学技术系
操作系统	吕加国	计算机科学技术系
编译原理	迟庆云	计算机科学技术系
马克思主义基本原理	张丽英	政治与历史系
中国近现代史纲要	王丽娟	政治与历史系

表 1-12　学生成绩

学　　号	课　程　名	成　绩
200712110101	大学语文	45
200712110101	计算机专业英语	68
200712110101	Delphi 应用程序设计	63

续表

学　号	课　程　名	成　绩
200712110101	操作系统	78
…	…	…
200712110145	马克思主义基本原理	81
200712110145	中国近现代史纲要	60

从表1-10、表1-11与表1-12来看，上面提到问题基本解决了，但仍存在问题，读者可以自己分析。

由上面的讨论可知，在关系数据库的设计中，不是随便一种关系模式设计方案都“合适”，更不是任何一种关系模式都可以投入应用的。

有没有一种判别标准，来帮助识别一个关系模式是否存在异常，并且能指导对一个异常的关系模式进行改造，消除其异常呢？什么样的关系模式需要分解？分解关系模式的理论依据又是什么？分解后能完全消除上述的问题吗？回答这些问题需要理论的指导。下面几节将加以讨论。

1.6.1 函数依赖的基本概念

定义1.1 设R(U)是一个关系模式，U是R的属性集合，X和Y是U的子集。对于R(U)的任意一个可能的关系r，如果r中不存在两个元组，它们在X上的属性值相同，而在Y上的属性值不同，则称“X函数确定Y”或“Y函数依赖于X”，记作X→Y。

函数依赖和其他数据依赖一样，是语义范畴的概念。我们只能根据数据的语义来确定函数依赖。例如，知道学生的学号，可以唯一地查询到其对应的姓名、性别等，因而，可以说“学号函数确定姓名或性别”，记作“学号→姓名”、“学号→性别”等。这里的唯一性并非只有一个元组，而是指任何元组，只要它在X(学号)上相同，则在Y(姓名或性别)上的值也相同。如果满足不了这个条件，就不能说它们是函数依赖了。例如，学生姓名与年龄的关系，当只有在没有同名人的情况下可以说函数依赖“姓名→年龄”成立，如果允许有相同的名字，则“年龄”就不再依赖于“姓名”了。

当X→Y成立时，则称X为决定因素(Determinant)，称Y为依赖因素(Dependent)。

如果X→Y，且Y→X，则记其为X←→Y。

特别需要注意的是，函数依赖不是指关系模式R中某个或某些关系满足的约束条件，而是指R的一切关系均要满足的约束条件。函数依赖可以分为三种基本情形。

1. 平凡函数依赖与非平凡函数依赖

定义1.2 在关系模式R(U)中，对于U的子集X和Y，如果X→Y，但Y不是X的子集，则称X→Y是非平凡函数依赖(Nontrivial Function Dependency)。若Y是X的子集，则称X→Y是平凡函数依赖(Trivial Function Dependency)。

对于任一关系模式,平凡函数依赖都是必然成立的。它不反映新的语义,因此,若不特别声明,本书总是讨论非平凡函数依赖。

2. 完全函数依赖与部分函数依赖

定义1.3 在关系模式R(U)中,如果X→Y,并且对于X的任何一个真子集X1,都有X1→Y不成立,则称Y完全函数依赖(Full Functional Dependency)于X。若X→Y,但Y不完全函数依赖于X,则称Y部分函数依赖(Partial Functional Dependency)于X。

如果Y对X部分函数依赖,X中的“部分”就可以确定对Y的关联,从数据依赖的观点来看,X中存在“冗余”属性。

3. 传递函数依赖

定义1.4 在关系模式R(U)中,如果X→Y,Y→Z,且Y→X不成立,则称Z传递函数依赖(Transitive Functional Dependency)于X。

传递函数依赖定义中之所以要加上条件Y→X不成立,是因为如果Y→X,则X←→Y,这实际上是Z直接依赖于X,而不是传递函数了。

按照函数依赖的定义,可以知道,如果Z传递依赖于X,则Z必然函数依赖于X;如果Z传递依赖于X,说明Z是“间接”依赖于X,从而表明X和Z之间的关联较弱,表现出间接的弱数据依赖。因而亦是产生数据冗余的原因之一。

1.6.2 范式

关系模式的规范化主要解决的问题是关系中数据冗余及由此产生的操作异常。而从函数依赖的观点来看,即是消除关系模式中产生数据冗余的函数依赖。对关系的规范化要求分成从低到高不同的层次,分别称为第1范式、第2范式、第3范式、BC范式。

1. 第1范式(1NF)

定义1.5 如果关系模式R中每个属性值都是一个不可分解的数据项,则称该关系模式满足第一范式(First Normal Form),简称1NF,记为R∈1NF。

第一范式规定了一个关系中的属性值必须是“原子”的,它排斥了属性值为元组、数组或某种复合数据的可能性,使得关系数据库中所有关系的属性值都是“最简形式”,这样要求的意义在于做到起始结构简单,为以后复杂情形讨论带来方便。

说明:在任何一个关系数据库中,第一范式(1NF)是对关系模式的基本要求,不满足第一范式(1NF)的数据库就不是关系数据库。

非规范化关系转化为1NF的方法很简单,当然也不是唯一的,对表1-13别进行横向和纵向展开,即可转化为如表1-14所示的符合1NF的关系。

满足第1范式的关系模式还会存在插入异常、删除异常、修改异常的现象,并不一定是一个好的关系模式,要消除这些异常,还要满足更高层次的规范化要求。

表 1-13 具有组合数据项的非规范化关系

学 号	姓 名	期末考试成绩			
		大学语文	计算机英语	Delphi	操作系统
200712110101	陈琛军	45	68	63	78
…	…	…	…	…	…

表 1-14 具有多值数据项的规范化关系

学 号	姓 名	大学语文	计算机英语	Delphi	操作系统
200712110101	陈琛军	45	68	63	78
…	…	…	…	…	…

2. 第 2 范式(2NF)

定义 1.6 如果一个关系模式 R∈1NF,且它的所有非主属性都完全函数依赖于 R 的任一候选码,则 R∈2NF。

第 2 范式要求实体的属性完全依赖于候选码。所谓完全依赖是指不能存在仅依赖候选码一部分的属性,如果存在,那么这个属性和候选码的这一部分应该分离出来形成一个新的实体。所以第二范式的主要任务就是满足第一范式的前提下,消除部分函数依赖。

由教学管理关系(学号,姓名,出生日期,课程名,教师姓名,成绩,教师部门),可以判断出 R 满足第 1 范式的定义。由于属性集(学号,课程名)是候选关键字,即候选码(学号,课程名)是主属性,其他的属性如姓名、出生日期、成绩、教师姓名、教师部门是非主属性。由语义可得出:

(学号,课程名)→出生日期
学号→出生日期
课程名→教师姓名

候选码的子集也能函数决定"出生日期""教师姓名"非主属性,所以当前的关系 R 中存在非主属性"出生日期","教师姓名"对码的部分函数依赖,所以,R 不满足第 2 范式的定义。

由上面分析看出,学生信息、教师信息随着学生的选课门数反复存储而造成冗余,如果哪一门课程要更换老师,就要一一修改每一个学生相应课程的老师所带来的更新异常,正是 R 不满足第 2 范式而带来的麻烦。

3. 第 3 范式(3NF)

定义 1.7 如果一个关系模式 R∈2NF,且所有非主属性都不传递函数依赖于任何候选码,则 R∈3NF。

再来看教学管理关系 R(学号,姓名,出生日期,课程名,教师姓名,成绩,教师部门)是否满足 3NF 的定义,由于属性集(学号,课程名)是候选码,由语义得出:

课程名→教师姓名;所以(学号,课程名)→教师姓名。

通常的情况下,一位老师只属于一个系,因此教师姓名 →教师部门;非主属性“教师部门”传递函数依赖于候选码(学号,课程名)。

所以当前的关系 R 中存在非主属性“教师部门”对候选码的传递函数依赖,所以,教学管理关系 R 不满足第 3 范式的定义。

定理:若关系 R 符合 3NF 条件,则 R 一定符合 2NF 条件。

对于上面的结论不进行形式化证明。

4. BCNF 范式

定义 1.8 关系模式 $R\in 1NF$,对任何非平凡的函数依赖 $X\rightarrow Y(Y\not\subseteq X)$,X 均包含码,则 $R\in BCNF$。

BCNF 是从 1NF 直接定义而成的,可以证明,如果 $R\in BCNF$,则 $R\in 3NF$。

由 BCNF 的定义可以看到,每个 BCNF 的关系模式都具有如下 3 个性质。

(1) 所有非主属性都完全函数依赖于每个候选码。

(2) 所有主属性都完全函数依赖于每个不包含它的候选码。

(3) 没有任何属性完全函数依赖于非码的任何一组属性。

如果关系模式 $R\in BCNF$,由定义可知,R 中不存在任何属性传递函数依赖于或部分依赖于任何候选码,所以必定有 $R\in 3NF$。但是,如果 $R\in 3NF$,R 未必属于 BCNF。

BCNF 是对 3NF 的改进,但是在具体实现时有时是有问题的。这里不再就这个问题展开进一步的讨论,有兴趣的读者可以参考有关书籍。

3NF 和 BCNF 是以函数依赖为基础的关系模式规范化程度的测度。

如果一个关系数据库中的所有关系模式都属于 BCNF,那么在函数依赖范畴内,它已实现了模式的彻底分解,达到了最高的规范化程度,消除了插入异常和删除异常。

以上四种范式,它们之间存在如下关系(见图 1-22):

$$BCNF\subseteq 3NF\subseteq 2NF\subseteq 1NF$$

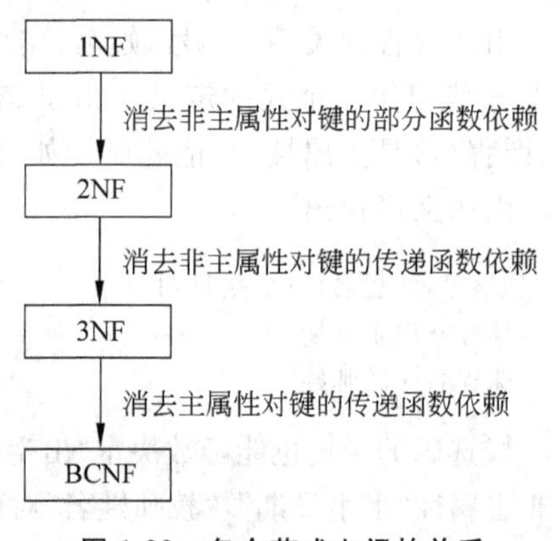

图 1-22 各个范式之间的关系

1.6.3 关系的规范化

从上面的讨论中可以看出,符合 3NF(或 BCNF)规范标准的关系模式有比较好的性质,冗余就会的大大减少,会解决插入、删除、更新异常等问题。但是在实际应用中,所建立的关系并不符合 3NF,这就需要将一个不满足 3NF 条件的关系模式通过分解的方式改造成符合 3NF 模式的关系。

所谓关系模式的规范化,就是对原有关系在不同的属性上进行投影,从而将原有关系分解为两个或两个以上的含有较少属性的多个关系模式的过程。规范化过程应该保

证分解后产生的模式和原来的模式等价。常用的等价标准有如下要求:

(1) 分解是具有无损连接性的;

(2) 分解是保持函数依赖的;

(3) 分解既要具有无损连接又要保持函数依赖两种。

无损连接:如果对分解后的新关系进行自然连接得到的元组的集合与原关系完全一致,则称为无损连接(Lossless Join)。无损连接能够保证不丢失信息。

Heath 定理:假设有一个关系 R{A,B,C},A、B 和 C 是属性集。如果函数依赖 A→B 并且 A→C,则 R 和投影Ⅱ{A,B},Ⅱ{A,C}的连接等价。

由 Heath 定理可知,只要将关系 R 的某个候选关键字分解到每个子关系中,就会同时保持连接不失真和依赖不失真。

1. R∈1NF,R 不满足 2NF,分解 R 使其满足 2NF

当 R 不满足 2NF 条件,根据定义,R 中一定存在候选码和非主属性 X,使得 X 部分函数依赖于 S,因此,候选码 S 一定是一个属性组合。设 S=(S1,S2),并且 S1→X 是 R 中的函数依赖关系。

```
R=(S1,S2,X1,X2)
Primary Key(S1,S2)       /*(S1,S2)组合是候选码,X1,X2 是非主属性
S1→X1                    /*(S1,S2)组合是候选码,非主属性 X1 部分函数依赖于候选码
```

将 R 分解成 R1 和 R2 两个关系,

(1) 关系 R1(S1,S2,X2)

```
Primary Key(S1,S2)       /*(S1,S2)组合是关系 R1 的候选码
```

(2) 关系 R2(S1,X1)

```
Primary Key(S1)          /*属性 S1 是关系 R1 的候选码
```

如果 R1,R2 不满足 2NF 条件,可以继续上述分解过程,直到分解后的每一个关系模式都满足 2NF。

再回过来看看教学管理关系 R(学号,姓名,性别,出生日期,课程名,教师姓名,成绩,教师部门)是如何分解的。已经判定该关系的候选码为(学号,课程名)组合,学号、课程名为主属性,姓名、教师姓名、性别、出生日期、教师姓名、成绩、教师部门为非主属性。因此在这个关系中,(学号,课程名)相当于(S1,S2),首先分成两个关系 R1,R2。

(1) 关系 R1(学号,课程名,成绩)。

(2) 关系 R2 (学号,姓名,性别,出生日期,课程名,教师姓名,教师部门)。

很显然,关系 R1 已经满足 2NF 了,关系 R2 不满足 2NF,还需要继续分解成 R21,R22。

(1) 关系 R21 (学号,姓名,性别,出生日期)。

(2) 关系 R22(课程名,教师姓名,教师部门)。

关系 R1,R21,R22,即对应表 1-10 至表 1-12 都达到 2NF。经过这样的处理后,上述冗

余与异常问题基本就解决了。但从表 1-11 即对应关系 R22 中还可以看出：如果一位新来的老师还没有安排课程就无法插入，仍然存在插入异常。我们继续看看关系 R22 的分解。

2. R∈2NF，R 不满足 3NF，分解 R 使其满足 3NF

关系 R22(课程名，教师姓名，教师部门)，由语义可以得出：

课程名→教师姓名，教师姓名→教师部门，关系 R22 中存在传递函数依赖。R22 满足 2NF 条件，但不符合 3NF 条件，说明 R 中的所有非主属性对 R 中的任何候选码都是完全函数依赖的，但是至少存在一个属性是传递函数依赖的。因此存在 R 中的非主属性间的依赖作为传递依赖的过渡属性，即

```
R=(S,X1,X2)
Primary Key(S)                    /* S是关系 R的候选码
X1→X2                             /* 非主属性通过 X1 传递函数依赖于 S
```

将 R 分解成 R1 和 R2 两个关系。

(1) 关系 R1(S,X1)。

```
Primary Key(S)                    /* S是关系 R1的候选码
Foreign Key(X1)                   /* X1是关系 R1的外键
```

(2) 关系 R2(X1,X2)。

```
Primary Key(X1)                   /* 属性 X1是关系 R2的候选码
```

如果，R1，R2 还不满足 3NF，可以重复上述过程，直到符合条件为止。

按照上面的算法，再来看关系 R22(课程名，教师姓名，教师部门)的分解过程，在关系 R22 中属性课程名相当于属性 S，属性“教师姓名”相当于 X1，属性“教师部门”相当于 X2，因此 R22(课程名，教师姓名，教师部门)=(S,X1,X2)。

(1) 关系 R22_1(S,X1)=(课程名，教师姓名)∈3NF。

(2) 关系 R22_2(X1,X2)=(教师姓名，教师部门)∈3NF。

因此，表 1-11 需要继续分解成表 1-15 和表 1-16，问题才可以彻底解决。

表 1-15 教师部门表

教师姓名	教师部门
李小亮	中文系
韩晓丽	外国语系
蒋秀英	计算机科学系
吕加国	计算机科学系
迟庆云	计算机科学系
张丽英	政治与历史系
王丽娟	政治与历史系

表 1-16 教师任课表

课 程 名	教师姓名
大学语文	李小亮
计算机专业英语	韩晓丽
Delphi 应用程序设计	蒋秀英
操作系统	吕加国
编译原理	迟庆云
马克思主义基本原理	张丽英
中国近现代史纲要	王丽娟

教学管理关系R(学号,姓名,性别,出生日期,课程名,教师姓名,成绩,教师部门)通过规范化后,最终分为四个关系。

(1) 关系R1(学号,课程名,成绩)。

(2) 关系R21(学号,姓名,性别,出生日期)。

(3) 关系R22_1(课程名,教师姓名)。

(4) 关系R22_2(教师姓名,教师部门)。

关系R的分解过程可以用图1-23表示。

R(学号,姓名,性别,出生日期,课程名,教师姓名,成绩,教师部门)

↓ **消除姓名,性别,出生日期,教师姓名,成绩,教师部门的部分依赖**

R1(学号,课程名,成绩)
R2(学号,姓名,性别,出生日期,课程名,教师姓名,教师部门)

↓ **消除姓名,性别,出生日期,教师姓名,教师部门的部分依赖**

R21(学号,姓名,性别,出生日期)
R22(课程名,教师姓名,教师部门)

↓ **消除教师部门的传递依赖**

R22_1(课程名,教师姓名)
R22_2(教师姓名,教师部门)

图1-23 关系R的分解过程

所有关系都达到了第3范式,我们再来考察一下。

(1) 数据存储量减少。教师信息、学生信息不再随课程数目反复存储。

(2) 更新方便。

① 插入解决:对一位教师所开的无人选修的课程可方便地在课程信息表中插入。新分配来的教师或列入计划但目前不开课的课程,也可以插入。

② 修改方便:原关系中对数据修改所造成的数据不一致性,在分解后得到了很好的解决,改进后,只需要修改一处。

③ 删除问题也部分解决:当所有学生都退选一门课程时,删除退选的课程不会丢失该门课程的信息。

虽然改进后的模式解决了不合理的关系模式所带来的问题,但同时,改进后的关系模式也会带来新的问题,如当查询某个学生某门课程成绩时,就需要将两个关系连接后进行查询,增加了查询时关系的连接开销,而关系的连接代价却又是很大的。因此,关系规范化理论只是数据库设计的工具和理论指南。在应用这些指南时应当结合应用环境和现实世界,并不是规范化程度越高,模式就越好。至于一个具体的数据库关系模式设计要分解到第几范式,应当综合利弊,全面权衡,依实际情况而定。

小 结

本章概述数据库的基本概念,并通过对数据管理技术发展的三个阶段的介绍,阐述了数据库技术产生和发展的背景,也说明了数据库系统的优点。

(1) 数据模型是数据库系统的核心和基础。本章介绍了组成数据模型的三个要素和概念模型。概念模型也称信息模型,用于信息世界的建模,E-R 模型是这类模型的典型代表。在 E-R 模型图中,实体用矩形框表示,实体的属性用椭圆表示,它们之间的联系用菱形框表示,在实体和联系之间用无向边连接起来,无向边带有"1"、"n"或"m"等值,用来表示联系的性质,即表示实体之间的联系是一对一、一对多或多对多等关系。

(2) 数据模型的发展经历了非关系化模型(层次模型、网状模型)、关系模型,正在走向面向对象模型。关系数据模型的数据结构是二维表,基本概念包括:关系、关系模式、属性、域、元组、分量、关键字、候选关键字和外部关键字等。关系可以用二维表来表示,但在关系中,元组之间是没有先后次序的,属性之间也没有先后次序。

(3) 在关系数据库的设计中,不是随便一种关系模式设计方案都"合适",更不是任何一种关系模式都可以投入应用。规范化就是确定表中各个属性之间的数据依赖,并逐一进行分析,考察是否存在部分函数依赖、传递函数依赖、多值依赖等,确定属于哪种范式。根据需求分析的处理要求,分析是否合适从而进行分解。

学习这一章应把注意力放在掌握基本概念和基本知识方面,为进一步学习下面章节打好基础。

习　题

1. 人工管理阶段和文件系统阶段的数据管理各有哪些特点?
2. 什么是关系模型?关系的完整性包括哪些内容?
3. 三个实体集间的多对多联系和三个实体集两两之间的三个多对多联系等价吗?为什么?
4. 如何将 E-R 图转换为关系数据模型?
5. 什么是 E-R 模型?E-R 模型的主要组成有哪些?
6. 简述数据库的设计过程。
7. 下面给出一个数据集,判断它是否可直接作为关系数据库中的关系,若不行,则改造成为尽可能好的并能作为关系数据库中关系的形式,同时说明进行这种改造的理由。

系　名	课程名	教师名
计算机系	DB	李军,刘强
机械系	CAD	金山,宋海
造船系	CAM	王华
自控系	CTY	张红,曾键

8. 一个图书借阅管理数据库要求提供下述服务:

(1) 可随时查询书库中现有书籍的品种、数量与存放位置。所有各类书籍均可由书号唯一标识。

(2) 可随时查询书籍借还情况,包括借书人单位、姓名、借书证号、借书日期和还书日期。约定：任何人可借多种书，任何一种书可为多个人所借，借书证号具有唯一性。

(3) 当需要时，可通过数据库中保存的出版社的电报编号、电话、邮编及地址等信息向有关书籍的出版社增购有关书籍。约定：一个出版社可出版多种书籍，同一本书仅为一个出版社出版，出版社名具有唯一性。

根据以上情况和假设，试作如下设计：

(1) 设计满足需求的E-R图。

(2) 转换为等价的关系模型结构。并写出每个关系模式的主码和外码。

9. 设某商业集团数据库中有三个实体集。

一是“仓库”实体集，属性有仓库号、仓库名和地址等；二是“商店”实体集，属性有商店号、商店名、地址等；三是“商品”实体集，属性有商品号、商品名、单价。设仓库与商品之间存在“库存”联系，每个仓库可存储若干种商品，每种商品存储在若干仓库中，每个仓库每存储一种商品有个日期及存储量；商店与商品之间存在着“销售”联系，每个商店可销售若干种商品，每种商品可在若干商店里销售，每个商店销售一种商品有月份和月销售量两个属性；仓库、商店、商品之间存在着“供应”联系，有月份和月供应量两个属性。

(1) 试画出E-R图，并在图上注明属性、联系类型、实体标识符。

(2) 将E-R图转换成关系模型，并说明主键和外键。

10. 下面给出的关系R为第几范式？是否存在操作异常？若存在，则将其分解为高一级范式。分解完成的高级范式中是否可以避免分解前关系中存在的操作异常？

关系 R

工程号	材料号	数量	开工日期	完工日期	价格
P_1	I_1	4	9805	9902	250
P_1	I_2	6	9805	9902	300
P_1	I_3	15	9805	9902	180
P_2	I_1	6	9811	9912	250
P_2	I_4	18	9811	9912	350

第2章 chapter 2

SQL Server 2014 数据库的使用

本章教学重点及要求

- 了解 SQL Server 2014 数据库平台
- 掌握 SQL Server 2014 的安装方法，并能正确地作出安装选择
- 熟悉常用的 SQL Server 2014 提供的服务及其作用
- 掌握服务器配置管理的使用方法

2.1 SQL Server 2014 概述

SQL Server 2014 系统是 Microsoft 公司于 2014 年 04 月 01 日向全球发布的基于 C/S 模式的大型分布式高性能关系数据库管理系统，与 Windows 操作系统高度集成，能充分地利用视窗操作系统的优势，是一个全面的、集成的、端到端的数据解决方案。它为企业中的用户提供了一个更安全可靠和更高效的平台。

SQL Server 2014 添加了一个重要的新功能——内存中 OLTP(内存中优化)。内存中 OLTP 是一种内存优化的数据库引擎，它集成到 SQL Server 引擎中并且是为 OLTP 优化的。内存中 OLTP 将提高具有短时间运行的事务的 OLTP 中的性能。

2.1.1 SQL Server 的发展过程

SQL Server 数据库经历了长期的发展，现已成为商业应用中最重要的组成部分。该数据库产品演变的过程如下。

1988 年，SQL Server 由微软公司与 Sybase 共同开发，运行于 OS/2 平台。

1993 年，SQL Server 4.2 版，定位为桌面数据库系统，包含的功能较少。该版本与 Windows 操作系统进行了集成，并提供了易于使用的操作界面。

1995 年，微软公司发布了 SQL Server 6.0 版本。这款产品为小型商业应用提供了低价的数据库方案。

1996 年，微软公司对数据库进行了升级，发布了 SQL Server 6.5 版本。

1998 年，微软公司发布了 SQL Server 7.0 数据库系统，提供中小型商业应用数据库方案。该版本增强了对 Web 等功能的支持，得到了广泛的使用。

2000 年，微软公司发布了 SQL Server 2000 企业级数据库系统，其包含了三个主要组件(关系型数据库，分析服务，English Query 工具)。该版本提供了丰富的使用工具、完善的开发工具，对 XML 提供了支持，在互联网等领域广泛使用。

2005 年，微软公司发布了 SQL Server 2005 版本，SQL Server 2005 是一个全面的数据库平台，使用集成的商业智能(BI)工具提供了企业级的数据管理，为关系型数据和结构化数据提供了更安全可靠的存储功能，使用户可以构建和管理用于业务的高可用和高性能的数据的应用程序。

2008 年，微软公司发布了 SQL Server 2008 版本，SQL Server 2008 是一个重大的产品版本，它推出了许多新的特性和关键的改进。它满足数据爆炸和下一代数据驱动应用程序的需求，支持数据平台愿景：关键任务企业数据平台、动态开发、关系数据和商业智能。

2012 年，微软公司发布了 SQL Server 2012 版本，其中文标准版被定位为可用性和大数据领域的领头羊，能够快速构建相应的解决方案，实现私有云与公有云之间数据的扩展与应用的迁移，提供对企业基础架构最高级别的支持，提供了更多更全面的 BI 功能以满足不同人群对数据以及信息的需求。

2014 年，微软公司发布了 SQL Server 2014 版本，SQL Server 2014 的技术聚焦在：集成内存 OLTP 技术的数据库产品，关键业务和性能的提升，安全和数据分析，以及混合云搭建等方面。可以为那些对数据库有极高要求的应用程序提供符合需求的数据平台。

2.1.2 SQL Server 2014 的版本

SQL Server 2014 共有 6 个版本，三个主要版本：企业版(Enterprise)、商业智能版(Business Intelligence)和标准版(Standard)；专业版本为网络版(Web)；扩展(延伸)版本包括：开发者版(Developer)和 Express 版，是针对特定的用户应用而设计的，可免费获取或只需支付极少的费用。表 2-1 列举了 SQL Server 2014 数据库的主版本功能概况，表 2-2 介绍了 SQL Server 的扩展版本。

表 2-1 SQL Server 2014 版本介绍

SQL Server 2014 版本	描　述
Enterprise Edition (32 位和 64 位) ——企业版	作为高级版本，SQL Server 2014 Enterprise 版提供了全面的高端数据中心功能，性能极为快捷、虚拟化不受限制，还具有端到端的商业智能——可为关键任务工作负荷提供较高服务级别，支持最终用户访问深层数据。以满足苛刻的数据库和商业智能要求
Business Intelligence (64 位和 32 位) ——商业智能版	SQL Server 2014 Business Intelligence 版提供了综合性平台，可支持组织构建和部署安全、可扩展且易于管理的 BI 解决方案。它提供基于浏览器的数据浏览与可见性等卓越、强大的数据集成功能，以及增强的集成管理功能
Standard (64 位和 32 位) ——标准版	SQL Server 2014 Standard 版提供了基本数据管理和商业智能数据库，使部门和小型组织能够顺利运行其应用程序并支持将常用开发工具用于内部部署和云部署——有助于以最少的 IT 资源获得高效的数据库管理

表 2-2　SQL Server 2014 扩展版本介绍

SQL Server 扩展版本	描　述
Developer （64 位和 32 位）	SQL Server 2014 Developer 版支持开发人员基于 SQL Server 构建任意类型的应用程序。它包括 Enterprise 版的所有功能，但有许可限制，只能用作开发和测试系统，而不能用作生产服务器。SQL Server Developer 是构建和测试应用程序的人员的理想之选
Express 版 （64 位和 32 位）	SQL Server 2014 Express 是入门级的免费数据库，是学习和构建桌面及小型服务器数据驱动应用程序的理想选择。它是独立软件供应商、开发人员和热衷于构建客户端应用程序的人员的最佳选择。可以将 SQL Server Express 无缝升级到其他更高端的 SQL Server 版本。SQL Server Express LocalDB 是 Express 的一种轻型版本，该版本具备所有可编程性功能，但在用户模式下运行，并且具有快速零配置安装和必备组件要求较少的特点

2.1.3　SQL Server 2014 的体系结构

SQL Server 的体系结构是指对 SQL Server 的组成部分和这些组成部分之间关系的描述。下面分别介绍主要的组件。

1. 核心组件

SQL Server 2014 系统由 5 个核心部分组成，每个部分对应一个服务，它们分别是：数据库引擎（Database Engine）、分析服务（Analysis Services）、报表服务（Reporting Services）、集成服务（Integration Services）和主数据服务（Master Data Services，MDS）。

（1）数据库引擎

SQL Server 数据库引擎包括数据库引擎（用于存储、处理和保护数据安全的核心服务）、复制、全文搜索、用于管理关系数据和 XML 数据的工具以及 Data Quality Services（DQS）服务器。

（2）分析服务

分析服务为商业智能应用程序，提供了联机分析处理（OLAP）和数据挖掘功能。允许用户设计、创建以及管理其中包含从其他数据源（例如关系数据库）聚合而来的数据的多维结构，从而提供 OLAP 支持。对于数据挖掘应用程序，分析服务允许使用多种行业标准的数据挖掘方法来设计、创建和可视化从其他数据源，构造的数据挖掘模型。

（3）报表服务

报表服务是一种基于服务器的新型报表平台，可用于创建和管理包含来自关系数据源和多维数据源的数据的表格报表、矩阵报表、图形报表和自由格式报表。可以通过基于 Web 的连接来查看和管理用户创建的报表。

（4）集成服务

集成服务是一种企业数据转换、数据集成解决方案，用户可以使用它从不同的源提取、转换以及合并数据，并将其移至单个或多个目标。

(5) 主数据服务

主数据服务是针对主数据管理的 SQL Server 解决方案。可以配置 MDS 来管理任何领域(产品、客户、账户);MDS 中可包括层次结构、各种级别的安全性、事务、数据版本控制和业务规则,以及可用于管理数据的 Excel 外接程序。

2. SQL Server 工具和实用工具

SQL Server 提供了设计、开发、部署和管理关系数据库、Analysis Services 多维数据集、数据转换包、复制拓扑、报表服务器和通知服务器所需的工具。

2.1.4 SQL Server 2014 的主要特性

Microsoft SQL Server 2014 作为微软公司数据平台"走向云端"的重要基石,2014 版本有着相当重要的意义。微软在一篇官方博文中表示:"SQL Server 2014 带来了突破性的性能和全新的 in-memory 增强技术,以帮助客户加速业务和向全新的应用环境进行切换"。

SQL Server 2014 三大新特性:集成内存 OLTP、BI 和混合云搭建。

内置内存技术:集成内存 OLTP(Online Transaction Processing,OLTP)技术,针对数据仓库而改善内存列存储技术;通过 Power Pivot 实现内存 BI 等。使得在不修改应用程序的情况下能够提升性能,再加上可更新的列存储索引、使用固态硬盘(Solid-State Drives,SSD)的缓冲池扩展以及 AlwaysOn 功能的增强(包括支持多达 8 个副本),让 SQL Server 2014 成为最强大的 SQL Server 版本。

借助于新的基于 Office 的商业智能(Business Intelligence,BI)工具(如 Power Query 和 Power Map),以及 Power View 和 PowerPivot 的改进,使用户在任何时候都可以方便地访问数据。另外,企业选项(如 Parallel Data Warehouse with Polybase)让组织能够利用 Microsoft BI 工具的强大功能,加速分析以快速获取突破性的洞察力,并提供基于移动设备的访问,获得关于自己数据的前所未见的深入见解。

混合云的平台:跨越客户端和云端,Microsoft SQL Server 2014 为企业提供了云备份以及云灾难恢复等混合云应用场景,无缝迁移关键数据至 Microsoft Azure。企业可以通过一套熟悉的工具,跨越整个应用的生命周期,扩建、部署并管理混合云解决方案,实现企业内部系统与云端的自由切换。

随着发布版本的增加,SQL Server 变得越来越庞大,与其他产品和功能存在大量的交互,使它的性能、规模和可用性越来越好。

2.2 SQL Server 2014 的安装

SQL Server 2014 数据库的安装不仅要求根据实际的业务需求,选择正确的数据库版本,还要求检测计算机软、硬件条件是否满足该版本的最低配置,以确保安装的有效性和可用性。

2.2.1 SQL Server 2014 安装环境的配置

安装 SQL Server 2014 数据库前,除了要确保计算机满足最低的硬件需求外,还要适当考虑数据库未来发展的需要。SQL Server 2014 数据库的安装程序,在不满足安装所要求的最低硬件配置时,将会给出提示。

1. 硬件需求

SQL Server 2014 的硬件需求如表 2-3 所示。

表 2-3 硬件需求

硬件名称	配置要求
处理器(CPU)	64 位安装;速度:1.4GHz 或更高,建议 2.0GHz 或更快 x64 处理器:AMD Opteron、AMD Athlon 64、支持 Intel EM64T 的 Intel Xeon、支持 EM64T 的 Intel Pentium 4 x86 处理器:Pentium Ⅲ兼容处理器或更快
内存容量(RAM)	1GB(Express 版为 512MB);推荐 4GB,并且应该随着数据库大小的增加而增加,以便确保最佳的性能
硬盘空间	要求最少 6GB 的可用硬盘空间。磁盘空间要求将随所安装的 SQL Server 2014 组件不同而发生变化 数据库引擎和数据文件、复制、全文搜索以及数据质量服务:811MB Analysis Services 和数据文件:345MB Reporting Services 和报表管理器:304MB Integration Services:591MB;Master Data Services:243MB 客户端组件(除了 SQL Server 联机丛书组件和 Integration Services 工具以外):1823MB 用于查看和管理帮助内容的 SQL Server 联机丛书组件:375KB
显示器	Super-VGA(800x600)或更高分辨率的显示器

2. 操作系统需求

SQL Server 2014 数据库安装前,要求对操作系统及相关软件检测,只有在满足其最低的版本要求后,才能进行安装。否则,可能造成组件安装不全,或者系统安装失败。

SQL Server 2014 版支持的操作系统有:Windows Server 2008、Windows Server 2008 R2、Windows Server 2012、Windows Server 2012 R2。标准版还支持 Windows 7、Windows 8、Windows 8.1、Windows 10 操作系统。

建议在使用 NTFS 文件格式的计算机上运行 SQL Server 2014。

3. 其他软件要求

SQL Server 2014 数据库对环境要求预先安装的其他软件如表 2-4 所示。

表 2-4 软件其他要求

版本或组件	操作系统与软件配置
Internet 软件	使用 Internet 功能需要连接 Internet
.NET Framework	在选择 SQL Server 2014、数据库引擎、Reporting Services、Master Data Services、复制或 Data Quality Services 时,.NET 3.5 SP1 是 SQL Server Management Studio 所必需的,但不再由 SQL Server 安装程序安装。NET.0 是 SQL Server 2014 所必需的
Windows PowerShell	对于数据库引擎组件和 SQL Server Management Studio 而言,Windows PowerShell 2.0 是一个安装必备组件
网络软件	SQL Server 2014 支持的操作系统具有内置网络软件。独立安装的命名实例和默认实例支持以下网络协议:共享内存、命名管道、TCP/IP 和 VIA

2.2.2 SQL Server 2014 的安装过程

微软提供了使用安装向导和命令提示符安装 SQL Server 2014 数据库。安装向导提供图形用户界面,提供初次安装 SQL Server 2014 的指南,包括功能选择、实例命名规则、服务账户配置、强密码指南以及设置排序规则的方案等,引导用户对每个安装选项做相应的决定。

确保满足 SQL Server 2014 的软硬件需求后,使用安装向导安装,参考步骤如下。

(1) 打开安装包中的 setup.exe 文件,出现"SQL Server 安装中心"对话框,如图 2-1 所示。

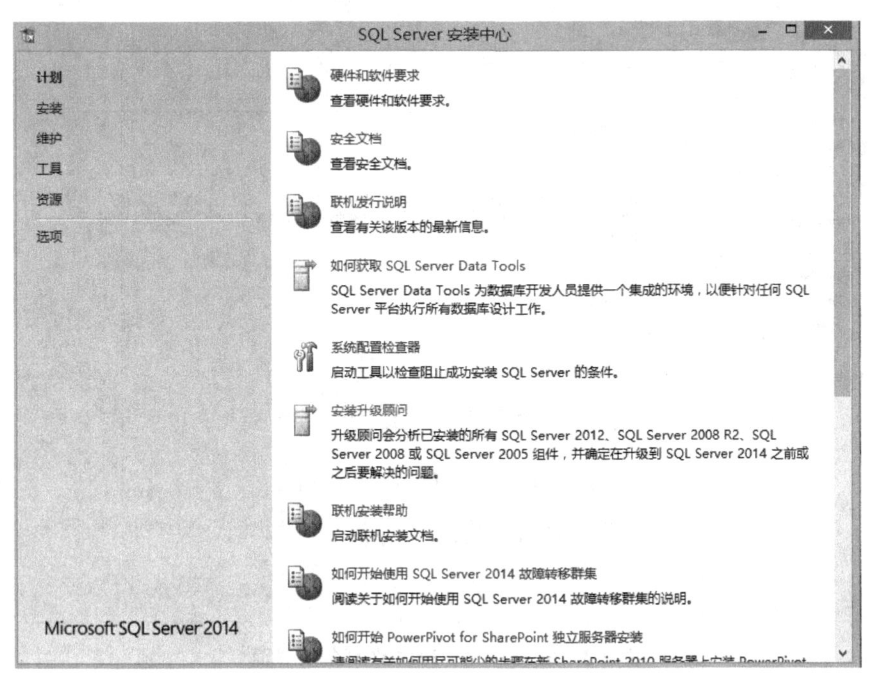

图 2-1 SQL Server 安装中心

（2）单击左侧的“安装”选项卡，选择右侧的“全新 SQL Server 独立安装或向现有安装添加功能”，如图 2-2 所示。

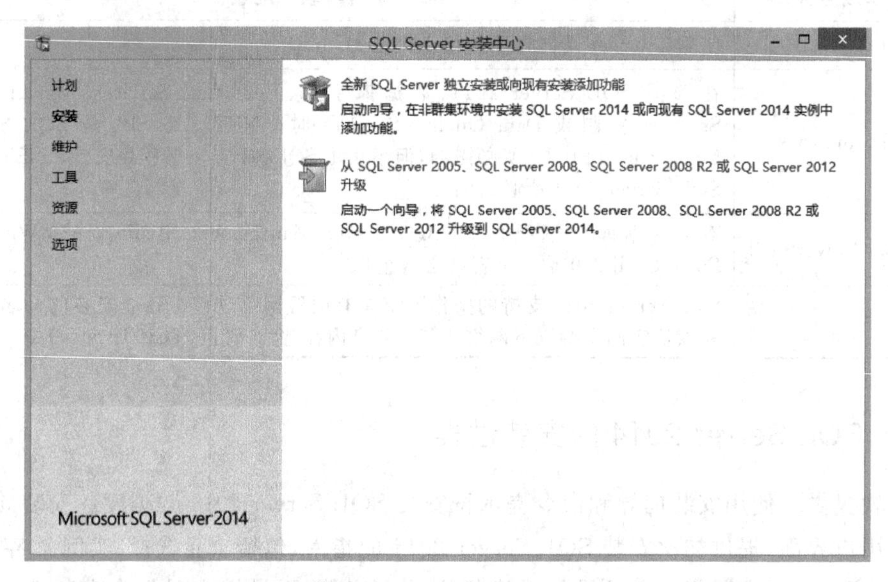

图 2-2　SQL Server 安装向导

（3）在出现的“许可条款”界面中，选中“我接受许可条款”，单击“下一步”，如图 2-3 所示。

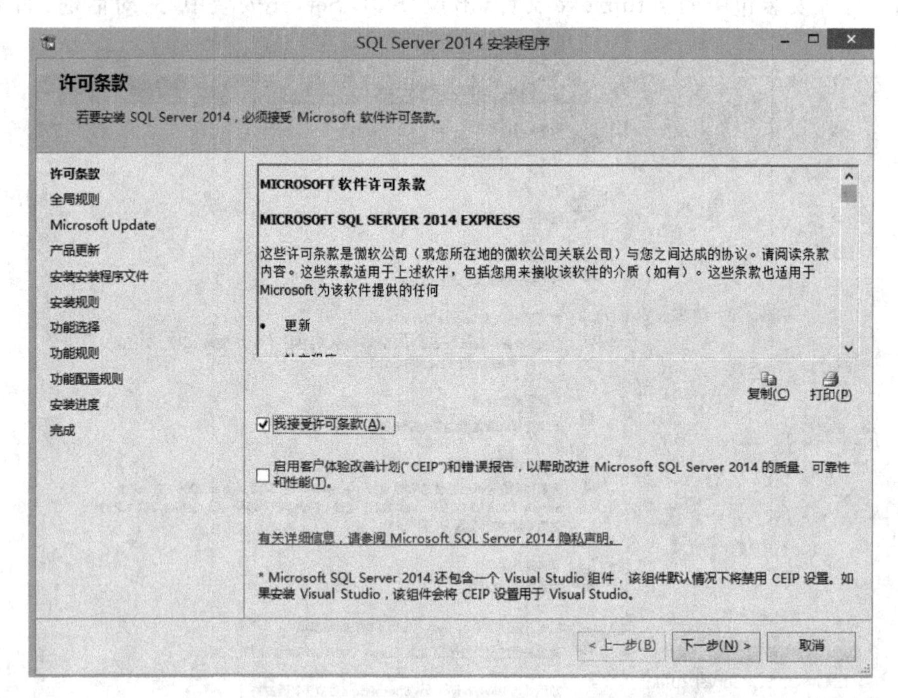

图 2-3　SQL Server 2014 许可条款界面

（4）弹出“安装规则”界面，只要没有出现错误提示信息，单击“下一步”，如图 2-4

所示。

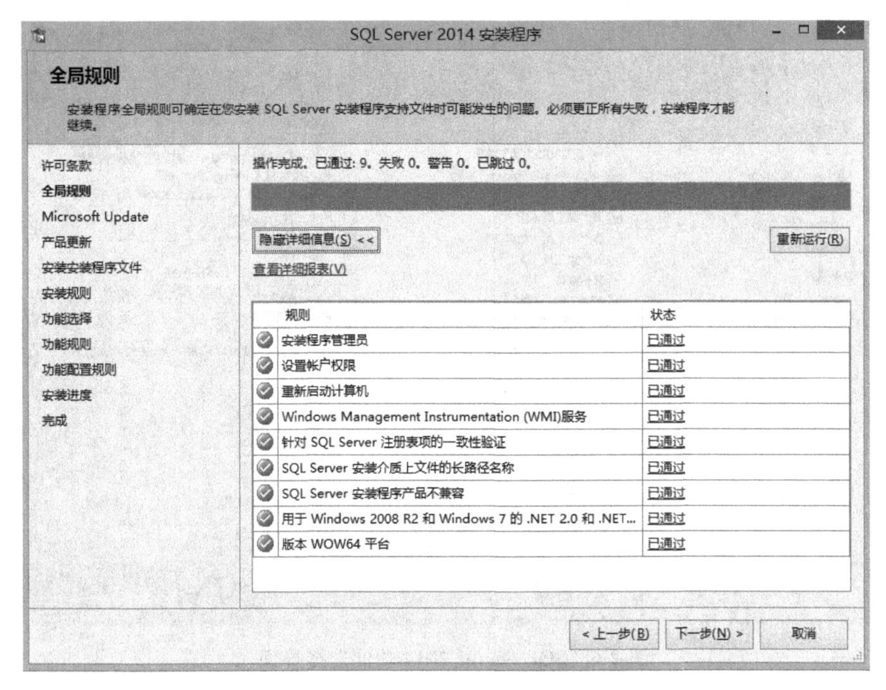

图 2-4 SQL Server 2014 安装规则界面

(5) 出现检查重要更新界面,直接单击“下一步”,如图 2-5 所示。

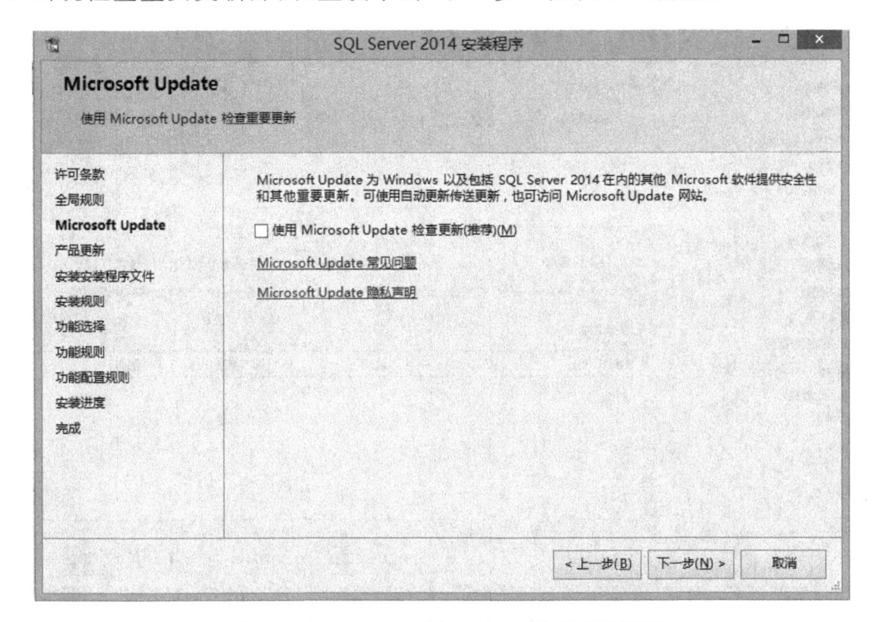

图 2-5 SQL Server 2014 检查重要更新界面

(6) 弹出“功能选择”界面,勾选必要的功能组件选项,单击“下一步”,如图 2-6 所示。

(7) 弹出“实例配置”界面,选择“默认实例”选项,单击“下一步”,如图 2-7 所示。

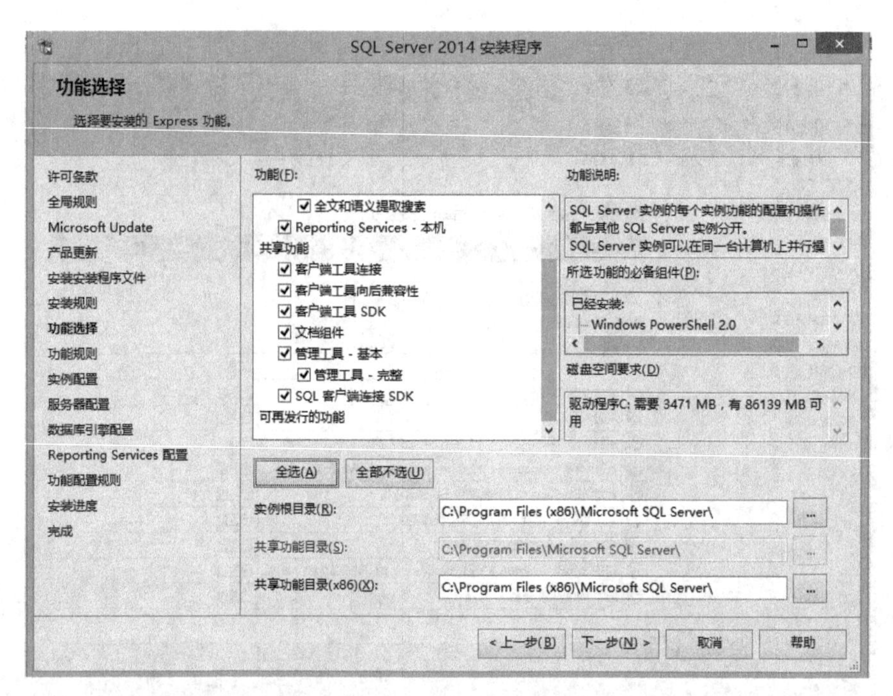

图 2-6　SQL Server 2014 功能选择界面

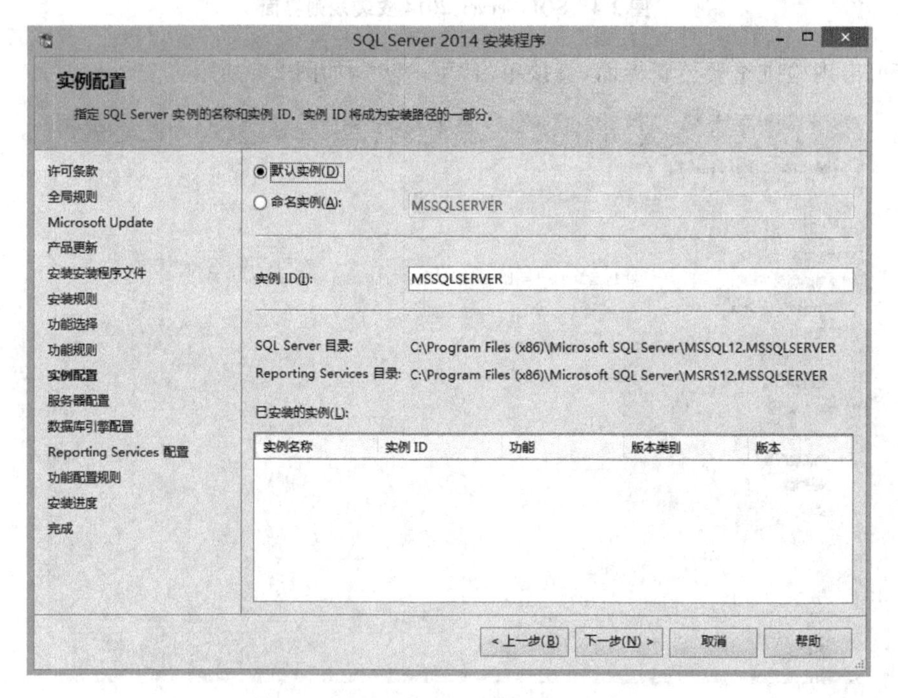

图 2-7　SQL Server 2014 实例配置界面

说明：在 SQL Server 2014 中，经常遇到三个名词：计算机名、服务器名和实例名，这三个名词之间既有区别又有联系，体现在以下几个方面。

① 计算机名：指计算机的 NETBIOS 名称，它是操作系统中设置的，一台计算机只能有一个名称，并且唯一。

② 服务器名：指作为 SQL Server 2014 服务器的计算机名称。

③ 实例名：指在安装 SQL Server 2014 过程中给服务器取的名称，默认实例则与服务器名称相同，命名实例则是以"服务器名称\实例名"形式命名。在 SQL Server 2014 中只能有一个默认实例，可以有多个命名实例。SQL Server 服务的默认实例名称是 MSSQLSERVER。

(8) 弹出"服务器配置"界面，在"服务账户"选项卡中为每个 SQL Server 服务配置用户名和密码及启动类型。"账户名"可以在下拉框中进行选择，并选择 SQL Server 2014 使用的排序规则，单击"下一步"，如图 2-8 所示。

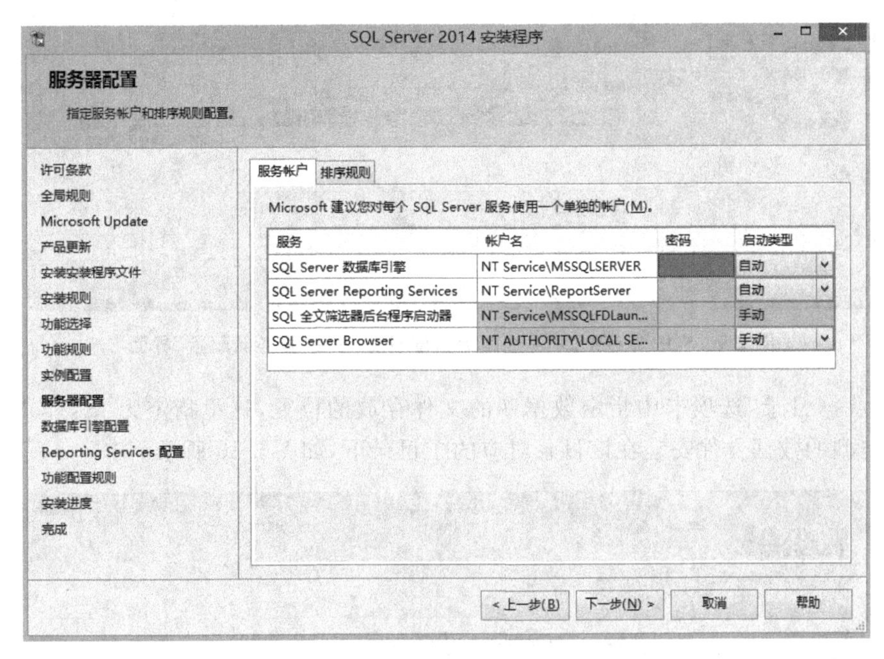

图 2-8 SQL Server 2014"服务器配置"界面

(9) 弹出"数据库引擎配置"界面，包含 3 个选项卡。

在"服务器配置"选项卡中选择身份验证模式，身份验证模式是连接 SQL Server 时所使用的一种安全模式，用于验证客户端与服务器的连接，它有两个选项：Windows 身份验证模式和混合模式。

Windows 身份验证模式：在 SQL Server 中建立与 Windows 用户账户对应的登录账号，在登录了 Windows 操作系统后，再登录 SQL Server 就无须输入用户名和密码了。此为默认身份验证模式，比混合模式更为安全。

混合模式：允许用户使用 Windows 身份验证或 SQL Server 身份验证进行连接。如果必须选择"混合模式身份验证"并且要求使用 SQL 登录名以适应早期应用程序，则必须为所有 SQL Server 账户设置强密码。超级用户 sa(System Admin)是默认的 SQL Server 超级管理员账户，对 SQL Server 有完全的管理权限，必须为 sa 设置登录强密码。

单击“添加当前用户”按钮，使当前用户（Administrator）具有操作该 SQL Server 2014 实例的所有权限，如图 2-9 所示。

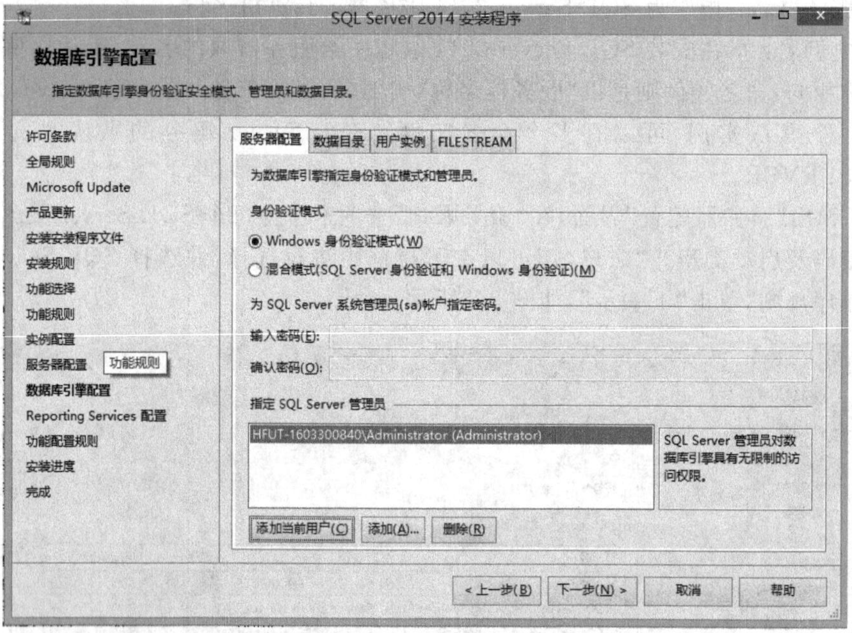

图 2-9　SQL Server 2014 数据库引擎配置——“服务器配置”界面

在“数据目录”选项卡中指定数据库的文件存放的位置，这里指定为“E:\sql”，系统把不同类型的数据文件安装在该目录对应的子目录下，如图 2-10 所示。

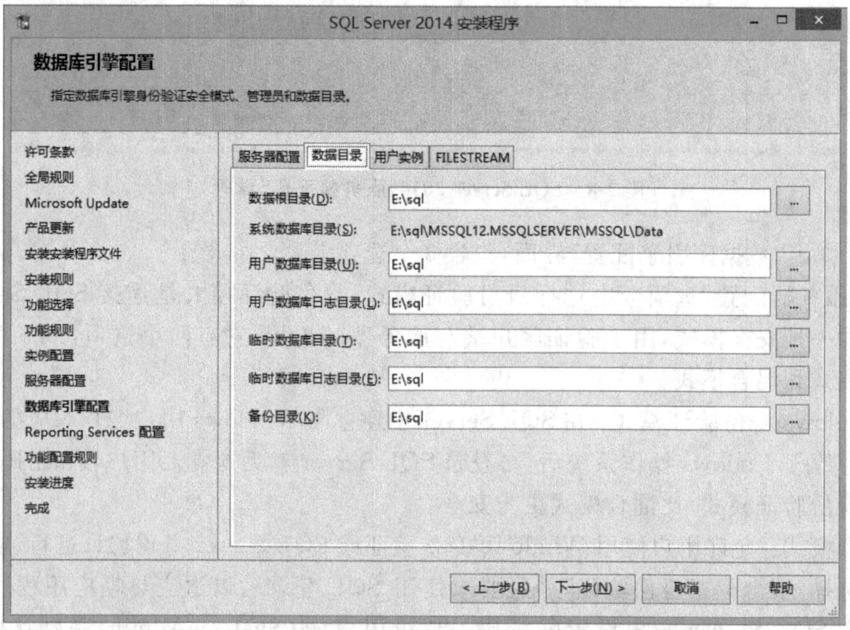

图 2-10　SQL Server 2014 数据库引擎配置——“数据目录”界面

“用户实例”界面如图 2-11 所示。

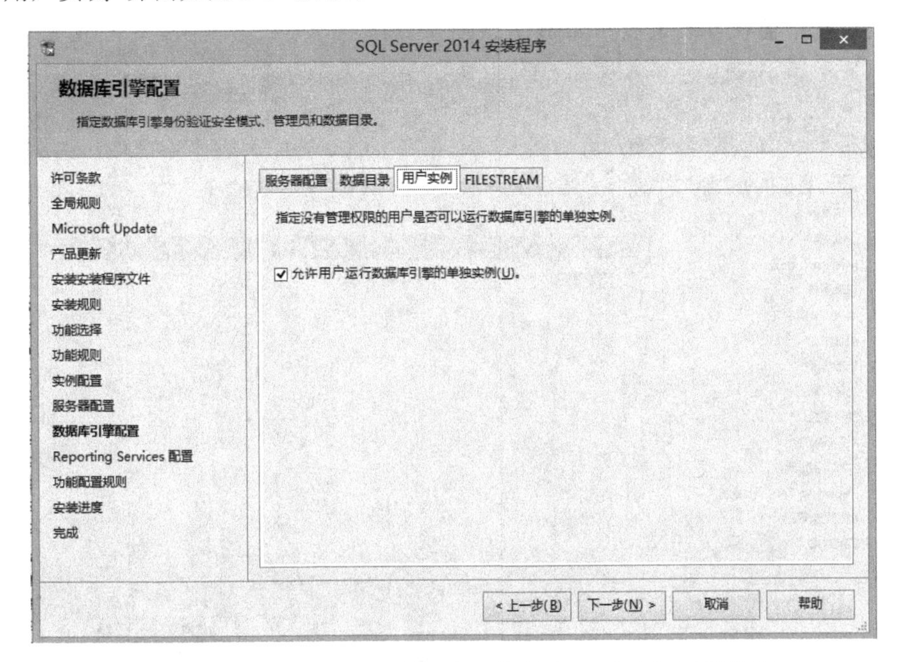

图 2-11　SQL Server 2014 数据库引擎配置——“用户实例”界面

FILESTREAM 界面如图 2-12 所示。

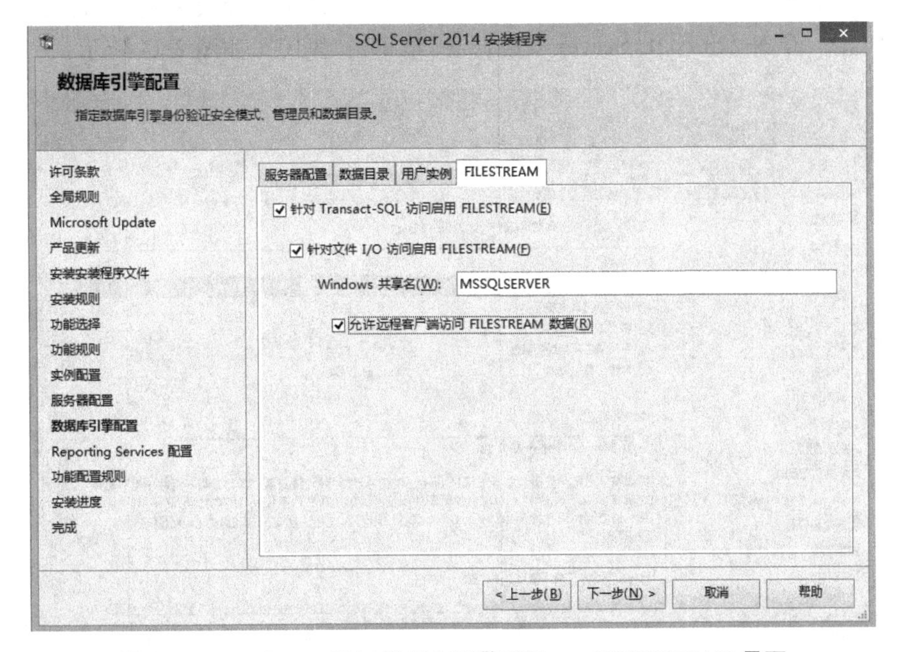

图 2-12　SQL Server 2014 数据库引擎配置——FILESTREAM 界面

如果用户选择“Reporting Services 配置”则系统进入该窗口进行配置。

(10) 单击“下一步”，系统进入“准备安装”界面，此时，安装向导已经收集了所有必要信息，并在开始安装过程之前显示了这些信息以供检查。单击“安装”，开始安装过程，可以在安装过程中监视安装进度。如图 2-13 所示。

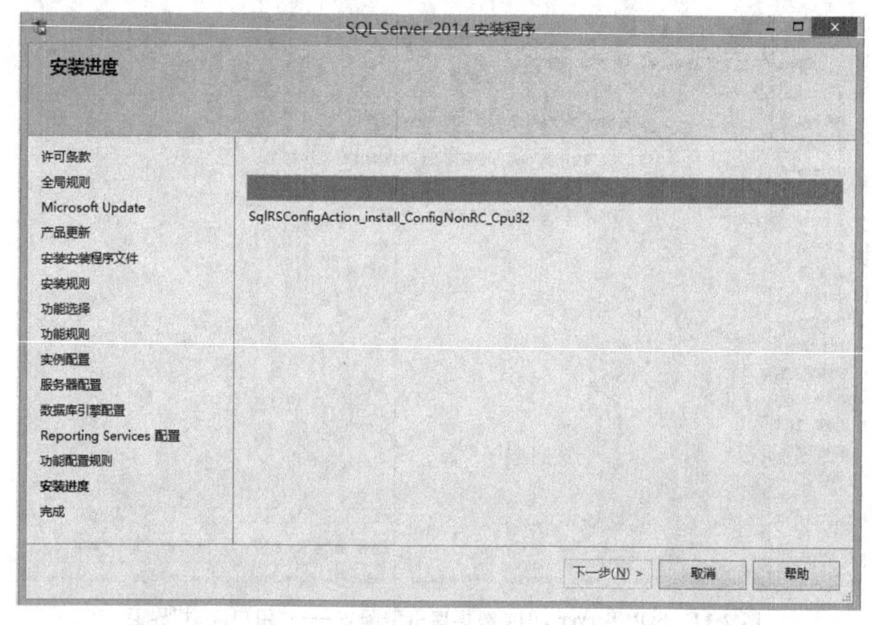

图 2-13 SQL Server 2014 的安装进度界面

(11) 单击“下一步”，系统进入“完成”界面，可以通过单击此页上提供的链接查看安装摘要日志。若要退出 SQL Server 安装向导，请单击“关闭”，如图 2-14 所示。

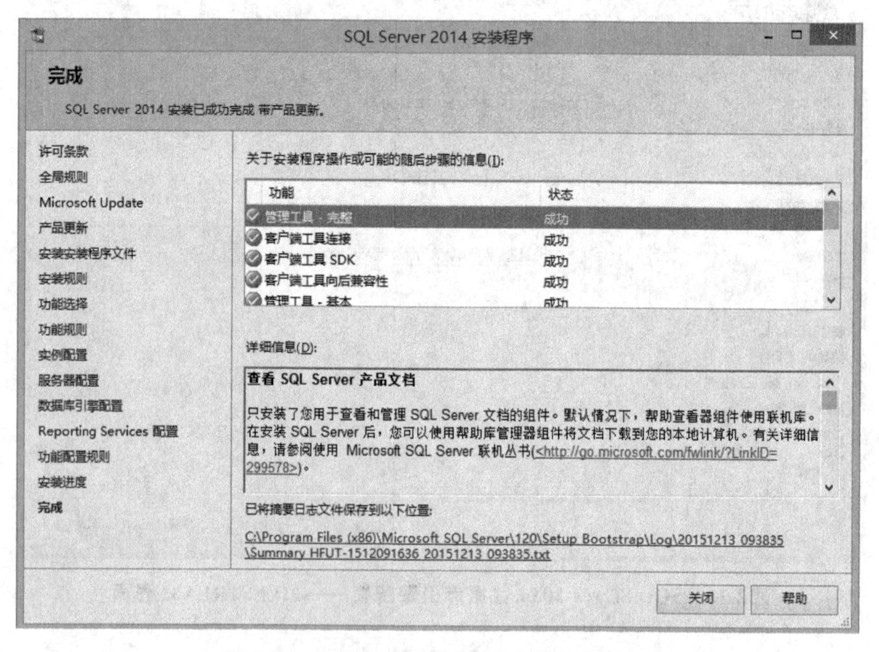

图 2-14 SQL Server 2014 的完成安装界面

(12) 如果得到重新启动计算机的指示，请立即进行操作。完成安装后，阅读来自安装程序的消息是很重要的。如果未能重新启动计算机，可能会导致以后运行安装程序失败。

2.3 SQL Server 2014 常用工具

2.3.1 SQL Server 2014 数据库服务器启动

在访问数据库之前，必须先启动数据库服务器，只有合法用户才可以启动数据库服务器。启动方法如下。

在“开始”菜单上选择“所有程序”→Microsoft SQL Server 2014→“配置工具”→“SQL Server 2014 配置管理器”按钮，如图 2-15 所示。

图 2-15 启动 SQL Server 2014 配置管理器图

SQL Server 配置管理器(简称为配置管理器)包含了 SQL Server 2014 服务、SQL Server 2014 网络配置和 SQL Native Client 配置 3 个工具，供数据库管理人员做服务器启动停止与监控、服务器端支持的网络协议配置、用户访问 SQL Server 的网络相关设置等工作。

选择“SQL Server 服务”，可以看到本地所有的 SQL Server 服务，包括不同实例的服务。右键单击某个服务名称，可以查看该服务的属性，并且可以启动、停止、暂停和重新启动相应的服务。SQL Server(MSSQLSERVER)正在运行，如图 2-16 所示。

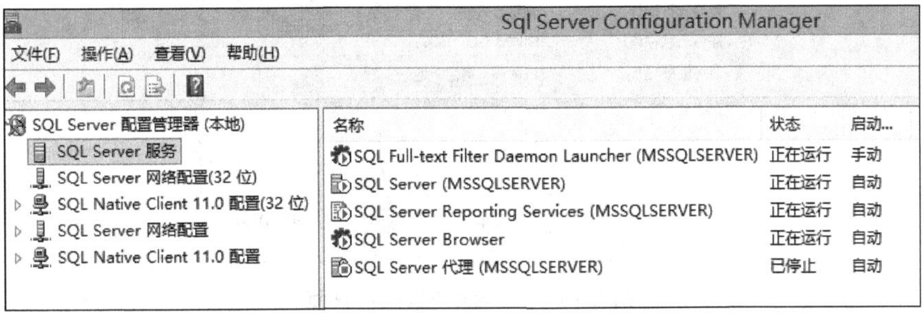

图 2-16 服务器状态图

也可以利用 Windows Services，选择“开始”→“控制面板”→“管理工具”→“服务”，在服务窗口中查看和启动、停止、暂停和重新启动相应的服务，如图 2-17 所示。

2.3.2 SQL Server 管理平台

SQL Server 管理平台(SQL Server Management Studio，SSMS)，是一个集成的可视化管理环境，它将图形化工具和多功能的脚本编辑器组合在一起，完成对 SQL Server 的访问、配置、控制、管理和开发等工作。此外，SQL Server 2014 管理平台还提供了一种环境，用于管理 Analysis Services（分析服务）、Integration Services（集成服务）、Reporting Services（报表服务）和 XQuery。大大方便了技术人员和数据库管理员对 SQL Server 系统的各种访问。

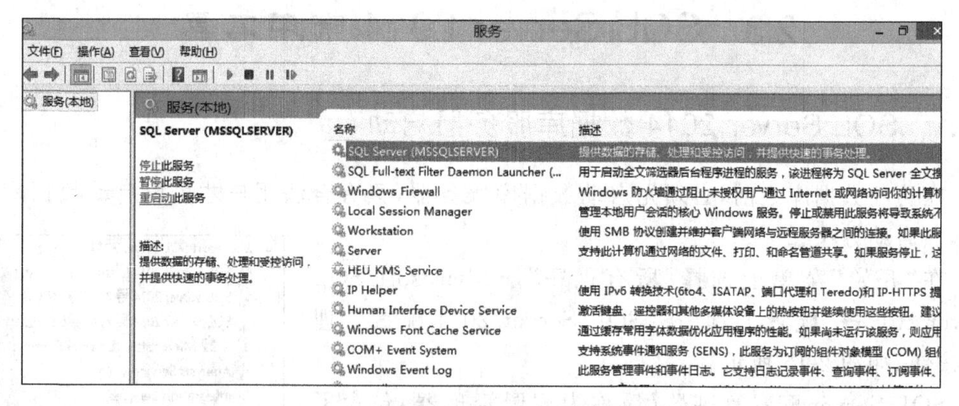

图 2-17　服务（本地）状态图

1. 启动 SSMS

在“开始”中选择“所有程序”→Microsoft SQL Server 2014→SQL Server 2014 Management Studio，弹出“连接到服务器”界面，如图 2-18 所示。

图 2-18　“连接到服务器”界面

服务器类型：选择数据库引擎。服务器名称：选择本地服务器，也可以单击“浏览更多”搜索需要连接的服务器名称。身份验证模式：选择“Windows 身份验证模式”。

单击“连接”按钮，便可以进入 SQL Server Management Studio 窗口，如图 2-19 所示。

2. SSMS 窗口

SSMS 窗口的工具组件可以通过“视图”菜单选项将其显示出来。下面分别介绍“已注册的服务器”、“对象资源管理器”等常见的工具组件的基本功能和用法。

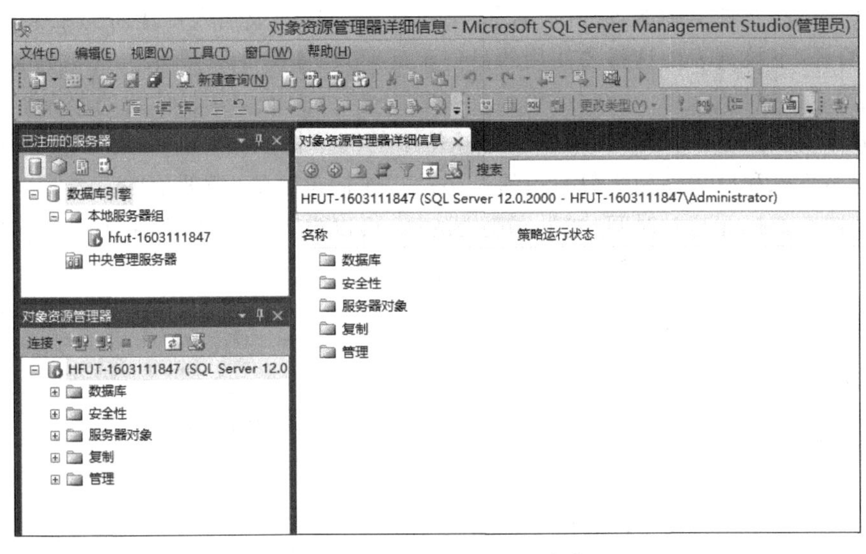

图 2-19 SQL Server 管理平台窗口

2.3.3 “已注册的服务器”

SQL Server 2014 可以管理多个服务器，因此需要连接和组织服务器，首先要将服务器注册(为系统确定一台数据库所在的机器，使该机器作为服务器)，注册成功后就可以管理组织成逻辑组。

(1) 在“已注册的服务器”窗口，显示当前系统中的服务器组和所有已在 SSMS 注册的服务器，管理已注册的服务器，存储经常访问的服务器的连接信息，如图 2-20 所示。

(2) 新建服务器注册。在“已注册服务器”窗口中，右键单击“本地服务器组”结点，在弹出的快捷菜单中选择“新建”→“服务器注册”命令，如图 2-21 所示。

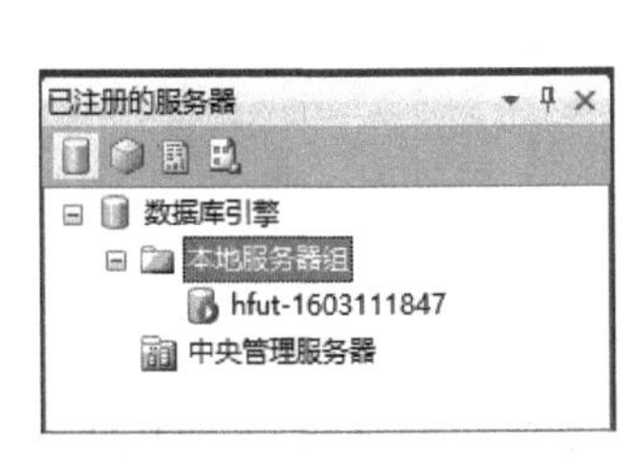

图 2-20 “已注册的服务器”窗口

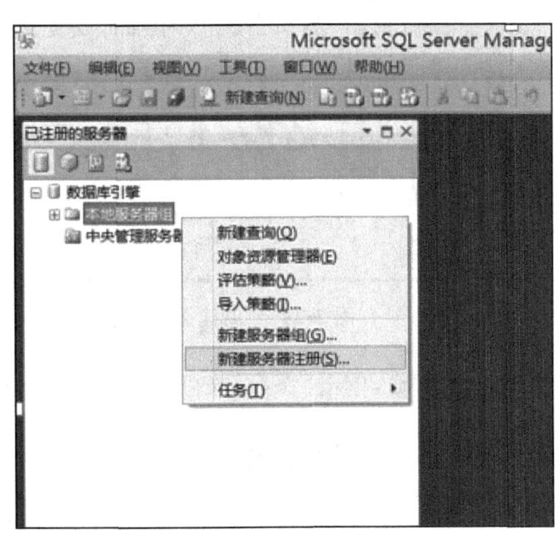

图 2-21 “新建服务器注册”命令

在其“常规”选项卡中的“服务器名称”下拉列表中选择或输入要注册的服务器名称；在“身份验证”下拉列表中选择要使用的身份验证模式，如图2-22所示。

单击“连接属性”选项卡，在“连接到数据库”下拉列表框中选择注册的服务器默认连接的数据库；在“网络协议”下拉列表中选择使用的网络协议；在“网络数据包大小”微调框中设置客户机和服务器网络数据包的大小；在“连接超时值”微调框中设置客户机的程序在服务器上的执行超时时间，如果网速慢的话，可以设置大一些；如果需要对连接过程进行加密，可以选择“加密连接”选项，如图2-23所示。

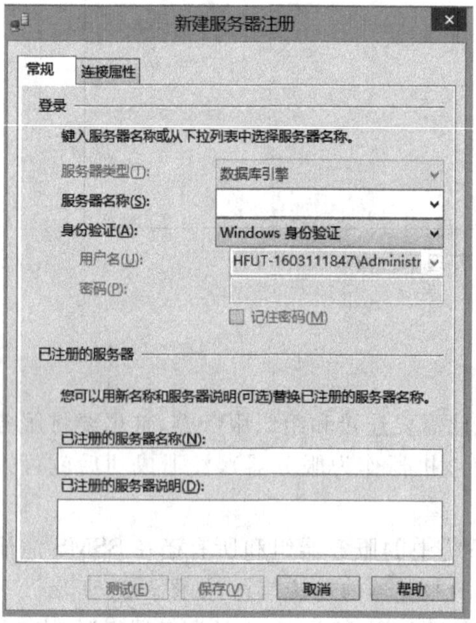

图2-22 “新建服务器注册”——“常规”选项卡

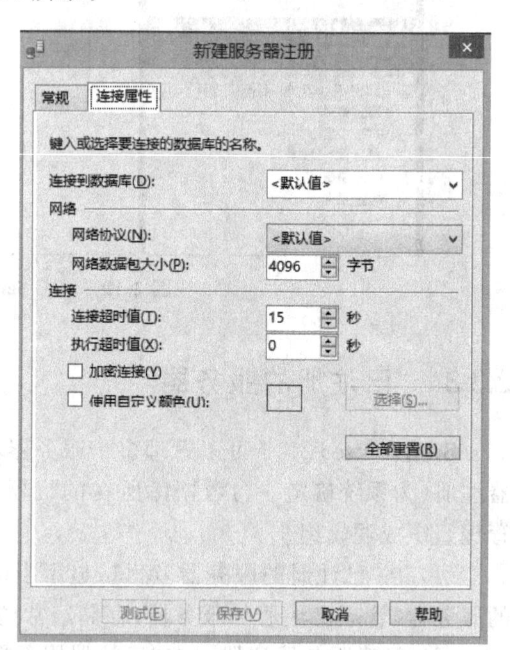

图2-23 “新建服务器注册”——“连接属性”选项卡

完成设置后，单击“测试”按钮，对当前设置进行测试，如果出现如图2-24所示的“连接测试成功”提示信息，表示设置正确。

图2-24 “新建服务器注册”——“连接测试成功”窗口

如果设置正确，单击“保存”按钮，完成服务器注册。

2.3.4 “对象资源管理器”

“对象资源管理器”提供一个层次结构用户界面，用于查看和管理每个SQL Server实例中的对象。“对象资源管理器详细信息”窗格显示一个实例对象的表格视图以及用于搜索特定对象的功能。

可以让用户连接到服务器,单击工具栏上的"连接"按钮,在下拉列表中选择服务类型,例如:选择数据库引擎(默认);在"连接到服务器"对话框中,输入相关信息,单击"连接"按钮,即可连接到相应的服务器。

常用的数据库引擎服务器的"对象资源管理器"如图 2-25 所示,单击对象资源节点的加号(展开)、单击节点的减号(折叠)可以进行对象资源的层次化管理。主要有以下几个节点。

(1) 数据库:包含连接到 SQL Server 中的系统数据库和用户数据库。

(2) 安全性:显示能连接到 SQL Server 上的 SQL Server 登录名列表。

(3) 服务器对象:详细显示对象(如备份设备),并提供链接服务器列表。通过链接服务器把服务器与另一个远程服务器相连。

(4) 复制:显示有关数据复制的细节,数据从当前服务器的数据库复制到另一个数据库或另一台服务器上的数据库,或者进行反方向的复制。

(5) 管理:详细显示维护计划、策略管理等,提供 SQL Server 信息消息和错误消息日志,对于 SQL Server 的故障排除将非常有用。

图 2-25 "对象资源管理器"窗口

2.3.5 "数据库引擎查询编辑器"

使用数据库引擎查询编辑器可以创建和运行包含 Transact-SQL 语句的脚本,此编辑器还支持包含 sqlcmd 命令的正在运行的脚本。

(1) 查询编辑器工具栏

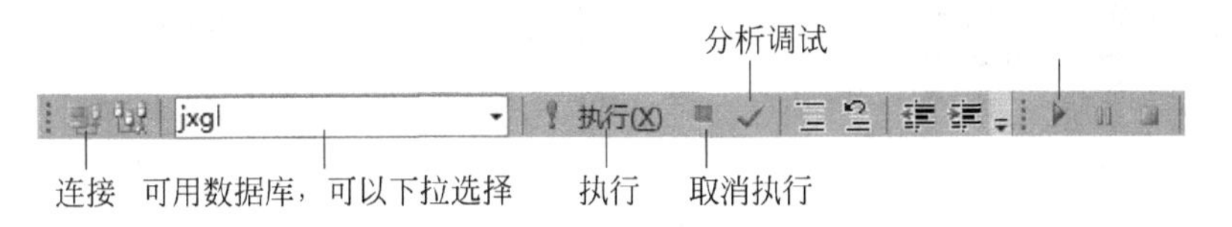

图 2-26 查询编辑器工具栏常用按钮简介

可用数据库:将连接更改到同一服务器上的其他数据库。

执行:执行所选的代码,如果没有选择任何代码,则执行查询编辑器中的全部代码。

调试:启用 Transact-SQL 调试器。此调试器支持调试操作,例如设置断点、监视变量和单步执行代码。

分析:检查所选代码的语法。如果没有选择任何代码,则检查查询编辑器窗口中全部代码的语法。

(2) 编写 T-SQL 语句

“文件”→“新建”→“数据库引擎查询”或单击工具栏上的“数据库引擎查询”按钮或“新建查询按钮”;在右侧窗口打开了查询编辑器,如图 2-27 所示。

在查询编辑器的编辑面板中,输入 T-SQL 语句:

```
USE jxgl
GO
SELECT * FROM students
GO
```

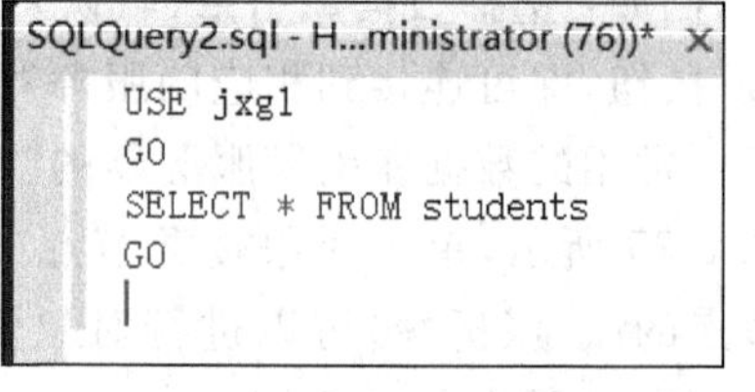

图 2-27　编写 T-SQL 语句

(3) “连接”、“执行”、“分析”

使用工具栏上的“连接”、“分析”、“执行”按钮完成相应的任务;在查询结果栏里显示执行结果,如图 2-28 所示。

结果　消息

	stu_id	stu_name	stu_sex	stu_birth	stu_birthplace	stu_email	stu_telephone	dept_id
1	200712110101	陈琛军	男	1986-07-19 00:00:00.000	四川省广元市	CC@126.com	13869909960	d001
2	200712110102	仇立权	男	1985-11-10 00:00:00.000	浙江省衢州市龙游县溪口镇	CLQ@qq.com	13869909961	d003
3	200712110103	崔衍丽	女	1987-07-11 00:00:00.000	安徽省宿松中学	CYL@qq.com	13869909962	d002
4	200712110104	陈琛军	男	1986-12-02 00:00:00.000	贵州省遵义县	DC_H@qq.com	NULL	d004
5	200712110105	甘明	男	1986-07-13 00:00:00.000	江西省婺源县郭山乡白石源	GMM@qq.com	NULL	d004
6	200712110106	葛瑞真	男	1988-05-14 00:00:00.000	湖南省岳阳市云溪区路口镇	GRZ@sina.com	13869909965	d002
7	200712110107	耿红帅	女	1986-09-25 00:00:00.000	湖北省红安县	GHS@163.com	13869909966	d002
8	200712110108	耿政	男	1986-07-16 00:00:00.000	皖南陵县第一中学	zz_Gengzheng@ccb.com	13869909967	d006
9	200712110109	郭波	男	1986-06-17 00:00:00.000	杭州江干区机场路水墩村3组75号	uzz_GB@163.com	13869909968	d006
10	200712110110	韩建锋	男	1989-07-18 00:00:00.000	浙江省建德市下涯镇	gengyuan1988@sina.co	13869909969	d006

图 2-28　执行结果

(4) 保存

单击“文件”→“保存”命令选项,保存 T-SQL 查询语言为脚本语言(.sql),如图 2-29 所示。

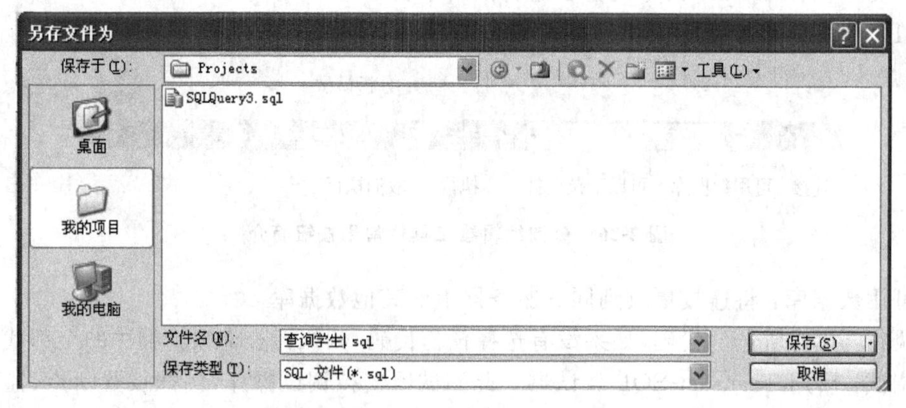

图 2-29　保存脚本文件

2.3.6 SQL Server 文档和教程

SQL Server 2014 提供了联机丛书(Books Online),它具有索引和全文搜索能力,可根据关键词来快速查找用户所需信息,可以帮助了解 SQL Server 技术和开始项目,如图 2-30 所示。

图 2-30 联机帮助文档

2.4 【实训项目】 SQL Server 2014 安装及管理工具的使用

1. 实验目的

(1) 通过安装来了解、感受 SQL Server 2014。

(2) 了解 SQL Server 2014 所支持的多种形式的管理架构,并确定此次安装的管理架构形式。

(3) 熟悉安装 SQL Server 2014 的各种版本所需的软、硬件要求,确定要安装的版本。

(4) 熟悉 SQL Server 2014 支持的身份验证种类。

(5) 掌握 SQL Server 服务的几种启动方法。

(6) 正确配置客户端和服务器端网络连接的方法。

(7) 掌握 SQL Server Management Studio 的常规使用。

2. 实验内容

(1) 安装 SQL Server 2014,并在安装时将登录身份验证模式设置为 SQL Server 和

Windows 验证，其他选择默认，并记住 sa 的密码。

（2）利用“SQL Server 2014 配置管理器”配置 SQL Server 2014 服务器。

（3）利用 SQL Server 2014 创建的默认账户，通过注册服务器向导首次注册服务器。

（4）试着创建一些由 SQL Server 2014 验证的用户，删除第一次注册的服务器后，用新建的账户来注册服务器。

（5）为某一个数据库服务器指定服务器别名，通过服务器别名注册该数据库服务器。

（6）熟悉和学习使用 SQL Server 2014 的 SQL Server Management Studio。

小　结

本章简述了 SQL Server 2014 的功能和特点；介绍了如何安装 SQL Server 2014，重点介绍了安装过程中的选项的选择。介绍了 Server 2014 的管理组件和配置管理；最后介绍了 SQL Server 2014 提供的服务。SQL Server 2014 无论在功能上，还是在安全性、可维护性和易操作上都较以前的版本有了很大的提高。

习　题

1. Microsoft SQL Server 2014 产品都有哪些版本？各版本之间的主要区别是什么？有哪些服务组件？

2. 什么是 SQL Server 2014 实例？

3. SQL Server 有哪两种身份验证模式？

4. SQL Server 服务器是指什么？SQL Server 客户机是指什么？

5. SQL Server 管理控制平台有哪些功能？

6. SQL Server 配置工具有哪些功能？

7. SQL Server 2014 的安全性验证分为哪两个阶段？

8. 忘记了登录 Microsoft SQL Server 2014 的 sa 的登录密码怎么办？

9. 已成功与服务器建立连接，但是在登录过程中发生错误怎么办？

第3章 chapter 3

SQL Server 数据库的管理

本章教学重点及要求

- 掌握 SQL Server 2014 数据库的基本概念
- 熟练掌握用对象资源管理器和 T-SQL 语句创建、查看、使用、修改、删除数据库的各种方法和步骤
- 熟练掌握数据库备份与恢复、分离与附加的方法

3.1 SQL Server 2014 数据库概述

3.1.1 数据库的存储结构

数据库就是存放有组织的数据集合的容器，数据库的存储结构分为逻辑存储结构和物理存储结构。一方面，数据库由若干个用户可视的对象构成，如：数据表、视图等，这是从逻辑角度来组织与管理数据，形成数据库的逻辑结构。另一方面，描述信息的数据以操作系统文件的形式存储在磁盘上，这是从物理角度来组织与管理数据，构成数据库的物理结构。

数据库对象：当连接到数据库服务器后，看到的这些对象都是逻辑对象，而不是存放在物理磁盘上的文件，数据库对象没有对应的磁盘文件，整个数据库对应磁盘上的文件与文件组，一般包含关系图、表、视图、存储过程、用户、角色、规则、默认、用户自定义数据类型和用户自定义函数等对象。

表 3-1 SQL Server 中常用的数据库对象及作用

对　　象	作　　用
表	数据库中数据的实际存放处所
视图	视图是通过定义查询语句 SELECT 从一张或多张表中导出的虚拟表。用于定制复杂或常用的查询，以方便用户使用
索引	索引是对数据库表中一列或多列的值进行排序的一种结构，加快从表或视图中检索数据的效率

续表

对　象	作　用
存储过程	存储过程是一组为了完成特定功能的SQL语句集合，用于提高性能，封装数据库的部分或全部细节，帮助在不同的数据库应用程序之间实现一致的逻辑
约束、规则、默认值和触发器	确保数据库的数据完整性；强制执行业务规则
登录、用户、角色和组	保障数据安全的基础

数据库对象的命名，例如数据库名、表名、视图名、列名等，遵循以下规则。

(1) 标识符包含的字符数必须在1～128之间。

(2) 标识符的第一个字符必须是字母、下划线(_)、@或者#。

(3) 标识符的后续字符可以为字母、数字或"@"符号、"$"符号、数字符号或下划线。

(4) 标识符不能是Transact-SQL的保留字。

(5) 不允许嵌入空格或特殊字符，不允许使用增补字符。

3.1.2 数据库所有者和架构

数据库所有者(Data Base Owner，DBO)就是有权限访问数据库的用户，即登录数据库的网络用户。数据库所有者是唯一的，拥有该数据库中的全部权限，并能够提供给其他用户访问权限和功能。

将数据库中的所有对象分成不同的集合，每一个集合就称为一个架构。数据库中的每一个用户都会有自己的默认架构。这个默认架构可以在创建数据库用户时由创建者设定，若不设定，则系统默认架构为dbo。数据库用户只能对属于自己架构中的数据库对象执行相应的数据操作。操作的权限则由数据库角色决定。

3.1.3 数据库文件

每个SQL Server数据库至少具有两个操作系统文件：一个数据文件和一个日志文件。数据文件包含数据和对象，例如表、索引、存储过程和视图。日志文件包含恢复数据库中的所有事务所需的信息。SQL Server数据库文件根据其作用不同，可以分为以下三种文件类型。

1. 行数据文件(.mdf)

行数据文件包含数据库的启动信息，并指向数据库中的其他文件。用户数据和对象可存储在此文件中，也可以存储在次要数据文件中。每个数据库有一个行数据文件。行数据文件的默认文件扩展名是.mdf。

2. 次数据文件(.ndf)

次数据文件也称辅助数据文件，主要存放没有存放在主数据文件中的其他数据和对象;可用于将数据分散到多个磁盘上。如果数据库超过了单个 Windows 文件的最大容量,可以使用次数据文件,这样数据库就能继续增长;数据库中可以有多个或者没有次要数据文件;名字尽量与主数据文件名相同。次数据文件的默认扩展名为.ndf。

3. 事务日志文件(.ldf)

事务日志文件保存用于恢复数据库的日志信息。每个数据库必须至少有一个日志文件。事务日志的默认扩展名是.ldf。

3.1.4 数据库文件组

为了便于分配和管理,SQL Server 允许将数据库文件(不同的磁盘上)集合起来归纳为同一组,并赋予此组一个名称;通过文件组可以有效地提高数据库的性能和访问效率。

文件组分为主文件组(primary)、自定义文件组(user_defined)和默认文件组(default)。主文件组包含主数据文件和任何没有明确指定给哪个文件组的其他数据文件,是默认的数据文件组。

数据库文件和文件组必须遵循以下原则:一个数据文件和文件组只能被一个数据库使用;一个数据文件只能属于一个文件组;日志文件不能属于任何文件组;一个数据库有且仅有一个主文件组,可以有多个文件组(至多 32767 个文件组)。

3.1.5 数据库分类

SQL Server 数据库分为:系统数据库、示例数据库和用户数据库。

1. 系统数据库

作为数据库管理系统,SQL Server 2014 在管理用户数据的时候其本身也要存取一些数据和信息,这些数据和信息同样保存在数据库中。相对用户创建的数据库而言这些数据库通常被称为系统数据库。

在默认情况下,当成功安装 SQL Server 2014 以后,有 5 个系统数据库被自动创建,master、model、msdb、tempdb 和 resource 数据库。用户不能对系统数据库进行更新操作,更不能进行删除,否则有可能导致整个数据库管理系统的崩溃。

(1) master 数据库

它保存了 SQL Server 系统的所有系统级信息,记录了所有用户的登录账户和系统配置,是 SQL Server 中最重要的系统数据库,对其更新和删除操作而导致的 master 数据库不可用都将使得整个 SQL Server 系统无法启动和运行。

(2) tempdb 数据库

它是一个全局资源,是所有用户使用的临时数据库,用于为所有临时表、临时存储过程以及其他的临时操作提供存储空间,每次启动 SQL Server 时都会重新创建 tempdb,SQL Server 关闭后该数据库清空。

(3) model数据库

model数据库是在SQL Server实例上创建的所有数据库的模板。每当用户创建数据库的时候,SQL Server将用model数据库提供的信息初始化被创建的数据库。如果修改model数据库,之后创建的所有数据库都将继承这些修改。

例如,假设将model数据库的数据文件的初始大小改为6MB(默认5MB),那么在今后创建数据库时其数据文件的初始大小默认为6MB,除非该值被显示设置。

如果用特定于用户的模板信息修改model数据库,建议备份model。

(4) msdb数据库

SQL Server代理使用msdb数据库来计划警报和作业,SQL Server Management Studio、Service Broker和数据库邮件等其他功能也使用该数据库。在进行任何更新msdb的操作后,例如备份或还原任何数据库后,建议您备份msdb。

(5) resource数据库

该数据库为隐藏的只读数据库,它包含了SQL Server中的所有系统对象。Resource数据库不包含用户数据或用户元数据。Resource数据库的物理文件名为mssqlsystemresource. mdf和mssqlsystemresource. ldf,默认情况下,文件位于C:\Program Files\Microsoft SQL Server\MSSQL12. MSSQLSERVER\MSSQL\Binn\。

2. 示例数据库

AdventureWorks/AdventureWorksDW是SQL Server中的示例数据库(如果在安装过程中选择了安装的话)。此数据库基于一个生产公司,以简单、易于理解的方式来展示SQL Server的新功能。

3. 用户数据库

它是用户根据数据库设计创建的数据库,如教学管理数据库(jxgl)、图书管理数据库(library)。

3.2 SQL Server数据库的管理

在SQL Server 2014中,对数据库的管理操作大多有两种方式:SQL Server Management Studio(SSMS)图形化界面方式、T-SQL代码命令方式。

这两种方法各有优缺点,建议熟练掌握T-SQL代码命令方式,以便把脚本保存下来,方便在其他计算机上运行。

3.2.1 创建数据库

创建用户数据库之前,必须先规划数据库,规划数据库需要考虑的问题有:数据库名称、数据库所有者;数据文件和事务日志文件的逻辑名、物理名、初始大小、增长方式和最大容量;数据库用户数量和用户权限;数据库大小与硬件配置的平衡、是否使用文件组;

数据库的备份与恢复。

下面结合实例进行讲解。

【例 3-1】 在 D:\sqllx 目录下创建一个 jxgl 数据库，该数据库的主数据文件逻辑名称为 jxgl，物理文件名为 teching.mdf，初始大小为 5MB，最大为 20MB，增长速度为 20%；数据库的日志文件逻辑名称为 jxgl_log，物理文件名为 teching_log.ldf，初始大小为 2MB，最大为 10MB，增长速度为 1MB。

1. 使用对象资源管理器

(1) 打开 SQL Server Management Studio 窗口，右键单击“对象资源管理器”窗格中的“数据库”命令框，在弹出菜单中选择“新建数据库”命令，如图 3-1 所示。

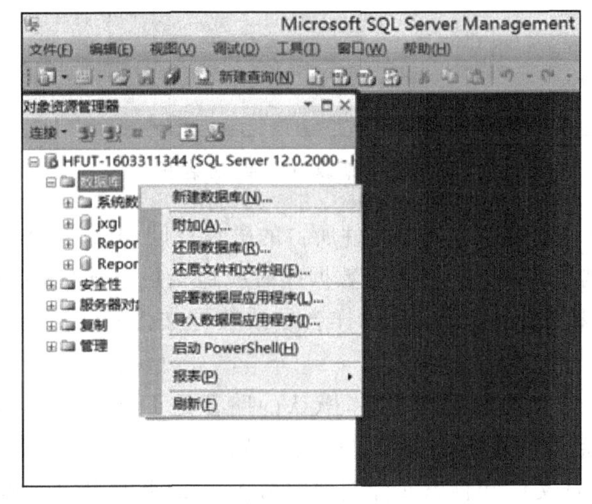

图 3-1 “新建数据库”命令

(2) 此时将打开如图 3-2 所示的“新建数据库”对话框，它由“常规”、“选项”和“文件组”三个选项组成。在各个选项中，可以指定它们的参数值，例如，在“常规”选项中，可以指定数据库名称、数据库的逻辑名称、文件组、初始容量、增长方式和文件存储路径等。

数据库名称：在“数据库名称”文本框中，输入数据库名称，例 3-1 中要求为 jxgl，在应用程序中则可以通过 jxgl 来访问和操作数据库。

逻辑名称：为了在逻辑结构中引用物理文件，SQL Server 给这些物理文件起了逻辑名称。数据库创建以后，T-SQL 语句是通过引用逻辑名称来实现对数据库操作的。其默认值与数据库名相同，但可以更改，每个逻辑名称是唯一的，与物理文件名称相对应。例 3-1 中要求为 jxgl、jxgl_log。

物理文件名称：用于存储数据库中数据的物理文件的名称。例 3-1 中要求为 teching.mdf、teching_log.ldf。

文件类型：该项用于标识数据库文件的类型，表明该文件是数据文件还是日志文件。

文件组：表示数据文件隶属于哪个文件组，创建后不能更改。文件组仅适用于数据文件，而不适用于日志文件。所有数据库都必须有一个主文件组。

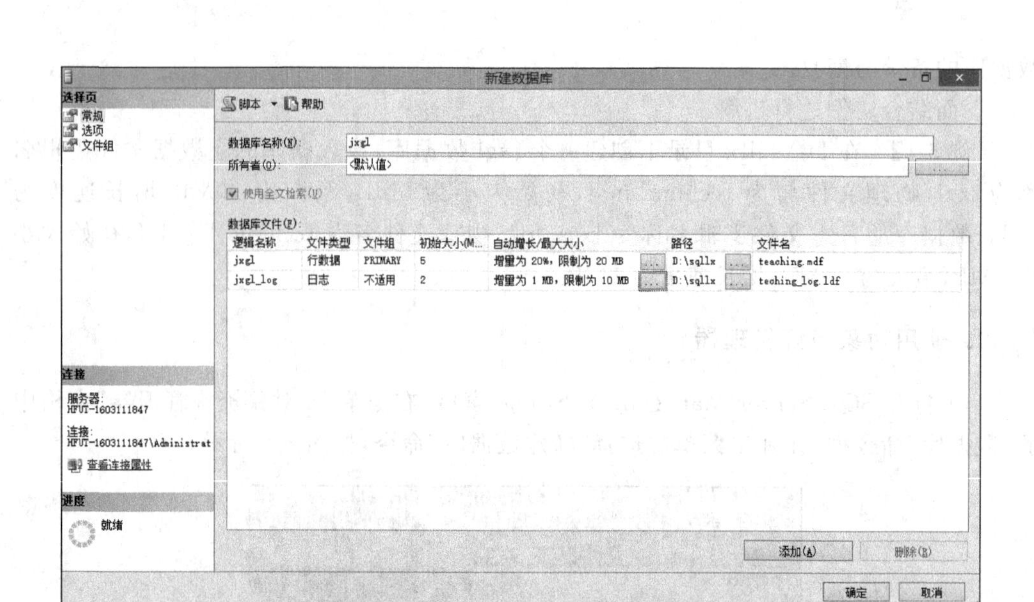

图 3-2　"新建数据库"对话框

初始大小：该项表示对应数据库文件所占的磁盘空间的大小，单位为 MB，系统默认行数据文件为 5，日志文件为 1。在创建数据库时应适当设置该值，如果过大会浪费磁盘空间，如果过小在需要时会自动增长，这样会导致数据文件所占的磁盘空间不连续从而降低访问效率。

路径：数据库文件存放的物理位置，默认的路径是 E:\sql。单击右边 ... 命令按钮，可以在打开的对话框中更改数据库文件的位置。

自动增长：在数据文件和日志文件创建时分配了其所占用空间的初始值，但在应用中随着数据存储量的增加，数据总量可能会超过该初始值，这时需要数据文件的大小能够自动增长。单击右边 ... 命令按钮，可以在打开的对话框中更改数据库文件的自动增长方式。

例 3-1 中要求为：主数据文件初始大小为 5MB，最大为 20MB，增长速度为 20%；设置方式如图 3-3 所示。

(3) 单击"确定"按钮，在对象资源管理器"数据库"的树形结构中，就可看到刚创建的 jxgl 数据库，如图 3-4 所示。

2. 使用 T-SQL 语句

可以使用 CREATE DATABASE 命令创建数据库，主要语法格式如下：

```
CREATE DATABASE database_name
[ON
    [PRIMARY] <filespec>[,…n]
    [,<filegroup>[,…n] ]
    [LOG ON <filespec>[,…n]]
]
```

```
[COLLATE collation_name]
[FOR ATTACH]
```

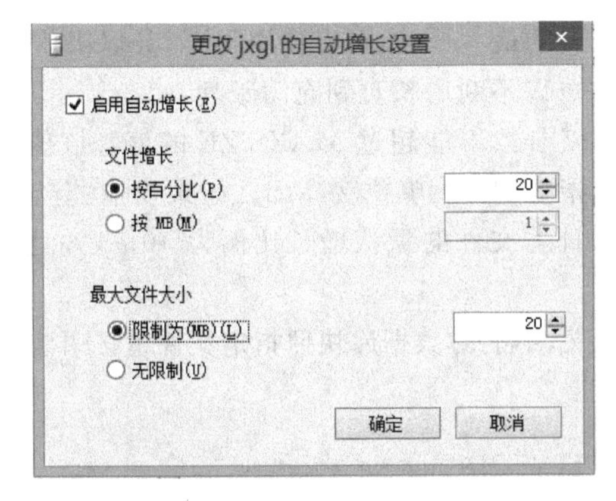

图 3-3　更改自动增长设置

图 3-4　新创建的 jxgl 数据库

语法中的各参数说明如下。

(1) **database_name**：要创建的数据库的名称，数据库名称在 SQL Server 的实例中必须唯一，并且必须符合标识符规则。每个服务器管理的数据库最多为 32767 个。

(2) **ON**：指定显式定义用来存储数据库数据部分的磁盘文件(数据文件)。

(3) **PRIMARY**：用于指定主文件组中的文件。主文件组的第一个由<filespec>指定的文件是主文件。若不指定 PRIMARY 关键字，则在命令中列出的第一个文件将被默认为主文件。

(4) **LOG ON**：指明事务日志文件的明确定义。如果没有本选项，则系统会自动创建一个日志文件，容量为该数据库的所有数据文件大小总和的 25%或 512KB，取两者之中的较大者。

(5) **COLLATE**：指定数据库的默认排序规则，可以是 Windows 排序规则名称，也可以是 SQL 排序规则名称。默认为 SQL Server 实例的排序规则。

(6) **FOR ATTACH**：指定从现有的一组操作系统文件中附加数据库。要求：所有数据文件(MDF 和 NDF)都必须可用，如果存在多个日志文件，这些文件都必须可用。

(7) **<filespec>**：代表数据文件或日志文件的定义，其语法格式如下所示：

```
<filespec>::=([NAME='logical_file_name ',]
    FILENAME='os_file_name '
    [,SIZE=size]
    [,MAXSIZE={max_size|UNLIMITED}]
    [,FILEGROWTH=growth_increment] ) [,…n]
```

其中选项的含义如下。

① **NAME**：指定数据库的逻辑名称，这是在SQL Server系统中使用的名称，是数据库在SQL Server中的标识符。

② **FILENAME**：指定数据库所在文件的操作系统文件名称和路径，该操作系统文件名和NAME的逻辑名称一一对应。

③ **SIZE**：指定数据库的初始容量大小，至少为模板model数据库大小，model数据库的行数据文件和日志文件的大小分别为5MB和1MB。

④ **MAXSIZE**：指定操作系统文件可以增长到的最大尺寸，可以使用KB、MB、GB和TB后缀，默认值为MB。如果没有指定，则文件可以不断增长直到充满磁盘。

⑤ **FILEGROWTH**：指定文件的自动增量，该参数不能超过MAXSIZE的值。该值可以MB、KB、GB、TB或百分比（%）为单位指定，默认单位为MB。如果没有指定FILEGROWTH，则数据文件的默认值为1MB，日志文件的默认增长比例为10%，并且最小值为64 KB。

(8) **<filegroup>**：代表数据库文件组的定义，不能对数据库快照指定文件组。语法格式如下：

```
<filegroup>::=FILEGROUPfilegroup_name[DEFAULT]<filespec>[,…n]
```

其中选项的含义如下。

① FILEGROUP filegroup_name：文件组的逻辑名称。filegroup_name必须在数据库中唯一，不能是系统提供的名称PRIMARY和PRIMARY_LOG。

② DEFAULT：指定命名文件组为数据库中的默认文件组。

注意：在以上的语法格式中，"[]"表示该项可省略，省略时各参数取默认值，"{}[,...n]"表示大括号括起来的内容可以重复写多次。SQL语句在书写时不区分大小写，为了清晰，一般都用大写表示系统保留字，用小写表示用户自定义的名称。

【例3-2】 代码在SQL Server Management Studio窗口中单击"新建查询"按钮新建一个查询窗口，在"查询分析器"窗口中输入如下T-QL语句代码：

```
CREATE DATABASE jxgl
ON PRIMARY
    ( NAME='jxgl',
     FILENAME='D:\sqllx\teching.mdf',
     SIZE=5MB,
     MAXSIZE=20MB,
     FILEGROWTH=20%)
LOG ON
    ( NAME='jxgl_log',
     FILENAME='D:\sqllx\teching_log.ldf',
    SIZE=2MB,
    MAXSIZE=10MB,
    FILEGROWTH=1MB )
```

注：在查询分析器中输入上述代码后，单击工具栏中的"分析"按钮，对输入的代码进

行分析检查，检查通过后，单击工具栏中的“执行”按钮，数据库就会创建成功并返回信息，当刷新“数据库”时就会看到所创建的数据库，结果如图 3-4 所示。

【例 3-3】 某公司生产许多产品，数据量大，需要建立产品信息数据库。数据库命名为 product。其数据文件和事务文件分别需要 2 个，文件信息为：

逻辑名	物 理 名	文件组	初始大小/MB	增长率	最大值/MB
p1_data	d:\sqllx\product_data1. mdf	primary	5	15%	
p2_data	d:\ sqllx \product_data2. ndf	usergroup	5	15%	10
p1_log	d:\ sqllx \product_log1. ldf		2	10%	
p2_log	d:\ sqllx \product_log2. ldf		2	10%	

建库代码如下：

```
CREATE DATABASE product
ON PRIMARY
  (NAME='p1_data',
    FILENAME='d:\ sqllx \ product_data1.mdf ',
    SIZE=5MB,
    FILEGROWTH=15%),
    FILEGROUP USERGROUP
  (NAME='p2_data',
    FILENAME='d:\ sqllx \ product_data2.ndf ',
    SIZE=5MB,
    MAXSIZE=10MB,
    FILEGROWTH=15%)
LOG ON
  (NAME='p1_log',
    FILENAME='d:\sqllx\product_log1.ldf',
    SIZE=2MB,
    FILEGROWTH=10%),
  (NAME='p2_log',
    FILENAME='d:\sqllx\product_log2.ldf',
    SIZE=2MB,
FILEGROWTH=10%)
GO
```

3.2.2 查看数据库信息

对于已建立的数据库，可以分别利用对象资源管理器和 T-SQL 语句来查看数据库信息。

1. 使用对象资源管理器

在“对象资源管理器”窗格中展开“数据库”结点，选择所要查看信息的数据库，右键单击在弹出的快捷菜单中选择“属性”命令，出现如图 3-5 所示的“数据库属性”设置对话框。可以分别在“常规”“文件”“文件组”“选项”和“权限”选项里根据要求来查看或修改数据库的相应设置。

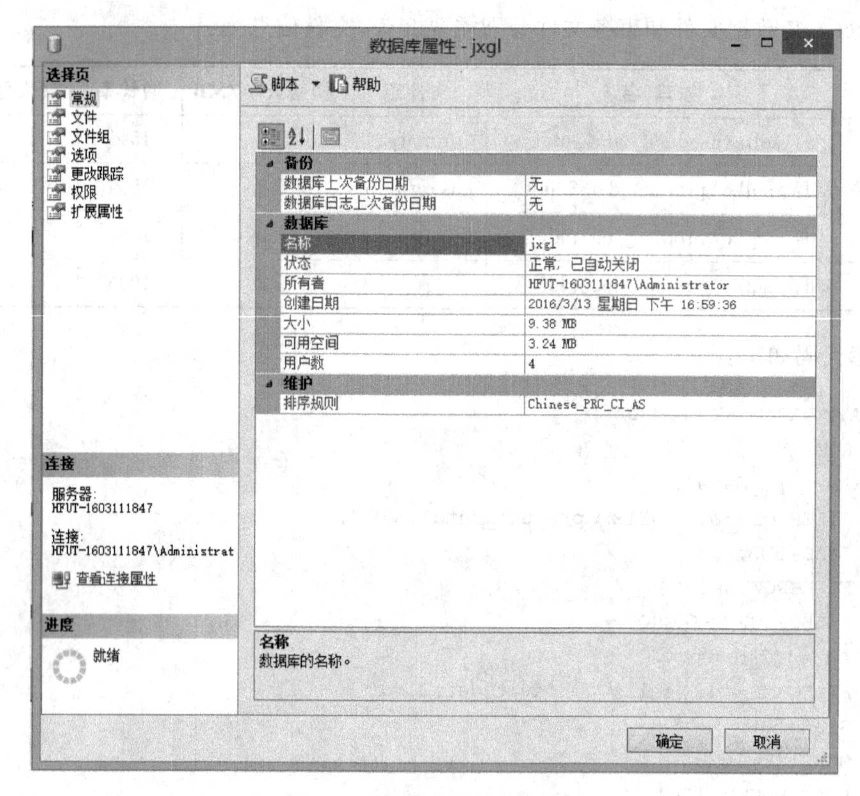

图 3-5 “数据库属性”对话框

2. 使用 T-SQL 语句

在 Transact-SQL 语句格式中，有许多查看数据库信息的语句，如使用系统存储过程 sp_helpdb 可以显示有关数据库和数据库参数的信息，语法格式为：

```
sp_helpdb database_name
```

【例 3-4】 查看 jxgl 数据库的基本信息。代码如下：

```
EXEC sp_helpdb jxgl
```

以上代码执行结果如图 3-6 所示。

图 3-6 显示了 jxgl 数据库的所有者、状态、创建时间、文件尺寸、文件增长属性等数据库信息。

3.2.3 打开或切换数据库

当用户登录数据库服务器，连接 SQL Server 后，用户需要连接数据库服务器中的数

	name	db_size	owner	dbid	created	status	compati
1	jxgl	9.38 MB	HFUT-1603111847\Administrator	9	03 21 2016	Status=ONLINE, Updateability=READ_WRITE, UserAc...	100

	name	fileid	filename	filegroup	size	maxsize	growth	usage
1	teaching	1	D:\sqllx\teaching.mdf	PRIMARY	6144 KB	Unlimited	1024 KB	data only
2	teaching_log	2	D:\sqllx\teaching_log.ldf	NULL	3456 KB	2147483648 KB	10%	log only

图 3-6　数据库 jxgl 文件的基本信息

据库，才能使用数据库中的数据。默认情况下用户连接的是 master 数据库。

1. 使用对象资源管理器

在“对象资源管理器”窗格中展开“数据库”命令框，选中要打开的数据库，右击在出现的菜单中可以针对当前的数据库进行相关操作，如图 3-7 所示。

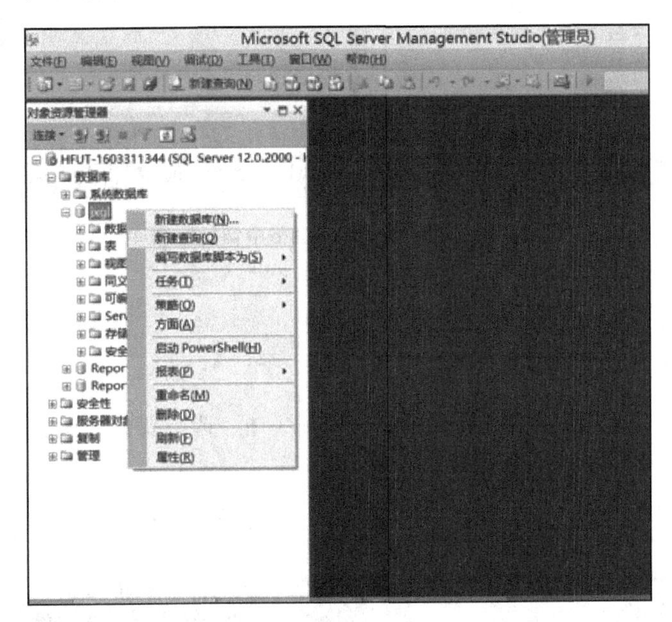

图 3-7　在“对象资源管理器”窗格中打开数据库

2. 使用 T-SQL 语句

在查询分析器中，可以通过使用 USE 语句打开并切换数据库，语法格式为：

```
USE database_name
```

也可以直接通过数据库下拉列表打开并切换，在查询分析器中打开或切换数据库，如图 3-8 所示。

3.2.4　修改数据库

数据库创建完成后，用户根据环境的变化常常需要对数据库的某些参数进行修改，如增减数据文件和日志文件、修改文件属性(包括更改文件名和文件大小)、修改数据库

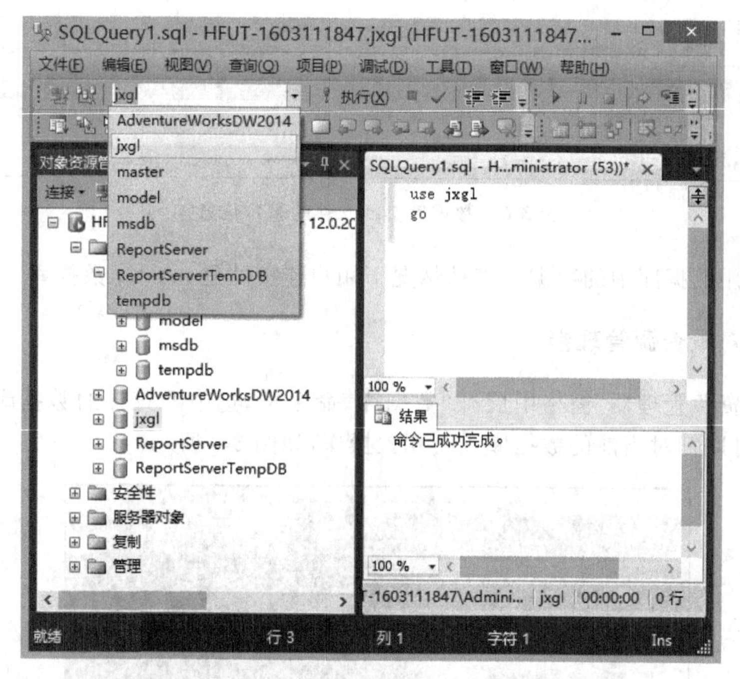

图 3-8 在“查询分析器”窗格中切换数据库

选项等。下面讲述常用的方法。

1. 使用对象资源管理器

在“对象资源管理器”窗格中展开“数据库”命令框，选中要修改的数据库，右击，在弹出菜单中选择“属性”，如图 3-9 所示。

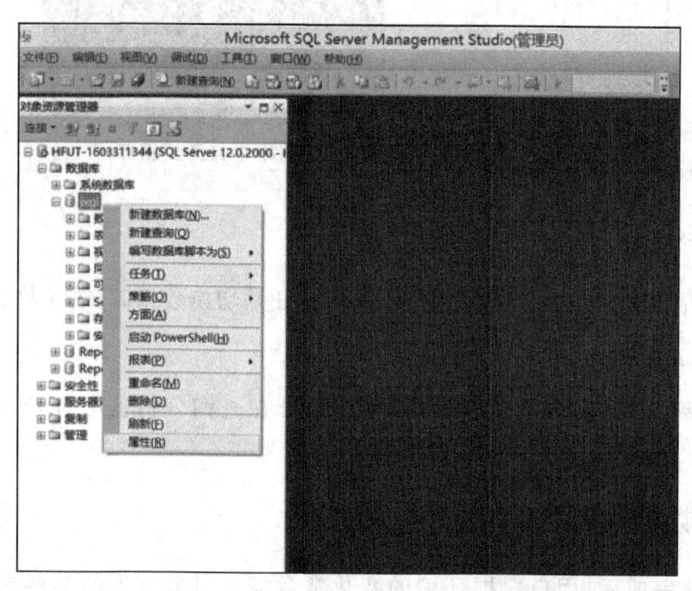

图 3-9 右击 jxgl 数据库选择“属性”

选择属性中的“文件”选项，可以修改“初始大小”、“自动增长”中的“文件增长”和“最大文件大小”选项，如图3-10所示。重新设定的数据库分配空间必须大于现有空间。

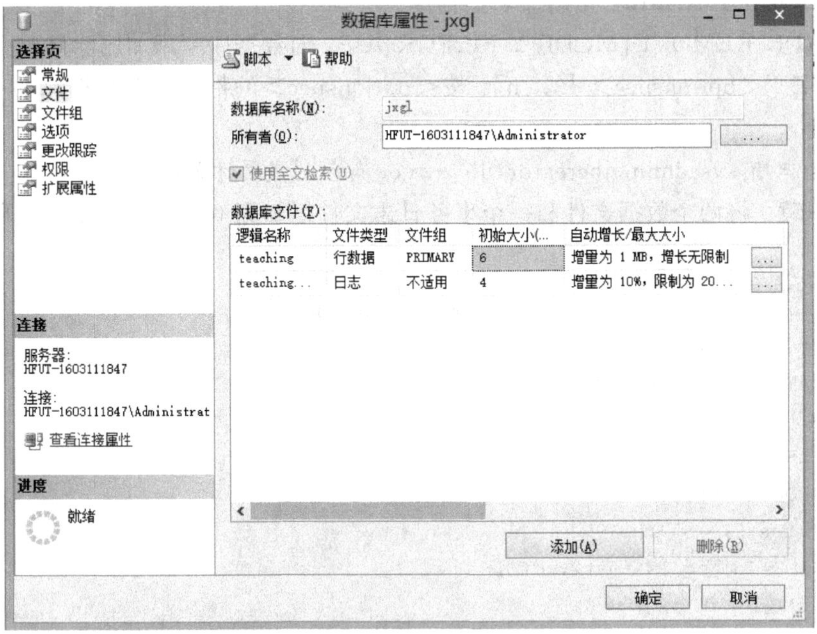

图3-10 jxgl数据库属性文件窗口

2. 使用T-SQL语句

语法格式如下：

```
ALTER DATABASE database_name
{ADD FILE <filespec>[,…n] [TO FILEGROUP filegroupname]
 |ADD LOG FILE <filespec>[,…n]
 |REMOVE FILE logical_file_name [with delete]
 |MODIFY FILE <filespec>
 |MODIFY NAME=new_database_name
 |ADD FILEGROUP filegroup_name
 |REMOVE FILEGROUP filegroup_name
 |MODIFY FILEGROUP filegroup_name
 {filegroup_property|NAME=new_filegroup_name}
 |SET <optionspec>[,...n]
}
```

语法中的各参数说明如下。

(1) ADD FILE：向数据库添加文件。

(2) ADD LOGFILE：向数据库添加日志文件。

(3) REMOVE FILE：从数据库中删除文件。

(4) MODIFY FILE：对文件进行修改，包括 SIZE、FILEGROWTH 和 MAXSIZE，每次只能对一个属性进行修改。

(5) MODIFY NAME：重新命名数据库。

(6) ADD|REMOVE|MODIFY FILEGROUP：向数据库中添加删除修改文件组。

(7) SET <optionspec> [,...n]：按<optionspec>的指定设置数据库的一个或多个选项。

注意：只有 sysadmin/dbcreator/db_owner 角色的成员才能执行该语句。

【例 3-5】 将两个数据文件和一个事务日志文件添加到 test 数据库中。代码如下：

```
ALTER DATABASE test
ADD FILE                              --添加两个次数据文件
(NAME='test1',
FILENAME='d:\sqllx\test1.ndf',
SIZE=5MB,
MAXSIZE=100MB,
FILEGROWTH=5MB),
(NAME=test2,
FILENAME='d:\sqllx\test2.ndf',
SIZE=5MB,
MAXSIZE=10MB,
FILEGROWTH=1MB)
GO
ALTER DATABASE test
ADD LOGFILE
(NAME='testlog1',                     --添加一个次日志文件
FILENAME='d:\sqllx\testlog1.ldf',
SIZE=5MB,
MAXSIZE=100MB,
FILEGROWTH=5MB)
GO
```

【例 3-6】 添加文件组 jxgl_group。代码如下：

```
ALTER DATABASE jxgl
ADD FILEGROUP jxgl_group
```

【例 3-7】 将一个新的数据文件 jxgl_data2 添加到 jxgl 数据库的 jxgl_group 文件组。代码如下：

```
ALTERDATABASE jxgl
ADD FILE                          --添加次数据文件
(NAME='jxgl_data2',
FILENAME='d:\sqllx\ jxgl_data2.ndf')
TO FILEGROUP jxgl_group
```

【例 3-8】 对于test数据库中逻辑名为test1的数据文件，将其初始大小、最大文件大小以及增长幅度分别更改为100MB、200MB和10MB。代码如下：

```
ALTER DATABASE test
MODIFY FILE
(NAME='test1',
SIZE=100MB,
MAXSIZE=200MB,
FILEGROWTH=10MB)
```

【例 3-9】 更改test数据库名称为testbak。代码如下：

```
ALTER DATABASE test
MODIFY NAME=testbak
```

3.2.5 数据库重命名

1. 使用"对象资源管理器"

在"对象资源管理器"中，选中要重命名的数据库，右击，在弹出菜单中选择"重命名"，输入新的数据库名称，按Ente键即可，如图3-11所示。

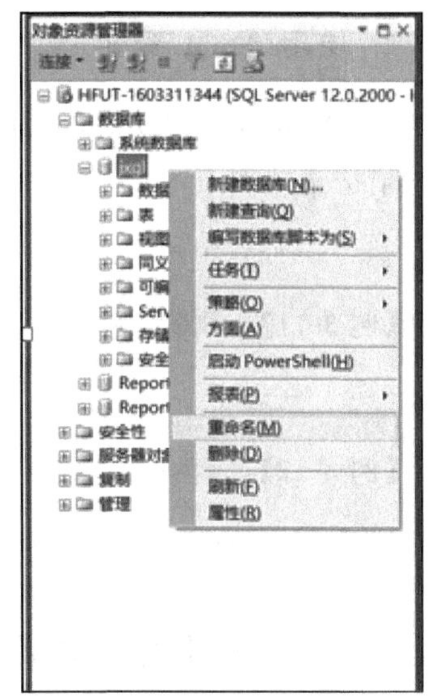

图 3-11 数据库重命名窗口

2. 使用T-SQL语句

语法格式如下：

```
sp_renamedb oldname,newname
```

语法中的各参数说明如下。

(1) sp_renamedb：系统存储过程。

(2) oldname：更改前的数据库名。

(3) newname：更改后的数据库名。

【例 3-10】 更改jxgl数据库的名称为"jsjxjxgl"。代码如下：

```
EXEC sp_renamedb 'jxgl','jsjxjxgl'
GO
```

3.2.6 删除数据库

1. 使用对象资源管理器

在"对象资源管理器"中，选中要删除的数据库，右击，在弹出菜单中选择"删除"命令，打开如图3-12所示的对话框。并通过选择复选框决定是否要删除备份以及关闭已存在的数据库连接,单击"确定"按钮,完成数据库删除操作。

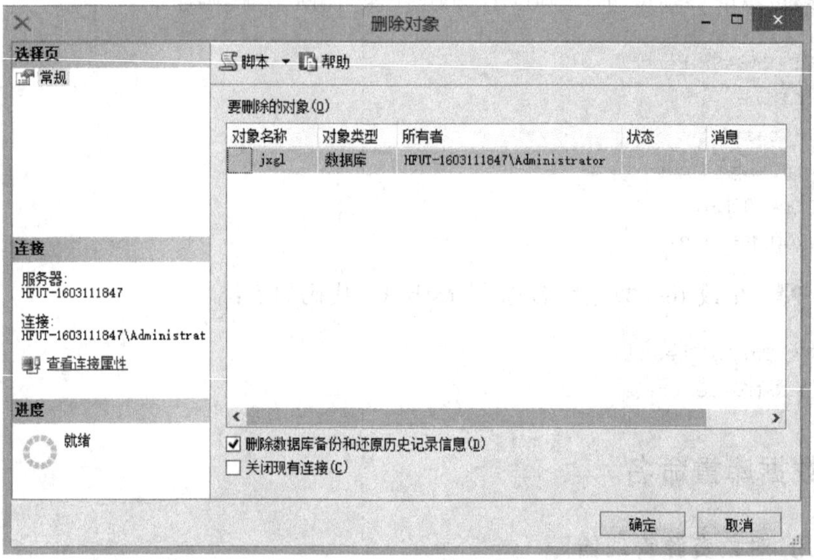

图 3-12 删除数据库窗口

2. 使用 T-SQL 语句

DROP 语句可以从 SQL Server 中一次删除一个或多个数据库。

语法格式如下:

```
DROP DATABASE database_name[,…n]
```

【例 3-11】 删除单个数据库 student。代码如下:

```
DROP DATABASE student
```

【例 3-12】 删除两个数据库 student1 和 student2。代码如下:

```
DROP DATABASE student1,student2
```

3.2.7 分离与附加数据库

1. 分离数据库

在 SQL Server 运行时,在 Windows 中不能直接复制 SQL Server 数据库文件,如果想复制,就要先将数据库文件从 SQL Server 服务器中分离出去。

所谓分离就是将数据库从 SQL Server 实例中删除,使其数据文件和日志文件在逻辑上脱离服务器。经过分离后,数据库的数据文件和日志文件变成了操作系统中的文件,与服务器脱离,但保存了数据库的所有信息。当我们想备份数据库或移动到其他地方时,只要保存和转移这些数据文件和日志文件(两者缺一不可)即可。

【例 3-13】 分离 jxgl 数据库。

(1) 使用对象资源管理器

在“对象资源管理器”窗格中,选中要分离的数据库,右击,在弹出的快捷菜单中选择“任务”→“分离”命令,最后单击“确定”按钮,即可完成分离数据库的工作,如图 3-13 所示。

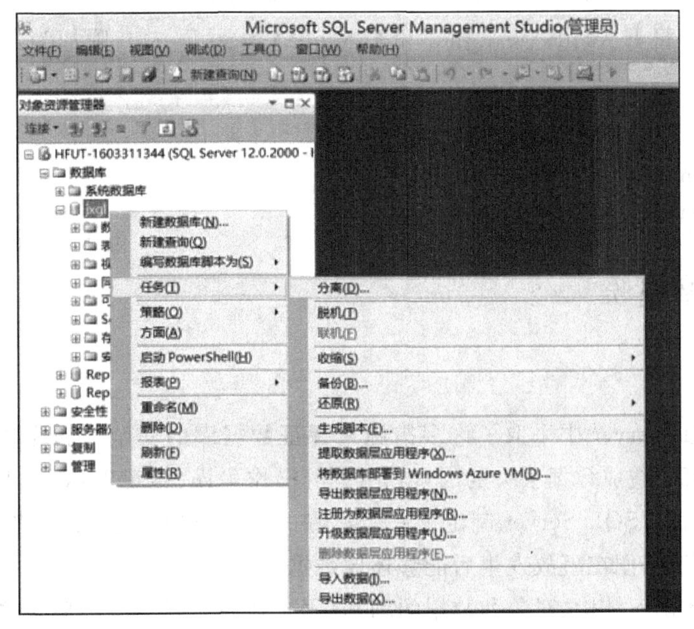

图 3-13 分离数据库

(2) 使用 T-SQL 语句

语法格式如下:

```
sp_detach_db database_name
```

【例 3-14】 分离 jxgl 数据库,代码如下:

```
EXEC sp_detach_db jxgl
```

2. 附加数据库

附加数据库的工作是分离数据库的逆操作,通过附加数据库,可以将没有加入 SQL Sever 服务器的数据库文件加到服务器中。

(1) 使用对象资源管理器

在“对象资源管理器”窗格中,选中数据库,右击,在弹出的快捷菜单中选择“附加”命令,单击“添加”按钮,选择需要附加的数据库名称,单击“确定”按钮,返回附加数据库页面,此时根据需要可以更改附加过来的数据库名称,再单击页面下方的“确定”按钮,即可完成附加数据库的工作。

(2) 使用 T-SQL 语句

一种方法是使用 CREATE DATABSE 中的[FOR ATTACH]选项。

另一种方法是使用系统存储过程，语法格式如下：

```
EXEC sp_attach_db [@dbname=] 'dbname', [ @filename1=] 'filename_n' [,...16 ]
```

其中，[@dbname=] 'dbname'是要附加的数据库名。

[@filename1=] 'filename_n'是数据库文件的物理名称，包括路径。

【例 3-15】 将 E:\sqllx\test. mdf 和 E:\sqllx\ test_log. ldf 附加为数据库 test。代码如下：

```
EXEC sp_attach_db @dbname=N'test',
    @filename1=N'E:\sql\test.mdf',
    @filename2=N'E:\sql\test_log.ldf'
```

3.2.8 数据库备份

1. 概述

尽管在 SQL Server 中采取了许多措施来保证数据库的安全性和完整性，但故障仍不可避免。如可能造成数据丢失的因素：用户的操作失误、蓄意破坏、病毒攻击、自然界不可抗力等。因此，SQL Server 制定了一个良好的备份还原策略，定期将数据库进行备份以保护数据库，以便在事故发生后能够还原数据库。

备份就是数据库结构、对象和数据的副本，用于在系统发生故障后还原和恢复数据，应当存放在服务器硬盘以外的位置。SQL Server 2014 提供了 4 种备份类型，完整备份、差异备份、事务日志备份、文件或文件组备份。

(1) 完整备份。按常规定期备份整个数据库，包括事务日志。当系统出现故障时，可以恢复到最近一次数据库备份时的状态，操作比较简单，在恢复时只需要一步就可以将数据库恢复到以前的状态，但时间较长，是大多数人常用的方式。

(2) 差异备份，也叫增量备份，只备份自上次数据库备份后发生更改的部分数据库。比完整数据库备份更小、更快，但将增加复杂程度。对于一个经常修改的数据库，建议每天做一次差异备份。

(3) 事务日志备份。事务日志记录了两次数据库备份之间所有的数据库活动记录。当系统出现故障后，能够恢复所有备份的事务。在两次完全数据库备份期间，可以频繁使用，尽量减少数据丢失的可能。

(4) 文件或文件组备份。单独备份组成数据库的文件和文件组，在恢复数据库时可以只恢复遭到破坏的文件和文件组，而不是整个数据库。恢复的速度最快。

2. 备份设备

备份设备是用来存储数据库、事务日志或文件和文件组备份的存储介质。备份设备可以是硬盘、磁带或命名管道(逻辑通道)。本地主机硬盘和远程主机的硬盘可作为备份设备，备份设备在硬盘中是以文件的方式存储的。

SQL Server使用物理设备名称或逻辑设备名称来标识备份设备。

物理备份设备是操作系统用来标识备份设备的名称，这类备份设备称为临时备份设备，其名称没有记录在系统设备表中，只能使用一次。

逻辑备份设备是用来标识物理备份设备的别名或公用名称，以简化物理设备的名称。这类备份设备称为永久备份设备，其名称永久地存储在系统表中，可以多次使用。

在进行备份以前首先必须创建备份设备。

【例3-16】 在E:\sql目录下创建永久备份设备jxglbak。

(1) 使用对象资源管理器

在"对象资源管理器"中展开"服务器对象"，选择"备份设备"，右击，在弹出的菜单中选择"新建备份设备"菜单项，如图3-14所示。

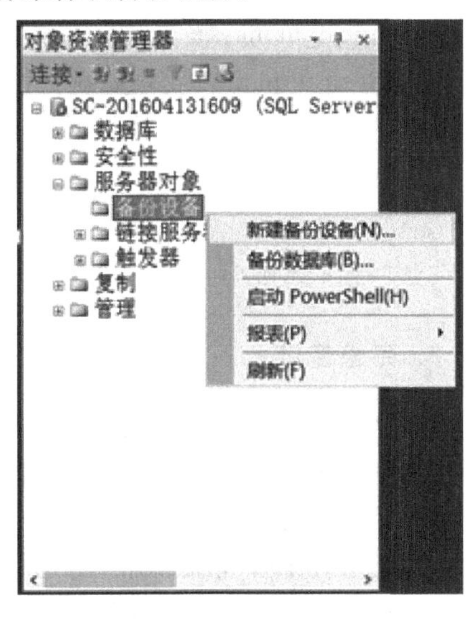

图3-14 新建备份设备命令

在打开的"备份设备"窗口中分别输入备份设备的名称和完整的物理路径名，单击"确定"按钮，完成备份设备的创建，如图3-15所示。

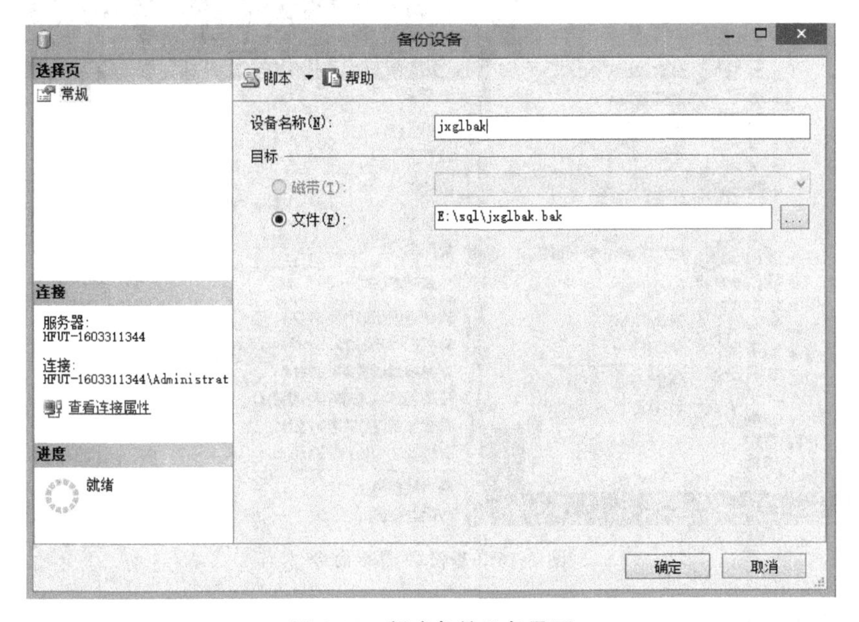

图3-15 新建备份设备界面

(2) 使用T-SQL语句

```
sp_addumpdevice 'device_type', 'logical_name', 'physical_name'
```

语法中的各参数说明如下。

① device_type：设备类型，'DISK|TAPE'，DISK 表示磁盘，TAPE 表示磁带。

② logical_name：逻辑磁盘备份设备名。

③ physical_name：物理磁盘备份设备名。

【例 3-17】 在 E:\sql 目录下创建永久备份设备 jxglbak。代码如下：

```
USE jxgl
GO
EXEC sp_addumpdevice 'DISK', 'jxglbak', 'E:\sql\jxglbak.bak'
```

3. 完整备份

以完整备份为例进行讲解。

【例 3-18】 完整备份 jxgl 数据库到逻辑备份设备 jxglbak。

(1) 使用对象资源管理器

在“对象资源管理器”窗格中，选中要备份的数据库，右击，在弹出的快捷菜单中选择“任务”→“备份”命令，如图 3-16 所示，打开“备份数据库”窗口，如图 3-17 所示，选择完整备份，“备份到”保持“磁盘”，jxglbak 作为备份设备，单击“确定”按钮，即可完成备份数据库的工作，如图 3-18 所示。

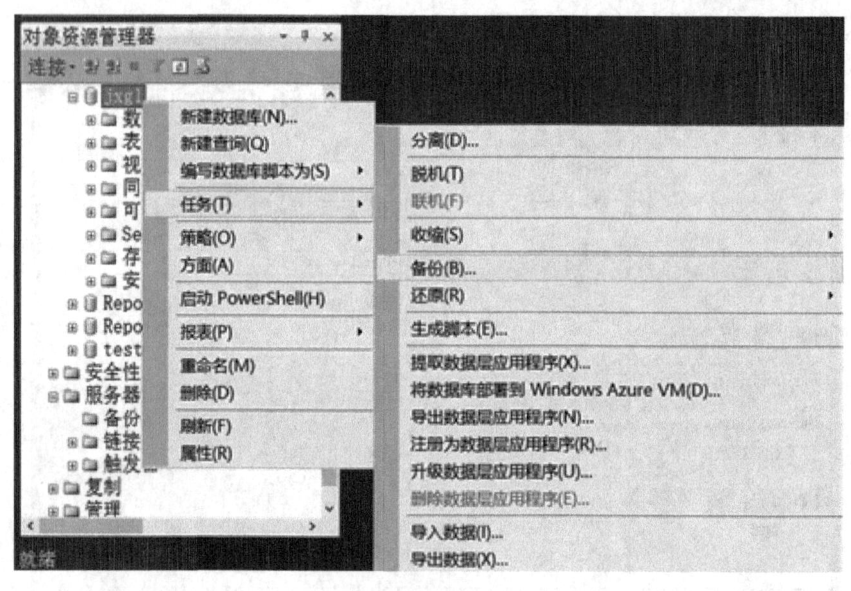

图 3-16 备份数据库命令

(2) 使用 T-SQL 语句

语法格式如下：

```
BACKUP DATABASE {database_name} TO <backup_device> [WITH INIT| NOINIT]
```

语法中的各参数说明如下。

① database_name：指定备份的数据库名称。

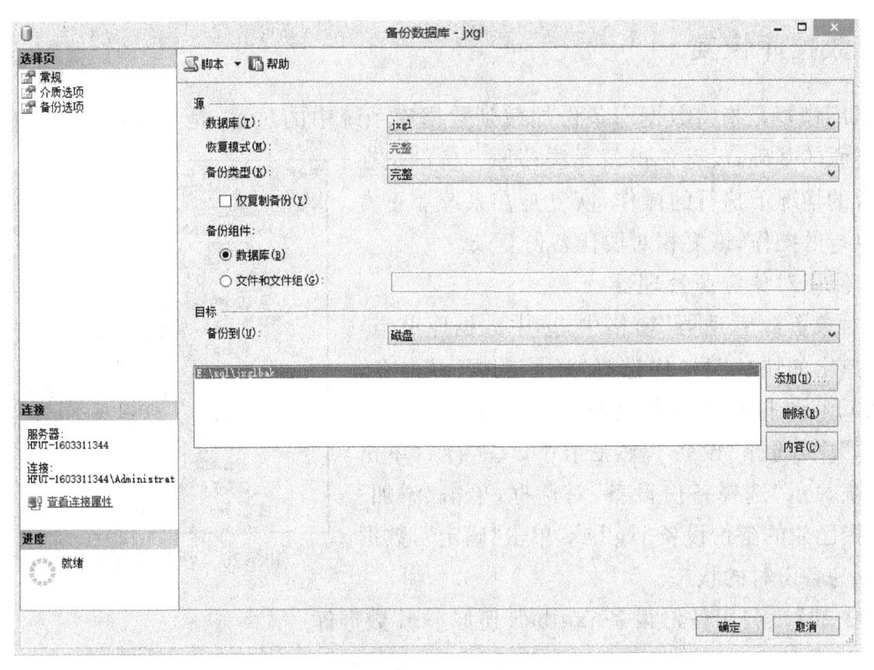

图 3-17 “备份数据库”窗口

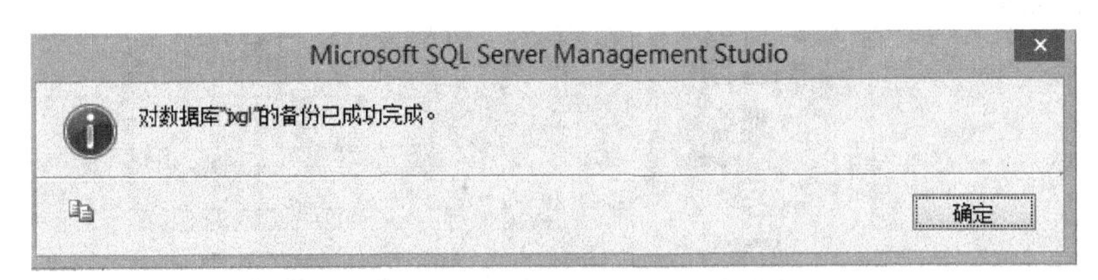

图 3-18 “备份数据库”成功完成

② backup_device：指定备份设备名称。

③ INIT：新备份的数据覆盖当前备份设备上的每一项内容。

④ NOINIT：新备份的数据追加到备份设备上已有的内容后面。

【例 3-19】 完整备份 jxgl 数据库到逻辑备份设备 jxglbak。代码如下(见图 3-19)：

```
BACKUP DATABASE jxgl TO jxglbak
```

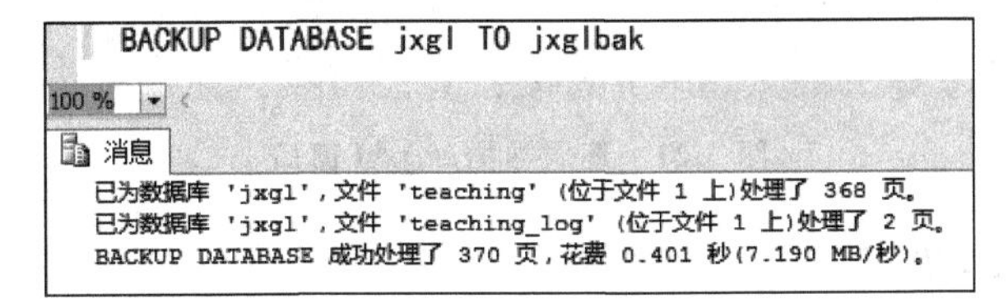

图 3-19 执行备份数据库命令

3.2.9 数据库恢复

数据库恢复是指将数据库备份加载到数据库系统中的过程，是与备份相对应的操作，备份是还原的基础，没有备份就无法还原。备份是在系统正常的情况下执行的操作，恢复是在系统非正常情况下执行的操作，恢复相对要比备份复杂。

（1）使用对象资源管理器

在“对象资源管理器”窗格中，选中数据库节点，右击，在弹出的快捷菜单中选择“还原数据库”命令，如图 3-20 所示，打开“还原数据库”窗口，如图 3-21 所示，在“源”中，选择“设备”，然后在“设备”行后单击“…”，系统显示“选择备份设备”对话框，单击“添加”按钮，选择已建的备份设备 jxglbak，单击“确定”，数据库即还原为备份时的状态。

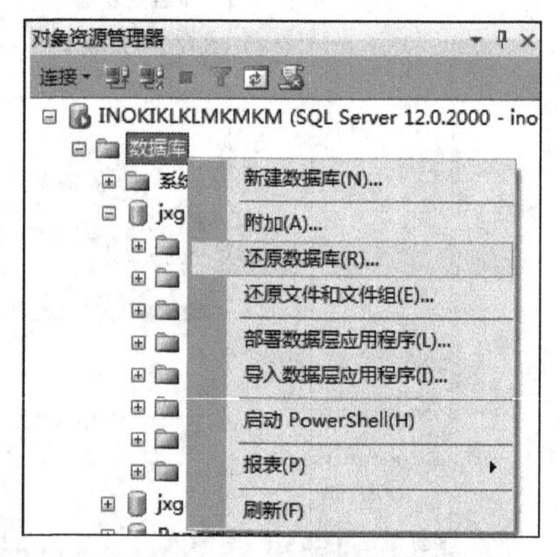

图 3-20　执行还原数据库命令

【例 3-20】　利用备份设备 jxglbak 还原 jxgl 数据库。

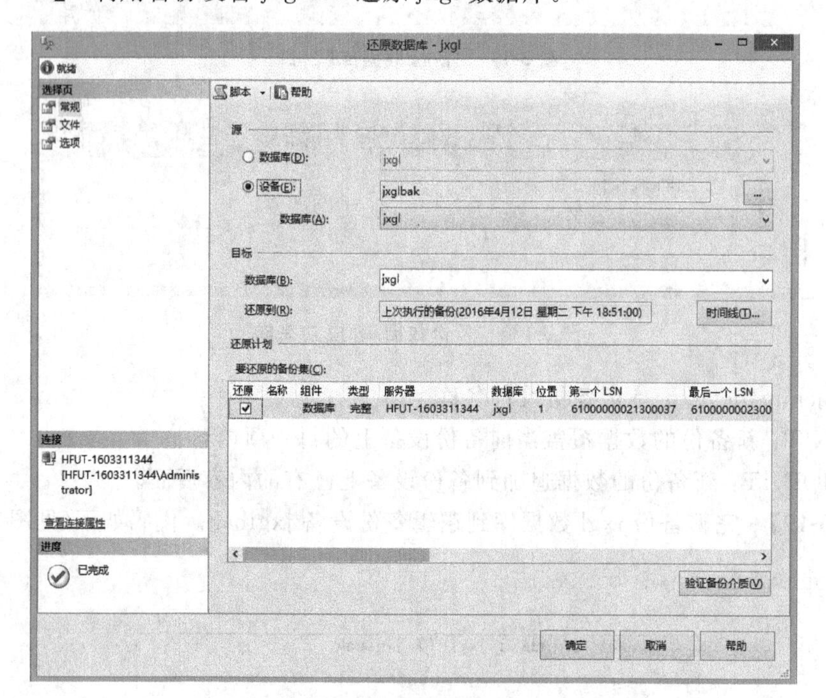

图 3-21　还原数据库 jxgl 窗口

（2）使用 T-SQL 语句

语法格式如下：

```
RESTORE DATABASE {database_name}
[ FROM <backup_device> [,…n ] ]
[WITH RECOVERY|NORECOVERY|STANDBY=
```

```
{standby_file_name|@standby_file_name_var } ]
[ [, ] REPLACE ]
[ [, ] RESTART ]
[ [, ] STATS [=percentage ] ] ]
```

语法中的各参数说明如下。

① database_name：指定被还原的目标数据库。

② backup_device：指定还原操作要使用的逻辑或物理备份设备。

③ RECOVERY：指示还原操作回滚任何未提交的事务，默认值。

④ NORECOVERY：指示还原操作不回滚任何未提交的事务。要继续从后续备份中还原数据必须带参数 WITH NORECOVERY，且此时数据库不可用。

⑤ STANDBY：指定一个允许撤消恢复效果的备用文件。

【例 3-21】 利用备份设备 jxglbak 还原 jxgl 数据库，代码如下：

```
RESTORE DATABASE jxgl
FROM jxglbak
WITH REPLACE
```

执行还原数据库命令如图 3-22 所示。

```
RESTORE DATABASE jxgl
FROM jxglbak
WITH REPLACE
100 %
消息
已为数据库 'jxgl'，文件 'teaching' (位于文件 1 上)处理了 368 页。
已为数据库 'jxgl'，文件 'teaching_log' (位于文件 1 上)处理了 2 页。
RESTORE DATABASE 成功处理了 370 页，花费 0.177 秒(16.289 MB/秒)。
```

图 3-22 执行还原数据库命令

3.2.10 复制和移动数据库

方法 1：使用 SQL Server 2014 的“复制数据库向导”工具可以复制或移动数据库，创建数据库的副本，在 SQL Server 不同实例间复制和移动数据库。使用“复制数据库向导”前需要启动 SQL Server 代理服务，可以使用 SQL Server 配置管理器来完成。进入 SQL Server 配置管理器后，双击 SQL Server 代理服务，弹出“SQL Server 代理属性”对话框，单击“启动”按钮，启动该服务后就可以使用“复制数据库向导”了。所有这些操作除 model、msdb 和 master 系统数据库外都适用。

方法 2：将数据库分离后，就可以对数据库文件进行复制、剪切、删除等操作了。

3.3 【实训项目】 数据库的创建与管理

1. 实验目的

(1) 掌握在对象资源管理器中和使用 T-SQL 语句创建数据库的方法。

（2）掌握在对象资源管理器中和使用 T-SQL 语句对数据库管理的基本操作。

2. 实验内容

分别在对象资源管理器中和使用 T-SQL 命令做如下操作：

（1）创建用于学生选课管理的数据库，数据库名为 student，初始大小 20MB，最大 50MB，数据库自动增长，增长方式是按 15%；日志文件大小 5MB，最大 25MB，按 5MB 增长。数据库的逻辑文件名和物理文件名均采用默认值。

（2）查看 student 数据库基本信息。

（3）建立 student 数据库的备份文件 studentbak。

（4）将 student 数据库的分配空间增加至 30MB。

（5）为数据库 student 增加数据文件 student_data1，初始大小 10MB，最大 50MB，按照 5%增长。

（6）将增加的数据文件 student_data1 删除。

（7）将 student 数据库从服务器分离。

（8）将 student 数据库附加到当前服务器。

（9）将 student 数据库重命名为 studentnew。

（10）删除数据库 studentnew。

小　　结

本章阐述了 SQL Server 2014 数据库的基本定义、分类、数据库文件和数据库文件组；介绍了分别使用对象资源管理器和 T-SQL 语句创建、管理数据库的方法和实际应用。

习　　题

1. 在 SQL Server 2014 中数据库文件有哪 3 类？各有什么作用？
2. SQL Server 2014 有哪些系统数据库？它们的作用分别是什么？
3. 简述文件组的概念。
4. SQL Server 2014 中创建、查看、打开、删除数据库的命令？
5. 创建名为 libray 的数据库，其中主数据文件为 libray.mdf，初始大小为 5MB，增长大小为 2MB，最大存储空间是 100MB。日志文件为 libray.ldf，初始大小是 3MB，最大存储空间是 28MB，增长大小是 5MB。请写出相应的 T-SQL 语句。

第4章 chapter 4

SQL Server 数据表的管理

本章教学重点及要求

- 掌握 SQL Server 2014 数据表的基本概念
- 熟练掌握用对象资源管理器和 T-SQL 语句创建、管理、维护数据表的各种方法和步骤
- 熟练掌握记录的插入、删除和修改操作

4.1 SQL Server 数据表的管理概述

表是 SQL Server 数据库中最重要的对象，表是数据的集合，是用来存储数据和操作数据的逻辑结构。表由表头和若干行数据构成。表中每一行用来保存唯一的一条记录，是数据对象的一个实例。每一列用来保存对象的某一类属性，代表一个域。

在 SQL Server 中按照存储时间分类，可以分为永久数据表和临时表。永久表是在创建后一直存储在数据文件中，除非用户删除该表；临时表分为全局临时表和局部临时表，是系统在运行过程中由系统创建，存储在数据库 tempdb 中，当用户退出或系统修复时，临时表将被自动删除。局部临时表名称以 # 开头，仅对当前的连接用户可见，当用户从 SQL Server 实例断开连接时被删除。全局临时表名称以 # # 开头，创建后对任何用户都是可见的，当所有引用该表的用户从 SQL Server 断开连接时被删除。

如果从用户角度数据表又可以分为系统数据表、用户表和临时表。系统表是保证数据库服务器正常启动、维护数据库正常运行的数据表。每个数据库都有自己的系统表，它们一般都属于永久数据表。对于这些表的管理由 DBMS 自动完成，用户对其只有读的权限而没有写的权限。

4.1.1 表的设计

在为一个数据库设计表之前，应该完成需求分析，确定概念模型，将概念模型转换为关系模型，关系模型中的每一个关系对应数据库中的一个表。

确定数据库需要什么样的表，各表中都应该包括哪些数据以及各个表之间的关系和存取权限等等，这个过程称之为设计表。

1. 创建表的步骤

创建表一般要经过定义表结构、设置约束和添加数据三步，其中设置约束可以在定义表结构时或定义完成之后建立。

(1) 定义表结构：给表的每一列取名称，并确定每一列的数据类型、数据长度、列数据是否可以为空等。

(2) 设置约束：设置约束来限制该列输入值的取值范围，以保证输入数据的正确性和一致性。主键约束体现实体完整性，即主键各列不能为空且主键作为行的唯一标识，外键约束体现参照完整性，默认值和规则等体现用户定义的完整性。

(3) 添加数据：表结构建立完成之后，应该向表中输入数据。

2. SQL Server 中创建表的限制

数据库中的表数仅受数据库中允许的对象数(2147,483647)的限制。标准的用户定义的表可以有多达 1024 列。表的行数仅受服务器的存储容量的限制。

4.1.2 数据类型

数据类型定义每个列所能存放的数据值和存储格式。

SQL Server 提供系统数据类型集，定义了可与 SQL Server 一起使用的所有数据类型；另外用户还可以使用 Transact-SQL 或.NET 框架定义自己的数据类型，它是系统提供的数据类型的别名。

SQL Server 系统提供了丰富的数据类型，表 4-1 列出了 SQL Server 所支持的数据类型。

表 4-1 SQL Server 所支持的数据类型

数据类型		系统数据类型	应用说明
二进制		image	图像、视频、音乐
		binary[(n)]	标记或标记组合数据
		varbinary[(n)]	同上(变长)
精确数字	精确整数	bigint	长整数 $-2^{63} \sim 2^{63}-1$
		int	整数 $-2^{31} \sim 2^{31}-1$
		smallint	短整数 $-2^{15} \sim 2^{15}-1$
		tinyint	更小的整数 0～255
	精确小数	decimal[(p[,s])]	小数，p：最大数字位数 s：最大小数位数
		numeric[(p[,s])]	同上
	近似数字	float[(n)]	－1.79E＋308～1.79E＋308
		real	－3.40E＋38～3.40E＋38

续表

数据类型	系统数据类型	应 用 说 明
字符	char[(n)]	定长字符型
	varchar[(n)]	变长字符型
	text	变长文本型,存储字符长度大于 8000 的变长字符
Unicode	nchar[(n)]	unicode 字符(双倍空间)
	nvarchar[(n)]	unicode 字符(双倍空间)
	ntext	unicode 字符(双倍空间)
日期和时间	datetime	1753-1-1～9999-12-31(12:00:00)
	smalldatetime	1900-1-1～2079-6-6
货币	money	$-2^{63}\sim2^{63}-1$(保留小数点后四位)
	smallmoney	$-2^{31}\sim2^{31}-1$(保留小数点后四位)
特殊	bit	0/1,判定真或假
	timestamp	时间戳型,自动生成的唯一的二进制数,修改该行时随之修改,反映修改记录的时间
	uniqueidentifier	唯一标识符类型,十六进制数字,由网卡/处理器 ID 以及时间信息产生,用法同上
平面和地理空间数据类型	geometry	平面空间数据类型
	geography	地理空间数据类型
其他	sql_variant	一种存储 SQL Server 支持的各种数据类型(除 text、ntext、image、timestamp 和 sql_variant 外)值的数据类型
	xml	保存 xml 文档和片段的一种类型,文件大小不能超过 2GB
	hierarchyid	可表示层次结构中的位置
用户自定义	用户自行命名	用户可创建自定义的数据类型

SQL Server 的数据类型说明:

(1) 二进制类型

二进制型数据是指字符串是由二进制组成,而不是由字符组成,该类型通常用于时间标记和 Image 类型。对于二进制类型数据的存储来说,SQL Server 提供 3 种数据类型,分别为 binary、varinary 和 image。其中,binary 用于存储长度固定的二进制字符串;varbinary 用于存储长度可变的二进制字符串;image 用于存储大的二进制字符串(每行可达 2GB)。

binay 型数据类型类似于字符型数据,当实际的字符串长度小于给定长度时,binary 类型会在实际的字符串尾部添加 0,而不是空格。

（2）精确数字型

SQL Server 2014 提供的整型和精确数值类型有 bit、int、smallint、tinyint 和 decimal、numeric。其中最常用的是 int 和 numeric 类型。

SQL Server 2014 提供了 float 和 real 类型来表示浮点数据和实型数据。用户可以指定 float 类型的长度，当指定 1～7 之间的数值时，则实际上定义一个 real 数据类型。

（3）字符型

字符型数据类型主要用来存储由字母、数字和符号组成的字符串，又分为定长类型和变长类型。

对于定长类型，可以用 n 来指定长字符串的长度，char(n)。当输入字长小于分配的长度时，用空格填充；当输入的字长大于分配的长度时，则自动截去多余的部分。允许空值的定长列可以内部转换成变长列。

对于变长类型，可以用 n 来指定字符的最大长度，varchar(n)。在变长列中的数据会被去掉尾部的空格；存储尺寸就是输入数据的实际长度。变长变量和参数中的数据保留所有的空格，但并不填满指定的长度。

在通常情况下，char 和 varchar 是最常用的字符串数据类型。它们区别在于：当实际的字符串长度小于给定长度时，char 类型会在实际的字符串尾部添加空格，以达到固定字符数，而 varchar 类型则会去掉尾部的空格以节省空间；由于 varchar 类型的长度是可变的结构，因此需要额外的开销来保存信息。

（4）Unicode 字符串数据类型

SQL Server 2014 提供 3 种 Unicode 字符串数据类型，分别为 nchar、nvarchar 和 ntext。

（5）日期型

SQL Server 2014 可以用 datetime 和 smalldatetime 数据类型来存储日期数据和时间数据。其中 smalldatetime 的精度较低，包含的日期范围也较窄，但占用的空间小。它的取值范围是 1900 年 1 月 1 日到 2079 年 6 月 6 日，它的精度小于 datetime 类型。datetime 类型数据的取值范围是 1753 年 1 月 1 日到 9999 年 12 月 31 日。在默认情况下，日期型数据的格式是按照“月/日/年”的顺序来设定的。

（6）SQL_variant 数据类型

SQL_varian 可以存储任意类型的数据，不能指明宽度。如下所示：

```
CREATE TABLE test(id int identity primary key,other sql_variant)
    INSERT INTO test VALUES('I am a boy')
    INSERT INTO test VALUES(9876)
    INSERT INTO test VALUES('9/9/99 12:13:12')
```

（7）空值

空值(NULL)通常是未知、不可用或将在以后添加的数据。若一列允许为空值，则向表中输入记录值时，可不为该列给出具体值，而若一个列不允许为空值时，则在输入时，则必须给出具体的值。空值和空格是不同的，空格是一个有效的字符。允许空值的列需要更多的存储空间,并且可能会有其他的性能问题或存储问题。

4.1.3 创建数据表

下面我们以在 jxgl 数据库中创建 teachers 表为例来讲解。teachers 表结构如第 1 章表 1-5 所示。

1. 使用对象资源管理器

打开对象资源管理器,展开控制台根目录,依次展开服务器组、服务器、数据库节点,选择在其中建立表的数据库,这里我们选择 jxgl 数据库,如图 4-1 所示。

用鼠标右键单击"表"图标,在弹出的快捷菜单中选择"表"命令,启动表设计器,如图 4-2 所示。

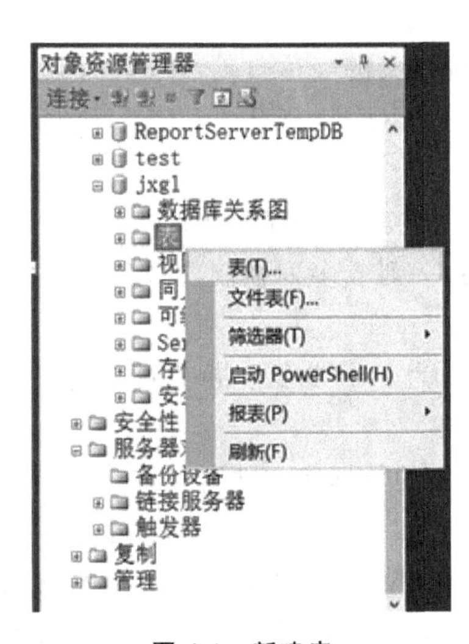

图 4-1 新建表

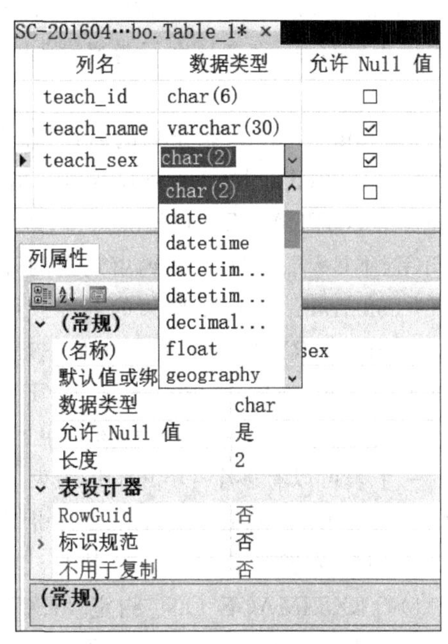

图 4-2 表设计器窗口

在表设计器窗口上部网格中,每一行描述了表中的一个字段,每行有三列,这三列分别描述了列名、数据类型(数据长度)和允许空等属性。

在"编辑"面板中根据表结构添加各列及其属性。

创建主键(PRIMARY KEY)约束:选择需要设置主键的列 teach_id,右键单击,选择"设置主键"命令。

输入完毕,选择保存,输入表的名称"teachers"完成表的创建。

2. 使用 T-SQL 语句

语法格式如下:

```
CREATE TABLE [database_name.][owner.]table_name
```

```
    ({<column_definition>
        |column_name AS computed_column_expression
        |<table_constraint>::=[CONSTRAINT constraint_name]}
        |[{PRIMARY KEY|UNIQUE}[,…n] )
        [ON {filegroup|DEFAULT}]
[TEXTIMAGE_ON {filegroup|DEFAULT}]
```

语法中的各参数说明如下。

(1) database_name：指定新建表所置于的数据库名，若该名不指定就会置于当前数据库中。

(2) owner：指定数据库所有者的名称，它必须是 database_name 所指定的数据库中现有的用户 ID，默认为当前注册用户名。

(3) table_name：指定新建表的名称，需在一个数据库中是唯一的，且遵循 T-SQL 语言中的标识符规则，表名长度不能超过 128 个字符，对于临时表则表名长度不能超过 116 个字符。

(4) column_name：指定列的名称，在表内必须唯一。

(5) computed_column_expression：指定该计算列定义的表达式。

(6) CONSTRAINT：可选关键字，表示 PRIMARY KEY、NOT NULL、UNIQUE、FOREIGN KEY 或 CHECK 约束定义的开始。

(7) constraint_name：约束的名称。约束名称必须在表所属的架构中唯一。

(8) PRIMARY KEY：是通过唯一索引对给定的一列或多列强制实体完整性的约束。每个表只能创建一个 PRIMARY KEY 约束。

(9) UNIQUE：唯一性约束，该约束通过唯一索引为一个或多个指定列提供实体完整性。一个表可以有多个 UNIQUE 约束。

(10) ON{filegroup|DEFAULT}：指定存储新建表的数据库文件组名称。如果使用了 DEFAULT 或省略了 ON 子句，则新建的表会存储在数据库的默认文件组中。

(11) TEXTIMAGE_ON：指定 TEXT、NTEXT 和 IMAGE 列的数据存储的数据库文件组。若省略该子句，这些类型的数据就和表一起存储在相同的文件组中。如果表中没有 TEXT、NTEXT 和 IMAGE 列，则可以省略 TEXTIMAGE_ON 子句。

(12) <column_definition>是某列的列定义，语法格式如下：

```
<column_definition>::={column_name data_type}
    [NULL|NOT NULL]
[[DEFAULT constant_expression]
  |[IDENTITY[(seed,increment)[NOT FOR REPLICATION]]]]
  [ROWGUIDCOL][COLLATE<collation_name>]
    [<column_constraint>][…n]
```

其中选项的含义如下。

① data_type：指定列的数据类型，可以是系统数据类型或者用户自定义数据类型。

② NULL|NOT NULL：说明列值是否允许为 NULL。在 SQL Server 中，NULL

既不是0也不是空格,它意味着用户还没有为列输入数据或是明确地插入了NULL。

③ IDENTITY:指定列为一个标识列,一个表中只能有一个IDENTITY标识列,且数据类型为int、tinyint、smallint、bigint、decimal或numeric。当用户向数据表中插入新数据行时,系统将为该列赋予唯一的、递增的值。IDENTITY列通常与PRIMARY KEY约束一起使用,该列值不能由用户更新,不能为空值,也不能绑定默认值和DEFAULT约束。

seed:指定IDENTITY列的初始值。

increment:指定IDENTITY列的列值增量,必须同时指定种子和增量,或者两者都不指定。如果二者都未指定,则取默认值(1,1)。

④ NOT FOR REPLICATION:指定列的IDENTITY属性,在把从其他表中复制的数据插入到表中时不发生作用。

⑤ ROWGUIDCOL:指定列为全局唯一标识符列。此列的数据类型必须为UNIQUEDENTIFIER类型,一个表中数据类型为UNIQUEDENTIFIER的列中只能有一个列被定义为ROWGUIDCOL列。ROWGUIDCOL属性不会使列值具有唯一性,也不会自动生成一个新的数值给插入的行。

⑥ column_constraint:列的完整性约束。如指定该列为主键则使用PRIMARY KEY关键字。

【例4-1】 写出在jxgl数据库中创建teachers表(结构见表1-5)的SQL命令。代码如下:

```
USE jxgl
GO
CREATE TABLE dbo.teachers(
teach_id char(6) NOT NULL PRIMARY KEY,teach_name varchar(30) NOT NULL,
teach_sex char (2) NULL,dept_id char(4) NULL,teach_birth datetime NULL,
teach_birthplace varchar (30) NULL,teach_email varchar(20) NULL,
teach_telephone char(11) NULL,teach_professional varchar(10) NULL,
teach_research varchar(100) NULL)
GO
```

【例4-2】 利用T-SQL语句在test数据库中创建作者信息表authors,结构如表4-2所示。

表4-2 作者信息表(authors)

列 名	数据类型	大小	是否为空	说 明
authorid	int		N	编号(主键),自动增长,初始值为1,增量为1
authorname	nvarchar	50	N	姓名
phone	nvarchar	13	Y	电话
address	nvarchar	60	Y	地址

代码如下：

```
USE test
GO
CREATE TABLE authors
(authorid INT IDENTITY(1,1) NOT NULL PRIMARY KEY,
authorname NVARCHAR(50) NOT NULL,phone NVARCHAR(13) NULL,
address NVARCHAR(60)NULL)
```

说明：关于表数据完整性的详细设计请参照第10章。

4.1.4 修改数据表

数据表创建以后，在使用过程中可能需要对原先定义的表的结构进行修改。对表结构的修改包括增加列、删除列、修改已有列的属性等。

1. 使用对象资源管理器

在“对象资源管理器”窗口中，展开“数据库”节点，再展开所选择的具体数据库节点，展开“表”节点，选择要修改的表，右击选择“设计”命令，进入表设计器即可进行表的定义的修改。

在表设计器中修改各字段的定义，如字段名、字段类型、字段长度、是否为空等。

添加、删除字段。如果要增加一个字段，将光标移动到最后一个字段的下边，输入新字段的定义即可。如果要在某一字段前插入一个字段，用鼠标右键单击该字段，在弹出的快捷菜单中选择“插入列”命令。如果要删除某列，用鼠标右键单击该列，在弹出的快捷菜单中选择“删除列”命令。

2. 使用 T-SQL 语句

使用 ALTER TABLE 语句可以对表的结构和约束进行修改。ALTER TABLE 语句的语法格式如下：

```
ALTER TABLE table_name
  {[ALTER COLUMN column_name
{new_data_type [(precision[,scale])][COLLATE<collation_name>]
[NULL|NOT NULL]|{ADD|DROP} ROWGUIDCOL}] }
|ADD
    {[<column_definition>]|column_name AS computed_column_expression}[,…n]
  |[WITH CHECK|WITH NOCHECK]ADD
    {<table_constraint>}[,…n]
|DROP
    {[CONSTRAINT]constraint_name|COLUMN column}[,…n]
|[CHECK|NOCHECK]CONSTRAINT {ALL|constraint_name[,…n]}
|{ENABLE|DISABLE}TRIGGER{ALL|trigger_name[,…n]}}
```

语法中的各参数说明如下。

(1) table_name：要更改的表的名称。若表不在当前数据库中或表不属于当前用户，就必须指定其列所属的数据库名称和所有者名称。

(2) ALTER COLUMN：指定要更改的列。

(3) new_data_type：指定新的数据类型名称。

(4) precision：指定新数据类型的精度。

(5) scale：指定新数据类型的小数位数。

(6) WITH CHECK | WITH NOCHECK：指定向表中添加新的或者打开原有的FOREIGN KEY约束或CHECK约束的时候，是否对表中已有的数据进行约束验证。对于新添加的约束，系统默认为WITH CHECK，WITH NOCHECK作为启用旧约束的缺省选项。该参数对于主关键字约束和唯一性约束无效。

(7) {ADD | DROP} ROWGUIDCOL：添加或删除列的ROWGUIDCOL属性。ROWGUIDCOL属性只能指定给一个UNIQUEIDENTIFIER列。

(8) ADD：添加一个或多个列。

(9) computed_column_expression：计算列的计算表达式。

(10) DROP{[CONSTRAINT]constraint_name|COLUMN column_name}：指定要删除的约束或列的名称。

(11) {CHECK|NOCHECK}CONSTRAINT：启用或禁用某约束，若设置ALL则启用或禁用所有的约束。但该参数只适用于CHECK和FOREIGN KEY约束。

(12) {ENABLE|DISABLE}TRIGGER：启用或禁用触发器。当一个触发器被禁用后，在表上执行INSERT、UPDATE或者DELETE语句时，触发器将不起作用，但是它对表的定义依然存在。ALL选项启用或禁用所有的触发器。trigger_name为指定触发器名称。

【例4-3】 将表teachers的列teach_birthplace改为varchar(50)数据类型，并且不允许为空。代码如下：

```
USE jxgl
GO
ALTER TABLE teachers
ALTER COLUMN teach_birthplace varchar(50) NOT NULL
GO
```

【例4-4】 为表teachers添加graduateschool列，然后再删除该列。代码如下：

```
USE jxgl
GO
ALTER TABLE teachers ADD graduateschool char(50) NULL          --添加列
GO
EXEC sp_help teachers                                          --查看表结构
ALTER TABLE teachers
```

```
    DROP COLUMN graduateschool                              --删除列
GO
EXEC sp_help teachers                                       --查看表结构
```

4.1.5 删除数据表

1. 使用对象资源管理器

在“对象资源管理器”窗口中，展开“数据库”节点，再展开所选择的具体数据库节点，展开“表”节点，选择要删除的表，右键单击选择“删除”命令或按下 Delete 键。

2. 使用 T-SQL 语句

语法格式：

```
DROP TABLE table_name
```

【例 4-5】 在数据库 jxgl 中建一个表 test，然后删除。代码如下：

```
USE jxgl
GO
DROP TABLE test
```

4.2 操作表数据

4.2.1 插入表数据

1. 使用对象资源管理器

在对象资源管理器中选中要插入数据的表，右击选择“编辑前 200 行”，在随后打开的数据网格中输入数据即可。

2. 使用 T-SQL 语句

语法格式为：

```
INSERT [INTO] table_name [(column_list)] VAIUES(data_values)
```

语法中的各参数说明如下。

(1) INTO：是一个可选的关键字，可以将它用在 INSERT 和目标表之间。

(2) table_name：是将要添加数据的表名或 table 变量名称。

注意： 当向表中所有列都插入新数据时，可以省略列名表，但必须保证 VALUES 后的各数据项位置同表定义时的顺序一致，否则系统会报错。

【例 4-6】 在 jxgl 数据库 departments 表中添加记录(d003，生命科学系，王凯)，表结构如图4-3所示。

代码如下：

```
USE jxgl
GO
INSERT departments VALUES ('d003','生命科学系',
'王凯')
Go
```

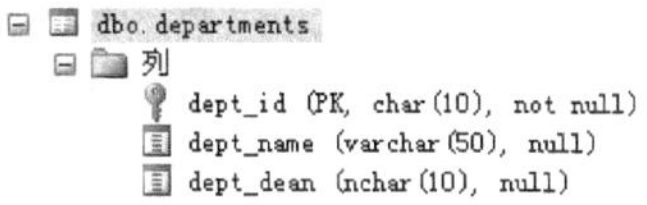

```
dbo.departments
  列
    dept_id (PK, char(10), not null)
    dept_name (varchar(50), null)
    dept_dean (nchar(10), null)
```

图4-3 departments表结构

【例4-7】 在jxgl数据库departments表中添加记录：系编号为“d008”，系名称为“体育系”，其余项为空。代码如下：

```
USE jxgl
GO
INSERT INTO departments (dept_id,dept_name) VALUES ('d008', '体育系')
GO
```

4.2.2 数据的导入和导出

SQL Server提供了导入数据和导出数据功能，以实现与其他数据源之间的数据交换、备份或恢复，常用的数据源如：Oracle数据库、Excel电子表格、Access数据库、其他的ODBC数据源、文本文件等。导入、导出向导的使用方法基本一致，现仅以向导方式导入数据为例讲解操作。

下面以将Excel文件“奖励.xls”转换为数据库jxgl的数据表为例介绍导入数据向导的用法和步骤。

(1) 启动导入向导。在“对象资源管理器”中，展开实例中的“数据库”节点，选择jxgl节点，右击，选择“任务”→“导入数据”命令，如图4-4所示。出现导入和导出向导界面。

(2) 选择数据源类型。单击“下一步”按钮，在“数据源”列表框中选择数据源类型Microsoft Excel。单击“下一步”按钮，指定要从中导入数据的电子表格的路径和文件名或单击“浏览”通过使用“打开”对话框定位电子表格“奖励.xls”。

(3) 选择目标。单击“下一步”按钮，选择目标类型和文件，目标选择默认的SQL Native Client，数据库名称选择jxgl。

(4) 指定复制或查询操作。单击“下一步”按钮，选择“复制一个或多个表或视图的数据”单选按钮。

(5) 编辑和保存文件。单击“下一步”按钮。单击映射下的“编辑”项，修改目标文件的列的数据类型等属性。修改完毕，单击“确定”按钮，返回。

(6) 单击“下一步”按钮，进入“保存”对话框。选择“立即执行”，将立即运行包。若选择“保存SSIS包”，则保存包以便日后运行，也可以根据需要立即运行包。

(7) 完成。单击“下一步”按钮，进入“完成该向导”对话框。然后，单击“完成”按钮，进入“执行成功”对话框。表明电子表格“奖励.xls”成功导入数据库jxgl中成为一个数据

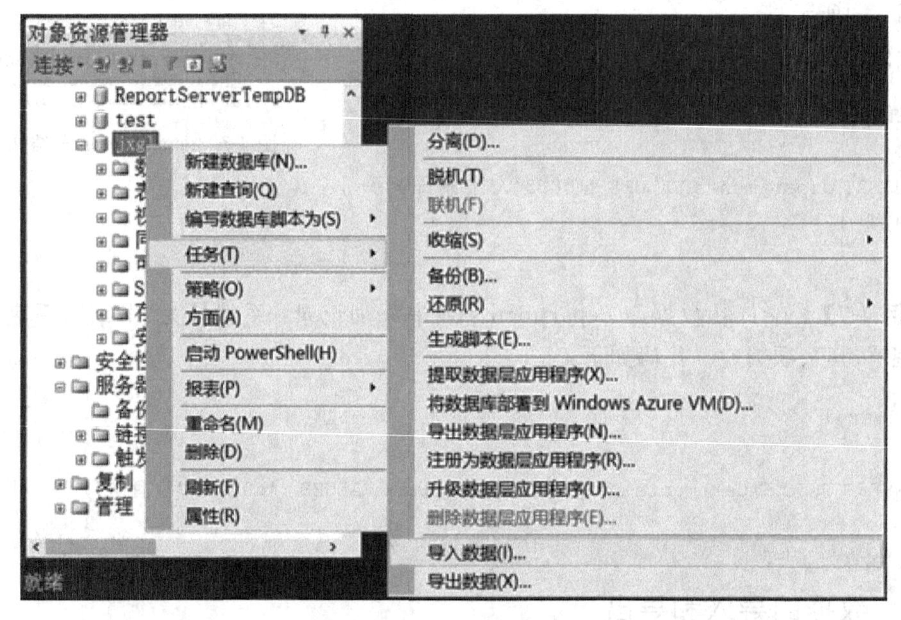

图 4-4　导入导出数据向导

表，单击“关闭”按钮。

此后，展开数据库 jxgl，会发现多出一个数据表“奖励”，浏览数据表查看结果。

请同学们尝试把本班学生信息导入数据库，并查看浏览数据表验证。

4.2.3　修改表数据

1. 使用对象资源管理器

在对象资源管理器中选中要修改的数据表，右击选择“编辑前 200 行”，然后在右边窗口中进行表数据的修改。

2. 使用 T-SQL 语句

语法格式如下：

```
UPDATE table_name SET
{column_name={expression|DEFAULT|NULL }}[,…n]
[FROM{<table_source>}[,…n]] [WHERE<search_condition>]
<table_source>::=table_name [ [AS]table_alias ][ WITH( <table_hint>[,…n] ) ]
```

语法中的各参数说明如下。

(1) table_name：是需要更新的表的名称。

(2) SET：是指定要更新的列或变量名称的列表。

(3) column_name：是含有要更改数据的列的名称。

(4) {expression| DEFAULT|NULL)：是列值表达式。

(5) (table_source)：是修改数据来源表。

注意：当没有 WHERE 子句指定修改条件时，则表中所有记录的指定列都被修改。若修改的数据来自另一个表时，则需要 FROM 子句语句指定一个表。

【例 4-8】 将 teachers 表中 tech_id 为“120423”的“teach_professional”的值改为“讲师”。

代码如下：

```
USE jxgl
GO
UPDATE teachers
SET teach_professional='讲师'
WHERE teach_id='120423'
GO
```

4.2.4 删除表数据

1. 使用 DELETE 语句

语法格式如下：

```
DELETE table_name [FROM {<table_source>}[,…n]]
[WHERE {<search_condition>} ] <table_source>::=table_name [[AS] table_alias]
[,…n]]
```

语法中的各参数说明如下。

(1) table_name：是要从其中删除数据的表的名称。

(2) FROM <table_source>：为指定附加的 FROM 子句。

(3) WHERE：指定用于限制删除行数的条件。如果没有提供 WHERE 子句，则 DELETE 删除表中的所有行。

(4) <search_condition>：指定删除行的限定条件。对搜索条件中可以包含的谓词数量没有限制。

(5) table_name[[AS] table_alias]：为删除操作提供标准的表名。

【例 4-9】 删除表 students 中 stu_id 为“200712110101”的信息。代码如下：

```
USE jxgl
GO
DELETE students
WHERE students.stu_id='200712110101'
GO
```

【例 4-10】 不带参数使用 DELETE 命令删除表 students 中所有表行。代码如下：

```
USE jxgl
GO
```

```
DELETE students
```

注意：将 DELETE 语句与 DROP TABLE 语句的功能区分开来。

2. 使用 TRUNCATE TABLE 清空数据表

语法格式如下：

```
TRUNCATE TABLE table_name
```

比较：

TRUNCATE TABLE 清空数据表的所有数据，执行效率高，不记录日志，不能用日志进行恢复。

DELETE 语句在删除每一行记录时都要把删除操作记录在日志中。删除操作记录在日志中，可以通过事务回滚来恢复删除的数据。

DROP TABLE 是删除表结构和所有记录，并释放表所占用的空间。

【例 4-11】 使用 TRUNCATE TABLE 语句清空表 students。代码如下：

```
TRUNCATE TABLE students
```

4.3 【实训项目】 数据表的创建与管理

1. 实验目的

（1）掌握在对象资源管理器中和使用 T-SQL 语句创建数据表的方法。

（2）掌握数据表管理的基本操作。

（3）能够在对象资源管理器中和使用 T-SQL 语句对表数据进行插入、修改和删除等操作。

（4）掌握数据的导入导出操作。

2. 实验内容

（1）在 student 数据库中创建的表如表 4-3 至表 4-7 所示。

表 4-3 "学生信息"表 students

列　名	列说明	数据类型	是否允许为空	默认值	是否主键
stu_id	学号	char(12)	不允许		是
dept_id	系部代码	char(4)	不允许		否
major_id	专业号	int	不允许		否
stu_name	姓名	varchar(10)	不允许		否
stu_sex	性别	char(2)	不允许	男	否

续表

列　名	列说明	数据类型	是否允许为空	默认值	是否主键
stu_birth	出生年月	datetime	允许		否
stu_telephone	电话	varchar(20)	允许		否
adress	家庭地址	varchar(50)	允许		否

表 4-4 “学生成绩”表 studentscore

列　名	列 说 明	数据类型	是否允许为空	是否主键
stu_id	学号	char(12)	不允许	是
cour_id	课程号	char(12)	不允许	是
score_mid	期中成绩	float	允许	否
score_final	期末成绩	float	允许	否
score	总评成绩	char(6)	允许	否

表 4-5 “课程”表 courses

列　名	列 说 明	数据类型	是否允许为空	是否主键
cour_id	课程号	char(12)	不允许	是
cour_name	课程名	varchar(30)	不允许	否
cour_teacher	任课教师	varchar(10)	不允许	否
cour_semester	学期	int	允许	否
credit	学分	int	允许	否

表 4-6 “专业”表 major

列　名	列说明	数据类型	是否允许为空	是否主键	说　　明
major_id	专业号	int	不允许	是	自动编号列，其起始值为1000，增量为1
major_name	专业名称	char(20)	不允许	否	

表 4-7 “系部”表 departments

列　名	列 说 明	数据类型	是否允许为空	是否主键
dept_id	系部代码	char(4)	不允许	是
dept_name	系部名称	varchar(20)	不允许	否
dept_dean	系主任	varchar(10)	允许	否

(2) 修改 courses 表，使 credit 的数据类型由原来的 int 改为 smallint 型，并加入非空要求；cour_name 列的数据类型改为 varchar(20)。

(3) 利用存储过程查看表属性。

(4) 向各表录入数据(利用录入、导入等多种方式)。

(5) 修改 studentscore 表，添加列名为总成绩 score_sum 列，要求数据类型为 float，按期中成绩占 30%，期末成绩占 70%填入数据。

(6) studentscore 表中的总评成绩栏填写标准为：优：期中成绩和期末成绩均大于 90，良：期中成绩和期末成绩在 70～89 之间，及格：期中成绩和期末成绩在 60～69 之间，不及格：期中成绩和期末成绩小于 60。

(7) 修改 major 表的 major_name 列，将"计算机"改为"计算机网络技术"。

(8) 在 major 表中的专业名称后加"科学"(使用 replace 函数，用法：replace(串 1，串 2，串 3)，其功能是将串 1 中的串 2 替换为串 3)。

(9) 对于学号为 1001 的记录，把家庭地址修改为"沂蒙罗庄区红色街道 2 号"。

(10) 将 major 表改名为 majorfield。

(11) 删除表 majorfield。

小　结

本章阐述了 SQL Server 2014 数据库的基本定义、分类、数据库文件和数据库文件组；介绍了分别使用对象资源管理器和 T-SQL 语句创建、管理数据库的方法和实际应用。

阐述了 SQL Server 2014 表的基本知识；讲述了分别使用对象资源管理器和 T-SQL 语句表的创建、修改和删除的方法以及表中记录的添加、修改和删除的方法。本章的教学内容是本课程的重点之一。

习　题

1. 创建、修改和删除表命令分别是________ table、________ table 和________ table。
2. 说明使用标识列的优缺点。
3. 使用 T-SQL 语句向表中插入数据应注意什么？
4. 在第 3 章习题 5 创建的 library 数据库中创建图书销售表 sales，结构如下表所示：

列　名	数据类型	大小	是否为空	说　明
salesid	uniqueidentifier		N	编号(主键)
bookcode	char	8	N	图书编号
price	money			价格

续表

列　名	数据类型	大小	是否为空	说　　明
num	int		N	销售数量
summoney	money			销售小计(计算列)

5. 使用 T-SQL 语句对例 4-2 中创建的 authors 表进行如下修改。

(1) 添加 sex 列 char(2),city 列 varchar(20)。

(2) 删除 city 列。

(3) 修改作者信息表 authors 中的 address 列将该列的属性的长度更改为 100。

6. 在 authors 表中练习数据录入、修改、删除等命令。

第5章

数据库的查询和视图

本章教学重点及要求

- 掌握各种查询方法的语法格式和使用，包括单表条件查询，单表多条件查询、多表多条件查询、嵌套查询，并能对查询结果进行排序、分组和汇总操作
- 掌握视图的建立、修改、使用和删除操作；并能通过视图查询数据，修改数据，更新数据和删除数据

5.1 数据库的查询

5.1.1 SELECT 语句概述

1. 基本概念

所谓查询，就是对已经存在于数据库中的数据按特定的组合、条件或次序进行检索，从数据库中获取数据和操纵数据的过程。查询功能是数据库最基本也是最重要的功能。

查询是 SQL 语言中最主要、最核心的部分。查询语言用来对已经存在于数据库中的数据按照特定的组合、条件表达式或者一定次序进行检索。

数据查询命令是 SQL 的最常用命令。由于查询要求的不同而有各种变化。因此查询命令也是最复杂的命令。其基本格式是由 SELECT 子句、FROM 子句和 WHERE 子句组成的 SQL 查询语句：

```
SELECT <列名表>
FROM <表或视图名>
WHERE <查询限定条件>
```

其中，SELECT 指定了要查看的列（字段），FROM 指定这些数据的来源（表或者视图），WHERE 则指定了要查询哪些记录。

例如：查询 jxgl 数据库 teachers 表中所有女教师的姓名及研究方向，可使用如下语句：

```
USE jxgl
```

```
SELECT teach_name, teach_research
FROM teachers
WHERE teach_sex='女'
```

以上代码执行结果如图 5-1 所示。

	teach_name	teach_research
1	张丽英	马克思主义理论教育与实践；中国化马克思主义理论
2	王丽娟	当代中国研究；中国近现代社会史
3	蒋秀英	面向对象数据库；知识库工程；数据仓库；数据挖掘
4	迟庆云	数据库工作流；数据挖掘 ；数据库工程；知识库工程
5	韩晓丽	美国文化和翻译；高校英语教学

图 5-1 查询结果

2. 完整的 SELECT 语句的基本语法格式

```
SELECT [ALL|DISTINCT][TOP n [PERCENT]] select_list
    [ INTO new_table]
FROM table_name
    [ WHERE search_condition ]
    [ GROUP BY group_by_expression ]
    [ HAVING search_condition ]
    [ ORDER BY order_expression [ASC|DESC] ]
```

语法中的各参数说明如下。

(1) ALL：表示输出所有记录，包括重复记录。DISTINCT：去掉重复的记录。

(2) TOP n：则查询结果只显示表中前面 n 条记录，TOP n [PERCENT]则查询结果只显示前面 n%条记录。

(3) select_list：所要查询的选项的集合，多个选项之间用逗号分开。

(4) table_name：要查询的表名称。

(5) INTO new_table_name：用于指定使用结果集来创建一个新表，new_table_name 是新表的名称。

(6) FROM table_list：结果集数据来源于哪些表或视图，FROM 子句还可包含连接的定义。

(7) WHERE search_conditions：是一个条件筛选，只有符合条件的行才向结果集提供数据，不符合条件的行中的数据不会被使用。

(8) GROUP BY group_by_ expression：根据 group_by_ expression 列中的值将结果集分成组。

(9) HAVING search_conditions：应用于结果集的附加筛选。逻辑上讲，HAVING 子句从中间结果集对行进行筛选，这些中间结果集是用 SELECT 语句中的 FROM，WHERE 或 GROUP BY 子句创建的。HAVING 子句通常与 GROUP BY 子句一起使用，尽管 HAVING 子句前面不必有 GROUP BY 子句。

（10）ORDER BY order_ expression[ASC|DESC]：定义结果集中的行排列的顺序。order_ expression 指定组成排序列表的结果集的列。ASC：指定行按升序排序，DESC：指定行按降序排序。

SELECT 语句可以完成以下工作。

（1）投影：用来选择表中的列。

（2）选择：用来选择表中的行。

（3）联接：将两个关系拼接成一个关系。联接是通过联接条件来控制的，联接条件为公共属性，或者具有相同语义、可比的属性。

5.1.2 单表基本查询

Transact-SQL 单表基本查询的典型应用如下。

1. 使用“*”号输出表中的所有列

【例 5-1】 显示 jxgl 数据库中的学生表 students 的所有记录。代码如下：

```
SELECT *
FROM students
```

以上代码执行结果如图 5-2 所示。

结果 | 消息

	stu_id	stu_name	stu_sex	stu_birth	stu_birthplace	stu_email	stu_telephone	dept_id
1	200712110101	陈琛军	男	1986-07-19 00:00:00.000	四川省广元市	CC@126.com	13869909960	d001
2	200712110102	仇立权	男	1985-11-10 00:00:00.000	浙江省衢州市龙游县溪口镇	CLQ@qq.com	13869909961	d003
3	200712110103	崔衍丽	女	1987-07-11 00:00:00.000	安徽省宿松中学	CYL@qq.com	13869909962	d002
4	200712110104	陈琛军	男	1986-12-02 00:00:00.000	贵州省遵义县	DC_H@qq.com	NULL	d004
5	200712110105	甘明	男	1986-07-13 00:00:00.000	江西省婺源县郸山乡白石源	GMM@qq.com	NULL	d004
6	200712110106	葛瑞真	男	1988-05-14 00:00:00.000	湖南省岳阳市云溪区路口镇	GRZ@sina.com	13869909965	d002
7	200712110107	耿红帅	女	1986-09-25 00:00:00.000	湖北省红安县	GHS@163.com	13869909966	d002
8	200712110108	耿政	男	1986-07-16 00:00:00.000	皖南陵县第一中学	zz_Gengzheng@ccb.com	13869909967	d006
9	200712110109	郭波	男	1986-06-17 00:00:00.000	杭州江干区机场路水墩村3组75号	uzz_GB@163.com	13869909968	d006
10	200712110110	韩建锋	男	1989-07-18 00:00:00.000	浙江省建德市下涯镇	gengyuan1988@sina.co	13869909969	d006

图 5-2 输出表 students 所有列的结果

注意：第一条和第四条记录姓名相同。

2. 投影部分列

将要显示的字段名在 SELECT 关键字后依次列出来，列名与列名之间用英文逗号“,”隔开，字段的顺序可以根据需要指定。

【例 5-2】 从 jxgl 数据库中的教师表 teachers 中的记录中查询出男教师的编号、姓名和性别三列的记录。代码如下：

```
SELECT teach_id,teach_name,teach_sex
FROM teachers
WHERE teach_sex='男'
```

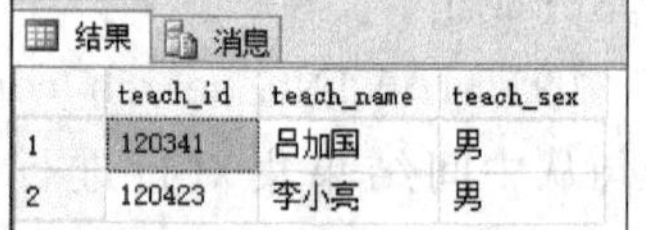

结果 | 消息

	teach_id	teach_name	teach_sex
1	120341	吕加国	男
2	120423	李小亮	男

图 5-3 输出部分列的结果

以上代码执行结果如图 5-3 所示。

3. TOP 关键字限制返回行数

TOP n,则查询结果只显示表中前面 n 条记录,TOP n PERCENT 关键字,则查询结果只显示前面 n%条记录。

【例 5-3】 从 jxgl 数据库中的教师表 teachers 中的记录中查询出前 4 条记录。代码如下:

```
SELECT TOP 4 teach_id,teach_name,teach_sex
FROM teachers
```

以上代码执行结果如图 5-4 所示。

4. 去重复元组

当 SELECT 子句中包含多列时,DISTINCT 使列的组合不重复,即不出现重复的行。此外,所有的空值被认为是彼此相等的。

【例 5-4】 从 jxgl 数据库的学生表 students 中查询出姓名不重复的记录。代码如下:

```
SELECT DISTINCT stu_name
FROM students
```

以上代码执行结果如图 5-5 所示。

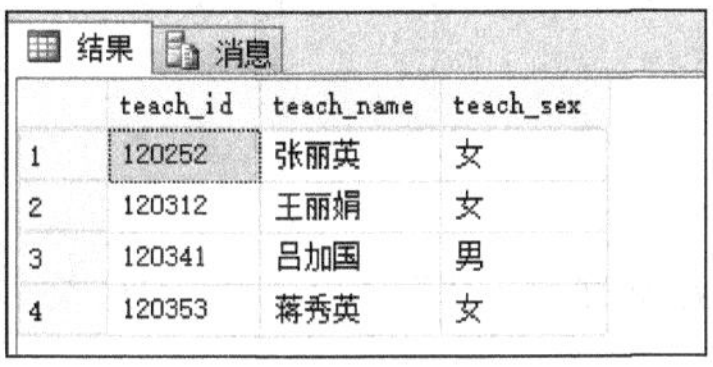

结果　消息

	teach_id	teach_name	teach_sex
1	120252	张丽英	女
2	120312	王丽娟	女
3	120341	吕加国	男
4	120353	蒋秀英	女

图 5-4　输出前四条记录的结果

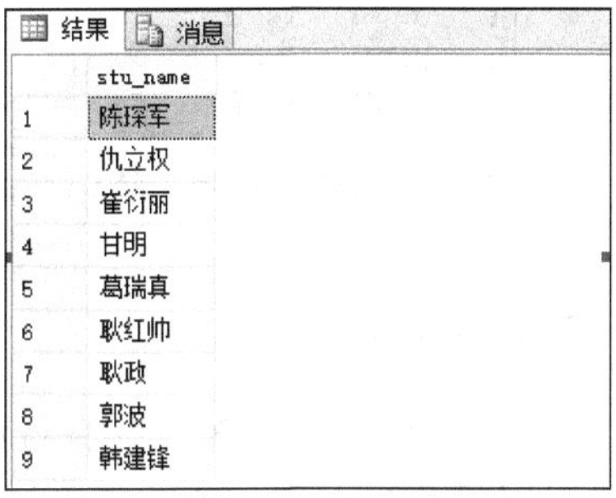

结果　消息

	stu_name
1	陈琛军
2	仇立权
3	崔衍丽
4	甘明
5	葛瑞真
6	耿红帅
7	耿政
8	郭波
9	韩建锋

图 5-5　输出姓名不重复的记录结果

注意:原第四条记录未显示。

5. 修改查询结果中的列标题

T-SQL 提供了在 SELECT 语句中操作列名的方法。用户可以根据实际需要对查询数据的列标题进行修改,或者为没有标题的计算列加上临时的标题。常用的方式有:

(1) 在列表达式后面给出列名。

(2) 用"="来连接列表达式。

(3) 用 AS 关键字来连接列表达式和指定的列名。

注意:列别名只在定义的语句中有效。计算列并不存在于表格所存储的数据中,它是通过对某些列的数据进行演算得来的结果。

格式如下：

```
SELCET 表达式 AS 列别名 FROM 数据源
```

【例 5-5】 查询 teachers 表中全体教师的编号、姓名及年龄。代码如下：

```
SELECT teach_id,teach_name,YEAR(GETDATE())-YEAR(teach_birth) AS '年龄'
FROM teachers
```

以上代码执行结果如图 5-6 所示。

【例 5-6】 查询 teachers 表中全体教师的编号、姓名及年龄，结果中各列的标题分别指定为教师编号、姓名、年龄。代码如下：

```
SELECT teach_id AS '教师编号',teach_name AS '姓名',
YEAR(GETDATE())-YEAR(teach_birth) AS '年龄'
FROM teachers
```

以上代码执行结果如图 5-7 所示。

结果 消息

	teach_id	teach_name	年龄
1	120252	张丽英	47
2	120312	王丽娟	54
3	120341	吕加国	41
4	120353	蒋秀英	47
5	120363	迟庆云	39
6	120423	李小亮	34
7	120603	韩晓丽	43

图 5-6 显示计算的年龄列

结果 消息

	教师编号	姓名	年龄
1	120252	张丽英	47
2	120312	王丽娟	54
3	120341	吕加国	41
4	120353	蒋秀英	47
5	120363	迟庆云	39
6	120423	李小亮	34
7	120603	韩晓丽	43

图 5-7 显示添加的标题列

6. 带条件查询

一般查询都不是针对全表所有行的查询，只是从整个表中选出满足指定条件的内容，这就要用到 WHERE 子句。

WHERE 子句中可以使用的检索限定条件包括比较运算、范围、列表、模式匹配、空值判断、逻辑运算等。

表 5-1 常用的查询条件

查询条件	运 算 符	意 义
比较	=、>、<、>=、<=、!=、<>、!> NOT+上述运算符	比较大小
确定范围	BETWEEN...AND...、 NOT BETWEEN...AND...	判断值是否在范围内
确定集合	IN、NOT IN	判断值是否为列表中的值
字符匹配	LIKE、NOT LIKE	判断值是否与指定的字符通配格式相符
空值	IS NULL、IS NOT NULL	判断值是否为空
多重条件	AND、OR、NOT	用于多重条件判断

(1) 比较查询条件

比较查询条件由比较运算符表达式组成，系统将根据该查询条件的真假来决定某一条记录是否满足查询条件，只有满足查询条件的记录才会出现在最终的结果集中。

【例 5-7】 查询 course_score 表成绩大于等于 90 分的记录。代码如下：

```
SELECT *
FROM course_score
WHERE score>=90
```

以上代码执行结果如图 5-8 所示。

注意：比较运算符不能用于 text、ntext 或 image 类型的数据；用 WHERE 子句搜索 Unicode 字符串时，需在字符串前加字符 N，如：WHERE CompanyName＝N'Berglunds snabbkop'；搜索满足条件的记录行，要比消除所有不满足条件的记录行快得多，所以，将否定的 WHERE 语句条件改写为肯定的条件将会提高性能。

(2) 限定数据范围查询

可以查找属性值在(或不在)指定的范围内的记录。语法格式如下：

```
列表达式 [NOT] BETWEEN 起始值 AND 终止值
```

说明：BETWEEN 后是范围的下限(即低值)，AND 后是范围的上限(即高值)。低值必须小于高值，BETWEEN...AND 包括边界。

【例 5-8】 查询 course_score 表成绩在 88 到 90 分之间的记录。代码如下：

```
SELECT *
FROM course_score
WHERE score BETWEEN 88 AND 90
```

以上代码执行结果如图 5-9 所示。

结果 消息

	stu_id	cour_id	score
1	200712110101	212004	90
2	200712110106	1210022	90
3	200712110106	212002	91
4	200712110108	1210014	95

图 5-8 例 5-7 执行结果

结果 消息

	stu_id	cour_id	score
1	200712110101	212004	90
2	200712110104	1210018	88
3	200712110104	1210022	88
4	200712110106	1210022	90

图 5-9 例 5-8 执行结果

(3) 列表查询条件

通常使用 IN 关键字来判断一个数据值是否属于一组目标值。列值不是在一个连续的取值区间，而是一些离散的值。

语法格式如下：

```
[NOT] IN(目标值 1,目标值 2,目标值 3...|子查询.)
```

注意：目标值之间必须用逗号分开。

【例 5-9】 查询 course_score 表成绩为 68、81 和 87 的行。代码如下：

```
SELECT *
FROM course_score
WHERE score IN (68, 81, 87)
```

以上代码执行结果如图5-10所示。

说明：在大多数情况下，OR运算符与IN运算符可以实现相同的功能，使用IN运算符更为简洁高效。IN运算符后的条件可以是另一条SELECT语句，即子查询。

	stu_id	cour_id	score
1	200712110101	122022	68
2	200712110102	1210022	87
3	200712110102	212002	68
4	200712110103	212002	87
5	200712110108	212002	87
6	200712110110	112022	68
7	200712110110	212002	81

图5-10　course_score表成绩为68、81和87的行

(4) 字符匹配查询

语法格式：

```
[NOT] LIKE 通配符
```

LIKE关键字用于查询并返回与指定的字符串、日期、时间等表达式模糊匹配的数据行。

LIKE关键字需要使用通配符在字符串内查找指定的模式，LIKE关键字后面的表达式必须用单引号('')括起来。NOT LIKE关键字为LIKE关键字的逻辑非(即相反)。如果用户要查询的字符串本身就含有通配符，这时需要使用“ESCAPE' <换码字符> '”短语对通配符进行转义。通配符的含义如表5-2所示。

表5-2　LIKE关键字中的通配符及其含义

通配符	说　明
%	代表0到多个字符组成的任意字符串
_	任意单个字符
[ ]	用于指定连续范围如[A-Z]表示A到Z之间的任意字符
[^]	表示指定范围之外的如[^A-F]表示A到F之外的任意字符

【例5-10】 查询students表中姓“耿”的学生的信息。代码如下：

```
SELECT *
FROM students
WHERE stu_name LIKE '耿%'
```

以上代码执行结果如图5-11所示。

	stu_id	stu_name	stu_sex	stu_birth	stu_birthplace	stu_email	stu_telephone	dept_id
1	200712110107	耿红帅	女	1986-09-25 00:00:00.000	湖北省红安县	GHS@163.com	13869909966	d002
2	200712110108	耿政	男	1986-07-16 00:00:00.000	皖南陵县第一中学	zz_Gengzheng@ccb.com	13869909967	d006

图5-11　students表中姓“耿”的学生的信息

【例5-11】 通配符的示例，如表5-3所示。

表 5-3 通配符的示例

示　　例	含　　义
LIKE 'Ac%'	返回以“Ac”开始的任意字符串
LIKE '%abc'	返回以“abc”结束的任意字符串
LIKE '%abc%'	返回包含“abc”的任意字符串
LIKE '_ab'	返回以“ab”结束的三个字符的字符串
LIKE '[ACK]%'	返回以“A”、“C”或“K”开始的任意字符串
LIKE '[A-T]ing'	返回四个字符的字符串，结尾是“ing”，首字符的范围从 A 到 T
LIKE 'M[^c]%'	返回以“M”开始且第二个字符不是“c”的任意长度的字符串

(5) 空值判断符

在数据库表中，除了必须具有值的列不允许为空外，许多列可以没有任何输入值，是未知数，其长度为 0。空值与 0、空字符串、空格都是不同的。

语法格式如下：

```
IS [NOT] NULL
```

【例 5-12】 查询 students 表中电话栏为空的记录。代码如下：

```
SELECT *
FROM students
WHERE stu_telephone IS NULL
```

以上代码执行结果如图 5-12 所示。

结果　消息

	stu_id	stu_name	stu_sex	stu_birth	stu_birthplace	stu_email	stu_telephone	dept_id
1	200712110104	陈琛军	男	1986-12-02 00:00:00.000	贵州省遵义县	DC_H@qq.com	NULL	d004
2	200712110105	甘明	男	1986-07-13 00:00:00.000	江西省婺源县郭山乡白石源	GMM@qq.com	NULL	d004

图 5-12 students 表中电话栏为空的记录

说明： 需要注意的是，一个列值是空值或者不是空值，不能表示为“=NULL”或“<>NULL”，而要表示为“IS NULL”或“IS NOT NULL”。

(6) 多重条件查询

语法格式如下：

```
[NOT]逻辑表达式 AND|OR [NOT] 逻辑表达式
```

用户可以使用逻辑运算符 AND、OR、NOT 连接多个查询条件，实现多重条件查询。

【例 5-13】 查询 course_score 表中课程编号为“112022”的成绩＞80 或＜60 的记录。代码如下：

```
SELECT *
FROM course_score
```

```
WHERE cour_id='112022' AND (score>80 OR score<60)
```

以上代码执行结果如图 5-13 所示。

7. 对查询的结果处理

(1) 排序输出(ORDER BY)

可以使用 ORDER BY 对查询结果按照一个或多个属性列的升序(ASC)或降序(DESC)排列，默认为升序。语法格式如下：

```
ORDER BY {列名 [ASC|DESC]}[,...n]
```

说明：当按多列排序时，先按前面的列排序，值相同再按后面的列排序。

【例 5-14】 查询选修了 course_score 表中课程编号为"112022"的学生的成绩，并按成绩降序排列。代码如下：

```
SELECT stu_id,score,cour_id FROM course_score
WHERE cour_id='112022'
ORDER BY score DESC
```

以上代码执行结果如图 5-14 所示。

	stu_id	cour_id	score
1	200712110102	112022	51
2	200712110103	112022	82
3	200712110105	112022	44
4	200712110107	112022	47
5	200712110109	112022	33

图 5-13 例 5-13 执行结果

	stu_id	score	cour_id
1	200712110103	82	112022
2	200712110104	78	112022
3	200712110106	75	112022
4	200712110110	68	112022
5	200712110102	51	112022
6	200712110107	47	112022
7	200712110105	44	112022
8	200712110109	33	112022

图 5-14 查询并降序排列的记录

(2) 用查询结果生成新表

有时需要将查询结果保存成一个表，可以通过 SELECT 语句中的 INTO 子句实现。语法格式如下：

```
INTO 新表名
```

说明：新表名是被创建的新表，查询的结果集中的记录将添加到此表中。新表的字段由结果集中的字段列表决定。如果表名前加"#"则创建的表为临时表。用户必须拥有该数据库中建表的权限。INTO 子句不能与 COMPUTE 子句一起使用。

【例 5-15】 创建 course_score 表的一个副本。

```
SELECT *
INTO course_scorebak
FROM course_score
```

以上代码执行结果如图 5-15、图 5-16 所示。

图 5-15 运行 INTO 语句图示

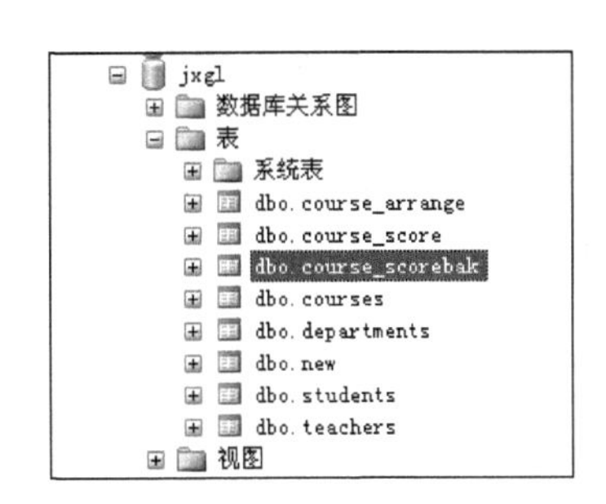

图 5-16 运行后表刷新显示 course_scorebak 表

(3) 聚合和汇总

在实际应用中,用户不仅需要按照要求进行查询,而且经常需要对查询所得的结果数据进行分类、统计和汇总等操作,例如求和、平均值、最大值、最小值、个数等,这些统计可以通过聚合函数、GROUP BY 子句来实现。

① 常用的聚合函数

表 5-4 常用的聚合函数

聚合函数	含义
COUNT([DISTINCT | ALL] *)	统计记录个数
COUNT([DISTINCT | ALL] <列名>)	统计列中值的个数
SUM([DISTINCT | ALL] <列名>)	计算列值的总和(此列必须是数值型)
AVG([DISTINCT | ALL] <列名>)	计算列值的平均值(此列必须是数值型)
MAX([DISTINCT | ALL] <列名>)	求列值中的最大值
MIN([DISTINCT | ALL] <列名>)	求列值中的最小值

【例 5-16】 在 course_score 表中查询成绩的平均值,平均值显示列标题为"平均成绩"

```
SELECT AVG(score) AS '平均成绩'
FROM course_score
```

以上代码执行结果如图 5-17 所示。

图 5-17 平均成绩显示

② 使用 GROUP BY 子句

GROUP BY 子句将查询结果集按某一列或多列值分组,分组列值相等的为一组,并对每一组进行统计。对查询结果集分组的目的是为了细化集合函数的作用对象。GROUP BY 子句的语法格式为:

```
GROUP BY 列名 [ HAVING 筛选条件表达式 ]
```

参数说明:"BY 列名"是按列名指定的字段进行分组,将该字段值相同的记录组成一组,对每一组记录进行汇总计算并生成一条记录。"HAVING 筛选条件表达式"表示对生成的组筛选后再对满足条件的组进行统计。投影列名必须有相应的 GROUP BY 列名。

【例 5-17】 查询 course_score 表中课程选课人数 6 人以上的课程和相应的选课人数。代码如下：

```
SELECT cour_id,COUNT(*) AS '选课人数'
FROM course_score
GROUP BY cour_id
HAVING COUNT(*)>=6
```

以上代码执行结果如图 5-18 所示。

【例 5-18】 对 students 表，分别统计男女学生人数。代码如下：

```
SELECT stu_sex,COUNT(stu_sex) AS '人数'
FROM students
GROUP BY stu_sex
```

以上代码执行结果如图 5-19 所示。

结果 消息

	cour_id	选课人数
1	112022	8
2	1210014	9
3	1210018	10
4	1210022	9
5	1210024	10
6	212002	10
7	212004	10

图 5-18 满足条件的课程和人数显示

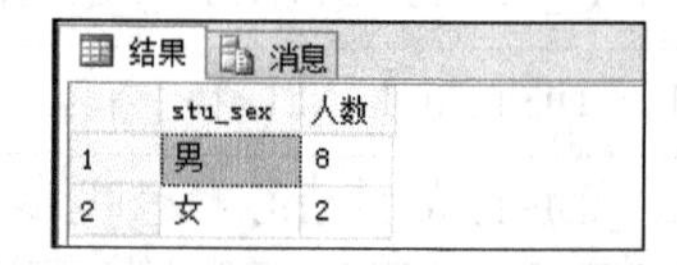

结果 消息

	stu_sex	人数
1	男	8
2	女	2

图 5-19 统计男女学生人数显示

5.1.3 连接查询

由于一个数据库存在相互关联的多个表，往往要从多个表中获取相应的信息。若一个查询涉及两个或两个以上的表，则称为连接查询。

连接查询是关系数据库中最主要的查询，包括内连接、外连接、交叉连接查询等。

1. 内连接

内连接(INNER JOIN)是最常见的一种连接，也被称为普通连接，而 E. F. Codd 最早称之为自然连接。

内连接使用比较运算符(最常使用的是等号，即等值连接)，根据每个表共有列的值匹配两个表中的行。只有每个表中都存在相匹配列值的记录才出现在结果集中。在内连接中，所有表是平等的，没有主次之分。

语法格式为：

```
FROM 表名1 INNER JOIN 表名2 ON 连接表达式
```

说明：连接表达式是用来连接两个表的条件，格式为：

[<表名 1>.]<列名 1><比较运算符>[<表名 2>.]<列名 2>

内连接分如下三种。

(1) 等值与不等值连接

等值连接：在连接条件中使用等于号(=)运算符比较被连接列的列值，其查询结果中列出被连接表中的所有列，包括其中的重复列。

不等值连接：在连接条件下使用除等于运算符以外的其他比较运算符比较被连接的列的列值。这些运算符包括>、>=、<=、<、!>、!<、<>。

【例 5-19】 用等值连接方法连接 students 表和 departments 表。代码如下：

```
SELECT *
FROM students
INNER JOIN departments ON students.dept_id=departments.dept_id
```

以上代码执行结果如图 5-20 所示。

结果 消息

	stu_id	stu_name	stu_sex	stu_birth	stu_birthplace	stu_email	stu_telephone	dept_id	dept_id	dept_name	dept_dean
1	200712110101	陈琛军	男	1986-07-19...	四川省广元市	CC@126.com	13869909960	d001	d001	计算机科学系	李目海
2	200712110102	仇立权	男	1985-11-10...	浙江省衢州市龙游...	CLQ@qq.com	13869909961	d003	d003	生命科学系	王凯
3	200712110103	崔衍丽	女	1987-07-11...	安徽省宿松中学	CYL@qq.com	13869909962	d002	d002	政治与历史系	张丽英
4	200712110104	陈琛军	男	1986-12-02...	贵州省遵义县	DC_H@qq.com	NULL	d004	d004	中文系	张海奎
5	200712110105	甘明	男	1986-07-13...	江西省婺源县郭山...	GMM@qq.com	NULL	d004	d004	中文系	张海奎
6	200712110106	葛瑞真	男	1988-05-14...	湖南省岳阳市云溪...	GRZ@sina.com	13869909965	d002	d002	政治与历史系	张丽英
7	200712110107	耿红帅	女	1986-09-25...	湖北省红安县	GHS@163.com	13869909966	d002	d002	政治与历史系	张丽英
8	200712110108	耿政	男	1986-07-16...	皖南陵县第一中学	zz_Gengzhen...	13869909967	d006	d006	外国语系	宋晓峰
9	200712110109	郭波	男	1986-06-17...	杭州江干区机场路...	uzz_GB@163.com	13869909968	d006	d006	外国语系	宋晓峰
10	200712110110	韩建锋	男	1989-07-18...	浙江省建德市下涯镇	gengyuan198...	13869909969	d006	d006	外国语系	宋晓峰

图 5-20 等值连接 students 表和 departments 表结果

从图 5-20 可以看出，返回的列中有两个 dept_id，是重复列。

(2) 自然连接

在连接条件中使用等于(=)运算符比较被连接列的列值，但它使用选择列表指出查询结果集合中所包括的列，并删除连接表中的重复列。

【例 5-20】 用自然连接方法连接 students 表和 departments 表。代码如下：

```
SELECT a.*,b.dept_name
FROM students a
INNER JOIN departments b ON a.dept_id=b.dept_id
```

以上代码执行结果如图 5-21 所示。

2. 外连接

与内连接不同，参与外连接的表有主次之分。以主表的每一行数据去匹配从表中的数据列，符合连接条件的数据将直接返回到结果集中，对那些不符合连接条件的列，将被填上 NULL 值后再返回到结果集中。

结果 | 消息

	stu_id	stu_name	stu_sex	stu_birth	stu_birthplace	stu_email	stu_telephone	dept_id	dept_name
1	200712110101	陈琛军	男	1986-07-19 ...	四川省广元市	CC@126.com	13869909960	d001	计算机科学系
2	200712110102	仇立权	男	1985-11-10 ...	浙江省衢州市龙游县...	CLQ@qq.com	13869909961	d003	生命科学系
3	200712110103	崔衍丽	女	1987-07-11 ...	安徽省宿松中学	CYL@qq.com	13869909962	d002	政治与历史系
4	200712110104	陈琛军	男	1986-12-02 ...	贵州省遵义县	DC_H@qq.com	NULL	d004	中文系
5	200712110105	甘明	男	1986-07-13 ...	江西省婺源县鄣山乡...	GMM@qq.com	NULL	d004	中文系
6	200712110106	葛瑞真	男	1988-05-14 ...	湖南省岳阳市云溪区...	GRZ@sina.com	13869909965	d002	政治与历史系
7	200712110107	耿红帅	女	1986-09-25 ...	湖北省红安县	GHS@163.com	13869909966	d002	政治与历史系
8	200712110108	耿政	男	1986-07-16 ...	皖南陵县第一中学	zz_Gengzhen...	13869909967	d006	外国语系
9	200712110109	郭波	男	1986-06-17 ...	杭州江干区机场路水...	uzz_GB@163.com	13869909968	d006	外国语系
10	200712110110	韩建锋	男	1989-07-18 ...	浙江省建德市下涯镇	gengyuan198...	13869909969	d006	外国语系

图 5-21　自然连接 students 表和 departments 表结果

(1) 左外连接(LEFT OUTER JOIN)

主表在连接符的左边(前面),通过左向外连接引用左表的所有行。

格式:

```
FROM 表名 1 LEFT OUTER JOIN 表名 2 ON 连接表达式
```

说明:加入表名 1 没形成连接的元组,表名 2 列为 NULL。

【例 5-21】 用左外连接方法连接 teachers 表和 course_arrange 表。代码如下:

```
SELECT a.teach_id, a.teach_name, b.cour_id, b.lecture_time
FROM teachers a LEFT OUTER JOIN
course_arrange b ON a.teach_id=b.teach_id
```

以上代码执行结果如图 5-22 所示。

结果 | 消息

	teach_id	teach_name	cour_id	lecture_time
1	120252	张丽英	212002	4
2	120312	王丽娟	NULL	NULL
3	120341	吕加国	1210022	5
4	120353	蒋秀英	1210018	4
5	120363	迟庆云	1210024	5
6	120423	李小亮	112022	2
7	120603	靳晓丽	1210014	4

图 5-22　左外连接方法连接 teachers 表和 course_arrange 表结果

从结果图中可以看到"王丽娟"没有排课,字段内容补 NULL。说明:为了看到左外连接的作用,可以修改部分数据,否则看不到效果。

(2) 右外连接(RIGHT OUTER JOIN)

右外连接是结果表中包括中的所有行和左表中满足连接条件的行。注意,右表中不满足条件的记录与左表记录拼接时,左表的相应列上填充 NULL 值。右外连接的语法格式为:

```
SELECT 列名列表
FROM 表名 1 RIGHT [OUTER] JOIN 表名 2
```

```
ON 表名 1.列名=表名 2.列名
```

【例 5-22】 用右外连接方法连接 teachers 表和 course_arrange 表。代码如下：

```
SELECT a.teach_id, a.teach_name, b.cour_id, b.lecture_time
FROM teachers a RIGHT OUTER JOIN
course_arrange b ON a.teach_id=b.teach_id
```

以上代码执行结果如图 5-23 所示。

结果 | 消息

	teach_id	teach_name	cour_id	lecture_time
1	120423	李小亮	112022	2
2	120603	韩晓丽	1210014	4
3	120353	蒋秀英	1210018	4
4	120341	吕加国	1210022	5
5	120363	迟庆云	1210024	5
6	NULL	NULL	21003	3
7	120252	张丽英	212002	4

图 5-23 右外连接方法连接 teachers 表和 course_arrange 表结果

(3) 完全外连接(FULL OUTER JOIN)

完全外连接是结果表中除了包含满足连接条件的记录外，还包含两个表中不满足连接条件的记录。注意：左(右)表中不满足条件的记录与右(左)表记录拼接时，右(左)表的相应列上填充 NULL 值。完全外连接的语法格式为：

```
SELECT 列名列表
FROM 表名 1 FULL [OUTER]JOIN 表名 2
ON 表名 1.列名=表名 2.列名
```

【例 5-23】 用完全外连接方法连接 teachers 表和 course_arrange 表。代码如下：

```
SELECT a.teach_id, a.teach_name, b.cour_id, b.lecture_time
FROM teachers a FULL OUTER JOIN
course_arrange b ON a.teach_id=b.teach_id
```

以上代码执行结果如图 5-24 所示。

结果 | 消息

	teach_id	teach_name	cour_id	lecture_time
1	120252	张丽英	212002	4
2	120312	王丽娟	NULL	NULL
3	120341	吕加国	1210022	5
4	120353	蒋秀英	1210018	4
5	120363	迟庆云	1210024	5
6	120423	李小亮	112022	2
7	120603	韩晓丽	1210014	4
8	NULL	NULL	21003	3

图 5-24 完全外连接方法连接 teachers 表和 course_arrange 表结果

3. 交叉连接

交叉连接(CROSS JOIN)又称非限制连接，也叫广义笛卡儿积，是两表中记录的交叉乘积，两个表中的每两行都可能互相组合成为结果集中的一行。结果集的列为两个表属性列的和。

交叉连接并不常用，除非需要穷举两个表的所有可能的记录组合。

交叉连接的语法格式为：

```
SELECT 列表列名 FROM 表名 1 CROSS JOIN 表名 2
```

说明： CROSS JOIN 为交叉表连接关键字。

5.1.4 嵌套查询

1. 嵌套查询概述

在一个查询语句中包含另一个(或多个)查询语句称为嵌套查询。其中，外层的查询语句为主查询语句，内层的查询语句为子查询语句，子查询语句用括号括起来。如：

```
       SELECT stu_name
       FROM students
       WHERE stu_id IN
外层
            (SELECT stu_id
       内层  FROM course_score
            WHERE cour_id= '112022')
```

SQL 语言允许多层嵌套查询，但是子查询的 SELECT 语句中不能使用 ORDER BY 子句，ORDER BY 子句只能对最终查询结果进行排序，也不能包括 COMPUTE 或 FOR BROWSE 子句。

嵌套查询的执行过程：首先执行子查询语句，得到的子查询结果集传递给外层主查询语句，作为外层查询语句中的查询项或查询条件使用。子查询也可以再嵌套子查询。子查询中所存取的表可以是父查询没有存取的表，子查询选出的记录不显示。

一些嵌套内层的子查询会产生一个值，也有一些子查询会返回一列值。由于子查询的结果必须适合外层查询语句，子查询不能返回带几行和几列数据的表。

有了嵌套查询，可以用多个简单的查询构造复杂查询(嵌套不能超过 32 层)，提高了 SQL 语言的表达能力，以这样的方式来构造查询程序，层次清晰，易于实现。

嵌套查询是功能非常强大但也较复杂的查询。可用来解决一些难于解决的问题(如在 WHERE 条件中使用聚合函数问题)。使用嵌套查询也可完成很多多表联接查询同样的功能。某些嵌套查询可用连接运算替代，某些则不能。到底采用哪种方法，用户可根据实际情况确定。

2. 子查询分类

根据查询方式的不同，子查询可以分为无关子查询和相关子查询两类。

（1）无关子查询

无关子查询由里向外逐层处理，即每个子查询在上一级查询处理之前求解，子查询的结果用于建立其父查询的查找条件。无关子查询的执行不依赖于外部查询。

（2）相关子查询

在相关子查询中，子查询的执行依赖于外部查询，多数情况下是子查询的 WHERE 子句中引用了外部查询的表。

相关子查询的执行过程与嵌套子查询完全不同，嵌套子查询中子查询只执行一次，而相关子查询中的子查询需要重复地执行。

相关子查询首先取外层查询中表的第一个元组，根据它与内层查询相关的属性值处理内层查询，若 WHERE 子句返回值为真，则取此元组放入结果表；然后再取外层表的下一个元组；重复这一过程，直至外层表全部检查完为止。

3. 引出子查询的谓词

（1）带有比较运算符的子查询

当用户能确切知道内层查询返回的是单值时，可以用＞，＜，＝，＞＝，＜＝，！＝或＜＞等比较运算符。

处理过程：父查询通过比较运算符将父查询中的一个表达式与子查询返回的结果（单值）进行比较，如果为真，那么，父查询中的条件表达式返回真（TRUE），否则返回假（FALSE）。

【例 5-24】 在 jxgl 库 students 表中查询与"耿政"在同一个系学习的学生的学号、姓名和专业。

```
USE jxgl
SELECT stu_id, stu_name, dept_id
FROM students
WHERE dept_id=
          (SELECT dept_id
          FROM students                   ---确定"耿政"所在的系
          WHERE stu_name='耿政')
```

以上代码执行结果如图 5-25 所示。

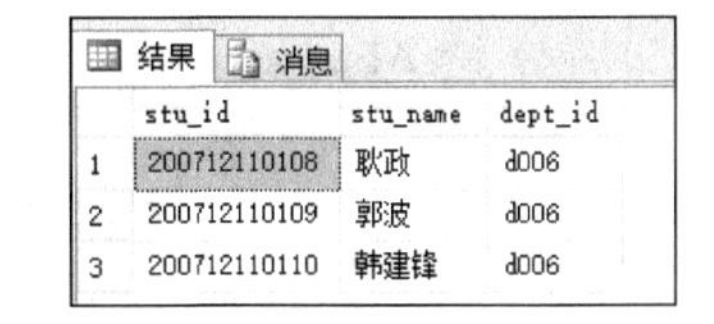

	stu_id	stu_name	dept_id
1	200712110108	耿政	d006
2	200712110109	郭波	d006
3	200712110110	韩建锋	d006

图 5-25　查询与"耿政"在同一个系学习的学生的学号、姓名和专业

【例 5-25】 也可以用自连接来实现，代码如下：

```
USE jxgl
SELECT a.stu_id,a.stu_name,a.dept_id
FROM students a,students b
WHERE a.dept_id=b.dept_id AND b.stu_name='耿政'
```

（2）带有 IN 谓词的子查询

当子查询产生一系列值时，适合用带 IN 的嵌套查询。格式如下：

```
[NOT] IN 子查询
```

运算符IN的处理过程：父查询通过IN运算符将父查询中的一个表达式与子查询返回的结果集进行比较，如果表达式的值等于子查询结果集中的某个值，父查询中的条件表达式返回真(TRUE)，否则返回假(FALSE)。在IN前加上关键字NOT，其功能与IN相反。

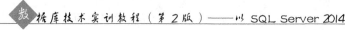

【例5-26】 查询students和course_score表成绩大于90分的学生的学号、姓名。

```
USE jxgl
SELECT stu_id,stu_name
  FROM students
  WHERE stu_id IN
    (SELECT stu_id
      FROM course_score
    WHERE score>90)
```

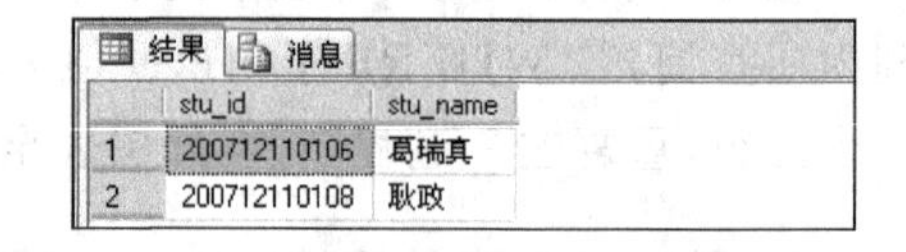

图5-26 查询成绩大于90分的学生的学号、姓名

以上代码执行结果如图5-26所示。

(3) 带有ANY或ALL运算符的子查询

ANY：任意一个值，ALL：所有值。子查询返回单值时可以使用比较运算符，而使用ANY或ALL运算符时还必须同时使用比较运算符，其语义如表5-5所示。

表5-5 ANY或ALL运算符语义表

运 算 符	语 义
＞ANY	大于子查询结果中的某个值
＜ANY	小于子查询结果中的某个值
＞＝ANY	大于等于子查询结果中的某个值
＜＝ANY	小于等于子查询结果中的某个值
＝ANY	等于子查询结果中的某个值
!＝ANY	或＜＞ANY不等于子查询结果中的某个值
＞ALL	大于子查询结果中的所有值
＜ALL	小于子查询结果中的所有值
＞＝ALL	大于等于子查询结果中的所有值
＜＝ALL	小于等于子查询结果中的所有值
＝ALL	等于子查询结果中的所有值(通常没有实际意义)
!＝ALL或＜＞ALL	不等于子查询结果中的任何一个值

带有ANY或ALL运算符的子查询的处理过程是：父查询通过ANY或ALL运算符将父查询中的一个表达式与子查询返回结果集中的某个值进行比较，如果为真，父查询中的条件表达式返回真否则返回假。

【例5-27】 使用students表和departments表，查询其他系中比“计算机科学系”中所有学生年龄小的学生名单。代码如下：

```
SELECT stu_id,stu_name,stu_sex,stu_birth,dept_id
FROM students
WHERE stu_birth>ALL
(SELECT stu_birth
FROM students
WHERE dept_id=(
    SELECT dept_id
    FROM departments
    WHERE dept_name='计算机科学系'))
AND dept_id<>
    (SELECT dept_id
    FROM departments
    WHERE dept_name='计算机科学系')
ORDER BY stu_birth
```

以上代码执行结果如图 5-27 所示。

	stu_id	stu_name	stu_sex	stu_birth	dept_id
1	200712110107	耿红帅	女	1986-09-25 00:00:00.000	d002
2	200712110104	陈琛军	男	1986-12-02 00:00:00.000	d004
3	200712110103	崔衍丽	女	1987-07-11 00:00:00.000	d002
4	200712110106	葛瑞真	男	1988-05-14 00:00:00.000	d002
5	200712110110	韩建锋	男	1989-07-18 00:00:00.000	d006

图 5-27 查询其他系中比“计算机科学系”中所有学生年龄小的学生名单

(4) 利用 EXISTS 嵌套查询

EXISTS 关键字只是注重查询是否有返回的行。如果子查询返回一个或多个行，则主查询执行查询，否则主查询不执行查询。EXISTS 注重的不是使用子查询的查询结果而是注重子查询是否有结果。格式如下：

```
[NOT] EXISTS 子查询
```

它返回逻辑值 TRUE 或 FALSE，并不产生其他任何实际值。所以这种子查询的选择列表常用“SELECT *”格式。

【例 5-28】 查询选修了“112022”课程的学生姓名。代码如下：

```
SELECT stu_id,stu_name
FROM students a
    WHERE EXISTS
      (SELECT *
      FROM course_score b
      WHERE a.stu_id=b.stu_id AND cour_id='112022')
```

以上代码执行结果如图 5-28 所示。

【例 5-29】 查询没有选修“112022”课程的学生学号、姓名。代码如下：

```
SELECT stu_id,stu_name
FROM students a
WHERE NOT EXISTS
      (SELECT *
      FROM course_score b
      WHERE a.stu_id=b.stu_id AND cour_id='112022')
```

以上代码执行结果如图 5-29 所示。

结果 消息

	stu_id	stu_name
1	200712110102	仇立权
2	200712110103	崔衍丽
3	200712110104	陈琛军
4	200712110105	甘明
5	200712110106	葛瑞真
6	200712110107	耿红帅
7	200712110109	郭波
8	200712110110	韩建锋

图 5-28 查询选修了“112022”课程的学生姓名

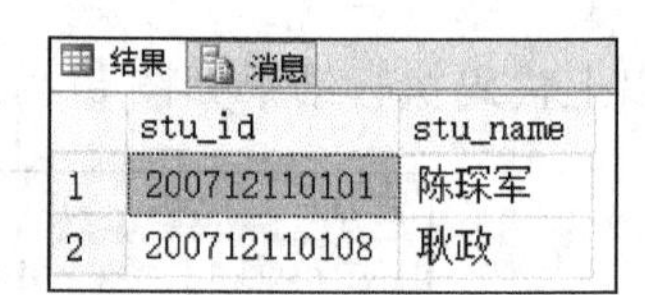

结果 消息

	stu_id	stu_name
1	200712110101	陈琛军
2	200712110108	耿政

图 5-29 例 5-29 执行结果

5.2 数据库的视图

视图是数据库的重要组成部分,视图是提供给用户以多种角度观察数据库中感兴趣的部分或全部数据的重要机制,在大部分的事务和分析型数据库中,都有较多使用。

5.2.1 视图的概述

1. 视图的概念

视图是从一个或者多个表中通过定义查询语句 SELECT 建立的虚拟表。在视图中被查询的表称为基表。同表一样,视图包含一系列带有名称的列和行数据,视图所对应数据的行和列数据来自定义视图查询所引用的表,并且在引用视图时动态生成。视图也可以从一个或者多个其他视图中产生。

但是,在数据库中不会为视图存储数据。分布式查询也可用于定义使用多个异类源数据的视图。例如,如果有多台不同的服务器分别存储用户的单位在不同地区的数据,而用户需要将这些服务器上结构相似的数据组合起来,这种方式就很有用。

在授权许可的情况下,用户还可以通过视图来插入、更改和删除数据。通过视图进行查询没有任何限制,但对视图的更新操作(增、删、改)即是对视图的基表的操作,因此有一定的限制条件。

2. 视图的种类

在SQL Server 2014数据库中，视图分为四种，其中标准视图是最为常用的视图，本节将重点介绍标准视图的使用和一般特征。

标准视图：标准视图组合了一个或多个表中的数据，其重点放在特定数据上及简化数据操作。

索引视图：一般的视图是虚拟的，并不是实际保存在磁盘上的表，而索引视图是被物理化了的视图，它已经对视图定义进行了计算并且生成的数据像表一样存储。

分区视图：分区视图是由在一台或多台服务器间水平连接一组成员表中的分区数据形成的视图。

系统视图：系统视图公开目录元数据。可以使用系统视图返回与SQL Server实例或在该实例中定义的对象有关的信息。例如，可以查询sys.databases目录视图以便返回与实例中提供的用户定义数据库有关的信息。

3. 视图的作用

视图通常用来集中、简化和自定义每个用户对数据库的不同认识。使用视图的优点主要表现在以下几个方面。

(1) 简化操作

可以把经常使用的多表查询的操作定义成视图，从而用户不用每次都用复杂的语句查询，直接使用视图来方便地完成查询。

(2) 导入导出数据

用户可以使用拷贝程序把数据通过视图导出。也可以使用拷贝程序或BULK INSERT语句把数据文件导入到指定的视图中。

(3) 数据定制与保密

重新定制数据，使得数据便于共享；合并分割数据，有利于数据输出到应用程序中。视图机制能使不同的用户以不同的方式看待同一数据。对不同的用户定义不同的视图，使用户只能看到与自己有关的数据。同时简化了用户权限的管理，增加了安全性。

(4) 保证数据的逻辑独立性

对于视图的操作，例如，查询只依赖于视图的定义，当构成视图的基本表需要修改时，只需要修改视图定义中的子查询部分，而基于视图的查询不用改变。简化查询操作，屏蔽了数据库的复杂性。

5.2.2 创建视图

用户必须拥有数据库所有者授予的创建视图的权限才可以创建视图，同时，用户也必须对定义视图时所引用到的表有适当的权限。

创建视图需要注意：视图的命名必须遵循标识符规则，且必须是唯一的，不得与该用户拥有的任何表的名称相同;只能在当前数据库中创建视图;定义视图的查询不可以包含 ORDER BY 子句或 INTO 子句;不能在视图上创建全文索引;通过视图修改表中数据时,不能违反数据完整性规则;如果视图引用的基表或者视图被删除,则该视图不能再被使用,直到创建新的基表或者视图;如果视图中某一列是函数、数学表达式、常量或者来自多个表的列名相同,则必须为列定义名称;不能在视图上创建索引,不能在规则、默认、触发器的定义中引用视图。

【例 5-30】 在 jxgl 数据库中选择 students、course_score、courses 三个表,创建名为 students_course_score 的视图,包括学生的学号、性别、姓名、选修的课程号、课程名和成绩。

1. 使用对象资源管理器创建视图

(1) 在对象资源管理器中展开 jxgl 数据库,选中其下的"视图"节点,右键单击,从快捷菜单中单击"新建视图",如图 5-30 所示。

(2) 弹出"添加表"对话框,选择相应的表或视图,单击"添加"按钮就可以添加创建视图的基表,重复此操作,可以添加多个基表。这里分别选择 students、course_score、courses 三个表,并单击"添加"按钮,最后单击"关闭"按钮,如图 5-31 所示。

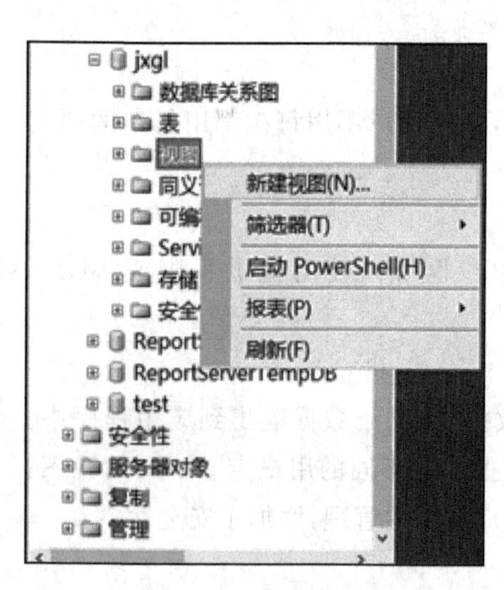

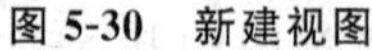
图 5-30 新建视图

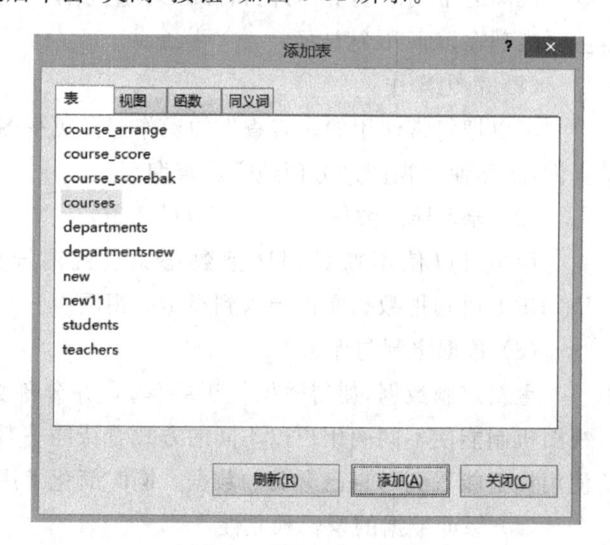

图 5-31 "添加表"对话框

(3) 在弹出的"视图设计器"中包括以下 4 个窗格:关系图窗格、条件窗格、SQL 窗格、结果窗格。

在"关系图窗格"中,选择要在新视图中包含的列或其他元素,在"条件窗格"中,在"排序类型"栏中指定列的排序方式,在"筛选器"栏中指定创建视图的规则,如图 5-32 所示。

(4) 设置完毕后,单击面板上的"保存"按钮,在"保存视图"对话框中输入视图名 students_course_score,并单击"确定"按钮,便完成了视图的创建。

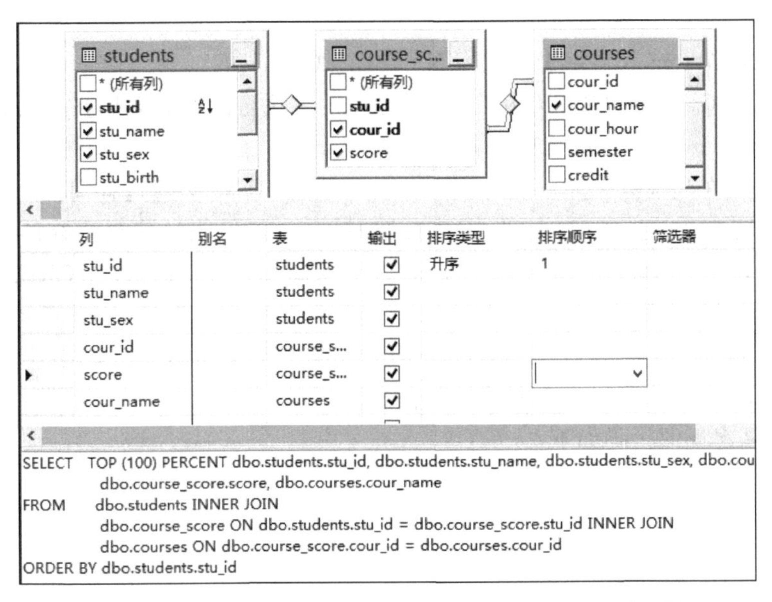

图 5-32 添加要显示的字段、设置相应的条件和排序选项等

2. 使用 T-SQL 语句创建视图

语法格式：

```
CREATE VIEW [schema_name.]view_name[(column[,...n])]
    [WITH {ENCRYPTION|SCHEMABINDING|VIEW_METADATA}]
AS
select_statement
[WITH CHECK OPTION]
```

语法中的各参数说明如下。

(1) schema_name：视图所属架构的名称。

(2) view_name：用于指定新建视图的名称。

(3) column：用于指定视图中的字段的名称。仅在下列情况下需要列名：列是从算术表达式、函数或常量派生的；两个或更多的列可能会具有相同的名称(通常是由于联接的原因)；视图中的某个列的指定名称不同于其派生来源列的名称。还可以在 SELECT 语句中分配列名。

如果未指定 column，则视图列将获得与 SELECT 语句中的列相同的名称。

(4) AS ：指定视图要执行的操作。

(5) ENCRYPTION：对 sys. syscomments 表中包含 CREATE VIEW 语句文本的项进行加密。可防止在 SQL Server 复制过程中发布视图。

(6) SCHEMABINDING：将视图绑定到基础表的架构。

(7) VIEW_METADATA：表示如果某一查询中引用该视图且要求返回浏览模式的元数据时，那么 SQL Server 将向 DB-Library、ODBC 和 OLE DB API 返回视图的元数据信息。

(8) select_statement：用于创建视图的 SELECT 语句。

(9) WITH CHECK OPTION：用于强制视图上执行的所有数据修改语句都必须符合由 select_statement 设置的准则。

说明：只能在当前数据库中创建视图；CREATE VIEW 必须是查询批处理中的第一条语句；视图最多可以包含 1024 列；创建视图时，有关该视图的信息将存储在下列目录视图中：sys. views、sys. columns 和 sys. sql_expression_dependencies；CREATE VIEW 语句的文本将存储在 sys. sql_modules 目录视图中；在系统视图里有一个名为 INFORMATION_SCHEMA. VIEWS 的视图，该视图记录当前数据库中所建视图的信息，使用 SELECT 语句可以查看所建视图信息。

例 5-30 创建视图代码如下：

```
USE jxgl
GO
CREATE VIEW students_course_score
AS
SELECT a.stu_id,a.stu_name,a.stu_sex,b.cour_id,c.cour_name,
b.score
FROM students a,course_score b,courses c
WHERE a.stu_id=b.stu_id AND b.cour_id=c.cour_id
GO
```

以上代码执行后，刷新对象资源管理器窗口 jxgl 数据库下的"视图"后，截图如图 5-33 所示。

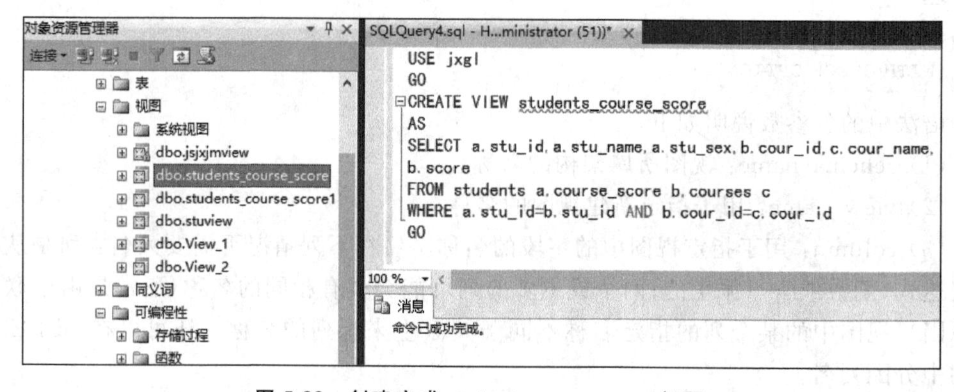

图 5-33 创建完成 students_course_score 视图

【例 5-31】 建立计算机科学系学生视图 jsjxjmview，包括学生的学号、姓名、性别、出生日期、系别和系名，并使用 WITH ENCRYPTION 选项，将视图进行加密。代码如下：

```
CREATE VIEW jsjxjmview
WITH ENCRYPTION
AS
```

```
SELECT a.stu_id,a.stu_name,a.stu_sex,a.stu_birth,a.dept_id,b.dept_name
FROM students a INNER JOIN departments b
ON a.dept_id=b.dept_id WHERE (b.dept_name='计算机科学系')
```

以上代码执行后，视图刷新结果如图 5-34 所示。

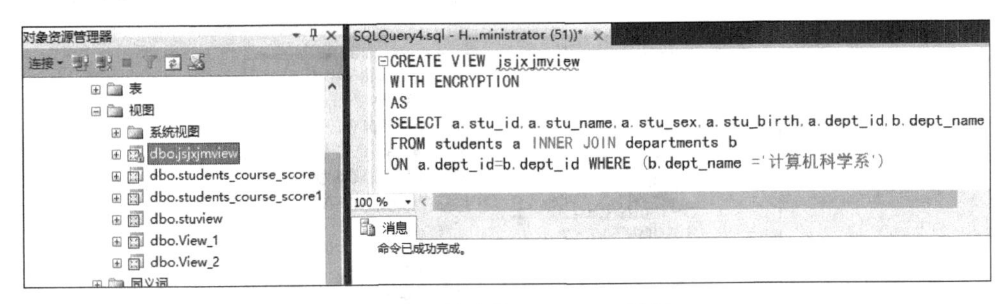

图 5-34　创建的 jsjxjmview 视图

在对象资源管理器视图目录的视图 jsjxjmview 图标上，使用了一个带有“锁”的视图图标；同时右击该“视图”节点，快捷菜单上的“设计”命令为灰色表示禁用。

5.2.3　修改和查看视图

由于视图在数据库中并没有实际数据存在，其定义的数据都是保存在基表中，所以对视图的任何更新操作（包括插入数据、删除数据、修改数据）都要转化为对基表的操作。因此，所有针对视图的操作都要受限于基表所做的约束（必须满足数据完整性等）。特别是基表为多个表更是如此，而且有些视图是不能进行更新的。

1. 使用对象资源管理器修改视图

操作步骤如下：

（1）打开 SQL Server Management Studio 的对象资源管理器，展开相应数据库文件夹。

（2）展开“视图”选项，选择要修改的视图，右击选择“设计”命令，打开的对话框可用来查看和修改视图的定义。

（3）如果要向视图中再添加表，则可以在窗格中右击鼠标，选择“添加表”。同样，如果要移除表，则右击要被移除的表，选择“移除”命令。

（4）如果要修改其他属性，则在对话框上半部分，可重新选择视图所用的列；在中间的网格窗格部分，对视图对每一列进行属性设置。最后，单击工具栏上的“保存”按钮保存修改后的视图。

2. 使用 T-SQL 语句修改视图

语法格式如下：

```
ALTER VIEW [ <database_name>.] [ <owner>.] view_name [ ( column [,…n ] ) ]
[ WITH <view_attribute>[,…n ] ]
```

```
AS
    select_statement
[ WITH CHECK OPTION ]
<view_attribute>::=
    { ENCRYPTION|SCHEMABINDING|VIEW_METADATA }
```

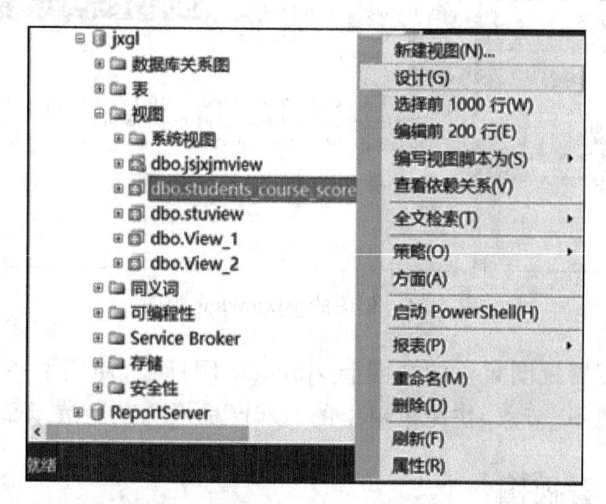

图 5-35　修改 students-course_score 视图

注意：语句中的参数与 CREATE VIEW 语句中的参数相同。

【例 5-32】　修改视图 students_course_score，使其显示成绩>80 的学生信息。代码如下：

```
USE jxgl
GO
ALTER VIEW students_course_score
AS
SELECT a.stu_id,a.stu_name,a.stu_sex,b.cour_id,c.cour_name,b.score
FROM students a,course_score b,courses c
WHERE a.stu_id=b.stu_id AND b.cour_id=c.cour_id AND b.score>80
GO
```

3. 执行系统存储过程查看视图的定义

语法格式如下：

```
EXEC sp_helptext view_name
```

参数说明：view_name 为用户需要查看的视图名称。

【例 5-33】　查看 students_course_score 视图。代码如下：

```
EXEC sp_helptext students_course_score
```

以上代码执行结果如图 5-36 所示。

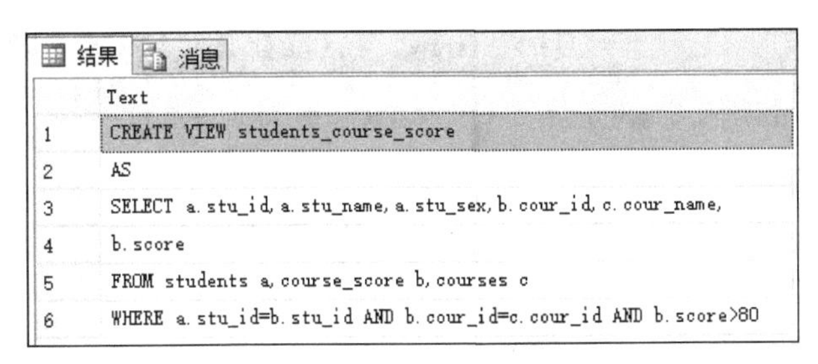

结果 消息

	Text
1	CREATE VIEW students_course_score
2	AS
3	SELECT a.stu_id, a.stu_name, a.stu_sex, b.cour_id, c.cour_name,
4	b.score
5	FROM students a, course_score b, courses c
6	WHERE a.stu_id=b.stu_id AND b.cour_id=c.cour_id AND b.score>80

图 5-36 查看视图的定义

4. 执行系统存储过程获得视图的参照对象和字段

语法格式如下：

```
EXEC sp_depends view_name
```

【例 5-34】 查看 students_course_score 的对象的参照对象和字段。代码如下：

```
EXEC sp_depends students_course_score
```

以上代码执行结果如图 5-37 所示。

结果 消息

	name	type	updated	selected	column
1	dbo.courses	user table	no	yes	cour_id
2	dbo.courses	user table	no	yes	cour_name
3	dbo.students	user table	no	yes	stu_id
4	dbo.students	user table	no	yes	stu_name
5	dbo.students	user table	no	yes	stu_sex
6	dbo.course_score	user table	no	yes	stu_id
7	dbo.course_score	user table	no	yes	cour_id
8	dbo.course_score	user table	no	yes	score

图 5-37 查看视图的参照对象和字段

5.2.4 使用视图

视图创建完毕，就可以同查询基本表一样通过视图查询所需要的数据，而且有些查询需求的数据直接从视图中获取比从基表中获取要简单，也可以通过视图修改基表中的数据。

1. 数据查询

(1) 使用对象资源管理器

在对象资源管理器中，右击要查询的视图，选择“选择前 1000 行”选项，即可浏览该视图前 1000 行数据。

【例 5-35】 查询 students_course_score 视图。运行结果如图 5-38 所示。

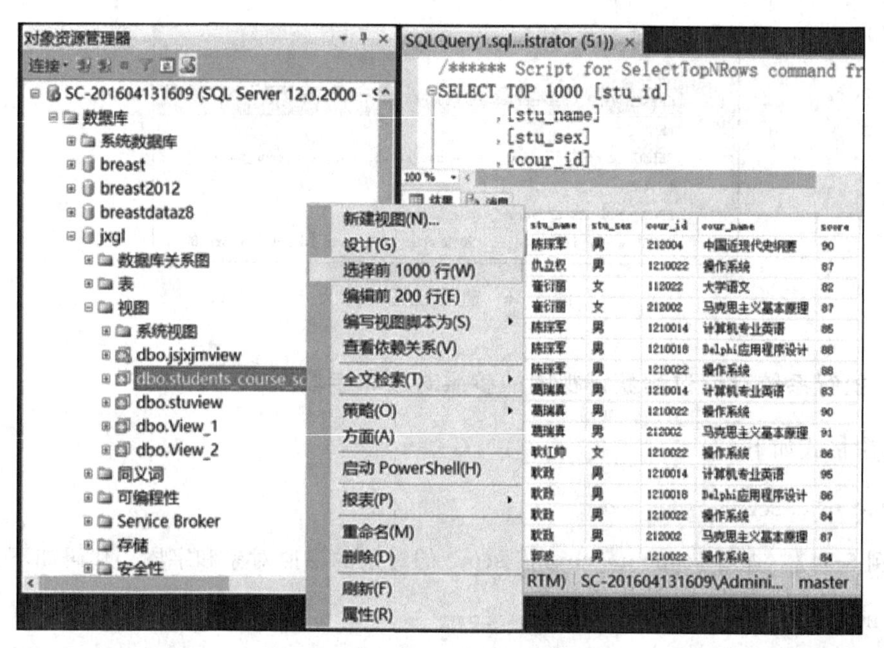

图 5-38 例 5-35 执行结果

(2) 使用 T-SQL 语句查询视图

同查询基本表一样通过视图查询所需要的数据，而且有些查询需求的数据直接从视图中获取比从基表中获取数据要简单。

【例 5-36】 查询 students_course_score 视图。代码如下：

```
SELECT * FROM students_course_score
```

【例 5-37】 查询 students_course_score 视图，统计“操作系统”课程的总分和平均分。

```
USE jxgl
GO
SELECT 总分=SUM(score),平均分=AVG(score)
FROM students_course_score
WHERE cour_name='操作系统'
GO
```

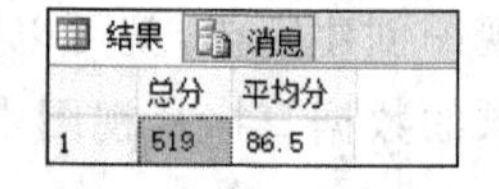

	总分	平均分
1	519	86.5

图 5-39 例 5-37 执行结果

以上代码执行结果如图 5-39 所示。

2. 使用视图修改基本表中数据

修改视图的数据，其实就是对基本表进行修改，真正插入数据的地方是基本表，而不是视图，同样使用 INSERT、UPDATE、DELETE 语句来完成。

但并不是所有的视图都可以更新，只有对满足以下可更新条件的视图才能进行更新。

(1) 任何修改(包括 UPDATE、INSERT 和 DELETE 语句)都只能引用一个基本表的列。

(2) 视图中被修改的列必须直接引用表列中的基础数据。不能通过任何其他方式对这些列进行派生,如通过聚合函数、计算(如表达式计算)、集合运算等。在基表中插入的数据必须符合在相关列上定义的约束条件,如是否为空、约束及默认值定义等。

(3) 视图中不能包含 GROUP BY、HAVING、DISTINCT 或 TOP 子句。

(4) 为防止用户通过视图对数据进行修改、无意或故意操作不属于视图范围内的基本数据时,可在定义视图时加上 WITH CHECK OPTION 语句,这样在视图上修改数据时,DBMS 会进一步检查视图定义中的条件,若不满足条件,则拒绝执行该操作。

(5) 删除数据时,若视图依赖于多个基本表,那么不能通过视图删除数据。

(6) 在基表的列中修改的数据必须符合对这些列的约束或规则。

【例 5-38】 创建一个基于表 students 的男生视图 stuview,只包括 stu_id、stu_name、stu_sex、stu_birth、dept_id 字段。并通过 stuview 插入一条新记录(200712110112,李小龙,男,1989/7/18 ,d001)。代码如下:

```
CREATE VIEW stuview
AS
SELECT stu_id,stu_name,stu_sex,stu_birth,departments.dept_id
FROM students
WHERE stu_sex='男'
```

执行以上代码,成功创建男生视图 stuview,如图 5-40 所示。

打开视图查看结果,如图 5-41 所示。

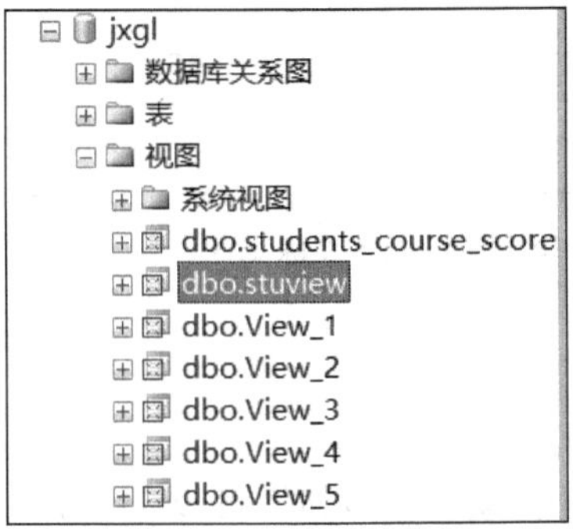

jxgl
数据库关系图
表
视图
系统视图
dbo.students_course_score
dbo.stuview
dbo.View_1
dbo.View_2
dbo.View_3
dbo.View_4
dbo.View_5

图 5-40 创建 stuview 视图成功完成

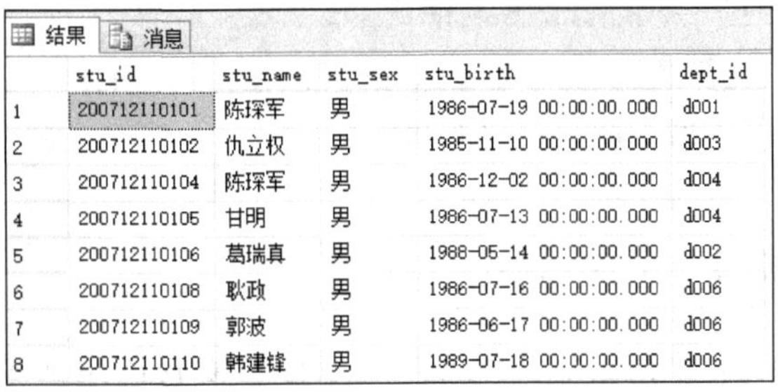

结果 消息

	stu_id	stu_name	stu_sex	stu_birth	dept_id
1	200712110101	陈琛军	男	1986-07-19 00:00:00.000	d001
2	200712110102	仇立权	男	1985-11-10 00:00:00.000	d003
3	200712110104	陈琛军	男	1986-12-02 00:00:00.000	d004
4	200712110105	甘明	男	1986-07-13 00:00:00.000	d004
5	200712110106	葛瑞真	男	1988-05-14 00:00:00.000	d002
6	200712110108	耿政	男	1986-07-16 00:00:00.000	d006
7	200712110109	郭波	男	1986-06-17 00:00:00.000	d006
8	200712110110	韩建锋	男	1989-07-18 00:00:00.000	d006

图 5-41 打开 stuview 视图

执行以下语句可向表 students 中添加一条新的数据记录,结果如图 5-42、图 5-43 所示。

```
INSERT INTO stuview
VALUES('200712110112', '李小龙', '男',' 1989/7/18', 'd001')
```

【例 5-39】 将视图 stuview 姓名为李小龙的学生的系代码改为 d002。代码如下:

```
UPDATE stuview
```

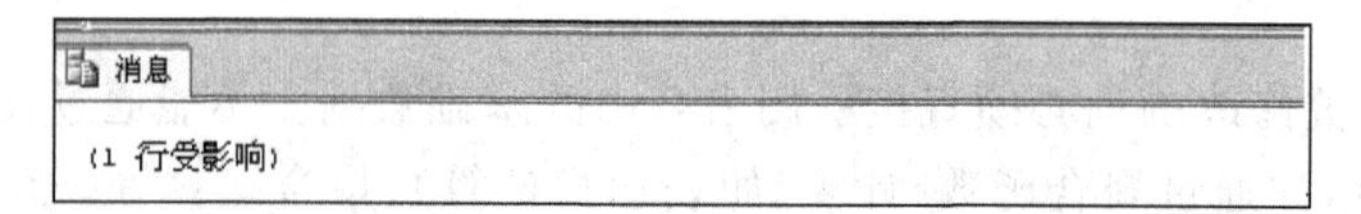

图 5-42　命令执行结果

结果　消息

	stu_id	stu_name	stu_sex	stu_birth	dept_id
1	200712110101	陈琛军	男	1986-07-19 00:00:00.000	d001
2	200712110102	仇立权	男	1985-11-10 00:00:00.000	d003
3	200712110104	陈琛军	男	1986-12-02 00:00:00.000	d004
4	200712110105	甘明	男	1986-07-13 00:00:00.000	d004
5	200712110106	葛瑞真	男	1988-05-14 00:00:00.000	d002
6	200712110108	耿政	男	1986-07-16 00:00:00.000	d006
7	200712110109	郭波	男	1986-06-17 00:00:00.000	d006
8	200712110110	韩建肆	男	1989-07-18 00:00:00.000	d006
9	200712110112	李小龙	男	1989-07-18 00:00:00.000	d001

图 5-43　插入一条记录后的 students 表结果

```
SET dept_id='d002'
WHERE stu_name='李小龙'
```

以上代码执行结果如图 5-44 所示。

【例 5-40】 在视图 stuview 中删除姓名为李小龙的学生记录。

```
DELETE FROM stuview
WHERE stu_name='李小龙'
```

以上代码执行结果如图 5-45 所示。

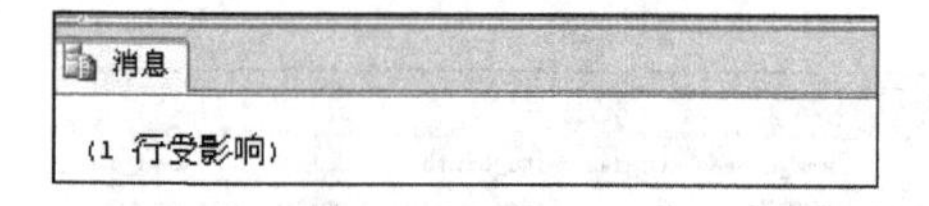

图 5-44　通过视图修改系代码

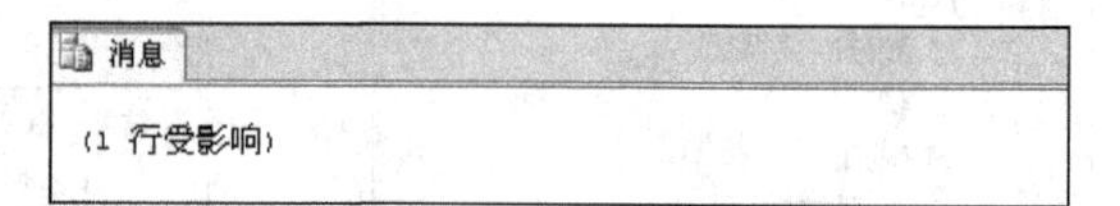

图 5-45　通过视图删除记录

5.2.5 删除视图

在不需要该视图的时候或想清除视图定义及与之相关联的权限时，可以删除该视图。视图的删除不会影响所依附的基表的数据，定义在系统表 sysahjects、syscolumns、syscomments、sysdepends 和 sysprotects 中的视图信息也会被删除。

【例 5-41】 删除视图 jsjxjmview。

1. 使用“对象资源管理器”

(1) 在“对象资源管理器”中，在“视图”目录中，选择要删除的视图，右击该节点，在弹出的快捷菜单中，选择“删除”菜单命令。

(2) 在确认消息对话框中，单击“确定”按钮即可，如图 5-46 所示。

图 5-46 删除视图界面

2. 使用 T-SQL 语句

使用 T-SQL 语句往往用于批处理执行工作。

语法格式如下：

```
DROP VIEW view_name [ ...,n ]
```

语法中的参数说明如下：

view_name：指要删除的视图的名称，可以同时删除多个视图。

【例 5-42】 删除视图 jsjxjmview。代码如下：

```
USE jxgl
IF EXISTS (SELECT TABLE_NAME FROM
    INFORMATION_SCHEMA.VIEWS
      WHERE TABLE_NAME='jsjxjmview')
    DROP VIEW jsjxjmview
GO
```

以上代码执行结果如图 5-47 所示。

消息
命令已成功完成。

图 5-47 执行删除视图命令

5.3 【实训项目】 数据查询和视图的应用

1. 实验目的

（1）掌握 SELECT 语句的基本语法和应用。

（2）掌握连接查询的基本方法。

（3）掌握子查询的基本方法。

（4）掌握创建视图的命令

（5）掌握查看视图的系统存储过程的用法。

（6）掌握视图的应用。

2. 实验内容

针对在第 3 章实训项目中创建的学生选课管理数据库 student。

（1）在查询分析器中用 T-SQL 语句完成下列查询操作。

① 检索张老师所教授课程的课程号和课程名。

② 检索年龄小于 20 岁的女学生的学号和姓名。

③ 检索其他系中年龄小于计算机系年龄最大者的学生。

④ 检索其他系中比计算机系学生年龄都小的学生。

⑤ 检索全部学生都选修的课程表中的课程号与课程名。

（2）根据学生成绩表、学生信息表、课程表的数据，用 T-SQL 语句，完成下列查询操作。

① 根据课程分组，统计期中成绩的平均分和总分。

② 根据课程和学号分组，统计期末成绩的平均分和期末成绩总分。

③ 根据课程分组，分组的条件是期末的平均成绩不低于 90，统计期末成绩的平均分和期末成绩总分。

④ 求平均年龄。

⑤ 列出年龄等于 18 岁的学生成绩的记录。

⑥ 建立一个查询，使得如果在学生成绩表中期中成绩小于 60 分的行，则将课程表中的数据全部检索出来。

⑦ 查询学生信息表中的学号和姓名，并使用子查询来获得该学生的期中成绩、期末成绩和总评成绩。

（3）完成如下视图操作。

① 在 student 数据库中以学生表为基础，建立一个名为 jjglx 的视图，显示经济管理系学生的所有字段。

② 使用 jjglx 视图查询专业代码为“0201”的学生。

③ 将 jjglx 视图改名为 v_jjglx。

④ 修改 v_jjglx 视图的内容,使得该视图能查询到经济管理系所有的女生。

⑤ 删除 v_jjglx 视图。

小　　结

本章重点讲解了 SELECT 查询语句和视图的应用。数据查询即从数据库中获取数据,查询是 SQL 语言中最主要、最核心的部分。数据查询命令是 SQL 的最常用命令。由于查询要求的不同而有各种变化,因此查询命令也是最复杂的命令,基本框架为 SELECT—FROM—WHERE,它包含输出字段、数据来源、查询条件等基本子句。介绍了投影查询、连接查询、选择查询、分组统计查询、限定查询、排序查询、嵌套查询,每种查询均通过"格式+实例"的方式加以说明。

视图是一种数据库对象,是从一个或多个表或视图中导出的虚拟表。视图的操作主要包括视图的创建、修改、删除和重命名等,其操作可以通过对象资源管理器和 T-SQL 语句来实现。通过视图可以完成某些和基础表相同的一些数据操作,如数据的检索、添加、修改和删除。

习　　题

1. NULL 代表什么含义?将其与其他值进行比较会产生什么结果?如果数值型列中存在 NULL,会产生什么结果?

2. LIKE 匹配字符有哪几种?如果要检索的字符中包含匹配字符,该如何处理?

3. 在 SELECT 语句中 DISTINCT、ORDER BY、GROUP BY 和 HAVING 子句的功能各是什么?

4. 在一个 SELECT 语句中,当 WHERE 子句、GROUP BY 子句和 HAVING 子句同时出现在一个查询中时,SQL 的执行顺序如何?

5. 进行连接查询时应注意什么?

6. 内连接、外连接有什么区别?

7. 什么是视图?使用视图的优点和缺点是什么?

8. 用语句创建视图,用语句修改视图,用语句删除视图。查看视图中的数据用语句。用存储过程查看视图的基本信息,用存储过程查看视图的定义信息,用存储过程查看视图的依赖关系。

9. 为什么说视图是虚表?视图的数据存在什么地方?

10. 修改视图中的数据会受到哪些限制?

11. 使用 T-SQL 语句创建视图时,若要求对视图进行 UPDATE、INSERT、

DELETE操作时要保证更新、插入、删除的行满足视图定义中的谓词条件需使用________子句。

12. 有二个数据表XS(xh,xm)和XS_KC(xh,kch,cj)，用两种方法，写出如下查询："查找数据库中所有学生的学号(xh)、姓名(xm)以及其所选修的课程号(kch)和成绩(cj)"。

第6章 chapter 6

索　　引

本章教学重点及要求

- 了解索引的概念和功能
- 掌握使用对象资源管理器和 T_SQL 命令两种方式创建、修改、删除索引的方法

6.1 索引概述

"索引"(Index)是关系型数据库中一个极其重要的概念。数据库中的索引与书籍中的目录类似,在一本书中,利用目录可以快速查找所需信息的所在位置,无须逐页阅读整本书。在数据库中,索引通过记录表中的关键值指向表中的记录,这样数据库引擎就不用扫描整个表而定位到相关的记录。相反,如果没有索引,则会导致 SQL Server 搜索表中的所有记录,以读取匹配结果。全页扫描和索引扫描如图 6-1 和图 6-2 所示。

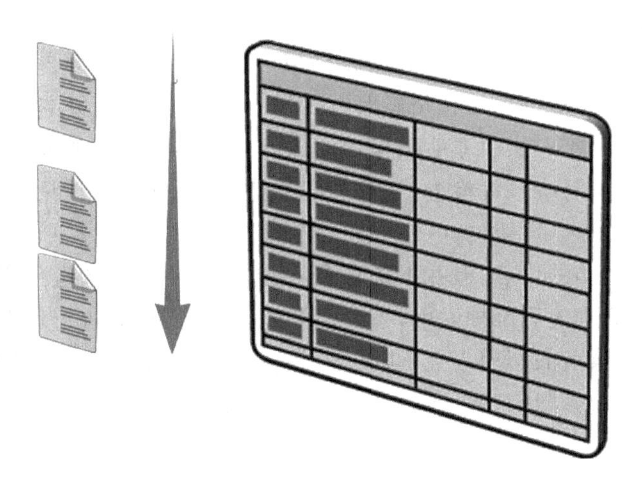

图 6-1　全表扫描——SQL Server 扫描表的所有页

6.1.1 索引的功能

索引是对数据库表中一个或多个字段的值进行排序而创建的一种分散存储结构。

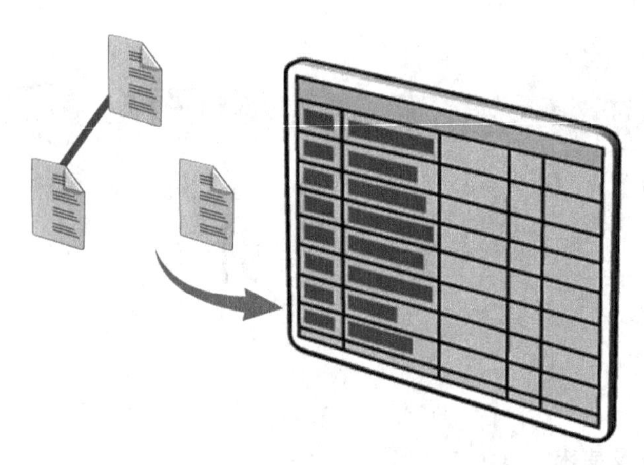

图 6-2　索引扫描——SQL Server 使用索引页找到行

索引是一个单独的、物理的数据库结构，它是某个表中一列或若干列值的集合和相应的指向表中物理标识这些值的数据页的逻辑指针清单。索引是依赖于表建立的，它提供了数据库中编排表中数据的内部方法。

合适的索引具有以下功能。

(1) 提高数据的检索速度。

(2) 加快查询操作中 ORDER BY 语句的数据排序。

(3) 加快 GROUP BY 语句的数据分组。

(4) 索引能提高 WHERE 语句的数据提取的速度，也能提高更新和删除数据记录的速度。

(5) 确保数据的唯一性。

当创建 PRIMARY KEY 和 UNIQUE 约束时，SQL Server 会自动为其创建一个唯一的索引。而该唯一索引的用途就是确保数据的唯一性。当然，并非所有的索引都能确保数据的唯一性，只有唯一索引才能确保列的内容绝对不重复。如果索引只是为了提高访问速度，而不需要进行唯一性检查，就没有必要建立唯一的索引，只需创建一般的索引即可。

尽管索引存在许多的优点，但并不是多多益善，如果不合理的运用索引，系统反而会付出一定代价。因为创建和维护索引，系统会消耗时间，当对表进行增删改等操作时，索引要进行维护，否则索引的作用也会下降。另外，索引本身会占一定的物理空间，如果占用的物理空间过多，就会影响整个 SQL Server 的性能。

6.1.2　创建索引的原则

到底怎样创建索引呢？到底该创建多少索引才算合理呢？其实很难有一个确定的答案，提供几个创建索引的原则，供参考：

(1) PRIMARY KEY 约束所定义的作为主键的字段(此索引由 SQL Server 自动创建)，主键可以加快定位到相应的记录；

(2) 应用 UNIQUE 约束的字段(此索引也由 SQL Server 自动创建),唯一键可以加快定位到相应的记录,还能保证键的唯一性;

(3) FOREIGN KEY 约束所定义的作为外键的字段,因为外键通常用来做连接,在外键上建索引可以加快表间的连接;

(4) 在经常被用来搜索数据记录的字段建索引,键值就会排列有序,查找时就会加快查询速度。

除了上述情况外的字段,基本不建议为它创建索引。此外,SQL Server 也不允许为 bit、text、ntext、image 数据类型的字段创建索引。很少或从来不在查询中引用的列,因为系统很少或从来不根据这个列的值去查找数据行;以及只有两个或很少几个值的列(如性别,只有两个值"男"或"女"),以这样的列创建索引并不能得到建立索引的好处。数据行数很少的小表一般也没有必要创建索引。

6.1.3 索引的分类

SQL Server 索引的类型从不同的角度有好几种分类。如果以存储结构区分,则有"聚集索引"和"非聚集索引";如果以数据的唯一性来区别,则有"唯一索引"和"非唯一索引";若以键列的个数来区分,则有"单列索引"与"复合索引"。当数据表有 PRIMARY KEY 约束或 UNIQUE 约束时,SQL Server 会自动在相应列上建立索引。

1. 聚集索引

聚集索引(Clustered Index)确定表中数据的物理顺序。由于聚集索引规定数据在表中的物理存储顺序,因此一个表只能包含一个聚集索引。聚集索引不适用于频繁更改的列,这将导致整行移动(因为 SQL Server 必须按物理顺序保留行中的数据值)。

聚集索引对于那些经常要搜索范围值的列特别有效。如果对从表中检索的数据进行排序时经常要用到某一列,则可以将该表在该列上聚集(物理排序),避免每次查询该列时都进行排序,从而节省成本。

注意:定义聚集索引键时使用的列越少越好,这一点很重要。如果定义了一个大型的聚集索引键,则同一个表上定义的任何非聚集索引都将增大许多,因为非聚集索引条目包含聚集键。

2. 非聚集索引

SQL Server 缺省情况下建立的索引是非聚集索引(Nonclustered Index)。

非聚集索引与课本中的目录类似。数据存储在一个地方,索引存储在另一个地方,索引带有指针指向数据的存储位置。索引中的项目按索引键值的顺序存储,而表中的信息按另一种顺序存储(这可以由聚集索引规定)。如果在表中未创建聚集索引,则无法保证这些行具有任何特定的顺序。与使用书中索引的方式相似,Microsoft SQL Server 在搜索数据值时,先对非聚集索引进行搜索,找到数据值在表中的位置,然后从该位置直接检索数据。这使非聚集索引成为精确匹配查询的最佳方法，因为索引包含描述查询所搜索的数据值在表中的精确位置的条目。

3. 唯一索引与非唯一索引

在表中建立唯一性索引（Unique Index）时，组成该索引的字段或字段组合在表中具有唯一值。

如果需要对一个列实施唯一性处理，那么就得在那个列上建立唯一索引。一旦一个字段被定义为唯一索引，则 SQL Server 将禁止在索引列中插入重复值的行，同时也拒绝任何冗余（NULL 值也会被认为是重复的。例如，学生的姓名字段允许接受 NULL 值，为姓名字段创建一个唯一索引，则最多只能有一个学生的学号为 NULL 值，如果有两个以上学生是 NULL 值，则将被视为违反唯一性而出现错误）。SQL Server 自动为 UNIQUE 约束列创建唯一索引，可以强制 UNIQUE 约束的唯一性要求。非唯一索引 NonUnique Index，如同它的名字一样，非唯一索引允许对其值重复进行复制。

4. 单列索引和多列索引

所谓的单列索引，是指为某单一字段建检索引；至于多列索引，则是为多个字段的组合创建索引。在创建一个多列索引时，必须注意下列事项。

(1) 最多可以为 16 个字段的组合创建一个多列索引，而且这些字段的总长度不能超过 900 个字节。

(2) 多列索引的各个字段必须来自同一列表。

(3) 在定义多列索引时，识别高的字段或是能返回较低百分比数据记录的字段应该放在前面。例如，假设我们要为 column1 和 comumn2 两个字段的组合创建一个多列的索引，则(column1，column2)与(column2，column1)虽然只是字段次序不同，但是所创建出来的索引却不一样。

(4) 查询的 WHERE 语句务必引用多列索引的第一个字段，如此才能让查询优化器使用该多列索引。

(5) 既能提高查询速度又能减少表索引的数目，是使用多列索引的最高境界。

前面所讲的索引通常是建立在数值字段或较短的字符串字段上的，一般不会选择大的字段作为索引字段。

6.2 索引的创建

了解了索引的用途和特性，下面开始学习如何创建索引。给一个表或视图创建索引，可以使用对象资源管理器和 T-SQL 命令两种方法来创建，下面依次来学习这两种方法。

6.2.1 使用对象资源管理器创建索引

在对象资源管理器中,为“jxgl数据库”中的为teachers表创建一个基于teach_name列的非聚集索引,索引标识是teach_name_IDX。其步骤如下。

(1) 启动SQL Server Management Studio,在“对象资源管理器”中,展开jxgl数据库实例,如图6-3所示。

(2) 展开要在其上创建索引的表teachers,在“索引”项上右键单击,在快捷菜单中选择“新建索引”命令,如图6-4所示。

(3) 弹出“新建索引”对话框,这里我们选择“非聚集”。在“索引名称”文本框中,输入索引的名称teach_name_IDX。

(4) 单击“添加”按钮,弹出如图6-5所示的对话框,选择要在其上创建索引的列。

(5) 单击“确定”按钮,回到“新建索引”对话框,其中,“排序顺序”列用于设置索引的排列顺序。

(6) 单击“确定”按钮,即完成了索引的创建过程。

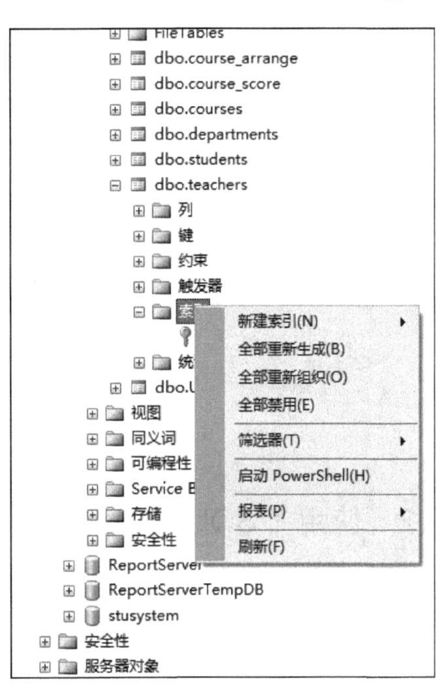

图6-3 新建索引

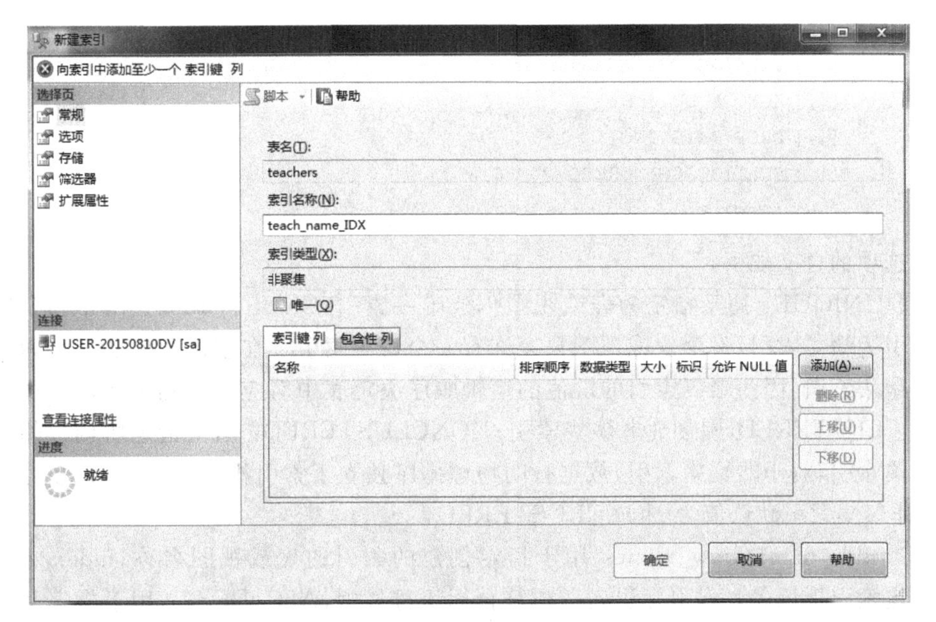

图6-4 新建索引

图 6-5 “选择列”对话框

6.2.2 使用 T-SQL 语句创建索引

可以使用 CREATE INDEX 命令创建索引，CREATE INDEX 命令语法格式如下：

```
CREATE [UNIQUE][CLUSTERED|NONCLUSTERED] INDEX index_name
    ON table_name/view_name(column_name[ASC|DESC],…n)
        [WITH
        [PAD_INDEX]
        [[,] FILLFACTOR=fillfactor]
        [[,] IGNORE_DUP_KEY]
        [[,] DROP_EXISTING]
        [[,] STATISTICS_NORECOMPUTE] ]
        [ON filegroup]
```

各选项的含义如下。

(1) UNIQUE：用于指定为表或视图创建唯一索引；CLUSTERED：用于指定所创建的索引为聚集索引，一个表或视图只允许有一个聚集索引。在创建任何非聚集索引之前创建聚集索引，因为聚集索引的键值的逻辑顺序决定表中对应行的物理顺序。如果没有指定 CLUSTERED，则创建非聚集索引；NONCLUSTERED：用于指定所创建的索引为非聚集索引，对于非聚集索引，数据行的物理排序独立于索引排序，每个表最多可包含 249 个非聚集索引默认值为 NONCLUSTERED。

(2) table_name/view_name：用于指定创建的索引的表或视图名称；index_name：用于指定索引标识名。索引标识名必须符合标识符规则；ASC|DESC：用于指定某个具体索引列的升序或降序排序方向，默认值是 ASC。column：用于指定被索引的列，如果使用两个或两个以上的列组成一个索引，则称为复合索引。

(3) PAD-INDEX：用于指定索引中间级中每个页(节点)上保持开放的空间。FILLFACTOR＝fillfactor(填充因子)：在创建索引时用于指定每个索引页的数据占索引页大小的百分比，填充因子的值为1到100。如果没有指定此选项，SQL Server默认其值为0。0是个特殊值，与其他小FILLFACTOR值(如：1,2)的意义不同，其叶节点页被完全填满，而在索引页中还有一些空间。可以用存储过程Sp_configure来改变默认的FILLFACTOR值。

(4) ON filegroup：用于指定存放索引的文件组，使用创建索引向导给表创建索引。

【例6-1】 在"departments"表的"dept_name"列创建唯一索引，索引标识是dept_name_IDX。语句如下：

```
USE jxgl
GO
CREATE UNIQUE INDEX dept_name_IDX ON departments (dept_name)
GO
```

【例6-2】 为了方便按性别和姓名查找指定的学生，为"students"表创建一个基于"stu_name，stu_sex"列组合的非聚集、复合索引，索引标识是stu_namesex_IDX。语句如下：

```
USE jxgl
GO
CREATE NONCLUSTERED INDEX stu_namesex_IDX ON students(stu_name, stu_sex)
GO
```

【例6-3】 为"course_score"表创建一个基于"stu_id，cour_id" 创建一个聚集、复合索引，索引标识是stu_ courscoreid _idx。代码如下：

```
USE jxgl
GO
CREATE CLUSTERED INDEX stu_courseid_idx ON course_score(stu_id,cour_id)
GO
```

注意：由于一个表只能创建一个聚集索引，如果创建表时把(stu_id，cour_id)作为键，系统会自动创建聚集索引。当前的命令会失效。

【例6-4】 FILLFACTOR为100时，将完全填满每一页，只有确定表中的索引值永远不会更改时，该选项才有用。在"teachers"表的"teach_name"列创建唯一索引，索引标识是teach_name_IDX。使用FILLFACTOR子句，将其设置为100。语句如下：

```
SET NOCOUNT OFF
USE jxgl
IF EXISTS (SELECT name FROM sysindexes
WHERE name='teach_name_IDX')
DROP INDEX teachers.teach_name_IDX
GO
USE jxgl
```

```
CREATE NONCLUSTERED INDEX teach_name_IDX ON Teachers (teach_name)
WITH FILLFACTOR=100
```

6.3 索引的查看、更名与删除

在表中创建索引后，可以通过对象资源管理器来查看索引信息，也可以通过系统存储过程来查看索引，通过这两种方式还可以把创建的索引更名或删除。

6.3.1 查看索引

1. 使用对象资源管理器查看索引信息

索引是分布在数据库的表中的，在对象资源管理器中提供了一个更为直观的查看索引的界面，具体步骤如下。

(1) 启动 SQL Server Management Studio 工具，在“对象资源管理器”中，展开 jxgl 数据库实例，打开要查看索引表的下属对象，选择“索引”对象，窗口就会列出该表的所有索引，如图 6-6 所示。

(2) 在要查看的索引上右击，通过单击弹出的快捷菜单的选项，可以对选中的索引项完成“重命名”、“删除”、“属性”等操作，如图 6-7 所示。当然这些操作也可以通过系统存储过程来完成。下面主要介绍完成该操作的系统存储过程。

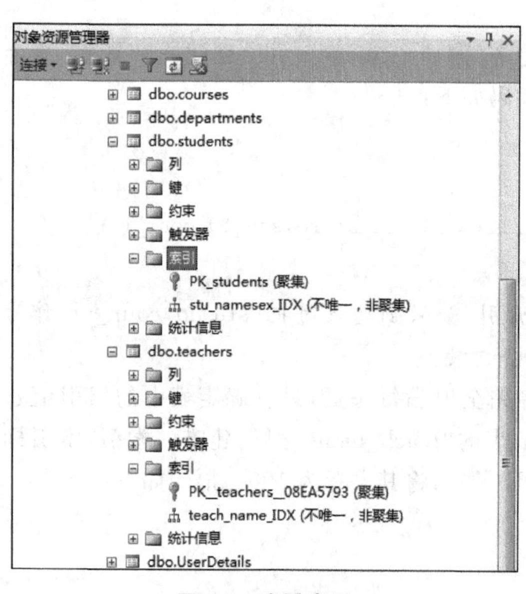

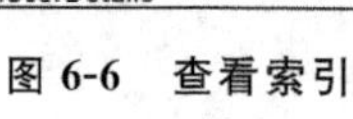
图 6-6 查看索引

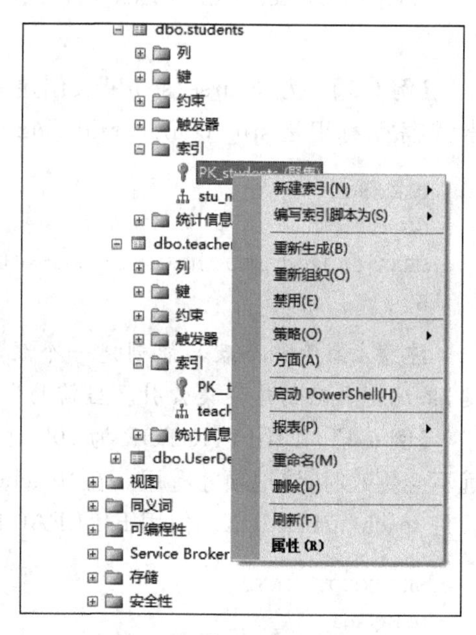

图 6-7 索引的各种操作

2. 用系统存储过程 sp_helpindex 查看索引

存储过程 sp_helpindex 可以返回表的所有索引的信息。其语法如下：

```
sp_helpindex [@ objname=] 'name'
```

其中[@objname=]'name'子句指定当前数据库中的表的名称。

【例 6-5】 EXEC sp_helpindex teachers

运行结果如图 6-8 所示。

结果 消息

	index_name	index_description	index_keys
1	PK__teachers__08EA5793	clustered, unique, primary key located on PRIMARY	teach_id
2	teach_id_IDX	nonclustered, unique located on PRIMARY	teach_id
3	teach_namesex_IDX	nonclustered located on PRIMARY	teach_name, teach_sex

图 6-8 查看索引结果

6.3.2 更改索引标识

可以使用系统存储过程 sp_ rename 更改索引标识名称，语法格式如下：

```
sp_rename 'table_name.OldName ','NewName ' [,'object_type ']
```

其中，table_name 是索引所在的表的名字，OldName 是要重命名的索引名称，NewName 是新的索引名称。

【例 6-6】 更改 students 表中索引标志 stu_namesex_IDX 为 stu_namesex_IDX1。

```
USE jxgl
GO
EXEC sp_rename 'students.stu_namesex_IDX','stu_namesex_IDX1'
GO
```

6.3.3 索引的删除

如果不需要使用某个索引，或是发现某个索引设计错误，则应该立即将索引删除，以避免占用磁盘空间并降低执行效率。

删除索引应该注意以下几点。

(1) 删除一个索引会腾出它原来在数据库中所占的空间，这些腾出来的空间，可以被数据库中的任何对象使用。

(2) 删除一个聚集索引会花费较长的时间。因为当表的聚集索引被删除之后，可以被数据库中的任何对象使用。

(3) 不能直接删除 Primary Key 或 UNIQUE 约束索引，如果常是这样做，将会出现错误。若要除去为实现 PRIMARY KEY 或 UNIQUE 约束而创建的索引，必须除去约束。

(4) 当删除一个表时，则该表的所有索引会自动删除。

使用 DROP INDEX 命令从当前数据库中删除一个或多个索引，DROP INDEX 语法格式如下：

```
DROP INDEX table.index[,…n]
```

语法中的 table 是索引所在的表名，index 则是要删除的索引名。DROP INDEX 命令可以删除多个索引。

注意：执行 DROP INDEX 后，将重新获得以前索引占用的空间；此后可将该空间用于任何数据库对象。在系统表的索引上不能指定 DROP INDEX。

【例 6-7】 删除 students 表中索引 stu_namesex_IDX1。

```
USE jxgl
GO
DROP INDEX students. stu_namesex_IDX1
GO
```

6.4 索引的管理和维护

无论何时对基础数据执行插入、更新或删除操作，SQL Server 2014 都会自动维护索引。随着操作的增多，这些修改可能会导致索引中的信息分散在数据库中（含有碎片）。碎片多的索引会降低查询性能，导致应用程序响应缓慢。可以通过重新组织索引来修复索引碎片。

6.4.1 显示碎片信息

当往表中添加或从表中删除数据行以及索引的值发生改变时，SQL Server 将调整索引页维护索引数据的存储。页拆分时会产生碎片，使用 DBC SHOWCONTIG 命令，可以显示指定的表或视图的数据和索引的碎片信息。

【例 6-8】 显示教师表 teachers 索引标识是 teach_namesex_IDX 索引的碎片统计信息。语句如下：

```
USE jxgl
GO
DBCC SHOWCONTIG(teachers,teach_namesex_IDX);
```

执行结果如图 6-9 所示。

6.4.2 重新组织索引

重新组织索引是重新进行物理排序，从而对表或视图的聚集索引和非聚集索引进行碎片整理，提高索引扫描的性能。

【例 6-9】 重新组织学生表 students 上的索引 PK_students，语句如下：

```
USE jxgl
GO
ALTER INDEX PK_students ON students REORGANIZE
GO
```

DBCC SHOWCONTIG 正在扫描'teachers'表...
表：'teachers'（450100644）；索引 ID：3，数据库 ID：13
已执行 LEAF 级别的扫描。
- 扫描页数................................：1
- 扫描区数..............................：1
- 区切换次数..............................：0
- 每个区的平均页数........................：1.0
- 扫描密度[最佳计数:实际计数].......：100.00% [1:1]
- 逻辑扫描碎片..................：0.00%
- 区扫描碎片..................：0.00%
- 每页的平均可用字节数........................：7795.0
- 平均页密度(满).....................：3.69%
DBCC 执行完毕。如果 DBCC 输出了错误信息，请与系统管理员联系。

图 6-9 例 6-8 执行结果

6.5 【实训项目】 索引的创建及操作

1. 实验目的

(1) 掌握创建索引的命令。
(2) 掌握使用对象资源管理器创建索引的方法。
(3) 掌握查看索引的系统存储过程的用法。

2. 实验内容

(1) 使用对象资源管理器与 T-SQL 语句两种方式创建索引

① 在 jxgl 数据库的 departments 表上按 depart_ID 创建一个名为 depart_ID _index 聚集索引。

② 在 jxgl 数据库的 course_arrange 表上按 cour_ID 和 teach_ID 创建一个名为 cour _teach_index 的复合索引。

③ 在 jxgl 数据库的 students 表上按 stu_ID 建立聚集索引 stu_ID__index，其填充因子和 PAD_INDEX 的值均为 60。

④ 在 course_arrange 表中，按 cour_teach_index 索引指定的顺序，查询教师授课的的信息。

(2) 重建索引

① 使用填充因子 80，重建 jxgl 数据库中 students 表上的索引 stu_name_index。

② 重建 teachers 表上的所有索引。

(3) 重命名索引

jxgl 数据库中 departments 表上的 dept_ID_index 索引改名为 dept_new_index。

（4）查看索引

使用 sp_help、sp_helpindex 查看 students，teachers 表上的索引信息。

（5）删除索引

用 DROP 命令删除建立在 teachers 表上的 teach_index 索引。

小 结

本章介绍了 SQL Server 2014 中的重要概念：索引。索引是可以加快数据检索的一种结构，理解和掌握索引的概念和操作对于学习和加快数据查询是非常有帮助的。

索引是对数据库表中一个或多个字段的值进行排序而创建的一种分散存储结构。建立索引的主要目的是加快查询、连接速度，强制实现唯一性等操作。一个表只可以创建一个聚集索引、多个非聚集索引。可以在一列上创建索引，也可以在多列上创建组合索引，主键索引和唯一索引能够强制保证键值的唯一性。

习 题

1. 什么是索引？创建索引的目的是什么？
2. 索引有哪些类型？聚集索引与非聚集索引之间的区别是什么？
3. 如何创建升序和降序索引？
4. 删除索引时所对应的数据表会删除吗？为什么？
5. 使用哪个系统存储过程可以查看索引信息？
6. FILLFACTOR 的物理含义是什么？将一个只读表的 FILLFACTOR 设为合适的值有什么好处？
7. 下面的语句是创建 students1。当表被建立时，将自动建立哪几个索引？

```
CREATE TABLE students1
(stu_id char(12) PRIMARY KEY,
stu_name char(30)UNIQUE,
stu_sex char(2) not null,
stu_birth datetime,
stu_birthplace char(30),
stu_email char(20),
stu_telephone char(11))
```

第7章 chapter 7

事务处理与锁

本章教学重点及要求

- 了解 SQL Server 中事务与锁的概念
- 了解并发控制，掌握理解事务控制语句
- 了解可以锁定的资源项和锁的类型
- 了解死锁的概念，死锁的排除，锁定信息的显示

7.1 事务简介

多用户并发存取同一数据可能会导致产生数据的不一致性问题，正确使用事务处理可以有效控制这类问题的发生频度。

7.1.1 事务的概念

事务(Transaction)是用户定义的一个数据库操作序列，是一个不可分割的工作单位。要么所有的操作都顺序完成，要么一个也不要做，绝不能只完成了部分操作，还有一些操作没有完成。

在关系数据库中，一个事务可以是一条 SQL 语句，一组 SQL 语句或整个程序。例如，使用 DELETE 命令或 UPDATE 命令对数据库进行更新时一次只能操作一个表，这会带来数据库的数据不一致问题。例如下面的例子，

```
第一条 DELETE 语句修改 students 表
DELETE FROM students WHERE stu_id='200712110104 '
--学号是'200712110104'的同学从 students 表中删除
第二条 DELETE 语句修改 course_score 表
DELETE FROM course_score WHERE stu_id='200712110104 '
--把学号是'200712110104'的选课记录从 course_score 表中删除
```

在执行第一条 DELETE 语句后，数据库中的数据已处于不一致的状态，因为此时学号是'200712110104'的同学已经被删除了，但 course_score 表中仍然保存着该同学的选课成绩记录。从参照完整性上讲，违背了参照完整性原则，从语义上讲，一位不存在的同学

选了课并且取得了成绩。

只有执行了第二条 DELETE 语句后数据才重新处于一致状态。但是，如果执行完第一条语句后，计算机突然出现故障，无法再继续执行第二条 DELETE 语句，则数据库中的数据将处于永远不一致的状态。因此，必须保证这两条 DELETE 语句同时执行。为解决类似的问题，数据库系统通常都引入事务机制。

7.1.2 事务的特征

事务是作为单个逻辑工作单元执行的一系列操作。一个逻辑工作单元必须有四个属性，原子性（Atomicity）、一致性（Consistency）、隔离性（Isolation）和持久性(Durability)属性，简称 ACID 特性。

1. 原子性

事务必须是原子工作单元。对于其数据修改，要么全都执行，要么全都不执行（All or None）。

2. 一致性

事务在完成时，必须使所有的数据都保持一致状态。事务执行的结果必须使数据库从一个一致性状态变到另一个一致性状态，与原子性密切相关。

3. 隔离性

由并发事务所做的修改必须与任何其他并发事务所作的修改隔离。事务查看数据时数据所处的状态，要么是另一并发事务修改它之前的状态，要么是另一事务修改它之后的状态，

4. 持久性

事务完成之后，它对于系统的影响是永久性的。事务一旦提交，它对数据库的更新不再受后续操作或故障的影响。

DBMS 中事务处理必须保证其 ACID 特性，这样才能保证数据库中数据的安全和正确。

7.2 事务处理

SQL Server 事务处理语句包括 BEGIN TRANSACTION，COMMIT TRANSACTION，ROLLBACK TRANSACTION，SAVE TRANSACTION，以下对以上语句进一步说明。

1. 显示启动事务

BEGIN TRANSACTION 语句用来显示定义事务，其语法格式为：

```
BEGIN TRAN [SACTION]
[transaction_name|@tran_name_variable
[WITH MARK [ 'description' ]]]
```

各个参数说明如下。

(1) transaction_name，是给事务分配的名称。transaction_name 必须遵循标识符规则，但是不允许标识符多于 32 个字符。仅在嵌套的 BEGIN…COMMIT 或 BEGIN…ROLLBACK 语句的最外语句上使用事务名。

(2) @tran_name_variable，是用户定义的、含有有效事务名称的变量名称。必须用 char、varchar、nchar 或 nvarchar 数据类型声明该变量。

(3) WITH MARK ['description']，用来指定在日志中标记事务。Description 是描述该标记的字符串。如果使用了 WITH MARK，则必须指定事务名。WITH MARK 允许将事务日志还原到命名标记。

2. 隐式启动事务

通过 API 函数或 Transact-SQL SET IMPLICIT_TRANSACTIONS ON 语句，将隐性事务模式设置为打开。下一个语句自动启动一个新事务。当该事务完成时，再下一个 Transact-SQL 语句又将启动一个新事务。应用程序可以使用 SET IMPLICIT_TRANSACTIONS OFF 语句关闭隐式事务模式。

3. 事务提交

COMMIT TRANSACTION 语句用来标志一个成功的隐式事务或显示事务的结束。其语法格式为：

```
COMMIT [TRAN [SACTION] [transaction_name|@tran_name_variable]]
```

各个参数说明如下。

(1) transaction_name，Microsoft SQL Server 忽略该参数。transaction_name 指定由前面的 BEGIN TRANSACTION 指派的事务名称。transaction_name 必须遵循标识符的规则，但只使用事务名称的前 32 个字符。

(2) @tran_name_variable，是用户定义的、含有有效事务名称的变量的名称。必须用 char、varchar、nchar 或 nvarchar 数据类型声明该变量。

4. 事务回滚

将显式事务或隐性事务回滚到事务的起点或事务内的某个保存点。其语法格式为：

```
ROLLBACK [TRAN [SACTION ]
[transaction_name|@tran_name_variable
|savepoint_name|@savepoint_variable ] ]
```

各个参数说明如下。

(1) transaction_name，是给 BEGIN TRANSACTION 上的事务指派的名称。

transaction_name 必须符合标识符规则，但只使用事务名称的前 32 个字符。嵌套事务时，transaction_name 必须是来自最远的 BEGIN TRANSACTION 语句的名称。

（2）@tran_name_variable，是用户定义的、含有有效事务名称的变量的名称。必须用 char、varchar、nchar 或 nvarchar 数据类型声明该变量。

（3）savepoint_name，是来自 SAVE TRANSACTION 语句的 savepoint_name。savepoint_name 必须符合标识符规则。

（4）@savepoint_variable，是用户定义的、含有有效保存点名称的变量的名称。必须用 char、varchar、nchar 或 nvarchar 数据类型声明该变量。

5. 设置保存点

在事务内设置保存点，其语法格式为：

```
SAVE TRAN [SACTION ] { savepoint_name|@savepoint_variable }
```

各个参数说明如下。

（1）savepoint_name，是指派给保存点的名称。保存点名称必须符合标识符规则，但只使用前 32 个字符。

（2）@savepoint_variable，是用户定义的、含有有效保存点名称的变量的名称。必须用 char、varchar、nchar 或 nvarchar 数据类型声明该变量。

6. 事务嵌套

与 BEGIN…END 语句类似，BEGIN TRANSACTION 和 COMMIT TRANSACTION 语句也可以进行嵌套，即事务可以嵌套执行。

【例 7-1】 定义一个事务，向学生表添加一条记录，并设置保存点。然后再删除该记录，并回滚到事务的保存点，提交该事务。

```
USE jxgl
GO
BEGIN TRANSACTION
INSERT INTO students(stu_id,stu_name,stu_sex,stu_birth)
VALUES('200712110111','黄洁','女','1988-9-10')
SAVE TRANSACTION SAVEPOINT_1
DELETE FROM STUDENTS
WHERE stu_id='200712110111'
ROLLBACK TRANSACTION SAVEPOINT_1
COMMIT TRANSACTION
GO
```

说明：本例使用 BEGIN TRANSACTION 定义了一个事务，向表 students 添加一条记录，并设置保存点 SAVEPOINT_1，然后删除该记录，但由于使用 ROLLBACK TRANSACTION 回滚到了保存点 SAVEPOINT_1，使得 COMMIT TRANSACTION 提交该事务时，本条记录并没有删除。

【例 7-2】 事务的隐式启动。

语句如下：

```
USE jxgl
GO
SET IMPLICIT_TRANSACTIONS ON                    --启动隐式事务模式
GO
--第一个事务由 INSERT 语句启动
INSERT INTO course_score VALUES('200712110111','1210022')
COMMIT TRANSACTION                              --提交第一个隐式事务
GO
--第二个隐式事务由 SELECT 语句启动
SELECT COUNT(*) FROM students
DELETE FROM course_score where stu_id='200712110112'
COMMIT TRANSACTION                              --提交第二个隐式事务
GO
SET IMPLICIT_TRANSACTIONS OFF                   --关闭隐式事务模式
GO
```

【例 7-3】 定义一个事务，向 course_score 表中添加记录。如果添加成功，则给该位同学加 5 分，否则不操作。

语句如下：

```
BEGIN TRANSACTION
INSERT INTO course_score (stu_id,cour_id,score)
VALUES('200712110111','1210022',58)
IF @@ERROR=0
    BEGIN
        PRINT '添加成功'
    UPDATE course_score SET score=score+5 WHERE stu_id='200712110111'
    COMMIT TRANSACTION
    END
ELSE
    BEGIN
        PRINT '添加失败'
    ROLLBACK TRANSACTION
    END
```

【例 7-4】 事务嵌套示例。

语句如下：

```
BEGIN TRANSACTION t1
--In the first TRANSACTION
    INSERT INTO course_score(stu_Id,cour_id) values('200712110112','112022')
    BEGIN TRANSACTION t2
        INSERT INTO course_score(stu_Id,cour_id) values('200712110112',
```

```
'212004')
        COMMIT TRANSACTION t2
--In the first TRANSACTIONs
    INSERT INTO course_score(stu_id,cour_id) values('200712110112 ','212002')
ROLLBACK TRANSACTION t1
PRINT @@TRANCOUNT
```

在一系列嵌套的事务中用一个事务名给多个事务命名对该事务没有什么影响。系统仅登记第一个(最外部的)事务名。如果提交外部事务,则内层嵌套的事务也会提交。如果回滚外部事务,则不论此前是否单独提交过内层事务,所有内层事务也会回滚。上例中@@TRANCOUNT 返回当前共有多少个事务在处理中。

7.3 锁简介

为了保证事务的隔离性和一致性,数据库管理系统需要对并发操作进行正确调度。如果没有调度好而导致多个用户同时访问一个数据库,则当它们的事务同时使用相同的数据时可能会产生数据的不一致性。这些问题主要是如下几个方面。

1. 读"脏"数据(Dirty Read)

事务 T1 修改某一数据,并将其写回磁盘,事务 T2 读取同一数据后,事务 T1 由于某种原因被撤消,这时事务 T1 已修改过的数据恢复原值,事务 T2 读到的数据就与数据库中的数据不一致,是不正确的数据,又称为"脏"数据。如表 7-1 中,事务 T1 将 R 改为 800,事务 T2 读到 R 为 800,而事务 T1 将 R 恢复原值 1000。事务 T2 读到的就是"脏"数据。

表 7-1 数据不一致现象——读"脏"数据

时间	读脏数据		
	事务 T1	数据库中 R 的值	事务 T2
t0		1000	
t1	READ R		
t2	R=R-200		
t3	UPDATE R		
t4		800	READ R
t5			
t6	ROLLBACK		
t7		1000	

2. 不可重复读(None-Repeatable Read)

不可重复读是指事务 T1 读取数据后,事务 T2 执行更新操作,使事务 T1 无法再现前一次读取结果。表 7-2 中,事务 T1 读到 R 为 1000,事务 T2 执行更新操作,将 R 改为 700,事务 T1 再次读取时与第一次读取的值不一致了。

表 7-2 数据不一致现象——不可重复读

时间	不可重复读		
	事务 T1	数据库中 R 的值	事务 T2
t0		1000	
t1	READ R		
t2			READ R
t3			R=R-300
t4			UPDATE R
t5		700	
t6			
t7	READ R		

3. 丢失修改(Lost update)

丢失修改是指事务 T1 与事务 T2 从数据库中读入同一数据并修改,事务 T2 的提交结果破坏了事务 T1 提交的结果,导致事务 T1 的修改被丢失。表 7-3 中,事务 T2 对 R 的修改把事务 T1 对 R 的修改覆盖了。

锁是防止其他事务访问指定的资源的手段,也是实现并发控制的主要方法,是多个用户能够同时操纵同一个数据库中的数据而不发生数据不一致现象的重要保障。

表 7-3 数据不一致现象——丢失修改

时间	丢 失 记 录		
	事务 T1	数据库中 R 的值	事务 T2
t0		1000	
t1	READ R		
t2			READ R
t3	R=R-200		
t4			R=R-300
t5	UPDATE R		
t6		800	UPDATE R
t7		700	

7.3.1 SQL Server 锁的模式

根据锁定资源的方式的不同，SQL Server 2014 提供了共享锁、更新锁、排它锁、意向锁等。

1. 共享锁

共享锁(Shared)允许并发事务读取(SELECT)一个资源。资源上存在共享(S)锁时，任何其他事务都不能修改数据。一旦已经读取数据，便立即释放资源上的共享锁，除非将事务隔离级别设置为可重复读或更高级别，或者在事务生存周期内用锁定提示保留共享锁。它用于不更改或不更新数据的操作(只读操作)，如 SELECT 语句。

2. 更新锁

更新锁(Update)也称为 U 锁，它可以防止常见的死锁。更新锁用来预定要对资源施加 X 锁，它允许其他事务读，但不允许再施加 U 锁或 X 锁。

3. 排它锁

排它锁(Exclusive)可以防止并发事务对资源进行访问。其他事务不能读取或修改排它(X)锁锁定的数据。用于数据修改操作，例如 INSERT、UPDATE 或 DELETE，确保不会同时对同一资源进行多重更新。

4. 意向锁

数据库引擎使用意向锁(Intent)来保护共享锁(S 锁)或排他锁(X 锁)，放置在锁层次结构的底层资源上。

意向锁的类型为：意向共享(IS)、意向排它(IX)以及与意向排它共享(SIX)。

5. 架构锁

执行表的数据定义语言(DDL)操作(例如添加列或删除列)时使用架构(Schema)修改锁(Sch-M 锁)。在架构修改锁(Sch-M 锁)起作用的期间，会防止对表的并发访问。

6. BU——大量更新(Bulk Update)

当将数据大容量复制到表，且指定了 TABLOCK 提示或者使用 sp_tableoption 设置了 table lock on bulk 表选项时，将使用大容量更新锁(BU 锁)。

7. RANGE——键范围(Key-Range)

在使用可序列化事务隔离级别时，对于 Transact-SQL 语句读取的记录集，键范围锁可以隐式保护该记录集中包含的行范围。

其他是在上述锁定的变种组合，比如 IS——意向共享锁定。

SQL Server 通过锁，就像十字路口的红绿灯那样，告诉所有并发的连接，在同一时刻上，哪些资源可以读取，哪些资源可以修改。当一个事务需要访问的资源加了其所不兼容的锁，SQL Server 会阻塞当前的事务来达成所谓的隔离性。直到其所请求资源上的锁被释放，如图 7-1 所示。

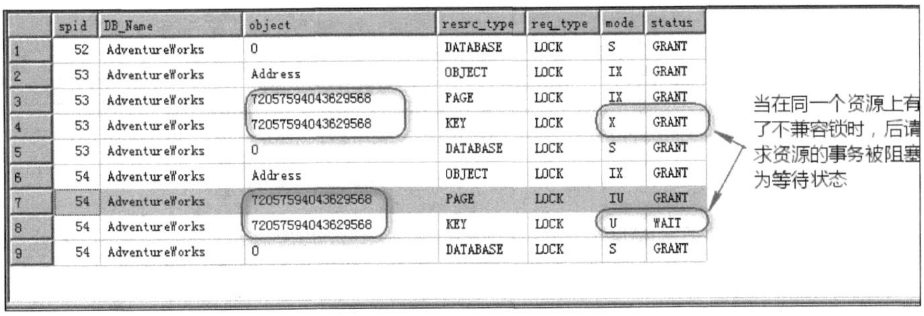

	spid	DB_Name	object	resrc_type	req_type	mode	status
1	52	AdventureWorks	0	DATABASE	LOCK	S	GRANT
2	53	AdventureWorks	Address	OBJECT	LOCK	IX	GRANT
3	53	AdventureWorks	72057594043629568	PAGE	LOCK	IX	GRANT
4	53	AdventureWorks	72057594043629568	KEY	LOCK	X	GRANT
5	53	AdventureWorks	0	DATABASE	LOCK	S	GRANT
6	54	AdventureWorks	Address	OBJECT	LOCK	IX	GRANT
7	54	AdventureWorks	72057594043629568	PAGE	LOCK	IU	GRANT
8	54	AdventureWorks	72057594043629568	KEY	LOCK	U	WAIT
9	54	AdventureWorks	0	DATABASE	LOCK	S	GRANT

当在同一个资源上有了不兼容锁时，后请求资源的事务被阻塞为等待状态

图 7-1 SQL Server 通过阻塞来实现并发

7.3.2 SQL Server 中锁的查看

SQL Server 2014 为了尽量减少锁定的开销，允许一个事务锁定不同类型的资源，具有多粒度锁定机制。SQL Server 可以对行、页、键、键范围、索引、表或数据库获取锁。

(1) 数据行(Row)：数据页中的单行数据。

(2) 索引行：索引页中的单行数据，即索引的键值。

(3) 页(Page)：页是 SQL Server 存取数据的基本单位，其大小是 8KB。

(4) 扩展盘区(Extent)：一个盘区由 8 个连续的页组成。

(5) 表(Table)。

(6) 数据库(DataBase)。

锁定在较小的粒度(例如行)可以提高并发度，因为如果锁定了许多行，则需要持有更多的锁，开销较高。锁定在较大的粒度(例如表)会降低并发度，因为锁定整个表限制了其他事务对表中任意部分的访问，需要维护的锁较少，开销较低。

为了尽量减少锁定的开销，Microsoft SQL Server 数据库引擎自动将资源锁定在适合任务的级别。

了解 SQL Server 在某一时间点上的加锁情况无疑是学习锁和诊断数据库死锁和性能的有效手段。我们最常用的查看数据库锁的手段有如下几种。

1. 使用 sys.dm_tran_locks 查看锁

sys.dm_tran_locks 这个 DMV(Dynamic Management View，动态管理视图的系统视图)看到的是在查询时间点的数据库锁的情况，并不包含任何历史锁的记录。可以理解为数据库在查询时间点加锁情况的快照。sys.dm_tran_locks 所包含的信息分为两类，以 resource 为开头的描述锁所在的资源的信息，另一类以 request 开头的信息描述申请的锁本身的信息。执行 SELECT * FROM sys.dm_tran_locks，如图 7-2 所示。

2. 用系统存储过程 Sp_lock 查看锁

使用系统存储过程 Sp_lock 查看 SQL Server 所持有的所有锁的信息。系统存储过

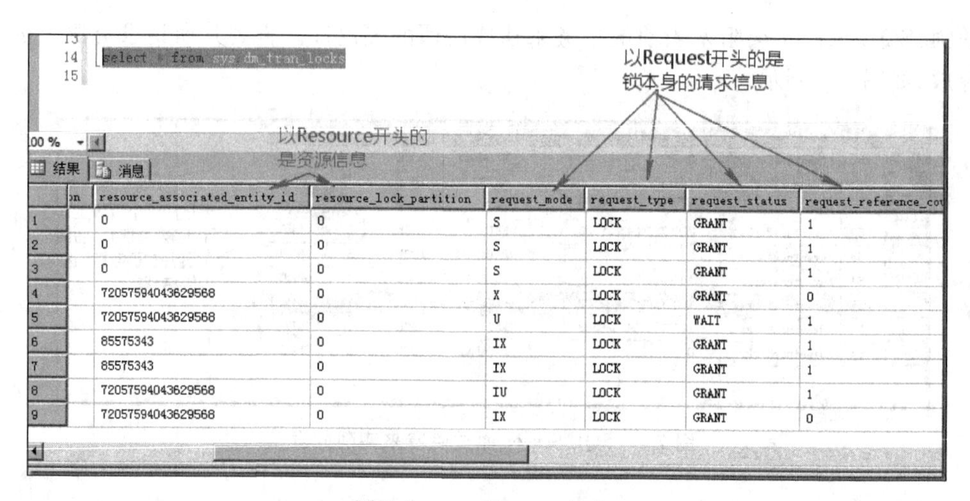

	resource_associated_entity_id	resource_lock_partition	request_mode	request_type	request_status	request_reference_cou
1	0	0	S	LOCK	GRANT	1
2	0	0	S	LOCK	GRANT	1
3	0	0	S	LOCK	GRANT	1
4	72057594043629568	0	X	LOCK	GRANT	0
5	72057594043629568	0	U	LOCK	WAIT	1
6	85575343	0	IX	LOCK	GRANT	1
7	85575343	0	IX	LOCK	GRANT	1
8	72057594043629568	0	IU	LOCK	GRANT	1
9	72057594043629568	0	IX	LOCK	GRANT	0

图 7-2 sys.dm_tran_locks

程 SP_lock 的语法格式：

```
Sp_lock [[@ spid1= ] 'spid1'] [,[@ spid2= ] 'spid2']
```

参数 spid1,@spid2 都是来自 master.dbo.sysprocesses 的 SQL Server 进程 ID 号。spid1 的数据类型为 int,默认值为 NULL。如果没有指定 spid,则显示所有锁的信息。

【例 7-5】 查看 SQL Server 中当前持有的所有锁的信息。

```
USE master
EXEC Sp_lock
```

执行结果如图 7-3 所示。

	spid	dbid	ObjId	IndId	Type	Resource	Mode	Status
1	54	13	98099390	1	PAG	1:187	IX	GRANT
2	54	13	98099390	1	KEY	(d50128a14e2e)	X	GRANT
3	54	13	2099048	1	PAG	1:227	IX	GRANT
4	54	13	2099048	2	PAG	1:225	IX	GRANT
5	54	13	98099390	1	KEY	(d401f498b071)	X	GRANT
6	54	13	98099390	0	TAB		IX	GRANT
7	54	13	98099390	1	KEY	(d4017d5a9de9)	X	GRANT
8	54	13	2099048	2	KEY	(a1037bb4c8f0)	X	GRANT
9	54	13	98099390	1	KEY	(d5016fd15023)	X	GRANT
10	54	13	98099390	1	KEY	(d601d702416a)	X	GRANT
11	54	13	98099390	1	KEY	(d40169a9a90f)	X	GRANT
12	54	13	98099390	1	KEY	(d4017ee1aa02)	X	GRANT
13	54	13	2099048	0	TAB		IX	GRANT
14	54	13	2099048	1	KEY	(f300c1e6e850)	X	GRANT
15	54	13	0	0	DB		S	GRANT
16	55	13	0	0	DB		S	GRANT
17	56	13	0	0	DB		S	GRANT
18	56	1	1115151018	0	TAB		IS	GRANT

图 7-3 查看锁

其中 TYPE 列显示当前锁定的资源类型,而 Mode 列显示锁定的模式。

执行 Sp_lock 后结果集中各列的含义如表 7-4 所示。

表 7-4 执行 Sp_lock 后结果集中各列的含义

列	数据类型	含 义
spid	smallint	SQL Server 进程标识号
dbid	smallint	锁定资源的数据库标识号
Objid	int	锁定资源的数据库对象标识号
Indid	smallint	锁定资源的索引标识号
Type	nchar(4)	锁的类型：DB 数据库、FIL 文件、IDX 索引、PG 页、KBY 键、TAB 表、EXT 区域、RID 行标识符
Resoure	nchar(164)	被锁定的资源的信息
Mode	nvarchar(8)	请求资源的锁信息。如 S 表示 Share Locks，共享锁
Status	int	锁的请求状态：GRANT 表示锁定，WAIT 表示阻塞，CNVRT 表示转换

锁定的资源类型如表 7-5 所示。

表 7-5 锁定的资源类型

资源类型	描 述
RID	用于锁定表中的一行的行标识符
KEY	索引中的行锁。用于保护可串行事务中的键范围
PAG	数据或索引页
EXT	相邻的 8 个数据页或索引页构成的一组
TAB	包括所有数据和索引在内的整个表
DATABASE	数据库
FILE	数据库文件
APPLICATION	应用程序专用的资源
METADATA	元数据锁
ALLOCATION_UNIT	分配单元

7.4 死锁及其排除

在事务和锁的使用过程中，死锁是一个不可避免的现象。

一般来说，对数据库的修改由一个事务组成，此事务读取记录，获取资源的共享锁，如果要修改记录行，需要转换成排它锁。如果两个事务获得了资源上的共享锁，然后试图同时更新数据，都要求加排它锁，就会发生两个事务互相等待对方释放共享锁的情况，这种现象称为死锁，如果不加干预，死锁中的两个事务都将无限期等待下去，如图 7-4 所示。

进程1
进程2
已锁定资源1
已锁定资源2
进程2试图锁定资源1，进程1试图锁定资源2，但由于阻塞，都无法向前执行，从而形成死锁
资源1
资源2

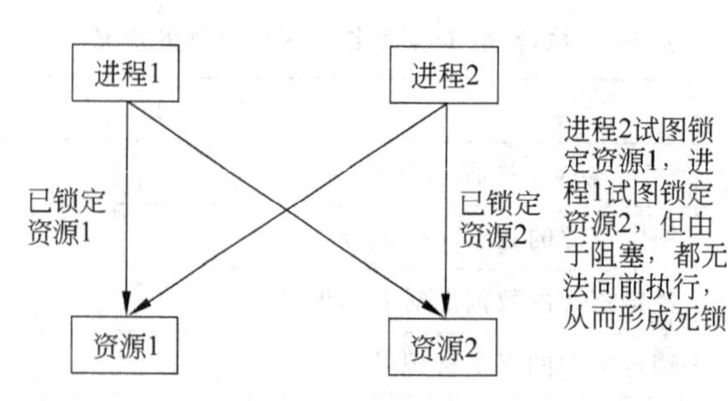

图 7-4　死锁的简单示意

下面根据图 7-4 的示意，通过示例模拟一个死锁。

【例 7-6】 死锁示例。

1. 测试用的基础数据

```
CREATE TABLE Locktab1(C1 int default(0));
CREATE TABLE Locktab2(C1 int default(0));
INSERT INTO Locktab1 VALUES(1);
INSERT INTO Locktab2 VALUES(1);
```

2. 开两个查询窗口，分别执行如图 7-5、图 7-6 所示的两段 SQL 代码

```
--Query1.sql
```

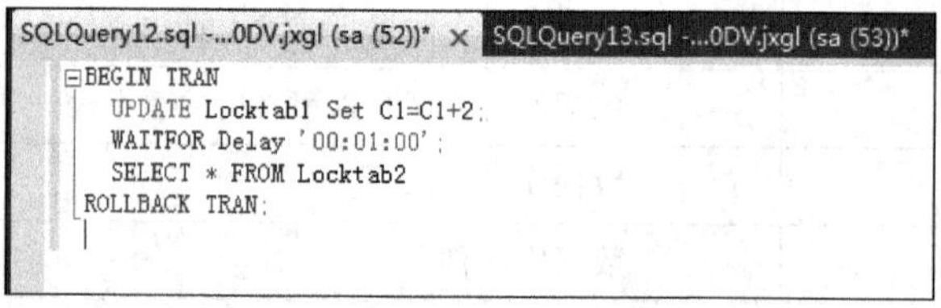

SQLQuery12.sql -...0DV.jxgl (sa (52))*
SQLQuery13.sql -...0DV.jxgl (sa (53))*
BEGIN TRAN
UPDATE Locktab1 Set C1=C1+2;
WAITFOR Delay '00:01:00';
SELECT * FROM Locktab2
ROLLBACK TRAN;

图 7-5　Query1 代码

```
--Query2.sql
```

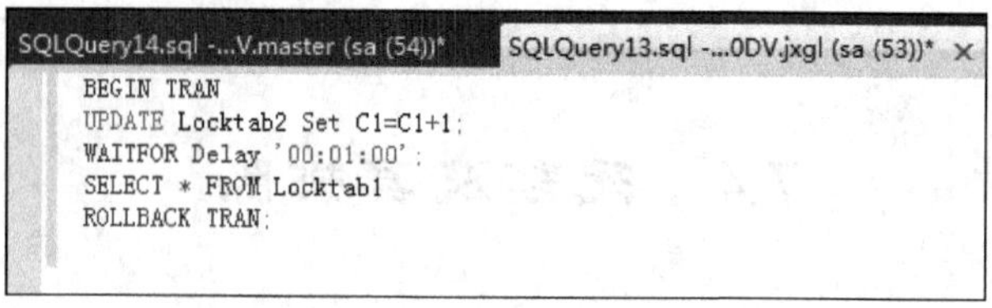

SQLQuery14.sql -...V.master (sa (54))*
SQLQuery13.sql -...0DV.jxgl (sa (53))*
BEGIN TRAN
UPDATE Locktab2 Set C1=C1+1;
WAITFOR Delay '00:01:00';
SELECT * FROM Locktab1
ROLLBACK TRAN;

图 7-6　Query2 代码

3. 查看锁情况

Query1 中，持有 Locktab1 中第一行的行排他锁(RID:X)，并持有该行所在页的意向更新锁(PAG:IX)、该表的意向更新锁(TAB:IX)；Query2 中，持有 Locktab2 中第一行

(表中只有一行数据)的行排他锁(RID:X),并持有该行所在页的意向排他锁(PAG:IX)、该表的意向排他锁(TAB:IX);执行完 Waitfor 命令后,Query1 查询 Locktab2,请求在资源上加 S 锁,但该行已经被 Query2 加上了 X 锁;Query2 查询 Locktab1,请求在资源上加 S 锁,但该行已经被 Query1 加上了 X 锁;于是两个查询持有资源并互不相让,构成死锁(见图 7-7)。

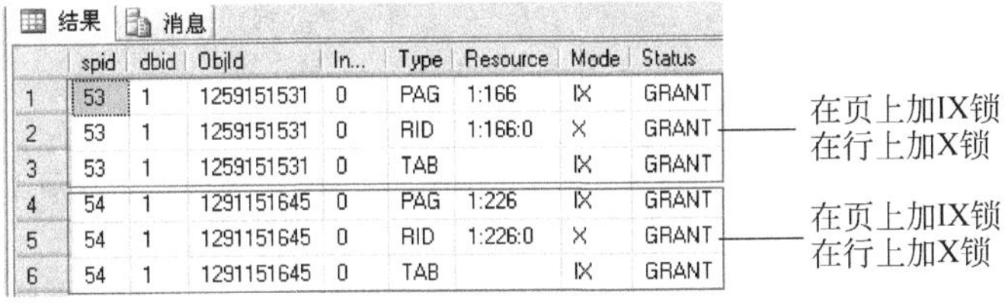

结果 | 消息

	spid	dbid	ObjId	In...	Type	Resource	Mode	Status
1	53	1	1259151531	0	PAG	1:166	IX	GRANT
2	53	1	1259151531	0	RID	1:166:0	X	GRANT
3	53	1	1259151531	0	TAB		IX	GRANT
4	54	1	1291151645	0	PAG	1:226	IX	GRANT
5	54	1	1291151645	0	RID	1:226:0	X	GRANT
6	54	1	1291151645	0	TAB		IX	GRANT

图 7-7 死锁现象

上面的两个查询运行结束后,我们会发现有一条 SQL 能正常执行完毕,而另一个 SQL 则报如图 7-8 所示错误。

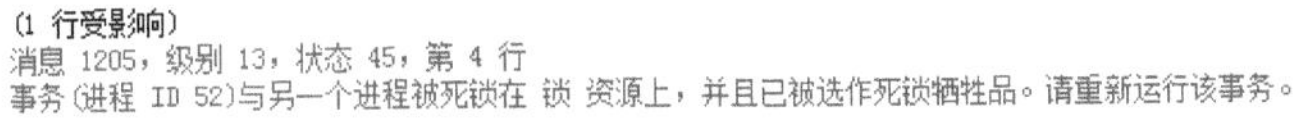

```
(1 行受影响)
消息 1205,级别 13,状态 45,第 4 行
事务(进程 ID 52)与另一个进程被死锁在 锁 资源上,并且已被选作死锁牺牲品。请重新运行该事务。
```

图 7-8 死锁报错消息

这就是由于 Microsoft SQL Server Database Engine 死锁监视器定期检查陷入死锁的任务。如果监视器检测到循环依赖关系,将选择其中一个任务如该例中的进程 ID 54 作为牺牲品,然后终止其事务并提示错误。

一般来说,死锁不能完全避免,但遵守以下特定的编码惯例可以将发生死锁的机会降至最低。

(1) 尽量避免并发的执行涉及修改数据的语句。

(2) 要求每个事务一次性将所有要使用的数据全部加锁,否则就不予执行。

(3) 预先规定一个封锁顺序,所有的事务都必须按这个顺序对数据执行封锁。

(4) 每个事务的执行时间不可太长,对程序段长的事务可考虑将其分割成几个事务。

7.5 【实训项目】 事务处理与锁的应用

1. 实验目的

(1) 熟悉 SQL Server 的事务机制。

(2) 熟悉 SQL Server 的锁机制。

2. 实验内容

(1) 执行以下语句,创建一个简单的事务,在事务 t1 中设置一个存储点,当发生了错误进行回滚时,保证前面的插入行为不丢失。

```
BEGIN TRANSACTION t1
USE jxgl
GO
INSERT INTO course_score(stu_id,cour_id)
VALUES('200712110112','312013 ')
GO
SAVE TRANSACTION t1
UPDATE course_score
SET score=60 WHERE stu_id='200712110112'and cour_id='312013'
IF @@error!=0
    ROLLBACK TRANSACTION t1
ELSE
    COMMIT TRANSACTION t1
GO
SELECT * FROM course_score WHERE stu_id='200712110112' and cour_id='312013'
```

(2) 运行如下语句，查看结果。

```
USE jxgl
GO
CREATE TABLE dep1 (dno CHAR(2) PRIMARY KEY, dname VARCHAR(20),
tele VARCHAR (12))
GO
INSERT INTO dep1
VALUES('01','信息工程','3785121')
INSERT INTO dep1
VALUES('02','电子商务','3785122')
INSERT INTO dep1
VALUES('03','经济管理','3785123')                    /*语法错误*/
GO
SELECT * FROM dep1
GO
```

可以看到，上例中结果显示所影响的行数为0行。说明一条记录也未插进去。

(3) 运行如下语句，查看结果。

```
USE jxgl
GO
CREATE TABLE dep1 (dno CHAR(2) PRIMARY KEY, dname VARCHAR(20),
tele VARCHAR (12))
GO
INSERT INTO dep1
VALUES('01','信息工程','3785121')
INSERT INTO dep1
VALUES('02','电子商务','3785122')
INSERT INTO dep1
```

```
VALUES('01','经济管理','3785123')            /*重复键错误*/
GO
SELECT * FROM dep1
GO
```

执行结果如图 7-9 所示。

```
(1 行受影响)

(1 行受影响)
消息 2627，级别 14，状态 1，第 10 行
违反了 PRIMARY KEY 约束“PK__dep1__D876095CB80C24A2”。不能在对象“dbo.dep1”中插入重复键。重复键值为 (01)。
语句已终止。

(2 行受影响)
```

图 7-9　代码执行结果

可以看到，上例中结果显示所影响的行数为 2 行。说明前两条记录插入成功。

(4) 在数据库 jxgl 中，定义事务：向 teachers 表输入新的数据记录，如果输入的 Teach_name 与表中重复，则回滚事务，否则提交事务。

(5) 创建一个事务，同时更新 teachers 表和 course_arrange 表的 teach_Id 列，如果数据更新有错则取消更新操作。

(6) 验证例 7-6，观察死锁现象。

小　结

本章介绍了事务与锁的概念，需要理解这些概念。

(1) 事务是一个不可分割的操作序列，必须有四个属性，即原子性(Atomicity)、一致性(Consistency)、隔离性(Isolation)和持久性(Durability)属性。通常在程序中用 BEGIN TRANSACTION 语句来标识一个事务的开始，COMMIT TRANSACTION 语句标识事务的结束。ROLLBACK TRANSACTION 可以使事务回滚。

(2) 为了保证事务的隔离性和一致性，数据库管理系统需要对并发操作进行正确调度。锁是防止其他事务访问指定资源的手段，也是实现并发控制的主要方法，是多个用户能够同时操纵同一个数据库中的数据而不发生数据不一致现象的重要保障。

(3) 在事务和锁的使用过程中，死锁是一个不可避免的现象。一般来说，死锁不能完全避免，但遵守特定的编码惯例可以将发生死锁的机会降至最低。

习　题

1. 什么是事务？如果要取消一个事务，使用什么语句？举例说明事务处理的作用是什么？

2. 什么是事务的 4 个基本属性？说明 3 种事务各有什么特点。

3. 简述锁机制，解释死锁的含义。

4. 定义一个事务，向 Department 表输入新的数据记录，如果输入的 dept_name 与表中重复，则回滚事务，否则提交事务。

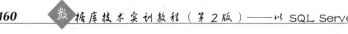

5. 创建一个事务，同时更新 students 表和 course_score 表的 stu_Id 列，如果数据更新有错则取消更新操作。

6. 网上订购系统中使用存储过程保证数据操作的完整性，下面是操作的步骤：

(1) 从数据库中取出订购信息

(2) 用户查看订阅信息，并修改订单

(3) 提交事务

(4) 将修改信息保存到数据库中

(5) 开始一个事务

上述操作的正确顺序是什么？

A. 32514　　B. 25314　　C. 12543　　D. 12453

7. 一个货物管理公司的数据库系统，有下面两张数据表：

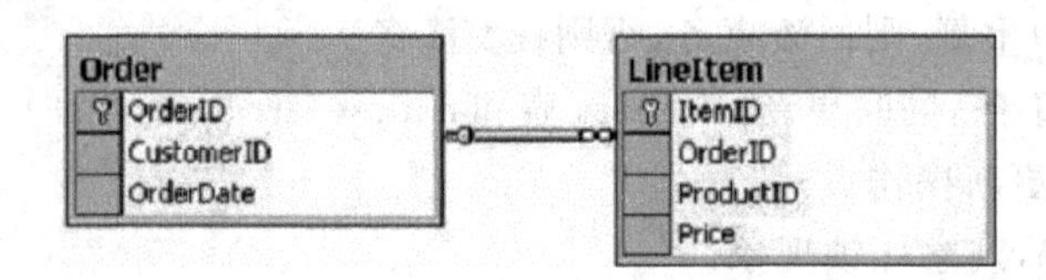

当输入数据后，数据会被保存在 Order 和 LineItem 表中。为了保证整个订单信息都被输入到数据库中，应使用下列哪段脚本？

```
A. BEGIN TRANSACTION
   INSERT INTO Order VALUES(@ID,@CustomerID,@OrderDate)
   IF(@@Error=0)
   BEGIN
       INSERT INTO LineItem VALUES(@ID,@CustomerID,@OrderDate)
       IF(@@Error=0)
         COMMIT TRANSACTION
       ELSE
         ROLLBACK TRANSACTION
   END
   ELSE
       ROLLBAK TRANSACTION
   END
B. BEGIN TRANSACTION Order
   INSERT INTO Order VALUES(@ID,@CustomerID,@OrderDate)
   INSERT INTO LineItem VALUES(@ID,@CustomerID,@OrderDate)
   SAVE TRANSACTION Order
C. INSERT INTO Order VALUES(@ID,@CustomerID,@OrderDate)
   INSERT INTO LineItem VALUES(@ID,@CustomerID,@OrderDate)
D. BEGIN TRANSACTION
   INSERT INTO Order VALUES(@ID,@CustomerID,@OrderDate)
```

```
IF(@@Error=0)
    COMMIT TRANSACTION
ELSE
    ROLLBAK TRANSACTION
BEGIN TRANSACTION
  INSERT INTO LineItem VALUES(@ID,@CustomerID,@OrderDate)
  IF(@@Error=0)
    COMMIT TRANSACTION
  ELSE
    ROLLBACK TRANSACTION
```

第8章 chapter 8

T-SQL 程序设计基础

本章教学重点及要求

- 掌握 SQL Server 中变量和常量、运算符、表达式等概念
- 掌握流程控制语句(包括：BEGIN … END,IF … ELSE,WHILE … BREAK … CONTINUE,WAITFOR,CASE 等)
- 掌握 SQL Server 中常用内置函数的使用
- 掌握游标的概念和声明方法,以及使用游标进行数据的查询、修改、删除等操作

8.1 T-SQL 常量

常量,也称为文字值或标量值,是表示一个特定数据值的符号。常量的格式取决于它所表示的值的数据类型。

8.1.1 字符串常量

字符串常量分为 ASCII 码字符串常量和 Unicode 字符串常量。

ASCII 字符串常量是用单引号括起来,并由 ASCII 字符构成的字符串;ASCII 字符包含字母、数字字符(A～Z,a～z 和 0～9)以及特殊字符,如感叹号(!),at(@)和数字符号(#)等,每个字符占用 1B。空字符串('')用中间没有任何字符的两个单引号表示。以下是 ASCII 字符串的示例:

```
'Welcome to China'
'BEIJING CHINA'
'How Are You!'
```

Unicode 字符串常量的格式与普通字符串相似,前面使用大写的 N 来定义,如 N 'hello',N 'How are you!'。Unicode 常量被解释为 Unicode 数据,就是双字节字符,存储数据时每个字符使用 2B。

注意:大于 8000 字节的字符常量为 varchar(max) 类型的数据。

8.1.2 二进制常量

二进制常量具有前缀0x并且是十六进制数字字符串，这些常量不使用引号。例如：

```
0x8E,x123ED,0x69048AEFDD010E,0x (空二进制常量)
```

8.1.3 bit常量

bit常量使用数字0或1表示，并且不使用引号。如果使用一个大于1的数字，它将被转换为1。

8.1.4 数值常量

(1) 数值常量包括整型常量、浮点常量、货币常量、uniqueidentifier常量。

(2) 整型常量由没有用引号括起来且不含小数点的一串数字表示。例如，5684、2为整型常量。

(3) 浮点常量主要采用科学记数法表示，例如，5101.5E+5、0.5E−2为浮点常量。

(4) 精确数值常量由没有用引号括起来且包含小数点的一串数字表示。例如，1894.1204、42.5为精确数值常量。

(5) uniqueidentifier常量是表示全局唯一标识符GUID值的字符串。可以使用字符或二进制字符串格式指定。

8.1.5 货币常量

货币常量以可选的小数点和可选的货币符号“$”的数字字符串来表示。money常量不使用引号括起，下面是money常量的示例：

```
$612,$54023.14,￥30
```

8.1.6 日期时间常量

日期时间型包括datetime和smalldatetime。日期时间常量使用特定格式的字符日期值来表示，并被单引号括起来。输入时，可以使用“/”、“.”、“−”作为日期时间常量的分隔符。默认情况下，服务器按照mm/dd/yyyy来处理日期类型数据。其他格式可以使用SET DATEFORMAT命令来设定格式。下面是常见的日期时间常量格式：

```
'December 5, 1995', '12/5/2008', 'April 20, 2000 14:30:24',
'14:30:24', '04:24 PM'
```

如果没有指定日期的时间值，服务器将其日期指定为1900年1月1日。

8.2 T-SQL 变量

T-SQL 语句中有两种形式的变量，一种是由用户自己定义和维护的局部变量，另外一种是系统定义维护的全局变量。

8.2.1 局部变量

局部变量的作用范围仅限于程序内部，通常用来储存从表中查询到的数据，或当作程序执行过程中的暂存变量。

局部变量名以 ASCII 字母、Unicode 字母、下划线(_)、@或#开头，可后续一个或若干个 ASCII 字符、Unicode 字符、下划线(_)、美元符号($)、@或#，但不能全为下划线(_)、@或#。局部变量在定义与使用时前面需要加@前缀，而且必须先用 Declare 命令定义后才可以使用，其定义格式如下：

```
Declare @variable1 data_type[,@variable2 data_type2,...]
```

@variable1,@variable2 为变量名，data_type 为数据类型，可以是系统数据类型，也可以是用户自定义数据类型。

局部变量可以使用 SET,SELECT 命令来赋值，其语法格式如下：

```
SET @local_Variablename=expression
```

或

```
SELECT {@local_variable= expression}[,…n]
```

如果 SELECT 语句没有返回值，变量将保留当前值，如果 expression 是不返回值的子查询，则将变量设为 NULL。

【例 8-1】 创建局部变量@var1、@var2，并赋值，然后输出变量的值。

```
DECLARE @var1 varchar(20),@var2 varchar(40)
SET @var1='中国'
SET @var2=@var1+'是一个美丽富饶的国家！'
SELECT @var1,@var2
GO
```

【例 8-2】 USE jxgl

创建局部变量@var1，赋值并输出。

```
DECLARE @var1 varchar(30)
SELECT @var1=stu_name
FROM students
WHERE stu_ID='200712110101'
SELECT @var1 AS NAME
```

```
GO
```

8.2.2 全局变量

全局变量是SQL Server系统内部使用的变量,其作用范围并不局限于某一程序,任何程序都可调用。用户可在程序中使用全局变量来测试系统的设定值或SQL命令执行后的状态。全局变量不是由应用程序定义的,它们是在服务器级定义的。

使用全局变量应该注意以下几点:

(1) 引用全局变量时,必须以@@打头。

(2) 定义局部变量时不要使用与全局变量相同的名称。

全局变量分为两类:一类与SQL Server连接有关的全局变量;另一类是关于系统内部信息的全局变量。下面介绍SQL Server中常用的全局变量。

(1) @@rowcount: @@rowcount存储前一条命令影响到的记录总数,除了DECLARE语句之外,其他任何语句都可以影响@@rowcount的值。

(2) @@error: 如果@@error为非0值,则表明执行过程中产生了错误,此时应当在程序中采取相应的措施加以处理。@@error的值与@@rowcount一样,会随着每一条SQL Server语句的变化而改变。

(3) @@REMSERVER: 返回登录记录中记载的远程SQL Server服务器的名称。

(4) @@CONNECTIONS: 返回自上次启动SQL Server以来连接或试图连接的次数,用其可让管理人员方便地了解今天所有试图连接服务器的次数。

(5) @@CURSOR_ROWS: 返回最后连接上并打开的游标中当前存在的合格行的数量。

(6) @@FETCH_STATUS: 返回上一次FETCH语句的状态值。

(7) @@IDENTITY : 返回最后插入行的标识列的列值。

【例8-3】 全局变量示例。

```
USE jxgl
GO
DECLARE @MyRowCount int, @MyIdentity int
SELECT cour_Id, cour_name,credit FROM courses
WHERE credit>=4
SET @MyRowCount=@@ROWCOUNT
SET @MyIdentity=@@IDENTITY
SELECT @MyRowCount AS '影响记录数', @@SERVERNAME AS '服务器名称',
       @MyIdentity AS 自动编号, @@ERROR AS 错误编号
```

以上代码执行结果如图8-1所示。

在SELECT语句执行之后,变量@@ROWCOUNT的值等于在courses表中学分大于4的记录的数目。

局部变量与全局变量比较:

局部变量是一个能够拥有特定数据类型的对象,它的作用范围仅限制在程序内部。

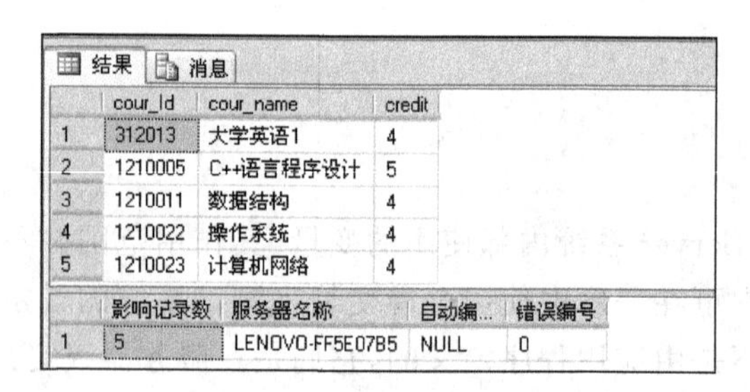

	cour_Id	cour_name	credit
1	312013	大学英语1	4
2	1210005	C++语言程序设计	5
3	1210011	数据结构	4
4	1210022	操作系统	4
5	1210023	计算机网络	4

	影响记录数	服务器名称	自动编...	错误编号
1	5	LENOVO-FF5E07B5	NULL	0

图 8-1 例 8-3 全局变量示例

局部变量被引用时要在其名称前加上标志“@”，而且必须先用 DECLARE 命令定义后才可以使用。

全局变量是 SQL Server 系统内部使用的变量，其作用范围并不仅仅局限于某一程序，而是任何程序均可以随时调用。全局变量通常存储一些 SQL Server 的配置设定值和统计数据。用户可以在程序中用全局变量来测试系统的设定值或者是 Transact-SQL 命令执行后的状态值。

8.3 T-SQL 运算符与表达式

运算符是一些符号，它们能够用来执行算术运算、字符串连接、赋值以及在字段、常量和变量之间进行比较。在 SQL Server 2014 中，运算符主要有六大类：算术运算符，赋值算术运算符、位运算符、比较运算符、逻辑运算符以及字符串连接运算符。

表达式是符号与运算符的组合。简单的表达式可以是一个常量、变量、列或函数，复杂的表达式是由运算符连接一个或多个简单表达式。

1. 算术运算符与表达式

算术运算符可以在两个表达式上执行数学运算，这两个表达式可以是数字数据类型分类的任何数据类型。算术运算符包括加(+)、减(−)、乘(*)、除(/)和取模(%)。

【例 8-4】 算术运算符与表达式实例。

```
DECLARE @a int,@b int, @c int
SET @a=22
SET @b=3
SET @c=3
SELECT @a+@b*@c AS 'a+b*c',@a-@b AS 'a-b',@a*@b AS 'a*b',@a/@b AS 'a/b',
@a%@b AS 'a%b'
```

算术运算计算结果如图 8-2 所示。

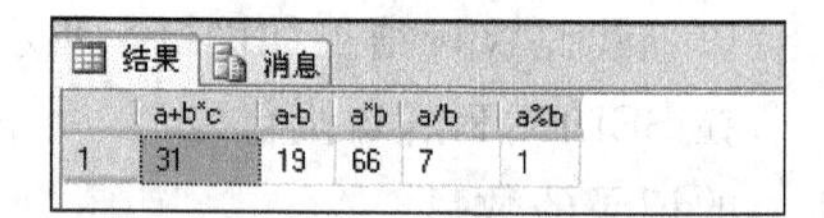

	a+b*c	a-b	a*b	a/b	a%b
1	31	19	66	7	1

图 8-2 例 8-4 算术运算符示例

2. 赋值运算符与表达式

Transact-SQL 中只有一个赋值运算符，即等号

(=)。赋值运算符使我们能够将数据值指派给特定的对象。另外,还可以使用赋值运算符在列标题与为列定义值的表达式之间建立关系。

3. 位运算符与表达式

位运算符(见表8-1)在整型数据或者二进制数据(image数据类型除外)之间执行位操作。此外,在位运算符左右两侧的操作数不能同时是二进制数据。

表8-1 位运算符

运算符	运算规则	运算名称
&	两个位均为1时,结果未1,否则为0	按位与
|	只要一个位为1时,结果未1,否则为0	按位或
^	两个位不同时,结果未1,否则为0	按位异或

【例8-5】 位运算符与表达式示例。

```
DECLARE @a int,@b int, @c int
SET @a=78
SET @b=7
SELECT @a&@b AS 'a&b',@a|@b AS 'a|b',@a^@b AS 'a^b'
```

运算计算结果如图8-3所示。

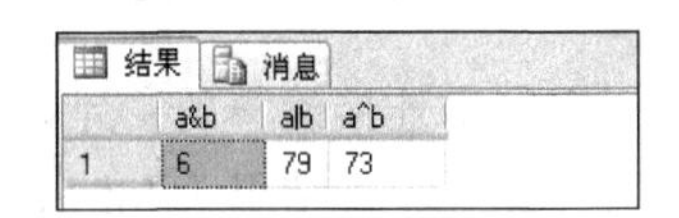

图8-3 例8-5位运算计算结果

4. 比较运算符与表达式

比较运算符用于比较两个表达式的大小或是否相同,除了text、ntext或image数据类型的表达式外,比较运算符可以用于所有的表达式。SQL Server中的比较运算符有大于(>)、小于(<)、大于等于(>=)、小于等于(<=)和不等于(<>或!=)等。其比较的结果是布尔值,即TRUE(表示表达式的结果为真)、FALSE(表示表达式的结果为假)以及UNKNOWN。

一般情况下,带有一个或两个NULL表达式的运算符返回UNKNOWN。

5. 逻辑运算符与表达式

逻辑运算符包括AND、OR和NOT等运算符,如表8-2所示。逻辑运算符和比较运算符一样,返回带有TRUE或FALSE值的布尔数据类型。逻辑运算符可以把多个逻辑表达式连接起来。

表8-2 逻辑运算符

运算符	含义
AND	如果两个布尔表达式都为TRUE,那么结果为TRUE
OR	如果两个布尔表达式中的一个为TRUE,那么结果就为TRUE
NOT	对任何其他布尔运算符的值取反

续表

运算符	含　义
LIKE	如果操作数与一种模式相匹配，那么值为 TRUE
IN	如果操作数等于表达式列表中的一个，那么值为 TRUE
ALL	如果一系列的比较都为 TRUE，那么值为 TRUE
ANY	如果一系列的比较中任何一个为 TRUE，那么值为 TRUE
BETWEEN	如果操作数在某个范围之内，那么值为 TRUE
EXISTS	如果子查询包含一些行，那么值为 TRUE

逻辑运算符通常和比较运算一起构成更复杂的表达式，与比较运算符不同的是，逻辑运算符的操作数都只能是布尔型数据。

例如，在学生表中找 1988 年出生并且性别是女的记录的表达式：

```
year(stu_birth)=1988 and stu_sex='女'
```

表 8-2 中的 LIKE 运算符确定给定的字符串是否与指定的模式匹配，通常用于模糊查询，只限于字符数据类型。LIKE 的通配符的用法如第 5 章表 5-2 和例 5-11 所示。

6. 字符串连接运算符与表达式

字符串连接运算符：允许通过加号(＋)进行字符连接。例如对于语句 SELECT '北京'＋'欢迎您'，其结果为“北京欢迎您”。

7. 运算符的优先顺序

当一个复杂的表达式有多个运算符时，运算符优先级决定运算符的先后顺序。表 8-3 列出了 SQL Server 2014 所使用的运算符的优先级。

表 8-3　各种运算符的优先级

级别	运　算　符
1	＋(正)，－(负)，～(位非)
2	*(乘)，/(除)，%(取模)
3	，＋(加)，(＋连接)，－(减)
4	＝(等于)，＞(等于)，＞＝(大于等于)，＜(小于)，＜＝(小于等于)，＜＞(不等于)，!＞(不大于)，!＜(不小于)
5	&(按位与)，|(按位或)，^(按位异或)
6	Not(非)
7	And(与)
8	OR(或)，IN(在范围内)，LIKE(匹配)
9	＝(赋值)

8.4 T-SQL流程控制语句

流程控制语句是指那些用来控制程序执行和流程分支的命令，在SQL Server 2014中，流程控制语句主要用来控制SQL语句、语句块或者存储过程的执行流程。

1. 注释符

注释语句是程序中不被执行的正文，它有两个作用：其一是说明代码的含义，增强代码的可读性；其二是可以把程序中暂时不用的语句注释掉，使它们暂时不被执行，等需要这些语句时再将它们恢复。SQL Server的注释有如下两种。

(1) ——(两个减号)：用于注释单行。

(2) /＊…＊/：用于注释多行。

2. BEGIN…END语句

BEGIN…END语句能够将多个Transact-SQL语句组合成一个语句块，并将它们视为一个单元处理。在条件语句和循环等控制流程语句中，当符合特定条件便要执行两个或者多个语句时，就需要使用BEGIN…END语句，其语法形式为：

```
BEGIN
{ sql_statement|statement_block}
END
```

3. IF…ELSE语句

IF…ELSE语句是条件判断语句，其中，ELSE子句是可选的，最简单的IF语句没有ELSE子句部分。IF…ELSE语句用来判断当某一条件成立时执行某段程序，条件不成立时执行另一段程序。

SQL Server允许嵌套使用IF…ELSE语句，而且嵌套层数没有限制。其语法形式为：

```
IF Boolean_expression                    /* 条件表达式 */
    {sql_statement/state_block}          /* 条件表达式为 TRUE 时执行 */
ELSE                                     /* 条件表达式为 FALSE 时执行 */
    {sql_statement/state_block}
```

【例8-6】 根据course_score表的成绩状况来判断：如果1210024课程的平均成绩大于90分，显示“1210024课程成绩优秀”；若大于80分，显示“1210024课程成绩良好”；否则显示“1210024课程及格”。

```
DECLARE @vag int
SELECT @vag=AVG(score) FROM course_score WHERE course_score.cour_id='1210024'
```

```
IF @vag>90
    PRINT '1210024课程成绩优秀'
ELSE
IF @vag>80
PRINT '1210024课程成绩良好'
ELSE
    PRINT '1210024课程成绩及格'
```

4. CASE 函数

CASE函数可以计算多个条件式，并将其中一个符合条件的结果表达式返回。CASE函数按照使用形式的不同，可以分为简单CASE函数和搜索CASE函数。

(1) 简单CASE函数将某个表达式与一组简单表达式进行比较以确定结果。其语法形式为：

```
CASE input_expression
    WHEN when_expression THEN result_expression [ ...n ]
    [ ELSE else_result_expression ]
END
```

CASE简单表达式的工作方式如下。

① 计算input_expression，然后按指定顺序对每个WHEN子句的input_expression＝when_expression进行计算。返回input_expression＝when_expression的第一个计算结果为TRUE的result_expression。

② 如果input_expression＝when_expression的计算结果均不为TRUE，则在指定了ELSE子句的情况下，SQL Server数据库引擎将返回else_result_expression；若没有指定ELSE子句，则返回NULL值。

【例8-7】 根据cour_name列，判断course表的各个课程由哪个系的老师讲授。

```
USE jxgl
GO
SELECT
CASE cour_name
        WHEN  '大学语文' THEN '中文系教师讲授'
        WHEN  '马克思主义基本原理' THEN '政治历史系教师讲授'
        WHEN  '中国近现代史纲要' THEN '政治历史系教师讲授'
        WHEN  '大学英语 ' THEN '外国语系教师讲授'
        WHEN  '线性代数' THEN '数学系教师讲授'
    ELSE      '本系教师讲授'
    END AS    '开课教师',cour_name
FROM courses
GO
```

	开课教师	cour_name
1	中文系教师讲授	大学语文
2	政治历史系教师讲授	马克思主义基本原理
3	政治历史系教师讲授	中国近现代史纲要
4	外国语系教师讲授	大学英语1
5	本系教师讲授	C++语言程序设计
6	本系教师讲授	汇编语言
7	数学系教师讲授	线性代数
8	本系教师讲授	数据结构
9	本系教师讲授	计算机专业英语
10	本系教师讲授	Delphi应用程序设计
11	本系教师讲授	操作系统
12	本系教师讲授	计算机网络
13	本系教师讲授	编译原理

图 8-4　例 8-7 简单的 CASE 函数的用法

以上代码执行结果如图 8-4 所示。

(2) 搜索 CASE 函数的语法形式，CASE 搜索函数计算一组布尔表达式以确定结果。这两种格式都支持可选的 ELSE 参数。CASE 可用于允许使用有效表达式的任意语句或子句。例如，可以在 SELECT、UPDATE、DELETE 和 SET 等语句以及 SELECT _ list、IN、WHERE、ORDER BY 和 HAVING 等子句中使用 CASE。其语法形式为：

```
Searched CASE expression:
      CASE
    WHEN Boolean_expression THEN result_expression [ ...n ] [ELSE else_result_
expression ]
```

注意事项：

① 指定顺序对每个 WHEN 子句的 Boolean_expression 进行计算。返回 Boolean_expression 的第一个计算结果为 TRUE 的 result_expression。

② 如果 Boolean_expression 计算结果不为 TRUE，则在指定 ELSE 子句的情况下数据库引擎将返回 else_result_expression；若没有指定 ELSE 子句，则返回 NULL 值。

【例 8-8】 在 courses 表中根据 semester 列，判断 courses 表的各个课程分别在几年级开设。

```
USE jxgl
GO
SELECT cour_name,
    CASE
        WHEN semester IN (1,2) THEN '一年级开设'
        WHEN semester IN (3,4) THEN '二年级开设'
        WHEN semester IN (5,6) THEN '三年级开设'
        ELSE '四年级开设'
    END AS '开课学期'
FROM courses
```

以上代码执行结果如图 8-5 所示。

	cour_name	开课学期
1	大学语文	一年级开设
2	马克思主义基本原理	二年级开设
3	中国近现代史纲要	二年级开设
4	大学英语1	二年级开设
5	C++语言程序设计	一年级开设
6	汇编语言	一年级开设
7	线性代数	二年级开设
8	数据结构	二年级开设
9	计算机专业英语	三年级开设
10	Delphi应用程序设计	三年级开设
11	操作系统	二年级开设
12	计算机网络	二年级开设
13	编译原理	三年级开设

图 8-5　例 8-8 搜索 CASE 函数的用法

【例 8-9】 在 UPDATE 语句中使用 CASE 函数：根据所在的系确定 teachers 表的电话号码。

```
USE jxgl
GO
UPDATE teachers
SET teach_telephone=
    CASE
        WHEN dept_id='D001' THEN '3785947'
```

```
        WHEN dept_id='D002' THEN '3785938'
        WHEN dept_id='D003' THEN '3785940'
        WHEN dept_id='D004' THEN '3785926'
        ELSE '3786946'
    END
GO
```

5. WHILE…CONTINUE…BREAK 语句

WHILE…CONTINUE…BREAK 语句用于设置重复执行 SQL 语句或语句块的条件。只要指定的条件为真,就重复执行语句。其中,CONTINUE 语句可以使程序跳过 CONTINUE 语句后面的语句,回到 WHILE 循环的第一行命令。BREAK 语句则使程序完全跳出循环,结束 WHILE 语句的执行。其语法形式为:

```
WHILE boolean_expression
    { sql_statement|statement_block }
    [ BREAK ]
    { sql_statement|statement_block }
    [ CONTINUE ]
```

【例 8-10】 查询 students 表,只要有年龄小于 20 岁的学生,就将年龄最小的那个学生删掉,如此循环下去,直到所有的学生的年龄都不小于 20 岁,或是学生的总人数小于 20 就退出循环。

```
USE jxgl
GO
WHILE (SELECT min(year(getdate())-year(stu_birth) ) FROM students )<20
    BEGIN
    IF (SELECT count(*) FROM students) <20
        BREAK
    ELSE
        BEGIN
        DELETE students
        WHERE stu_birth>=all(SELECT stu_birth FROM students)
    END
END
```

6. GOTO 语句

GOTO 语句可以使程序直接跳到指定的标有标识符的位置处继续执行。GOTO 语句和标识符可以用在语句块、批处理和存储过程中,标识符可以为数字与字符的组合,但必须以“:”结尾。

其语法格式是:

```
GOTO label
```

谨慎地使用GOTO语句：在使用GOTO语句时一定要小心，不然都是些跳来跳去的代码，很难理解也很难维护。几乎所有使用GOTO的情况都可以使用其他的PL/SQL控制结构，例如循环或者条件结构，来重新进行编写，也可以使用异常处理来退出深层嵌套的循环，而不用直接跳转到结尾。

【例8-11】 利用GOTO语句求出从1加到100的总和。

```
DECLARE @sum int, @count int
SELECT @sum=0, @count=1
label_1:
SELECT @sum=@sum+@count
SELECT @count=@count+1
IF @count<=100
GOTO label_1
SELECT @count, @sum
```

执行结果如图8-6所示。

	stu_name	(无列名)	(无列名)
1	仇立权	浙江省	CLQ@QQ.COM
2	韩建锋	浙江省	GENGYUAN1988@SINA.COM
3	耿政	皖南陵	ZZ_GENGZHENG@CCB.COM
4	陈琛军	四川省	CC@126.COM
5	甘明	江西省	GMM@QQ.COM

图8-6 例8-11运行结果

7. WAITFOR语句

WAITFOR语句用于暂时停止执行SQL语句、语句块或者存储过程等，直到所设定的时间已过或者所设定的时间已到才继续执行。

语法形式为：

```
WAITFOR { DELAY 'time'|TIME 'time' }
```

(1) DELAY：指示SQL Server一直等到指定的时间过去，最长可达24小时。

(2) time：要等待的时间。可以按datetime数据可接受的格式指定time，也可以用局部变量指定此参数，但不能指定日期。因此，在datetime值中不允许有日期部分。

(3) TIME：指示SQL Server等待到指定时间。

【例8-12】 用WAITFOR语句设置延迟操作。

```
WAITFOR DELAY '00:00:05'
PRINT '延迟5秒执行!'          --5秒后执行PRINT
```

【例8-13】 用WAITFOR语句指定从何时起执行。

```
WAITFOR TIME '21:17'
PRINT '21:17执行'           --到21:17的时候才会执行PRINT
```

8. RETURN 语句

RETURN 语句无条件地终止一个查询、存储过程或者批处理，返回到上一个调用它的程序或其他程序，位于 RETURN 语句之后的程序将不会被执行。其语法格式如下：

RETURN 语句的语法形式为：

```
RETURN [integer_expression ]
```

其中，参数 integer_expression 为返回的整型值。存储过程可以给调用过程或应用程序返回值。如果没有指定返回值，SQL Server 系统会根据程序执行的结果返回一个内定值，返回值含义如表 8-4 所示。

表 8-4　RETURN 命令返回的内定状态值

返回值	含　义	返回值	含　义
0	程序执行成功	−7	资源错误
−1	找不到对象	−8	非致使的内部错误
−2	数据类型错误	−9	已经达到系统的权限
−3	死锁	−10、−11	致使的内部不一致错误
−4	违反权限原则	−12	表或指针破坏
−5	语法错误	−13	数据库破坏
−6	用户造成的一般错误	−14	硬件错误

【例 8-14】 判断是否存在学号为 200712110118 的学生，如果存在则返回，如果不存在则插入 200712110118 学号学生的信息。

```
IF EXISTS(SELECT * FROM students WHERE stu_id='200712110118')
RETURN
ELSE
INSERT INTO students VALUES('200712110118', '张可', '男', '1990-08-12', '计算机','ZK@sohu.com', NULL)
```

9. 批处理

批处理是包含一个或多个 T-SQL 语句的集合，由应用程序一次性地发送到 SQL Server 服务器解释并执行。虽然批处理的执行效率高，但在建立一个批处理时要遵循以下规则。

(1) CREATE DEFAULT、CREATE PROCEDURE、CREATE RULE、CREATE TRIGGER 和 CREATE VIEW 语句不能在批处理中与其他语句组合使用。批处理必须以 CREATE 语句开始。所有跟在该批处理后的其他语句将被解释为第一个 CREATE 语句定义的一部分。

(2) 将默认值和规则绑定到表字段或用户自定义数据类型上之后，不能立即在同一个批处理中使用它们。不能在同一个批处理中修改表中的字段,然后引用新的字段。

(3) 定义一个 CHECK 约束之后,不能在同一个批处理中立即使用这个约束。

(4) 用户定义的局部变量的作用范围仅局限于一个批处理内,并且在 GO 命令后不能再引用这个变量。

(5) 如果 EXECUTE 语句是批处理中的第一句,则可以省略 EXECUTE 关键字(可简写成 EXEC)。如果 EXECUTE 语句不是批处理中的第一条语句,则需要 EXECUTE 关键字。

8.5 系统内置函数

在 T-SQL 语句中,用户或进程可以通过使用函数来获得系统信息、执行数学计算、实现对数据的统计、数据的类型转换等任务。

SQL Server 2014 提供了大量的系统内置函数。如果函数每次对表中的一行进行操作,并对输入的每行返回一行结果就称为标量函数。标量函数又可以分为字符函数、数学函数、转换函数、日期/时间函数、系统函数。聚集函数可以同时对多行进行操作,返回一行结果。SQL Server 2014 还引入了四个新的排序函数,排序函数可以有效地分析数据以及向查询的结果数据行提供排序值。

8.5.1 标量函数

1. 字符串函数

字符串函数用来实现对字符型数据的转换、查找、分析等操作,通常用作表达式的一部分。表 8-5 给出一些常用的字符串函数。

表 8-5 SQL Server 中常用的字符串函数

函数名称	参　数	功　能
ASCII	char_expr	返回 ASCII 的数值
CHAR	interger_expr	返回 ASCII 的字符
CHARINDEX	'pattern', expr	取得 pattern 的起始位置
DIFFERENCE	char_expr1, char_expr2	字符串比较
LTRIM	char_expr	删除字符串左方的空格
LOWER	char_expr	将字符串的内容全部转换成小写字母
PATINDEX	'%pattern',expr	取得 pattern 的起始位置
REPLICATE	char_expr,integer_expr	根据指定的数值,产生重复的字符串内容
RIGHT	char_expr,interger_expr	返回字符串右边指定的字符内容
REVERSE	char_expr	反向表达式

续表

函数名称	参　数	功　能
RTRIM	char_expr	去除字符串右边的空格
SOUNDEX	char_expr	返回一个四位程序代码，用以比较两个字符串的相似性
SPACE	interger_expr	产生指定数量的空格
STUFF	char_expr1, start, length, char_expr2	在 char_expr 字符串中，从 start 开始，长度为 length 的字符串，以 char_expr2 取代
SUBSTRING	expr, start, length	返回 expr 字符串中，从 start 开始，长度为 length 的字符串
STR	float[,length[,decimal]]	将数值转换为字符串的函数。Length 为总长度，decimal 是小数点之后的长度。缺省的 length 值为 10，decimal 缺省值为 0

【例 8-15】 在 course_score 表中读取'112022 课程'的平均成绩。

```
SELECT '112022课程的平均成绩为:'+STR(AVG(score)) FROM course_score
WHERE cour_ID='112022'
```

说明：

(1) 当 length 或者 decimal 为负值时，返回 NULL；

(2) 当 length 小于小数点左边(包括符号位)的位数时，返回 length 个 *；先服从 length，再取 decimal；当返回的字符串位数小于 length，左边补足空格。

【例 8-16】 调用 REPLACE 函数替换指定字符串中的内容。

```
DECLARE @str1 char(20),@str2 char(2),@str3 char(20)
SET @str1='计算机系'
SET @str2='系'
SET @str3='科学系'
SELECT REPLACE(@str1,@str2,@str3)
```

【例 8-17】 显示学生表的省份，并将邮箱用大写字母表示。

```
SELECT TOP 5 stu_name,SUBSTRING(stu_birthplace,1,3),UPPER(stu_email)
FROM students ORDER BY 2 DESC
```

执行结果如图 8-7 所示。

	stu_name	(无列名)	(无列名)
1	仇立权	浙江省	CLQ@QQ.COM
2	韩建锋	浙江省	GENGYUAN1988@SINA.COM
3	耿政	皖南陵	ZZ_GENGZHENG@CCB.COM
4	陈琛军	四川省	CC@126.COM
5	甘明	江西省	GMM@QQ.COM

图 8-7　例 8-17　执行结果

2. 数学函数

数学函数对数字数据进行数学计算，并返回运算结果。表8-6给出一些常用的数学函数。

表8-6 SQL Server的常用数学函数

函数名称	参　　数	功能说明
ABS	Numeric_expr	返回 Numeric_expr 的绝对值
ASIN、ACOS、ATAN	Float_expr	返回 Float_expr 浮点数值的反正弦、反余弦、反正切
SIN、COS、TAN	Float_expr	返回 Float_expr 的正弦、余弦、正切
CEILING	Numeric_expr	返回大于或等于指定数值的最小整数
EXP	Float_expr	返回 Float_expr 数值的指数
DEGREES	Numeric_expr	把 Numeric_expr 弧度转换为角度
FLOOR	Numeric_expr	返回小于或等于指定数值的最大整数
POWER	Numeric_expr	返回指定数值的次幂值
LOG	Float_expr	返回 Float_expr 的自然对数
SQRT	Float_expr	返回 Flot_expr 的平方根
RAND	[seed]	返回介于0到1之间的随机数
PI	()	圆周率 Pi 值，3.141592653589793
ROUND	Numeric_expr，length	将 Numeric_expr 以指定的长度(Length)进行四舍五入的运算
SIGN	Numeric_expr	依据 Numeric_expr 的数值，判断是否为"正"、"负"以及"零"，并且返回"1"、"－1"以及"0"
LOG10	Float_expr	返回 Float_expr 以10为底的自然对数
RANIANS	Numeric_expr	把 Numeric_expr 角度转换为s弧度

【例8-18】 在同一表达式中使用SIN、ATAN、RAND、PI函数。

```
SELECT SIN(45),ATAN(1.894),RAND(),PI()
```

执行结果如下：

```
------------------------------------------------------------------
0.850903524534118     1.08501365357589     0.721454728035586     -1.00
```

【例8-19】 ROUND函数的使用。

```
SELECT ROUND(42.67812,3), ROUND(42.67862,3), ROUND(42.67812,-2),
ROUND(4267812,-2)
```

执行结果如下：

```
42.67800                42.67900                0.00000                4267800
```

说明：ROUND(numeric_expr, int_expr) 的 int_expr 为负数时，将小数点左边第 int_expr 位四舍五入。

3. 日期/时间函数

日期和时间函数对日期时间数值执行操作，并返回日期时间数值或整数型数值。表 8-7 给出一些常用的日期和时间函数。

表 8-7　SQL Server 的常用日期函数

函数名称及格式	描　述
Getdate()	返回当前系统的日期和时间
Datename(datepart, date_expr)	以字符串形式返回 date_expr 中的指定部分，如果合适的话还将其转换为名称(如 June)
Datepart(datepart, date_expr)	以整数形式返回 date_expr 中的 datepart 指定部分
Datediff(datepart,date_expr1,date_expr2)	以 datepart 指定的方式，返回 date_expr2 与 date_expr1 之差
Dateadd(datepart, number, date_expr)	返回以 datepart 指定方式表示的 date_expr 加上 number 以后的日期
Day(date_expr)	返回 date_expr 中的日期值
Month(date_expr)	返回 date_expr 中的月份值
Year(date_expr)	返回 date_expr 中的年份值

SQL Server 的日期函数中的参数部分如表 8-8 所示。

表 8-8　SQL Server 的日期函数中的参数部分

参数 datepart	缩　写	取值范围	参数 datepart	缩　写	取值范围
Year	yy	1753～9999	Weekday	dw	1～7(Mon～Sun)
Quarter	qq	1～4	Hour	hh	0～23
Month	mm	1～12	Minute	mi	0～59
Dayofyear	dy	1～366	Second	ss	0～59
Day	dd	1～31	Millisecond	ms	0～999
Week	Wk, ww	1～54			

【例 8-20】 获取当天的前后五天日期。

```
SELECT DATEADD(dd,5,GETDATE()),DATEADD(dd,-5,GETDATE())
```

【例 8-21】 判断当前是星期几。

```
SELECT DATENAME(weekday,GETDATE()), DATENAME(dw,GETDATE())
```

【例 8-22】 判断两个日期相差几年。

```
SELECT DATEDIFF(yy,'2014-1-10 ',Getdate())
```

【例 8-23】 将 students 表中各位同学的生日按照年月日的顺序分例显示。

```
SELECT stu_name,Year(stu_birth) as 'birth_year',
Month(stu_birth) as 'birth_month',
Day(stu_birth) as 'birth_day'
FROM students
```

以上代码执行结果如图 8-8 所示。

	stu_name	birth_year	birth_month	birth_day
1	陈琛军	1987	07	19
2	仇立权	1986	11	10
3	崔衍丽	1988	07	11
4	冬晓超	1987	12	2
5	甘明	1987	07	13
6	葛瑞真	1989	05	14
7	耿红帅	1987	09	25
8	耿政	1987	07	16
9	郭波	1987	06	17
10	韩建锋	1990	07	18
11	黄洁	1988	09	10

图 8-8 例 8-23 执行结果

4. 转换函数

SQL Server 提供了转换函数 CAST 和 CONVERT，允许将值从一种数据类型转换为另一种数据类型。

(1) CAST 函数

CAST 函数(强制转换函数)将一种数据类型转换为另一种数据类型。它的语法格式是：

```
CAST(<expression>AS <data_ type>[ length ])
```

参数<expression>是被转换的值或任何数据类型的表达，<data_ type>是想转换的目标数据类型，可选择的[length]是指定字长，只适应于 nchar，nvarchar，char，varchar，binary，varbinary 数据类型。

【例 8-24】 SELECT 'TODAY IS '+CAST(GETDATE() AS VARCHAR)

由于函数 GETDATE 返回的是 DATETIME 型，DATETIME 型值不能直接连接字符串，所以需要将它转换成字符串(VARCHAR)。

返回结果如下：

```
TODAY IS 08 4 2010 6:39PM
```

(2) CONVERT 函数

CONVERT 函数与 CAST 函数很相像，也是将一种数据类型转换为另一种数据类型。除此之外，CONVERT 函数提供一些输出格式可供选择。语法格式如下：

```
CONVERT (< data_ type> [ length ],< expression>  [,style])
```

其中，<data_ type>是想转换的目标数据类型，可选择的[length]是指定字长，只适应于 nchar，nvarchar，char，varchar，binary，varbinary 数据类型。

CONVERT 函数常用于将结果格式化为用户所希望的格式。如当想显示没有时间部分的日期值或显示没有日期部分的 DATETIME 数据类型时，使用 CONVERT 函数非常方便。

【例 8-25】 按不同格式显示时间。

```
SELECT TOP 3 stu_name,
CONVERT(VARCHAR,stu_birth,1) AS 'DATE_ONLY',
CONVERT(VARCHAR,stu_birth,8) AS 'TIME_ONLY',
CONVERT(VARCHAR,stu_birth,2) AS 'ANSI-DATE',
CONVERT(VARCHAR,stu_birth,10) AS 'USA_DATE'
FROM students
```

其中参数 style 取 0，表示按照 Mon dd yyyy hh:mm:ss 格式输出，style 取 1 指出返回日期部分，取 8 则只返回时间，取 2，10 分别按不同的日期格式输出。以上代码执行结果如图 8-9 所示。

	stu_name	DATE_ONLY	TIME_ONLY	ANSI-DATE	USA_DATE
1	陈琛军	07/19/87	00:00:00	87.07.19	07-19-87
2	仇立权	11/10/86	00:00:00	86.11.10	11-10-86
3	崔衍丽	07/11/88	00:00:00	88.07.11	07-11-88

图 8-9　例 8-25 执行结果

【例 8-26】 函数的嵌套使用。

```
SELECT top 3 stu_name,
FLOOR(CONVERT(FLOAT,GETDATE()-stu_birth)/365) AS 'true age',
ROUND(CONVERT(FLOAT,GETDATE()-stu_birth)/365,2) AS 'round age',
CONVERT(FLOAT,GETDATE()-stu_birth)/365 AS 'unround age'
FROM students WHERE stu_birth>'1986-1-1' ORDER BY 2 DESC
```

以上代码执行结果如图 8-10 所示。

	stu_name	true age	round age	unround age
1	仇立权	23	23.77	23.772375820438
2	陈琛军	23	23.08	23.0847045875613
3	甘明	23	23.1	23.1011429437257

图 8-10　例 8-26 执行结果

8.5.2 聚集函数

聚集函数操作一组相关的行，为每组行返回一行。与聚集函数相关的是由一个或更多通用字符组行构成的 SELECT 语句的可选 GROUP BY 子句。在第 4 章讲查询时表 4-3 列出了 SQL Server 2014 提供的一些经常使用的聚集函数 COUNT、SUM、AVG、MAX、MIN 的用法。COUNT，MAX，MIN 函数可以带有字符串、数据和时间值，但不能使用数值。DISTINCT 关键字从聚集计算中排除重复值。

【例 8-27】 计算并输出学生 students 表中学生人数、最大年龄、最小年龄以及平均年龄。

```
SELECT COUNT(stu_id) AS "总人数",
MAX(YEAR(GETDATE())-YEAR(stu_birth)) AS '最大学生年龄',
MIN(YEAR(GETDATE())-YEAR(stu_birth)) AS '最小学生年龄',
AVG(YEAR(GETDATE())-YEAR(stu_birth)) AS '平均学生年龄'
```

```
FROM students
```

以上代码执行结果如图 8-11 所示。

	总人数	最大学生年龄	最小学生年龄	平均学生年龄
1	11	24	20	22

图 8-11　例 8-27 执行结果

【例 8-28】 使用 CASE 语句可以创建一个关于频率分布的查询。

```
SELECT
COUNT(CASE WHEN SCORE BETWEEN 0 AND 59 THEN 1 ELSE NULL END)
AS '不及格人次',
COUNT(CASE WHEN SCORE BETWEEN 60 AND 70 THEN 2 ELSE NULL END)
AS '及格',
COUNT(CASE WHEN SCORE BETWEEN 70 AND 85 THEN 3 ELSE NULL END)
AS '良好',
COUNT(CASE WHEN SCORE BETWEEN 85 AND 100 THEN 4 ELSE NULL END)
AS '优秀'
```

以上代码执行结果如图 8-12 所示。

【例 8-29】 按性别分组，分别统计男女同学的人数、最大年龄以及平均年龄。

```
SELECT COUNT(*)AS '人数',
MAX(YEAR(GETDATE())-YEAR(STU_BIRTH)) AS '最大年龄',
AVG(YEAR(GETDATE())-YEAR(STU_BIRTH)) AS '平均年龄'
FROM students
GROUP BY stu_sex
```

执行结果如图 8-13 所示。

结果　消息

	不及格人次	及格	良好	优秀
1	11	28	32	18

图 8-12　例 8-28 执行结果

	人数	最大年龄	平均年龄
1	8	24	22
2	3	23	22

图 8-13　例 8-29 执行结果

8.5.3 排序函数

在 SQL Server 2014 中有四个排序函数：ROW_NUMBER，RANK，DENSE_RANK，NTILE。

下面分别介绍一下这四个排序函数的功能及用法。在介绍之前创建一个视图 score_os_VIEW，存放操作系统的成绩，视图如图 8-14 所示。

```
CREATE VIEW score_os_VIEW
AS
SELECT dbo.students.stu_name, dbo.students.stu_id, dbo.courses.cour_name, dbo.
course_score.score
```

```
FROM dbo.students INNER JOIN dbo.course_score ON dbo.students.stu_id=dbo.course
_score.stu_id INNER JOIN dbo.courses ON dbo.courses.cour_id=dbo.course_score.
cour_id AND dbo.courses.cour_name='操作系统'
```

stu_id	stu_name	cour_name		score
200712110101	陈琛军	操作系统	...	78
200712110102	仇立权	操作系统	...	87
200712110103	崔衍丽	操作系统	...	77
200712110104	冬晓超	操作系统	...	88
200712110105	甘明	操作系统	...	76
200712110106	葛瑞真	操作系统	...	90
200712110107	耿红帅	操作系统	...	86
200712110108	耿政	操作系统	...	84
200712110109	郭波	操作系统	...	84
200712110110	韩建锋	操作系统	...	85

图 8-14　操作系统考试成绩

其中，score 字段的类型是 int，其他字段的类型是 char，如果想查看操作系统考试的排名情况，就可以使用排序函数。

1. ROW_NUMBER 函数

语法格式：

```
ROW_NUMBER ( ) OVER ( [ < partition_by_clause> ] < order_by_clause> )
```

说明：

(1) ORDER BY 子句可确定在特定分区中为行分配唯一 ROW_NUMBER 的顺序。

(2) <partition_by_clause>，将 FROM 子句生成的结果集划入应用了 ROW_NUMBER 函数的分区。

(3) <order_by_clause>确定将 ROW_NUMBER 值分配给分区中的行的顺序。

(4) 返回类型：bigint。

与 SELECT 语句结合后，ROW_NUMBER 函数的用法格式如下：

```
SELECT ROW_NUMBER() OVER(order by field1) AS ROW_NUMBER, * FROM t_table.
```

【例 8-30】 查看操作系统的考试排名情况。

```
SELECT ROW_NUMBER() OVER(ORDER by score desc ) AS ROW_NUMBER, * from score_os
_VIEW
```

上面的 SQL 语句的查询结果如图 8-15 所示。

	row_number	stu_id	stu_name	cour_name	score
1	1	200712110106	葛瑞真	操作系统	90
2	2	200712110104	冬晓超	操作系统	88
3	3	200712110102	仇立权	操作系统	87
4	4	200712110107	耿红帅	操作系统	86
5	5	200712110110	韩建锋	操作系统	85
6	6	200712110108	耿政	操作系统	84
7	7	200712110109	郭波	操作系统	84
8	8	200712110101	陈琛军	操作系统	78
9	9	200712110103	崔衍丽	操作系统	77
10	10	200712110105	甘明	操作系统	76

图 8-15　使用 ROW_NUMBER()排序的结果

其中 ROW_NUMBER 列是由 ROW_NUMBER 函数生成的序号列。在使用 ROW_NUMBER 函数时要使用 OVER 子句选择对某一列进行排序，然后才能生成序号。从图 8-14 中可以看出，得分最高的记录获得行号1,得分最低的记录获得行号10。实际上,ROW_NUMBER总是按照请求的排序为不同行生成不同的行号。而函数生成序号的基本原理是先使用OVER子句中的排序语句对记录进行排序,然后按着这个顺序生成序号。

还可以使用ROW_NUMBER函数来实现查询表中指定范围的记录,一般将其应用到Web应用程序的分页功能上。下面的SQL语句可以查询score_os_VIEW中第2条和第3条记录:

```
with t_rowtable
AS
(SELECT ROW_NUMBER() OVER(order by score) AS ROW_NUMBER, * FROM score_os_VIEW )
SELECT * FROM t_rowtable WHERE ROW_NUMBER>1 and ROW_NUMBER <4 ORDER BY score
```

上面的SQL语句的查询结果如图8-16所示。

	row_number	stu_id	stu_name	cour_name	score
1	2	200712110103	崔衍丽	操作系统	77
2	3	200712110101	陈琛军	操作系统	78

图8-16 使用ROW_NUMBER函数查询表中指定范围的记录

2. RANK、DENSE_RANK排序函数

RANK函数考虑到了OVER子句中排序字段值相同的情况,为了更容易说明问题,我们重点看一下score_os_VIEW视图中考了84分和78分的三位同学的排序情况。

图8-15中考了84分的两位同学分别取得第6名,第7名,考了78分的同学第8名。下面看看使用RANK排序函数后的结果:

```
SELECT RANK() OVER(ORDER by score desc ) AS ROW_NUMBER, * FROM score_os_VIEW
```

运行结果如图8-17所示。

	row_number	stu_id	stu_name	cour_name	score
1	1	200712110106	葛瑞真	操作系统	90
2	2	200712110104	冬晓超	操作系统	88
3	3	200712110102	仇立权	操作系统	87
4	4	200712110107	耿红帅	操作系统	86
5	5	200712110110	韩建锋	操作系统	85
6	6	200712110108	耿政	操作系统	84
7	6	200712110109	郭波	操作系统	84
8	8	200712110101	陈琛军	操作系统	78
9	9	200712110103	崔衍丽	操作系统	77
10	10	200712110105	甘明	操作系统	76

图8-17 使用RANK()排序的结果

图8-17中可以看出,考了84分的两位同学并列第6名,考了78分的同学第8名。

DENSE_RANK与RANK不同的是返回指定元组在指定集中的排序(排序从1开始),但排序号不间断。即如果有2个并列第1名,那么RANK函数第3行记录将是排序3,而DENSE_RANK是2。再看看三位同学名次的变化。

```
SELECT DENSE_RANK() OVER(ORDER by score DESC) AS ROW_NUMBER, * FROM score_os_VIEW
```

用DENSE_RANK函数排序后,图8-18中可以看出,考了78分的陈琛军同学排名又变成了7,在整个的排名中是连续的,不间断的。

3. 分组函数 NTILE

NTILE 函数可以对序号进行分组处理。这就相当于将查询出来的记录集放到指定长度的数组中，每一个数组元素存放一定数量的记录。NTILE 函数为每条记录生成的序号就是这条记录所有的数组元素的索引（从 1 开始）。也可以将每一个分配记录的数组元素称为"桶"。NTILE 函数的参数，用来指定桶数。

下面的 SQL 语句使用 NTILE 函数对视图 score_os_VIEW 进行了装桶处理：NTILE 函数将指定数据集划分成 N 个组，分组时由 Orderby 指定排列顺序。

```
SELECT NTILE(3) OVER(ORDER by score DESC) as bucket, * FROM score_os_VIEW
```

	row_number	stu_name	stu_id	cour_name	score
1	1	葛瑞真	200712110106	操作系统	90
2	2	冬晓超	200712110104	操作系统	88
3	3	仇立权	200712110102	操作系统	87
4	4	耿红帅	200712110107	操作系统	86
5	5	韩建锋	200712110110	操作系统	85
6	6	耿政	200712110108	操作系统	84
7	6	郭波	200712110109	操作系统	84
8	7	陈琛军	200712110101	操作系统	78
9	8	崔衍丽	200712110103	操作系统	77
10	9	甘明	200712110105	操作系统	76

图 8-18 使用 DENSE_RANK()排序的结果

	buc...	stu_id	stu_name	cour_name	score
1	1	200712110106	葛瑞真	操作系统	90
2	1	200712110104	冬晓超	操作系统	88
3	1	200712110102	仇立权	操作系统	87
4	1	200712110107	耿红帅	操作系统	86
5	2	200712110110	韩建锋	操作系统	85
6	2	200712110108	耿政	操作系统	84
7	2	200712110109	郭波	操作系统	84
8	3	200712110101	陈琛军	操作系统	78
9	3	200712110103	崔衍丽	操作系统	77
10	3	200712110105	甘明	操作系统	76

图 8-19 NTILE 函数可以对序号进行分组处理

8.5.4 系统函数

系统函数用于返回有关 SQL Server 系统、用户、数据库和数据库对象的信息。系统函数可以让用户在得到信息后，使用条件语句根据返回的信息进行不同的操作。与其他函数一样，可以在 SELECT 语句的 SELECT 和 WHERE 子句以及表达式中使用系统函数。表 8-9 是常用的系统函数。

表 8-9 SQL Server 常用的系统函数

系统函数名	功 能
COALESCE	返回其参数中第一个非空表达式
COL_NAME	返回表中指定字段的名称，即列名
COL_LENGTH	返回指定字段的长度值
DB_ID	返回数据库的编号
DB_NAME	返回数据库的名称
DATALENGTH	返回任何数据表达式的实际长度
GETANSINULL	返回数据库原默认空值设置
HOST_ID	返回服务器端计算机的 ID 号
HOST_NAME	返回服务器端计算机的名称

续表

系统函数名	功　　能
IDENT_INCR	返回表中标识性字段的增值量
IDENT_SEED	返回表中标识性字段的初值
ISDATE	检查给定的表达式是否为有效的日期格式
ISNULL	用指定值替换表达式中的指定空值
INDEX_COL	返回索引的列名
ISNUMERIC	检查给定的表达式是否为一个有效的数字格式
NULLIF	如果两个指定的表达式相等，则返回空值
OBJECT_ID	返回数据库对象的编号
OBJECT_NAME	返回数据库对象的名称
SUSER_SID	返回服务器用户的安全帐户号
SUSER_NAME	返回服务器用户的登录名
USER_ID	返回用户的数据库 ID 号
USER_NAME	返回用户的数据库用户名
STATS_DATE	返回最新的索引统计日期

【例 8-31】 返回 jxgl 数据库的 students 表中第二列的字段名。

```
USE jxgl
GO
SELECT COL_NAME(OBJECT_ID('students'),2)
GO
```

【例 8-32】 返回 jxgl 数据库的 students 表中 stu_name 列的宽度。

```
USE jxgl
GO
SELECT COL_LENGTH ('students','stu_name') AS employee_name_length
GO
```

【例 8-33】 用 ISNULL 函数检查 course_score 表的 score 字段，如果为 NULL，就用 60 来代替。

```
USE jxgl
GO
SELECT stu_id,cour_id,ISNULL(SCORE,60) FROM COURSE_SCORE
GO
```

例 8-33 成功运行后，course_score 表记录在 score 字段取值是 NULL 的都用 60 分填充。

8.6 游　　标

在数据库中，游标是一个十分重要的概念，游标提供了一种对从表中检索出的数据进行操作的灵活手段。就本质而言，游标实际上是一种能从包括多条数据记录的结果集中每次提取一条记录的机制。

8.6.1 游标概述

游标允许应用程序对查询语句 SELECT 返回的行结果集中每一行进行相同或不同的操作，而不是一次对整个结果集进行同一种操作；它还提供对基于游标位置而对表中数据进行删除或更新的能力；正是游标把作为面向集合的数据库管理系统和面向行的程序设计两者联系起来，才使两个数据处理方式能够进行沟通。

根据游标的用途不同，SQL Server 2014 将游标分成以下三种类型。

1. Transact-SQL 游标

Transact-SQL 游标是由 DECLARE CURSOR 语法定义的。主要用在服务器上，由从客户端发送给服务器的 Transact-SQL 语句或是批处理、存储过程、触发器中的 Transact-SQL 进行管理。Transact-SQL 游标不支持提取数据块或多行数据。

2. API 游标

API 游标支持在 OLE DB，ODBC 以及 DB_library 中使用游标函数，主要用在服务器上。每一次客户端应用程序调用 API 游标函数，MS SQL Server 的 OLE DB 提供者、ODBC 驱动器或 DB_library 的动态链接库（DLL）都会将这些客户请求传送给服务器以对 API 游标进行处理。

3. 客户游标

客户游标主要是当在客户机上缓存结果集时才使用。在客户游标中，有一个缺省的结果集被用来在客户机上缓存整个结果集。客户游标仅支持静态游标而非动态游标。由于服务器游标并不支持所有的 Transact-SQL 语句或批处理，所以客户游标常常仅被用作服务器游标的辅助。因为在一般情况下，服务器游标能支持绝大多数的游标操作。

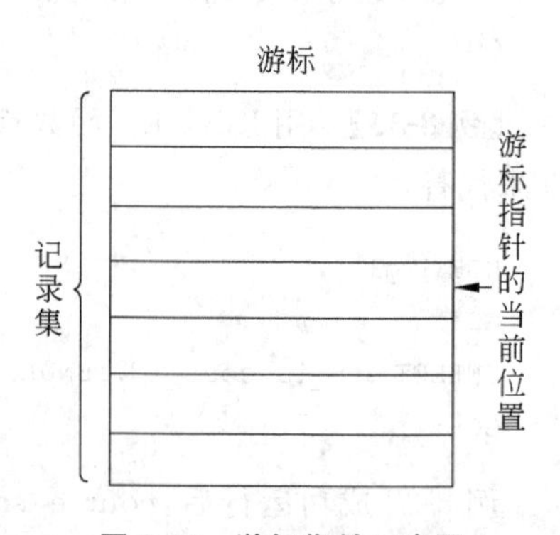

图 8-20　游标指针示意图

由于 API 游标和 Transact-SQL 游标使用在服务器端，所以被称为服务器游标，也被称为后台游标，而客户端游标被称为前台游标。在本节中我们主要讲述服务器（后台）游标。游标指针示意图如图 8-20

所示。

根据 Transact-SQL 服务器游标的处理特性,SQL Server 2014 将游标分为如下 4 种。

1. 静态游标

静态游标是在打开游标时在 tempdb 中建立 SELECT 结果集的快照。静态游标总是按照打开游标时的原样显示结果集,并不反映它在数据库中对任何结果集成员所做的更新。

2. 动态游标

动态游标与静态游标相对。当滚动游标时,动态游标反映结果集中所做的所有更改。结果集中的行数据值、顺序和成员在每次提取时都会改变,所有用户做的全部 UPDATE、INSERT 和 DELETE 语句均通过游标可见。

3. 只进游标

只进游标不支持滚动,它只支持游标从头到尾顺序提取数据,游标从数据库中提取一条记录并进行操作,操作完毕后,再提取下一条记录。

4. 键集游标

该游标中各行的成员身份和顺序是固定的。键集驱动游标由一组唯一标识符(键)控制,这组键称为键集。键是根据以唯一方式标识结果集中各行的一组列生成的。键集是打开游标时来自符合 SELECT 语句要求的所有行中的一组键值。键集驱动的游标对应的键集是打开该游标时在数据库 tempdb 中生成的。

8.6.2 游标的定义与使用

在 SQL Server 中使用游标,需要定义游标、打开游标、读游标区中的当前元组、利用游标修改数据、关闭游标、删除游标几个步骤。下面详细介绍各步骤。

1. 声明游标(DECLARE)

在内存中创建游标结构,是游标语句的核心。

DECLARE 定义了一个游标标识名,并把游标标识名和一个查询语句关联起来,但尚未产生结果集。SQL Server 2014 提供了两种声明游标的方式:一种是 SQL-92 语法,另一种是 T-SQL 扩充语法。但这两种声明形式不能混合使用,只能选择其中一种来进行游标的声明。

(1) SQL-92 语法声明游标:

```
DECLARE cursor_name                 /* 指定游标名 */
[INSENSITIVE][SCROLL] CURSOR        /* 指定游标类型, insensitive 表示静态游标 */
FOR
SELECT_statement                    /* 指定查询语句 */
```

```
[FOR {READONLY|UPDATE [OF column_name[,…n]]}]
```

DECLARE 命令中 SCROLL 的取值如表 8-10 所示。

表 8-10 DECLARE 命令中 SCROLL 的取值

SCROLL 选项	含　义
FIRST	提取游标中的第一行数据
LAST	提取游标中的最后一行数据
PRIOR	提取游标当前位置的上一行数据
NEXT	提取游标当前位置的下一行数据
RELATIVE n	提取游标当前位置之前或之后的第 n 行数据(n 正,往下,n 负,往上)
ABSULUTE n	提取游标中的第 n 行数据

(2) 下面是 T-SQL 扩展方式定义游标：

```
DECLARE cursor_name CURSOR                        /* 指定游标名 */
[LOCAL |GLOBAL]                                   /* 游标作用域 */
[FORWARD_ONLY |SCROLL]                            /* 游标移动方向 */
[STATIC|KEYSET |DYNAMIC|FAST_FORWARD]             /* 游标类型 */
[READ_ONLY|SCROLL_LOCKS|OPTIMISTIC]               /* 访问属性 */
[TYPE_WARNING]                                    /* 类型转换警告信息 */
FOR SELECT_statement
[FOR UPDATE [OF column_name[,…n]]                 /* 可修改的列 */
```

参数说明：

① LOCAL|GLOBAL：LOCAL 说明游标只适用在建立游标的存储过程、触发器或批处理文件内。当建立它的存储过程等结果执行时，即自动解除(deallocate)。GLOBAL 适用于此 session 的所有存储过程、触发器或批处理文件内。结束连接时，即自动解除。

② FORWARD_ONLY：读取游标中的数据只能由第一行数据向前读至最后一行，默认为此选项。SCROLL：让用户可以看前后行的数据。

③ STATIC：和 SQL-92 的 INSENSITIVE 选项一样，且游标内的数据不能被修改。

④ KEYSET：当游标被打开时，系统在 tempdb 内部建立一 keyset，keyset 的键值可唯一识别游标的数据。当用户更改非键值时，能反映出其变动(是经由键值再去读数据 row 本身)。当新增一行符合游标范围的数据时，无法由此游标读到；当删除游标中的一行数据时，由此游标读取该行数据时，会得到一个@@FETCH_status 值为－2 的返值；DYNIMIC：当游标在流动时能反映游标内最新的数据；FAST_FORWARD：当设定了 FOR READ_ONLY 或 READ_ONLY 时，设置这一选项可启动系统的效能最佳化。

⑤ READ_ONLY：内容不能更改；SCROLL_LOCKS：当数据读入游标时，系统将这些数据锁定，可确保更新或删除游标内的数据是成功的。与选项 FAST_FORWARD 冲突；OPTIMISTIC：若使用 WHERE CURRENT OF 的方式要修改或删除游标内某行数据时，如果该行数据已被其他用户变动过，则这种 WHERE CURRENT OF 的更新方式

将不会成功。

⑥ TYPE_WARNING：若游标的类型被内部更改为与用户要求说明的类型不同时，发送一个警告信息给 client 端。

【例 8-34】 定义游标 teach_CUR，以便查询教师名字和所讲授的课程名、学分。

```
DECLARE teach_CUR CURSOR FOR
SELECT teachers.teach_name, courses.cour_name,courses.credit
FROM teachers,courses,course_arrange
WHERE teachers.teach_id=course_arrange.teach_id and course_arrange.cour_id=
courses.cour_id
```

2. 打开游标

打开游标语句执行游标定义中的查询语句，查询结果存放在游标缓冲区中，并使游标指针指向游标区中的第一个元组，作为游标的缺省访问位置。查询结果的内容取决于查询语句的设置和查询条件。

打开游标的语句格式：

```
OPEN {{[GLOBAL]cursor_name}|@cursor_variable_name}
```

其中，GLOBAL 选项指定 cursor_name 为全局游标；cursor_name 为游标名称；@cursor_variable_name 为游标变量名称，该变量引用一个游标。

注意：只能打开已经声明但还没有打开的游标。

【例 8-35】 打开前面所创建的游标 teach_CUR。

```
OPEN teach_CUR
```

【例 8-36】 显示游标结果集合中数据行数。

```
SELECT 数据行数=@@CURSOR_ROWS
```

3. 游标声明而且被打开以后，游标位置位于第一行。可以使用 FETCH 语句从游标结果集中提取数据。

FETCH 语法如下：

```
FETCH [[NEXT|PRIOR|FIRST|LAST|ABSOLUTE{n|@nvar}|RELATIVE {n|@nvar}] FROM ]
{{[GLOBAL]cursor_name}|@cursor_variable_name}[INTO @variable_name[,...n]]
```

其中各参数的含义如下。

(1) NEXT：返回紧跟当前行之后的结果行，并且当前行递增为结果行。如果 FETCH NEXT 为对游标的第一次提取操作，则返回结果集中的第一行。NEXT 为默认的游标提取选项。PRIOR：返回紧跟当前行前面的结果行，并且当前行递减为结果行。如果 FETCH PRIOR 为对游标的第一次提取操作，则没有行返回且游标置于第一行之前。

(2) FIRST：返回游标中的第一行并将其作为当前行；LAST：返回游标中的最后一

行并将其作为当前行。

(3) ABSOLUTE{n|@nvar}：如果n或@nvar为正数，返回从游标头开始的第n行并将返回的行变成新的当前行。如果n或@nvar为负数，返回游标尾之前的第n行并将返回的行变成新的当前行。若n或@nvar为0，则没有行返回。n必须为整型常量且@nvar必须为smallint、int或tinyint。RELATIVE{n|@nvar}：n或@nvar意义同上；但若n或@nvar为0，返回当前行。如果对游标的第一次提取操作时将n或@nvar指定为负数或0，则没有行返回。

(4) GLOBAL：指定游标为全局游标。

(5) cursor_name：要从中进行提取的开放游标的名称。如果同时有以cursor_name作为名称的全局和局部游标存在，若指定为GLOBAL则cursor_name对应于全局游标，未指定则对应于局部游标。

(6) @cursor_variable_name：游标变量名，引用要进行提取操作的打开的游标。

(7) INTO @variable_name[,.. n]：允许将提取操作的列数据放到局部变量中。列表中的各个变量从左到右与游标结果集中的相应列相关联。各变量的数据类型必须与相应的结果列的数据类型匹配或是结果列数据类型所支持的隐性转换。变量的数目必须与游标选择列表中的列的数目一致。

注意：游标位置决定了结果集中哪一行的数据可以被提取，如果游标方式为FOR UPDATE，则可决定哪一行数据库可以更新或者删除。

@@FETCH_STATUS变量报告上一个FETCH语句的状态，其取值和含义如下：

@@FETCH_STATUS为0表示成功；为−1表示失败或此行不在结果集中；为−2表示被提取的行不存在。

@@ROWCOUNT返回受上一语句影响的行数。

【例8-37】 读取teach_CUR中当前位置后的第二行数据。

```
FETCH RELATIVE 2 FROM teach_CUR
```

4. 关闭游标(CLOSE)，关闭游标后，游标区的数据不可再读

CLOSE语句关闭已打开的游标，之后不能对游标进行读取等操作，但可以使用OPEN语句再次打开该游标。

CLOSE语法的格式为：

```
CLOSE 游标名
```

例如：关闭teach_CUR游标如下描述

```
CLOSE teach_CUR
```

5. 删除游标(DEALLOCATE)

DEALLOCATE语句删除定义游标的数据结构，删除后不可再用。

DEALLOCATE语句格式：

```
DEALLOCATE 游标名
```

例如，删除 teach_CUR 游标

```
DEALLOCATE teach_CUR
```

6. 利用游标修改数据

SQL Server 中的 UPDATE 语句 和 DELETE 语句也支持游标操作，它们可以通过游标修改或删除游标基表中的当前数据行。

UPDATE 语句的格式为：

```
UPDATE table_name SET 列名=表达式}[,…n] WHERE CURRENT OF cursor_name
```

DELETE 语句的格式为：

```
DELETE FROM table_name WHERE CURRENT OF cursor_name
```

说明：CURRENT OF cursor_name：表示当前游标指针所指的当前行数据。CURRENT OF 只能在 UPDATE 和 DELETE 语句中使用。

注意：使用游标修改基表数据的前提是声明的游标是可更新的。对相应的数据库对象(游标的基表)有修改和删除权限。

【例 8-38】 定义和使用滚动游标。

```
DECLARE teach_CUR SCROLL CURSOR FOR SELECT teach_name, teach_professional
FROM teachers
OPEN teach_CUR
-----取 Teach_CUR 中当前位置向下的第二行数据
FETCH RELATIVE 2 FROM teach_CUR
--取 teach_CUR 中最后一行数据
FETCH LAST FROM teach_CUR
----取 teach_CUR 中当前位置向前的第 4 行数据
FETCH RELATIVE -4 FROM teach_CUR
```

【例 8-39】 利用 @@FETCH_STATUS 控制一个 WHILE 循环中的游标活动，通过游标从学生表 students 逐条读取所有数据：

```
DECLARE @i INT
DECLARE @id CHAR(12),@name CHAR(30),@sex CHAR(2)
DECLARE stu_CUR cursor for SELECT stu_ID,stu_name,stu_sex from students
OPEN stu_CUR
SELECT @i=count(*) from students
WHILE @@fetch_status=0 and @i>1
BEGIN
    FETCH NEXT FROM stu_CUR INTO @id,@name,@sex
    SET @i=@i-1
PRINT rtrim(@name)+'学号'+'是'+rtrim(@id)+', 是'+@sex+'同学'
```

```
END
CLOSE stu_CUR
DEALLOCATE stu_CUR
```

执行结果如图 8-21 所示（用文本格式显示）。

```
陈琛军学号是200712110101，是男 同学
仇立权学号是200712110102，是男 同学
崔衍丽学号是200712110103，是女 同学
冬晓超学号是200712110104，是男 同学
甘明学号是200712110105，是男 同学
葛瑞真学号是200712110106，是男 同学
耿红帅学号是200712110107，是女 同学
耿政学号是200712110108，是男 同学
郭波学号是200712110109，是男 同学
韩建锋学号是200712110110，是男 同学
```

图 8-21 例 8-38 执行结果

【例 8-40】 通过游标逐条读取“编译原理”课程的成绩，并判断它们的及格优良状况。

为了便于读取首先创建一个关于课程编译原理即编号是'1210024'课程的视图：

```
CREATE VIEW compiler_view
AS
SELECT dbo.students.stu_name,dbo.courses.cour_name, dbo.course_score.score
FROM dbo.students INNER JOIN dbo.course_score ON
    dbo.students.stu_id=dbo.course_score.stu_id INNER JOIN dbo.courses ON
    dbo.course_score.cour_id=dbo.courses.cour_id AND
    dbo.course_score.cour_id='1210024'
```

通过游标从视图 compiler_view 读取并判断。

```
DECLARE @stuname varchar(30),@courname varchar(30),@score int
DECLARE compiler_CUR cursor for SELECT * from compiler_view
OPEN compiler_CUR
PRINT space(24)+'计算机专业编译原理考试成绩'
PRINT space(20)+'------------------------------------'
FETCH NEXT FROM compiler_CUR INTO @stuname,@courname,@score
WHILE @@FETCH_status=0
BEGIN
    IF @score<60
    BEGIN
        PRINT space(20)+@stuname+@courname+':不及格'
    END
    ELSE
    BEGIN
        IF @score>=60 and @score <70
        BEGIN
            PRINT space(20)+@stuname+@courname+':及格'
        END
        ELSE
        BEGIN
            IF @score>=70 and @score<80
            BEGIN
                PRINT space(20)+@stuname+@courname+':良好'
            END
            ELSE
```

```
            BEGIN
                PRINT space(20)+@stuname+@courname+':优秀'
            END
        END
    END
FETCH next FROM compiler_CUR into @stuname,@courname,@score
END
CLOSE compiler_CUR
DEALLOCATE compiler_CUR
```

执行结果如图8-22所示。

```
计算机专业编译原理考试成绩
----------------------------------------
陈琛军        编译原理      :优秀
仇立权        编译原理      :及格
崔衍丽        编译原理      :不及格
冬晓超        编译原理      :及格
甘明          编译原理      :及格
葛瑞真        编译原理      :良好
耿红帅        编译原理      :及格
耿政          编译原理      :良好
郭波          编译原理      :不及格
韩建锋        编译原理      :及格
黄洁          编译原理      :优秀
```

图8-22 例8-39执行结果

【例8-41】 通过游标将教师表teachers记录号为3的"吕加国"老师的职称由"讲师"改为"副教授"。

```
USE jxgl
GO
DECLARE teach_cursor2 SCROLL CURSOR FOR
SELECT teach _ name, teach _ professional FROM teachers FOR UPDATE OF teach
_professional
OPEN teach_cursor2
FETCH ABSOLUTE 3 FROM teach_cursor2
UPDATE teachers
SET teach_professional='副教授'
WHERE CURRENT OF teach_cursor2
CLOSE teach_cursor2
DEALLOCATE teach_cursor2
```

8.6.3 使用存储过程管理游标

可以使用sp_cursor_list系统存储过程来获得对当前连接可见的游标列表,使用sp_describe_cursor、sp_describe_cursor_columns和sp_describe_cursor_tables来确定游标的特性。

(1) sp_describe_cursor: 返回描述游标属性(例如游标的作用域、名称、类型、状态和行数)的游标。

(2) sp_describe_cursor_columns: 返回描述游标中每一列的属性(例如列的名称、位置、大小和数据类型)的游标。

(3) sp_describe_cursor_tables: 报告游标被引用基表。

下面重点介绍一下sp_describe_cursor的用法,其语法格式如下:

```
sp_describe_cursor[ @cursor_return=] output_cursor_variable OUTPUT
{ [,[ @cursor_source=] N'local',[ @cursor_identity=] N'local_cursor_name' ]|[,[
@cursor_source=] N'global'
, [ @ cursor _ identity = ] N ' global _ cursor _ name ' ] | [, [ @ cursor _ source = ]
```

```
N'variable',[@cursor_identity=] N'input_cursor_variable' ]
    }
```

其中，output_cursor_variable 为游标变量，用于接收游标的输出；@cursor_source 指定进行报告的游标是 LOCAL、GLOBAL 或游标变量；@ cursor _ identity 指定具有 LOCAL 类型、GLOBAL 类型或游标变量的名称。

【例 8-42】 定义并打开一个全局游标，使用 sp_describe_cursor 报告游标的属性。

```
DECLARE teach_cursor3 SCROLL CURSOR FOR
SELECT teach_name, teach_professional FROM teachers      /* 定义一个滚动游标 */
OPEN teach_cursor3
                 /* 定义一个游标变量@report,以存储来自 sp_describe_cursor 的游标信息 */
DECLARE @report CURSOR
EXEC master.dbo.sp_describe_cursor @cursor_return=@report OUTPUT,
@cursor_source=N'global',@cursor_identity=N'Teach_CUR3'
FETCH NEXT FROM @report
WHILE (@@fetch_status<>-1)
BEGIN
FETCH NEXT FROM @report
END
CLOSE @report
DEALLOCATE @report
GO
CLOSE teach_cursor3
DEALLOCATE teach_cursor3
```

执行结果如图 8-23 所示。

	reference_name	cursor_name	cursor_scope	status	model	concurrency	scrolla...	open_sta...	cursor_r...	fetch_st...	column_...	row...	last_...	cursor_handle
1	Teach_CUR3	Teach_CUR3	2	1	2	3	1	1	7	-9	2	0	1	180150071

图 8-23 sp_describe_cursor 报告游标的属性

8.7 【实训项目】 T-SQL 程序设计

1. 实验目的

（1）掌握 SQL Server 常用系统函数的使用。
（2）掌握程序中的批处理、脚本和注释的基本概念和使用方法。
（3）掌握程序中的流程控制语句。

2. 实验内容

（1）统计 courses 表中，第一学期所开设的课程总数。
（2）统计 course_score 表大学语文的平均分、最低分和最高分。

(3) 在 students 表上如果存在出生时间在 1988 年以前的学生，给出这些学生的列表。否则给出一条提示信息，说明没有满足条件的学生。

(4) 查询 students 表，只要有年龄小于 20 岁的学生，就将年龄最小的那个学生删掉，如此循环下去，直到所有的学生的年龄都不小于 20 岁，或是学生的总人数小于 20 就退出循环。

(5) 显示所有学号为“200712110102”的学生信息，并且在显示之前，暂停 1 分钟。

(6) 理解并使用游标。

① 在 jxgl 数据库中，声明一个 s_cur 的可更新游标。

```
DECLARE s_cur CURSOR
FOR
SELECT stu_id, stu_name,stu_telephone FROM students
FOR UPDATE OF stu_telephone
OPEN s_cur
FETCH NEXT FROM s_cur4
UPDATE students SET stu_telephone='123456'
WHERE CURRENT of s_cur
```

② 执行上述语句两次后，用 SELECT 语句查看结果。

```
SELECT stu_id,stu_name,stu_telephone FROM students
```

③ 删除游标 s_cur 的当期数据行。

```
DELETE students
WHERE CURRENT OF s_cur
```

④ 释放游标，删除游标

```
CLOSE s_cur
DEALLOCATE s_cur
```

小结

本章介绍了 T-SQL 的常量与变量、函数、运算符、程序控制语句、游标等内容，还介绍了程序设计的一些方法和技巧。

(1) 常量是表示一个特定数据值的符号。常量的格式取决于它所表示的值的数据类型。

(2) 变量分为局部变量和全局变量两种。局部变量由 DECLARE 语句声明，可以由 SET、SELECT 或 UPDATE 语句赋值；全局变量不可由用户定义。

(3) T-SQL 的运算符分为算术运算符、位运算符、比较运算符、逻辑运算符、连接运算符，每种运算符都有专门的数据类型或操作数，各运算符间遵循一定的优先级。

(4) SQL Server 2014 提供了大量的系统内置函数。根据系统内置函数的不同，可以分为标量函数、聚集函数、排序函数和系统函数等。

(5) 程序控制流语句BEGIN和END要一起使用，其功能是将语句块括起来。IF…ELSE语句根据条件来执行语句块。当程序有多个条件需要判断时，可以使用CASE函数实现。WHILE循环可根据条件多次重复执行语句。GOTO语句会破坏程序结构化的特点，尽量不要使用。

(6) 游标是应用程序通过行来管理数据的一种方法。有3种游标：T-SQL游标、API服务器游标和客户游标。游标声明使用DECLARE CURSOR语句，游标的使用包括打开游标、读取数据、关闭游标、删除游标等，分别使用OPEN、FETCH、CLOSE、DEARLLOCATE语句。

习　题

1. 给出下列表达式的结果：

(1) ABS(−5.5)＋SQRT(9) * SQUARE(2)

(2) ROUND(456.789,2)－ROUND(345.678,－2)

(3) SUBSTRING(REPLACE('北京大学','北京','清华'),3,2)

2. 将students表中以性别为分组条件，分别统计男女生的人数。

3. 全局变量有何特点？如何定义局部变量？如何给局部变量赋值？

4. 编写程序，查询course_score表，如果分数大于等于90，显示A；如果分数大于等于80小于90，显示B；如果分数大于等于70小于80，显示C；如果分数大于等于60小于70，显示D；其他显示E。

5. 编写程序，计算course_score表中的平均值。如果小于80分，则分数增加其值的5%；如果分数的最高值超过95，则终止该操作。

6. 在jxgl数据库中，声明一个stu_cursor的游标，返回students表中性别为“男”的学生记录且该游标允许前后滚动和修改。

7. 修改上题定义的游标stu_cursor修改数据，将姓“郭”的男同学的出生日期的年份加1。

8. 编写程序，求2＋3＋4＋…＋500。

9. 计算1至100之间所有能被3整除的数的个数及总和。

第9章 chapter 9

存储过程

本章教学重点及要求

- 了解存储过程的概念、分类及优点
- 掌握 SQL Server 2014 中使用对象资源管理器创建和调用存储过程的方法
- 掌握 SQL Server 2014 中使用 T-SQL 语句创建和调用存储过程的方法
- 掌握存储过程的查看、修改、删除和重命名等常用操作

9.1 存储过程概述

存储过程(Stored Procedure)是指封装了可重用代码的模块或例程。这些语句集合经过编译后存储在数据库中,可以重复使用。用户可以通过指定存储过程的名字并给出相应的参数(如果该存储过程带有参数)来执行它。存储过程作为一个单元进行处理,并由一个名称进行标识。存储过程可以接受输入参数、向客户端返回表格或标量结果和消息、调用数据定义语言(DDL)和数据操作语言(DML)语句,然后返回输出参数。

SQL Server 中的存储过程与其他编程语言中的过程类似,原因如下:

- 接受输入参数并以输出参数的形式向调用过程或批处理返回多个值
- 包含用于在数据库中执行操作(包括调用其他过程)的编程语句
- 向调用过程或批处理返回状态值,以指明成功或失败(以及失败的原因)
- 可以使用 T-SQL 的 EXECUTE 语句来运行存储过程

在编写存储过程时,数据库开发人员可以使用 SQL Server 中所有主要的编程结构,如变量、数据类型、输入输出参数、返回值、选择结构、循环结构、函数和注释等。

9.1.1 存储过程的分类

根据编写语句的不同,存储过程有两种类型:T-SQL 或 CLR。T-SQL 存储过程是指保存的 T-SQL 语句集合,可以接收和返回用户提供的参数。CLR 存储过程是指对 Microsoft .NET Framework 公共语言运行时(CLR)方法的引用,可以接受和返回用户提供的参数。本章,我们只讨论 T-SQL 存储过程。

从功能上来看,SQL Server 支持以下 5 种存储过程。在不同情况下,需要执行不同

的存储过程。

1. 系统存储过程

SQL Server 2014 中的许多管理活动都是通过一种特殊的存储过程执行的，这种存储过程被称为系统存储过程。系统存储过程主要存储在 master 数据库中，其名字带有 sp_前缀。系统存储过程主要从系统表中获取信息，从而为 DBA 管理 SQL Server 2014 提供支持。尽管这些系统存储过程存储于 master 数据库中，但仍可以在其他数据库中对其进行调用。在调用时，也不必在存储过程名前加上数据库名的前缀。另外，当创建一个新数据库时，一些系统存储过程会在新数据库中自动创建。

系统存储过程能完成很多操作，如提供帮助的存储过程有：sp_help 提供关于存储过程或其他数据库对象的信息；sp_helptext 显示存储过程或其他对象的文本信息；sp_depends 列举引用或依赖指定对象的所有存储过程。

如果某一存储过程以 sp_开始，又在当前数据库中找不到，则 SQL Server 2014 就到 master 数据库中寻找。另外，以 sp_前缀命名的过程中所引用的数据表如果不在当前数据库中，SQL Server 2014 也会到 master 数据库中查找。

2. 用户自定义存储过程

用户自定义存储过程，也称本地存储过程，是由用户自行创建，并存储在用户数据库中的存储过程。本章中所涉及到的存储过程主要是指用户自定义存储过程。

3. 临时存储过程

临时存储过程可分为以下两种。

(1) 本地临时存储过程

在创建存储过程时，若以 # 作为其名称的第一个字符，则该存储过程将成为一个存放在数据库 tempdb 中的本地临时存储过程。这种存储过程只有创建它的连接用户才可以执行，而且该用户一旦断开与服务器的连接，该存储过程会自动删除。所以，本地临时存储过程的适用范围仅限于本次连接。

(2) 全局临时存储过程

在创建存储过程时，若以 ## 作为其名称的开始字符，则该存储过程将成为一个存放在数据库 tempdb 中的全局临时存储过程。全局临时存储过程一旦创建，以后连接到服务器的任意用户都可执行，不需要特定权限。

当创建全局临时存储过程的用户断开与服务器的连接时，SQL Server 2014 会检查是否有其他用户正在执行，如果没有，便将全局临时存储过程删除；如果有，SQL Server 2014 会让这些正在执行中的操作继续执行，但不允许任何用户再次执行全局临时存储过程，等所有未完成操作执行完成后，全局临时存储过程被自动删除。

4. 远程存储过程

在 SQL Server 2014 中，远程存储过程位于远程服务器上，通常可以使用分布式查询和 Execute 命令执行远程存储过程。

5. 扩展存储过程

扩展存储过程允许用户使用编程语言创建自己的外部例程。扩展存储过程命名通常以 xp_开头，并且存储在系统数据库 master 中。扩展存储过程是由 SQL Server 的实例可以动态加载和运行的 DLL。在执行方式上，扩展存储过程与本地存储过程相同，直接在 SQL Server 实例的地址空间中运行。显然，通过扩展存储过程可以弥补 SQL Server 2014 的不足，并按需要自行扩展其功能。可以将参数传递给扩展存储过程，扩展存储过程也能返回结果和状态值。

9.1.2 存储过程的优点

当我们基于 SQL Server 开发数据库应用程序时，T-SQL 是一种主要的数据处理工具。若运用 T-SQL 来进行编程，有以下两种方法。

(1) 在客户端程序中编写用于数据处理的 T-SQL 语句，需要完成某个功能时，由客户端程序向 SQL Server 发送命令来对结果进行处理。

(2) 可以把部分用 T-SQL 编写的程序作为存储过程存储在 SQL Server 中，并创建应用程序来调用存储过程，对数据结果进行处理。

在实际的数据库应用程序开发中，我们一般都使用后者。原因如下。

(1) 存储过程允许标准组件式编程

存储过程在被创建以后可以在程序中被多次调用，而不必重新编写该存储过程的 SQL 语句。而且数据库专业人员可随时对存储过程进行修改，但对应用程序源代码毫无影响，从而极大地提高了程序的可移植性。

(2) 存储过程有较快的执行速度

如果某一操作包含大量的 T-SQL 代码或将被多次执行，那么存储过程要比批处理的执行速度快很多。因为存储过程是预编译的，在首次运行一个存储过程时，查询优化器对其进行分析、优化，并给出最终被存在系统表中的执行计划。而批处理的 T-SQL 语句在每次运行时都要进行编译和优化，因此速度相对要慢一些。

(3) 存储过程能够减少网络流量

一个需要数百行 T-SQL 代码的操作可以通过一条执行过程代码的语句来执行，而不需要在网络中发送数百行代码。这样便可以大大减少网络流量，降低网络负载。

(4) 存储过程可被作为一种安全机制来充分利用

系统管理员通过对执行某一存储过程的权限进行限制，从而能够实现对相应的数据访问权限的限制，避免非授权用户对数据的访问，保证数据的安全。可以不授权用户直接访问应用程序中的一些表，而是授权用户执行访问这些表的存储过程。另外，参数化存储过程有助于保护应用程序不受 SQL 注入式攻击。

(5) 存储过程允许进行模块化程序设计

在编写存储过程时，除了可以使用执行数据处理的 T-SQL 语句外，还可以使用几乎所有的 T-SQL 程序设计要素。这样，便可以使存储过程具有更强的灵活性和更加强大的功能。

（6）存储过程可以自动完成需要预先执行的任务

有些过程可以在系统启动时自动执行，而不必在系统启动后人工调用。这样，大大方便了用户的使用。

9.2 存储过程的创建和执行

9.2.1 目录视图 sysobjects

在 SQL Server 中，关于 SQL Server 数据库的一切信息都保存在它的系统表中，通常把这样的表称为元数据表。例如，在数据中创建的表、视图、用户自定义函数、存储过程、触发器等对象，都要在目录视图 sys. sysobjects 中记录。如果该数据库对象已经存在，再对其进行创建，则会出现错误。因此，在创建一个数据库对象之前，最好在目录视图 sys. sysobjects 中检测该对象是否已存在，若存在，可先删除，然后定义新的对象。当然，也可根据需要采取其他措施，比如，若该对象已经存在，则不再创建。

下面，我们介绍一下目录视图 sys. sysobjects 的主要字段。

name：数据库对象的名称。

id：数据库对象的标识符。

type：数据库对象的类型。

其中，type 可以取的值如下。

C：check 约束。D：默认值或 default 约束。

F：Foreign key 约束。FN：标量函数。IF：内嵌表函数。

K：Primary key 或 Unique 约束。L：日志。

P：存储过程。PK：主键约束。R：规则。

RF：复制筛选器存储过程。S：系统表。TR：触发器。

U：用户表。V：视图。X：扩展存储过程。

用户可以用下面的命令列出所有感兴趣的对象：

```
SELECT * FROM sysobjects WHERE type=<type of interest>
```

9.2.2 存储过程的创建

1. 组成

从逻辑上来说，存储过程由以下两部分构成。

（1）头部：头部定义了存储过程的名称、输入参数和输出参数以及其他一些各种各样的处理选项，可以将头部当作存储过程的应用编程接口或声明。

（2）主体：主体包含一个或多个运行时要执行的 T-SQL 语句。

2. 语法

```
CREATE { PROC|PROCEDURE } [schema_name.] procedure_name [ ; number ]
```

```
    [ { @parameter [ type_schema_name. ] data_type }
      [ VARYING ] [=default ] [ [ OUT [ PUT ]
    ] [,...n ]
[ WITH <procedure_option> [,...n ]
[ FOR REPLICATION ]
AS { <sql_statement> [;][ ...n ] |<method_specifier> }
```

在上面的存储过程语法中，procedure_option、sql_statement 和 method_specifier 的定义如下：

```
<procedure_option>::= [ ENCRYPTION ] [ RECOMPILE ] [EXECUTE_AS_CLAUSE]
<sql_statement>::={ [ BEGIN ] statements [ END ] }
<method_specifier>::=
EXTERNAL NAME assembly_name.class_name.method_name
```

参数含义说明如下。

(1) schema_name：存储过程所属架构名。

(2) procedure_name：新存储过程的名称。过程名称必须遵循有关标识符的规则，并且在架构中必须唯一。极力建议不在过程名称中使用前缀 sp_。此前缀由 SQL Server 使用，以指定系统存储过程。

(3) number：用于对同名过程进行分组的可选整数。使用一个 DROP PROCEDURE 语句可将这些分组过程一起删除。例如，名称为 orders 的应用程序可能使用名为 orderproc;1、orderproc;2 等过程。DROP PROCEDURE orderproc 语句将删除整个组。如果名称中包含分隔标识符，则数字不应包含在标识符中；只应在 procedure_name 前后使用适当的分隔符。

(4) @parameter：过程中的参数。在 CREATE PROCEDURE 语句中可以声明一个或多个参数。除非定义了参数的默认值或者将参数设置为等于另一个参数，否则用户必须在调用过程时为每个声明的参数提供值。SQL Server 存储过程最多可以有 2100 个参数。通过使用符号@作为第一个字符来指定参数名称。参数名称必须符合有关标识符的规则。每个过程的参数仅用于该过程本身；其他过程中可以使用相同的参数名称。默认情况下，参数只能代替常量表达式，而不能用于代替表名、列名或其他数据库对象的名称。但是，如果指定了 FOR REPLICATION，则无法声明参数。

(5) [type_schema_name.] data_type：过程中的参数以及所属架构的数据类型。除 table 之外的其他所有数据类型均可以用作存储过程的参数。但是，cursor 数据类型只能用于 OUTPUT 参数。如果指定了 cursor 数据类型，则还必须指定 VARYING 和 OUTPUT 关键字。可以为 cursor 数据类型指定多个输出参数。

(6) VARYING：指定作为输出参数支持的结果集。该参数由存储过程动态构造，其内容可能发生改变。仅适用于 cursor 参数。

(7) default：参数的默认值。如果定义了 default 值，则无须指定此参数的值即可执行过程。默认值必须是常量或 NULL。如果过程使用带 LIKE 关键字的参数，则可包含下列通配符：%、_、[]和[^]。

(8) OUTPUT：指示参数是输出参数。此选项的值可以返回给调用存储过程的语句。使用 OUTPUT 参数将值返回给过程的调用方。

(9) RECOMPILE：指示数据库引擎不再缓存该过程的计划，该过程在运行时重新编译。如果指定了 FOR REPLICATION，则不能使用此选项。若要指示数据库引擎放弃存储过程内单个查询的计划，请使用 RECOMPILE 关键字。

(10) ENCRYPTION：指示 SQL Server 将 CREATE PROCEDURE 语句的原始文本转换为密文格式。该格式的代码输出在 SQL Server 2014 的任何目录视图中都不能直接显示。

(11) EXECUTE_AS_CLAUSE：指定在其中执行存储过程的安全上下文。

(12) FOR REPLICATION：使用 FOR REPLICATION 选项创建的存储过程可用作存储过程筛选器，且只能在复制过程中执行。如果指定了 FOR REPLICATION，则无法声明参数。对于使用 FOR REPLICATION 创建的过程，忽略 RECOMPILE 选项。

<sql_statement>：要包含在过程中的一个或多个 T-SQL 语句。

<method_specifier>：用于创建 CLR 存储过程，本书不再论述。

注意：

(1) SQL Server 中的存储过程的最大大小为 128MB。

(2) 只能在当前数据库中创建用户定义存储过程。如果未指定架构名称，则使用创建过程的用户的默认架构。

在 SQL Server 2014 中创建存储过程有两种方式。

(1) 在 Manage Studio 的工具栏中单击“新建查询”，然后在右面的查询编辑器界面中输入相应的 T-SQL 代码，单击工具栏中的“执行”按钮。

(2) 在 Manage Studio 界面的对象资源管理器中，找到要创建存储过程的数据库，依次单击“可编程性”→“存储过程”。右击“存储过程”，选择“存储过程”，会在右面的查询编辑器中自动生成一个创建存储过程的模板，进行修改，编写自己的源代码后，单击工具栏中的“执行”按钮即可。

【例 9-1】 采用第一种方式，编写存储过程 up_getallstudents，用于获取学生表 student 的所有记录。(是不是说用 SQL 命令或窗口方式更好?)

SQL 语句如下：

```
USE jxgl
GO
IF EXISTS(SELECT name FROM sysobjects WHERE name='up_getallstudents' and type='p')
DROP PROCEDURE up_getallstudents
GO
CREATE PROCEDURE up_getallstudents
AS
    SELECT * FROM students
```

单击“对象资源管理器”窗口，在数据库 jxgl 下，可以看到刚刚创建的存储过程 up_getallstudents。

【例 9-2】 采用第二种方式，编写存储过程 up_getcountofstudents，用于获取学生表 student 的记录个数。

在 management studio 中创建存储过程 up_getcountofstudents 的步骤如下。

(1) 在对象资源管理器中选择当前服务器后，单击“数据库”→jxgl→“可编程性”，右击“存储过程”，选择“存储过程”命令，如图 9-1 所示。

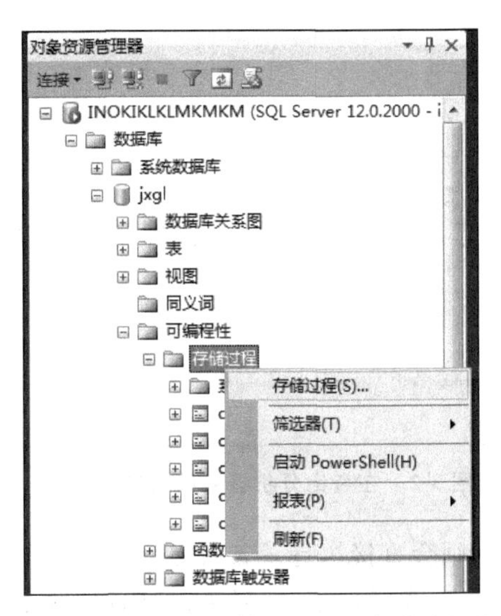

图 9-1 用对象资源管理器创建存储过程图

(2) 在图 9-1 中执行“存储过程”命令后，就会弹出如图 9-2 所示的查询编辑器窗口。在该窗口中输入如下代码，然后单击“执行”按钮，就会完成存储过程 up_getcountsofstudents 的创建。

```
CREATE PROCEDURE up_getcountofstudents
AS
BEGIN
  --SET NOCOUNT ON added to prevent extra result sets from
  --interfering with select statements.
  SET NOCOUNT ON;
    --INSERT statements for procedure here
  SELECT count(*) FROM students
END
```

9.2.3 存储过程的执行

在 SQL Server 2014 中执行存储过程有如下两种方式。

(1) 在 Manage Studio 的工具栏中单击“新建查询”，然后在右面的查询编辑器界面中输入执行存储过程的 T-SQL 代码，单击工具栏中的“执行”按钮。

(2) 在 Manage Studio 界面的对象资源管理器中，找到要执行存储过程所在的数据库，依次单击“可编程性”→“存储过程”，找到要执行的存储过程，右击该存储过程，选择

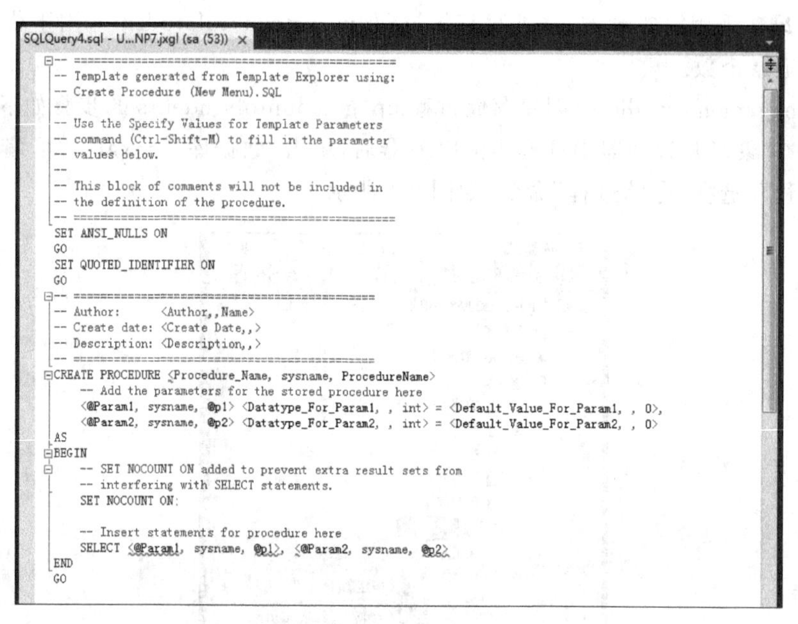

图 9-2 在查询分析器中编写存储过程

“执行存储过程”，若无参数，则会直接执行。若有参数，会打开一个“执行过程”窗口。在该窗口的相应表格中，输入各个参数的值，然后单击“确定”按钮，即可执行。

存储过程的执行是通过 Execute 语句实现的。Execute 可以用来执行系统存储过程、用户自定义存储过程或扩展存储过程等。在执行存储过程时，若语句是批处理中的第一条语句，可以省略 Execute。Execute 的语法如下：

```
[EXEC|EXECUTE]
{
[@return_status=]
{procedure_name [;number]|@procedure_name_var}
[
[@parmater=]{value|@variable [OUTPUT][DEFAULT]}
][,…n][WITH RECOMPILE]
}[;]
```

参数说明如下。

(1) @return_status：可选的整型变量，用于保存存储过程的返回状态。

(2) procedure_name：调用存储过程的完全或不完全名称。过程名的定义必须符合标识符规则。

(3) number：可选的整数，用来对同名的存储过程进行分组。属于同一组的存储过程可以由 DROP PROCEDURE 语句将同组的过程全部删除。

(4) @procedure_name_var：局部定义变量名，代表存储过程名称。

(5) @parameter：过程参数，在 CREATE PROCEDURE 语句中定义。

(6) value：过程中参数的值。若没有指定参数名称，参数值必须严格与过程创建时参数定义顺序相同。若参数值是一个对象名、字符串或通过数据库名或所有者名进行限制,则整个名称必须用单引号括起来。如果参数值是一个关键字,则该关键字必须用双引号括起来。如果在 CREATE PROCEDURE 语句中定义了默认值,用户执行过程时可以不指定参数。若过程使用了带 LIKE 的参数名称,则默认值必须是常量,并且可以包含%、_、\及\^、\]通配符。默认值可以为 NULL,通常过程定义会指定当参数值为 NULL 时应执行的操作。

(7) @variable:用来保存参数或返回参数的变量。

(8) OUTPUT:指定存储过程必须返回一个参数。该存储过程的匹配参数也必须由关键字 OUTPUT 创建。使用游标变量作参数时使用该关键字。

(9) default:根据过程定义,提供参数的默认值。当过程需要的参数值没有事先定义好的默认值,若缺少参数就会出错。

(10) n:占位符,表示在它前面的项目可以多次重复执行。

(11) WITH RECOMPILE:指定在执行存储过程时重新编译执行计划。注意:调用存储过程时,若以"@parameter=value|variable"形式提供参数,则可以不必考虑过程创建时的参数顺序。但是,必须以这种形式提供该过程的全部参数。若不以这种形式提供参数,则必须严格按创建过程时参数的顺序提供参数。

【例 9-3】 使用 EXECUTE 执行存储过程 up_getallstudents.。

首先打开 management studio,在新建的查询编辑器窗口中输入代码:

```
EXEC up_getallstudents
```

单击"执行"按钮后,运行结果如图 9-3 所示。

100 %

结果 | 消息

	tu_id	stu_name	stu_sex	stu_birth	stu_birthplace	stu_email	stu_telephone	dept_id
1	00712110101	陈琛军	男	1986-07-19 00:00:00.000	四川省广元市	CC@126.com	NULL	d001
2	00712110102	仇立权	男	1985-11-10 00:00:00.000	浙江省衢州市龙游县溪口镇	CLQ@qq.com	NULL	d003
3	00712110103	崔衍丽	女	1987-07-11 00:00:00.000	安徽省宿松中学	CYL@qq.com	NULL	d002
4	00712110104	冬晓超	男	1986-12-02 00:00:00.000	贵州省遵义县	DC_H@qq.com	NULL	d003
5	00712110105	甘明	男	1986-07-13 00:00:00.000	江西省婺源县郭山乡白石源	GMM@qq.com	NULL	d001
6	00712110106	葛瑞真	男	1988-05-14 00:00:00.000	湖南省岳阳市云溪区路口镇	GRZ@sina.com	NULL	d002
7	00712110107	耿红帅	女	1986-09-25 00:00:00.000	湖北省红安县	GHS@163.com	NULL	d004
8	00712110108	耿政	男	1986-07-16 00:00:00.000	皖南陵县第一中学	zz_Gengzheng@ccb.com	NULL	d003
9	00712110109	郭波	男	1986-06-17 00:00:00.000	杭州江干区机场路水墩村3组75号	uzz_GB@163.com	NULL	d002
10	00712110110	韩建锋	男	1989-07-18 00:00:00.000	浙江省建德市下涯镇	gengyuan1988@sina.com	NULL	d001

查询已成功执行。 | UEVO6AVU13HCNP7 (12.0 RTM) | sa (56) | jxgl | 00:00:00 | 10 行

图 9-3 执行存储过程 up_getallstudents

【例 9-4】 使用对象资源管理器执行存储过程 up_getcountofstudents。

如图 9-4 所示,在对象资源管理器中,首先找到要执行的存储过程"up_getcountofstudents",右击,选择"执行存储过程"。然后,就会出现如图 9-5 所示的窗口,若存储过程有参数,可以输入各个参数的值,由于存储过程"up_getcountofstudents"无参数,直接单击"确定"按钮,就会出现如图 9-6 所示的运行结果。

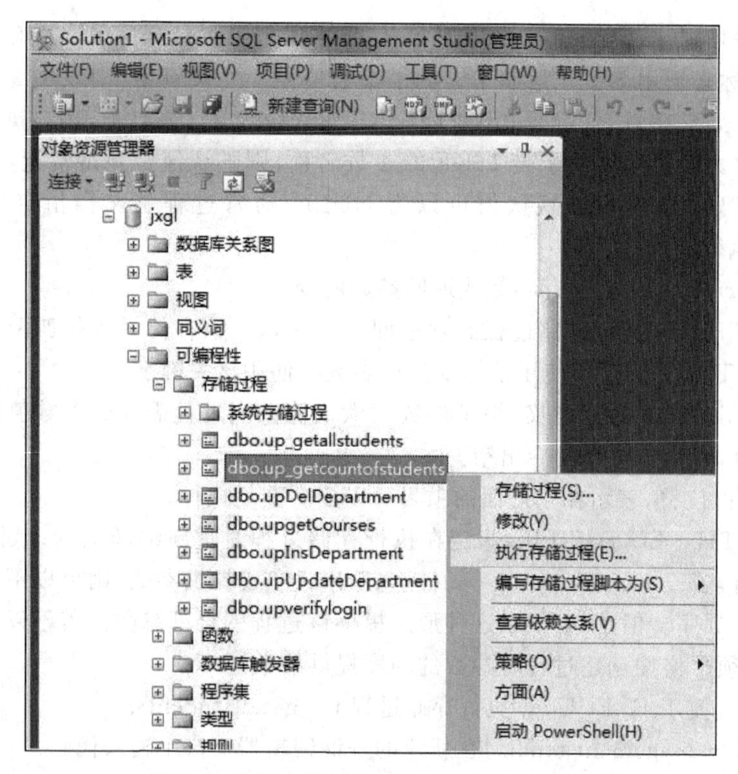

图 9-4　执行存储过程 up_getcountofstudents

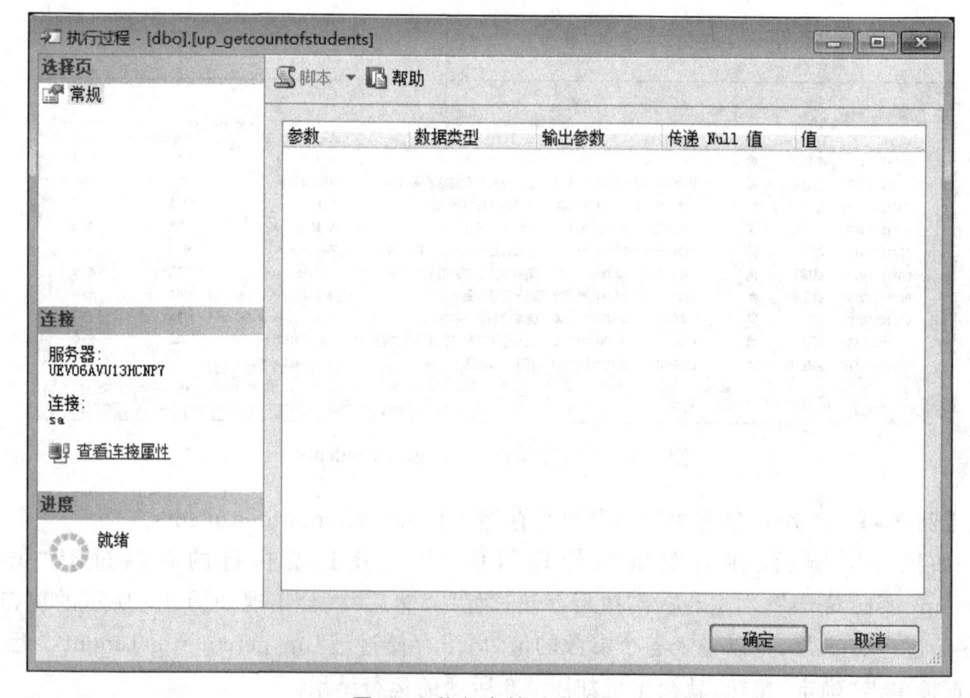

图 9-5　执行存储过程窗口

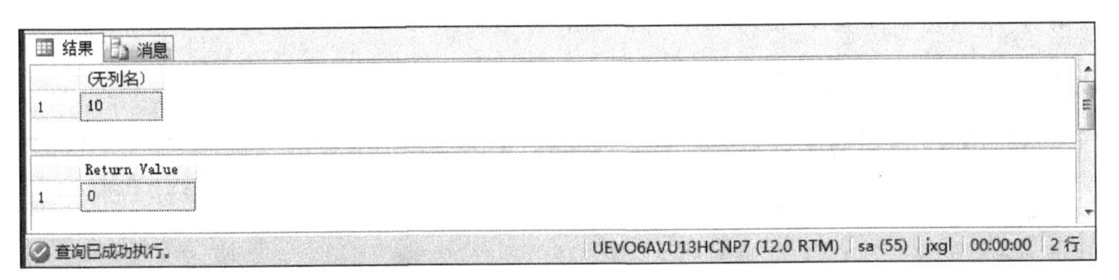

图 9-6 存储过程 up_getcountofstudents 运行结果

9.2.4 带有参数的存储过程

存储过程可以带参数。通过参数,存储过程可以接收参数,并把它们传递给过程中的语句,另外,数据也可以通过输出参数从存储过程返回。

创建带参数的存储过程首先要在存储过程中声明该参数。与标准的 T-SQL 变量相同,参数名以@开始,遵循标识符规则,并且这些参数必须是 Transcat-SQL 的合法数据类型。当用户不提供该参数值时可以使用默认值来代替。

1. 不带默认值的参数

创建一个不带默认值参数的存储过程,当调用该存储过程时,必须对存储过程中的所有参数进行赋值,否则,无法正常调用。

【例 9-5】 编写一个存储过程 up_insertstudent,完成学生表 students 数据的插入。

首先打开 management studio,在新建的查询编辑器窗口中输入如下代码:

```
CREATE PROCEDURE up_Insertstudent
@sid varchar(15), @sname varchar(30),                    --参数定义
@ssex char(10), @sbirth datetime,@sbirthplace varchar(200),
@semail varchar(200), @stelephone varchar(200),@deptid varchar(200)
AS
BEGIN
    INSERT INTO [jxgl].[dbo].[students]
    ([stu_id],[stu_name],[stu_sex],[stu_birth],[stu_birthplace]
    ,[stu_email],[stu_telephone],[dept_id])
    VALUES
    (@sid,@sname,@ssex,@sbirth,@sbirthplace,@semail, @stelephone,@deptid)
END
```

如果存储过程有参数,则需要为这些参数全部赋值,赋值时可以采用如下两种方式。

(1) 按参数顺序

比如,对于存储过程 up_insertstudent,其执行代码如下:

```
USE jxgl
GO
EXEC up_insertstudent '200712110112','肖玉峰', '男','1975-02-25','山东省滕州市木
```

```
石镇', 'xiaoyufeng@sohu.com', '3346759','d001'
```

以上代码的运行效果如图 9-7 所示。

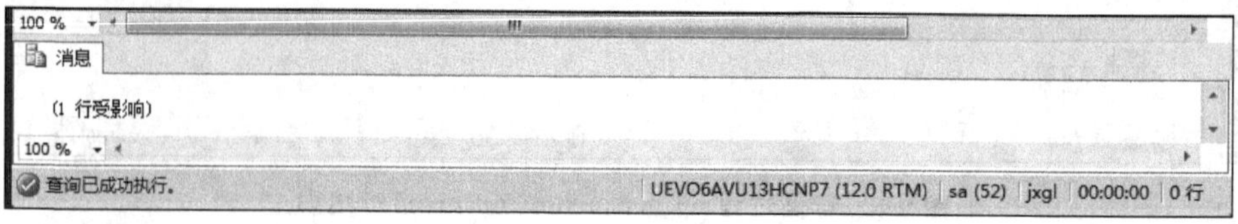

图 9-7 执行存储过程 up_INSERTstudent(一)

(2) 指定参数名

对于存储过程 up_insertstudent，其执行方式如下：

```
EXEC  [dbo].[up_insertstudent]
    @sname='马啸天', @sid='200712110113', @ssex='男',
    @sbirth='1985-03-14',@sbirthplace='山东省枣庄市薛城区',
    @semail='xiaotian@163.com',@stelephone='6389751',@deptid='d002'
```

以上代码的运行效果如图 9-8 所示。

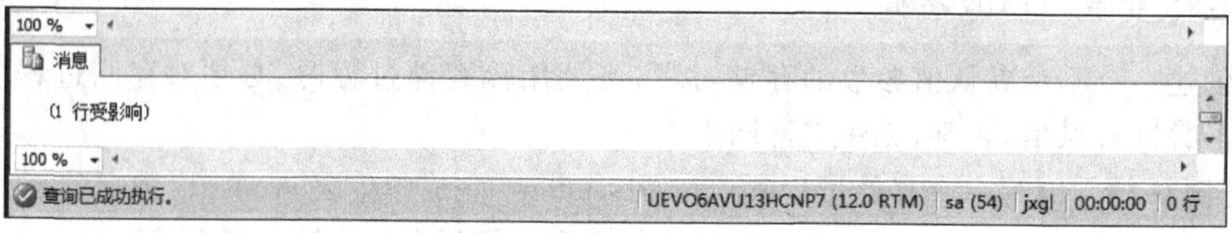

图 9-8 执行存储过程 up_insertstudent(二)

注意：以第一种方式调用时，必须严格按照创建存储过程时定义参数的顺序，第二种方式时，不必按照 create procedure 时参数的定义顺序。

【例 9-6】 编写一个存储过程 up_delStudentByName，根据输入的学生姓名，删除该学生记录。

在查询分析器中输入如下代码：

```
CREATE PROCEDURE up_delstudentbyname
@sname varchar(30) --参数定义
AS
BEGIN
    DELETE FROM [jxgl].[dbo].[students]
    WHERE stu_name=@sname
END
```

调用存储过程的代码如下：

```
USE jxgl
GO
EXEC up_delstudentbyname '马啸天'
```

以上代码执行结果如图 9-9 所示。

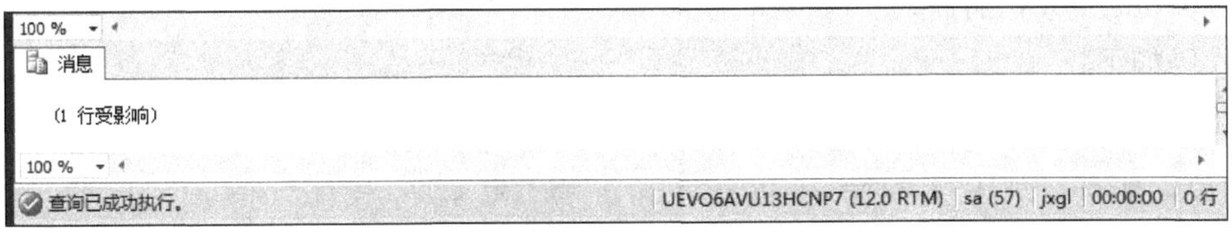

100 %
消息

(1 行受影响)

100 %
查询已成功执行。 UEVO6AVU13HCNP7 (12.0 RTM) sa (57) jxgl 00:00:00 0 行

图 9-9 执行存储过程 up_delstudentbyname

【例 9-7】 编写一个存储过程 up_getstudentinformationbyname，根据输入的学生姓名，显示该学生的学号、姓名、课程名和成绩。

在查询分析器中输入如下代码，创建存储过程。

```
CREATE PROCEDURE up_getstudentinformationbyname
@sname varchar(30) --参数定义
AS
BEGIN
    SELECT s.stu_id,stu_name,cour_name,score FROM students s,courses c,course_
score cs
    WHERE s.stu_id=cs.stu_id AND cs.cour_id=c.cour_id AND stu_name=@sname
END
```

调用存储过程的代码如下：

```
USE jxgl
GO
EXEC up_getstudentinformationbyname '陈琛军'
```

以上代码执行结果如图 9-10 所示。

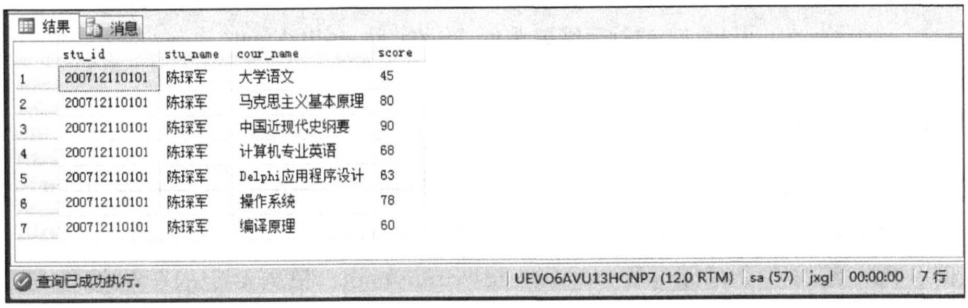

结果 消息

	stu_id	stu_name	cour_name	score
1	200712110101	陈琛军	大学语文	45
2	200712110101	陈琛军	马克思主义基本原理	80
3	200712110101	陈琛军	中国近现代史纲要	90
4	200712110101	陈琛军	计算机专业英语	68
5	200712110101	陈琛军	Delphi应用程序设计	63
6	200712110101	陈琛军	操作系统	78
7	200712110101	陈琛军	编译原理	60

查询已成功执行。 UEVO6AVU13HCNP7 (12.0 RTM) sa (57) jxgl 00:00:00 7 行

图 9-10 执行存储过程 up_getstudentinformationbyname

2. 带默认值的参数

在执行存储过程 up_insertstudent 时，必须提供所有的 4 个参数，缺省任何一个参数，都会引发错误。解决这个问题的办法是给相应参数提供默认值。根据相应的语法，只要在参数定义后加上相应的默认值定义即可。

【例 9-8】 编写一个存储过程 up_insertstudentwithdefault,给参数定义默认值,完成学生表 student 数据的插入。

代码如下:

```
CREATE PROCEDURE [dbo].[up_insertstudentwithdefault]
@sid varchar(15), @sname varchar(30), --参数定义
@ssex char(10)='男', @sbirth datetime,@sbirthplace varchar(300)='',
@semail varchar(50)='', @stelephone varchar(50)='',@deptid varchar(50)
AS
BEGIN
    INSERT INTO [jxgl].[dbo].[students]([stu_id],[stu_name],[stu_sex],[stu_
birth]
    ,[stu_birthplace],[stu_email],[stu_telephone],[dept_id])VALUES
    (@sid,@sname,@ssex,@sbirth,@sbirthplace,@semail, @stelephone,@deptid)
END
```

调用存储过程的代码如下:

```
USE jxgl
Go
EXEC up_insertstudentwithdefault @sid='11', @sname='赵小乐',
@sbirth='1976-07-05',@deptid='d003'
```

以上代码执行结果如图 9-11 所示。

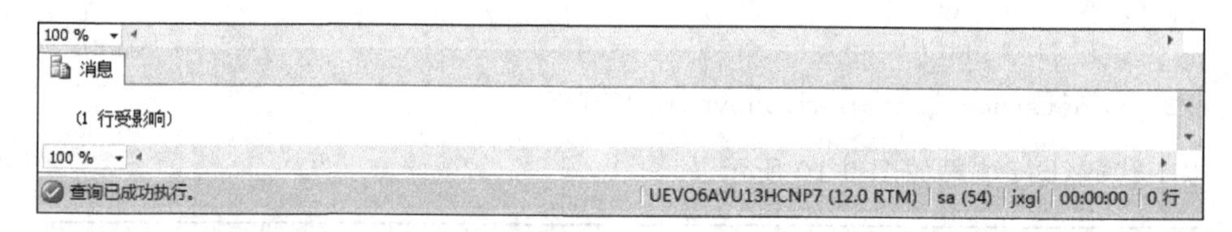

图 9-11 执行存储过程 up_insertstudentwithdefault

3. 带输出参数

在创建存储过程时,可以用关键字 output 来创建一个输出参数。另外,在调用带输出参数的存储过程时,也必须给出 output 关键字。

【例 9-9】 编写一个存储过程 up_getavgscorebyname,根据给定的学生姓名,获取该生的平均成绩。

代码如下:

```
CREATE PROCEDURE [dbo].[ up_getavgscorebyname]
@aname varchar(30),
@avgscore int output            --参数定义
AS
BEGIN
    SELECT @avgscore=avg(score) FROM students s,course_score cs WHERE
```

```
    s.stu_id=cs.stu_id and s.stu_name=@aname
END
```

调用过程代码如下：

```
USE jxgl
GO
DECLARE @avgScore int
EXEC up_getavgscorebyname '陈琛军',@avgscore output
PRINT @avgScore
```

以上代码执行结果如图 9-12 所示。

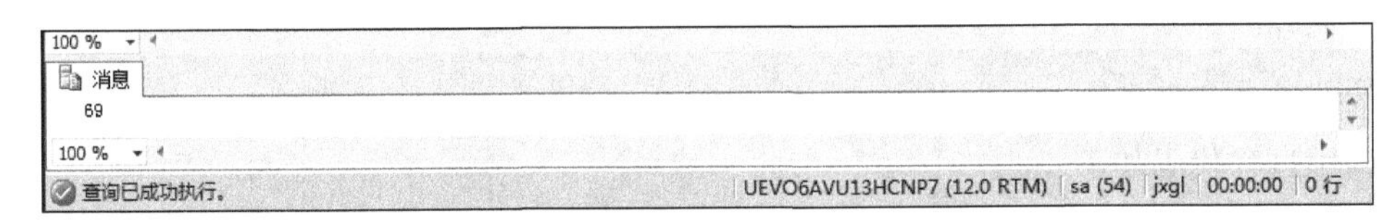

图 9-12 执行存储过程 up_getavgscorebyname

4. 带返回值的存储过程

在调用存储过程时，用户有时需要根据存储过程的返回值判断存储过程执行是否成功。存储过程中，返回值的方式有以下几种。

(1) PRINT 语句。PRINT 语句可以将用户定义的消息返回给客户端。PRINT 可接受字符串表达式，甚至包括由多个常量、局部变量或函数连接而成的复杂字符串。其语法格式如下：

```
PRINT 'any ASCII text'|@local_variable|@@function|string_expr
```

参数说明：

① any ASCII text：文本字符串。

② @local_variable：字符串类型的局部变量，如 char 或 varchar 类型。

③ @@function：返回结果为 char 或 varchar 类型数据的函数。

④ string_expr：返回字符串的表达式。

【例 9-10】 编写一个存储过程 up_insertstudent2，在插入学生数据前，先判断一下学号是否存在，如果存在，输出“学号已经存在”的消息，否则，插入该学生数据，并返回“数据插入成功”的消息。

代码如下：

```
CREATE PROCEDURE [dbo].[up_insertstudent2]
@sid varchar(15), @sname varchar(30), --参数定义
@ssex char(10)='男', @sbirth datetime,@sbirthplace varchar(300)='',
@semail varchar(50)='', @stelephone varchar(50)='',@deptid varchar(30)
AS
BEGIN
```

```
IF EXISTS(SELECT * FROM students WHERE stu_id=@sid)
    PRINT('要插入的学生的学号已经存在')
ELSE
    BEGIN
        INSERT INTO [jxgl].[dbo].[students]
        ([stu_id],[stu_name],[stu_sex],[stu_birth]
        ,[stu_birthplace],[stu_email],[stu_telephone],[dept_id])
        VALUES
        (@sid, @ sname, @ ssex, @ sbirth, @ sbirthplace, @ semail, @ stelephone,
        @deptid)
        PRINT('恭喜,数据插入成功')
    END
END
```

调用过程代码如下:

```
USE jxgl
GO
EXEC  up_insertstudent2 @sid=' 200712110108',@sname='张小飞',
      @sbirth='1983-02-01',  @ssex='男',@deptid='d002'
```

以上代码执行结果如图 9-13 所示。

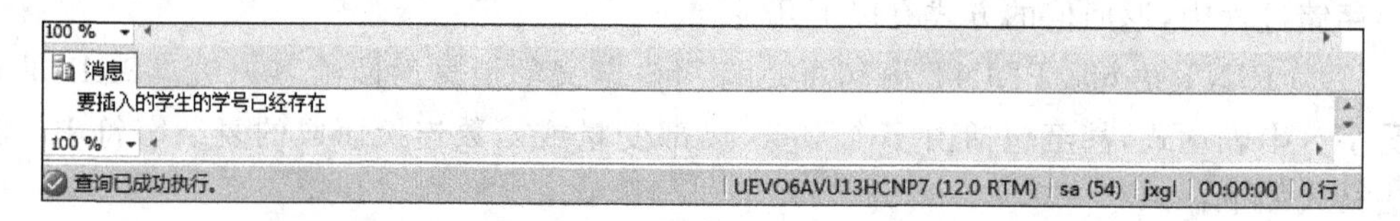

图 9-13 执行存储过程 up_insertstudent2(一)

我们将上面这条学生的学号数据进行修改,调用过程代码如下:

```
USE jxgl
GO
EXEC  up_insertstudent2 @sid='200712110113',@sname='张小飞',
      @sbirth='1983-02-01',  @ssex='男',@deptid='d002'
```

以上代码执行结果如图 9-14 所示。

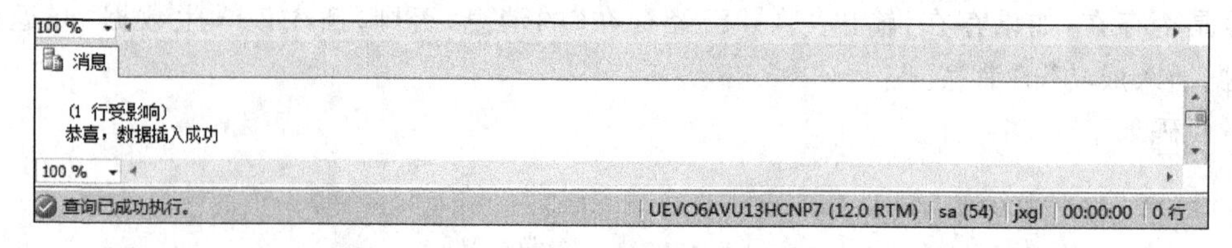

图 9-14 执行存储过程 up_insertstudent2(二)

(2) RETURN 语句:RETURN 语句可以从过程、批处理或语句块中退出,不执行其后续语句。其语法格式如下:

```
RETURN [integer_expression]
```

参数说明：integer_expression 是返回的整型值。存储过程可以给调用者返回整型值。

注意：若无特别指明，存储过程返回 0 表示执行成功，非 0 值表示失败。

【例 9-11】 编写一个存储过程 up_delstudentbyname2，根据输入的学生姓名，删除该学生记录。该过程返回 DELETE 语句影响的数据行数。

代码如下：

```
CREATE PROCEDURE up_delstudentbyname2
@sname varchar(30) --参数定义
AS
BEGIN
    DELETE FROM [jxgl].[dbo].[students]
    WHERE stu_name=@sname
RETURN @@rowcount
END
```

调用存储过程的代码如下：

```
USE jxgl
GO
DECLARE @ret_val int
EXEC @ret_val=up_delstudentbyname2 '肖玉峰'
SELECT @ret_val
```

以上代码执行结果如图 9-15 所示。

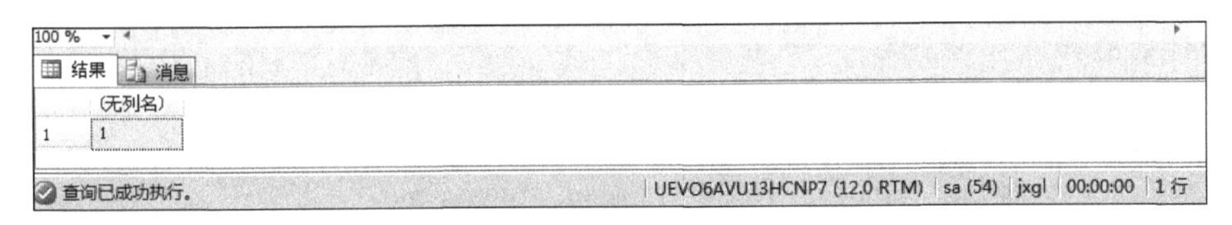

图 9-15　执行存储过程 up_delstudentbyname2

注意：

① 上面代码中全局变量@@rowcount 用于保留前一个语句执行中所影响的数据行。这样，如果 student 表中存在被删除的数据，则返回值为 DELETE 语句删除的数据行数，若不存在，则返回值为 0。

② 另外，还有一个经常使用的全局变量是@@error，用于返回上一个 T-SQL 语句执行过程中生成的错误号。若为 0，则表示执行成功，若非 0，则表示执行过程中有错误。

5. 带变量的存储过程

在存储过程中可以定义变量，包括全局变量（@@变量名）和局部变量（@变量名）。

用于保存存储过程中的临时结果。

【例 9-12】 编写一个存储过程 up_getavgscorebyname2，根据输入的学生姓名，计算该学生的平均成绩。根据该生平均成绩与全体学生平均成绩的关系，返回相应信息。

代码如下：

```
CREATE PROCEDURE up_getavgscorebyname2
@curname varchar(30),
@resStr varchar(30) OUTPUT
AS
BEGIN
    DECLARE @curAvg decimal(18,2)
    DECLARE @totalAvg decimal(18,2)
    SELECT @totalAvg=avg(score) FROM course_score
    SELECT @curAvg=avg(score) FROM students s,course_score cs WHERE
    s.stu_id=cs.stu_id and s.stu_name=@curname
    IF @curAvg>@totalAvg
        SET @resStr='高于平均分'
    ELSE
        SET @resStr='低于平均分'
    PRINT('总平均分为'+CONVERT(varchar(18),@totalAvg))
    PRINT('该生平均分为'+CONVERT(varchar(18),@curAvg))
    PRINT(@resStr)
END
```

调用存储过程的代码如下：

```
USE jxgl
GO
DECLARE @resstring varchar(30)
EXEC up_getavgscorebyname2 '陈琛军',@resstring output
```

以上代码执行结果如图 9-16 所示。

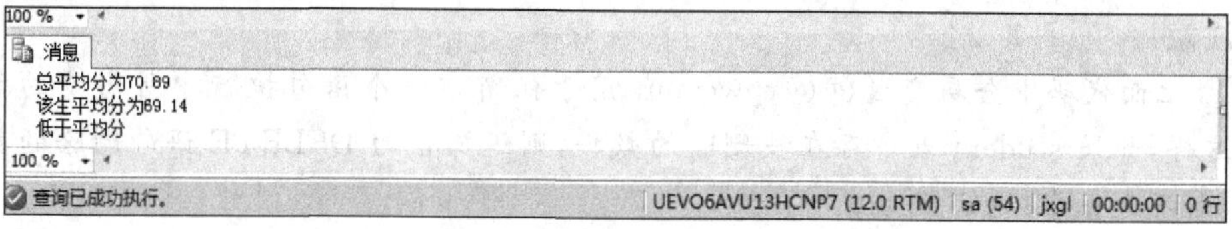

100 %
消息
总平均分为70.89
该生平均分为69.14
低于平均分
100 %
查询已成功执行。 UEVO6AVU13HCNP7 (12.0 RTM) | sa (54) | jxgl | 00:00:00 | 0 行

图 9-16 执行存储过程 up_getavgscorebyname2

6. 使用 OUTPUT 游标参数

OUTPUT 游标参数用来将存储过程的局部游标传递回执行调用的批处理或存储过程。

【例 9-13】 编写一个带有 output 型游标参数的存储过程 up_getstudent_cursor，再编写一个存储过程 up_printstudentbycursor，对游标中的数据进行显示。

创建存储过程 up_getstudent_cursor 的代码如下：

```
CREATE PROCEDURE [dbo].[up_getstudent_cursor]
    @student_cursor CURSOR VARYING OUTPUT
AS
BEGIN
    SET @student_cursor=CURSOR
    FORWARD_ONLY STATIC FOR
      SELECT stu_id, stu_name,stu_birth,stu_sex
      FROM students
    OPEN @student_cursor
END
```

创建存储过程 up_printstudentbycursor 的代码如下：

```
CREATE PROCEDURE [dbo].[up_printstudentbycursor]
AS
DECLARE @mycursor cursor
DECLARE @axh varchar(15)
DECLARE @asname varchar(30)
DECLARE @asbir datetime
DECLARE @assex char(10)
BEGIN
    EXEC dbo.up_getstudent_cursor @student_cursor=@mycursor output
    FETCH NEXT FROM @mycursor into @axh,@asname,@asbir,@assex
    WHILE (@@FETCH_STATUS=0)
      BEGIN
        PRINT('学号：'+@axh+' 姓名：'+@asname+' 出生年月：'+
        CONVERT(varchar(30),@asbir,120)+' 性别：'+@assex)
        FETCH NEXT FROM @mycursor into @axh,@asname,@asbir,@assex
      END
    CLOSE @mycursor;
    DEALLOCATE @mycursor;
END
```

调用存储过程的代码如下：

```
USE jxgl
GO
EXEC up_printstudentbycursor
```

以上代码执行结果如图 9-17 所示。

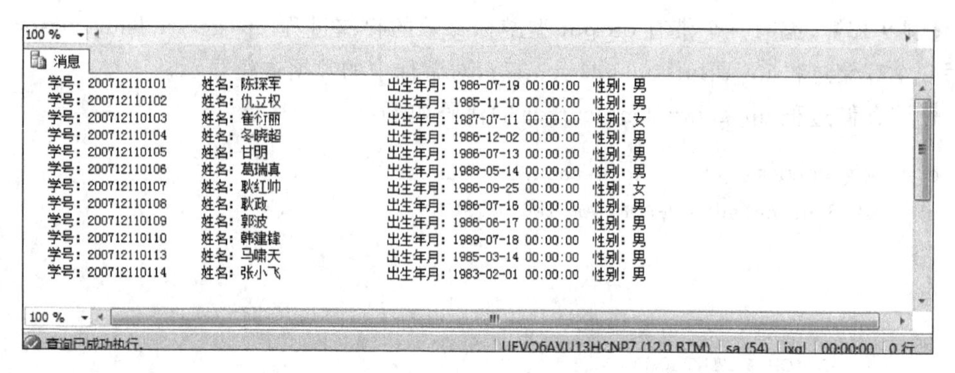

图 9-17 执行存储过程 up_printstudentbycursor

9.3 查看和修改存储过程

9.3.1 存储过程的查看

存储过程创建成功后，可以查看存储过程的定义代码。存储过程的查看可以通过 sys. sql_modules、object_definition 和 sp_helptext 等系统存储过程或视图查看。

1. sys. sql_modules

sys. sql_modules 是 SQL Server 的系统视图。通过该视图，可以查看数据库中的存储过程。查看方法如下。

（1）在对象资源管理器中选中要操作的数据库，右击，选择“新建查询”。

（2）在打开的查询编辑器中输入如下代码：SELECT * FROM sys. sql_modules。

（3）执行该代码，在查询结果中的 definition 字段内就是每个存储过程的详细定义代码。

2. object_definition

object_definition 用来返回指定的对象定义的 SQL 源文本，即定义该存储过程的 SQL 代码。语法如下：

```
object_definition(id)
```

其中，id 为要查看的存储过程的 id，为 int 类型。如要查看 id 为“21575115”的存储过程的定义代码，可使用语句：

```
SELECT object_definition(21575115)
```

3. sp_helptext

sp_helptext 为系统存储过程，利用它可以显示规则、默认值、未加密的存储过程、用户定义函数、触发器或视图的文本。

其语法如下：

```
sp_helptext [@objname=] 'name'
```

参数说明：

[@objname=] 'name'：对象的名称，将显示该对象的定义信息。对象必须在当前数据库中。name 的数据类型为 nvarchar(776)，没有默认值。

注意：sp_helptext 在多个行中显示用来创建对象的文本。

示例：

```
USE jxgl
GO
EXEC sp_helptext 'up_delstudentbyname'
```

以上代码执行结果如图 9-18 所示。

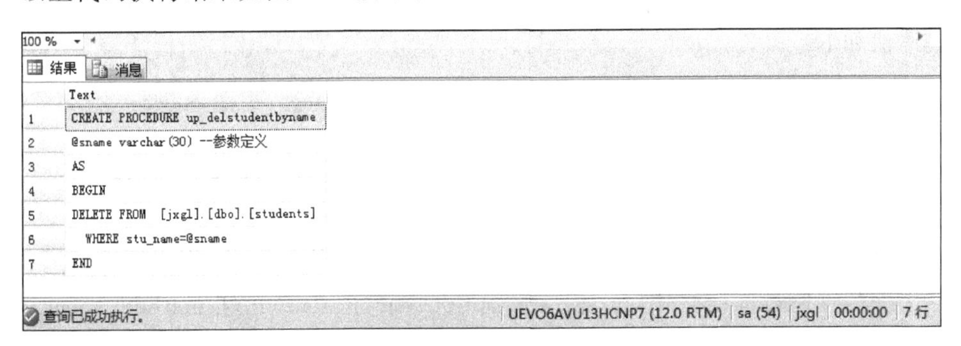

100 % 结果 消息

	Text
1	CREATE PROCEDURE up_delstudentbyname
2	@sname varchar(30) --参数定义
3	AS
4	BEGIN
5	DELETE FROM [jxgl].[dbo].[students]
6	WHERE stu_name=@sname
7	END

查询已成功执行。 UEVO6AVU13HCNP7 (12.0 RTM) sa (54) jxgl 00:00:00 7 行

图 9-18 利用 sp_helptext 查看存储过程定义

4. sp_depends

利用系统存储过程 sp_depends 可以查看存储过程的依赖对象。

【例 9-14】 使用系统存储过程 sp_depends 查看存储过程 up_delstudentbyname 中所依赖的对象信息，语句如下：

```
Use jxgl
GO
EXEC sp_depends 'up_delstudentbyname'
```

以上代码执行结果如图 9-19 所示。

100 % 结果 消息

	name	type	updated	selected	column
1	dbo.students	user table	yes	no	NULL
2	dbo.students	user table	no	yes	stu_name

查询已成功执行。 UEVO6AVU13HCNP7 (12.0 RTM) sa (54) jxgl 00:00:00 2 行

图 9-19 利用 sp_depends 查看存储过程中的依赖对象

9.3.2 存储过程的修改

存储过程创建后，当不能满足需要时可以进行修改。修改时可以修改其中的参数，也可以修改定义语句。同样的功能，可以先删除该存储过程，再重新创建，但那样会丢失与该存储过程相关联的所有权限。

存储过程的修改有如下两种方法。

(1) 在对象资源管理器中找到要修改的存储过程，右击，选择“修改”。这样便会在右面查询编辑器中显示出相应的 ALTER PROCEDURE 语句以及存储过程原来定义的文本，这样便可以非常方便地进行修改。修改完后，单击“执行”按钮即可。

(2) 在查询编辑器中直接输入相应的 ALTER PROCEDURE 语句，然后单击“执行”按钮。

ALTER PROCEDURE 语句用来修改通过执行 CREATE PROCEDURE 语句创建的存储过程，该语句不会影响存储过程的权限，也不会影响与之相关的存储过程或触发器。其语法如下：

```
ALTER { PROC|PROCEDURE } [schema_name.] procedure_name [ ; number ]
    [ { @parameter [ type_schema_name. ] data_type }
        [ VARYING ] [=default ] [ [ OUT [ PUT ] ] [,...n ]
[ WITH <procedure_option>[,...n ] [ FOR REPLICATION ]
AS { <sql_statement>[;][ ...n ]|<method_specifier>}
```

在上面的存储过程语法中，procedure_option、sql_statement 和 method_specifier 的定义如下：

```
<procedure_option>::=[ ENCRYPTION ][ RECOMPILE ][EXECUTE_AS_CLAUSE]
<sql_statement>::={ [ BEGIN ] statements [ END ] }
<method_specifier>::=
EXTERNAL NAME assembly_name.class_name.method_name
```

与 CREATE PROCEDURE 语句对比可以看出，存储过程的修改与创建只是将原来的 CREATE 换成 ALTER，其他语法格式和参数含义完全相同。

【例 9-15】 修改存储过程 up_getstudentinformationbyname，使其能按学生姓名进行模糊查询。并对存储过程的定义文本进行加密。

如图 9-20 所示，首先启动 management studio，在对象资源管理器找到要修改的存储过程 up_getStudentInformationByName，单击右键，选择“修改”。接着，便会出现如图 9-20 所示的查询编辑器窗口。

在如图 9-21 的窗口中输入如下代码：

代码如下：

```
ALTER PROCEDURE [dbo].[ up_getstudentinformationbyname]
@sname varchar(30) --参数定义
WITH ENCRYPTION
```

```
AS
BEGIN
SELECT s.stu_id, stu_name, cour_name, score FROM students s, courses c, course_
score cs    WHERE s.stu_id=cs.stu_id and cs.cour_id=c.cour_id and stu_name
LIKE '%'+@sname+'%'
END
```

调用存储过程的代码如下：

```
USE jxgl
```

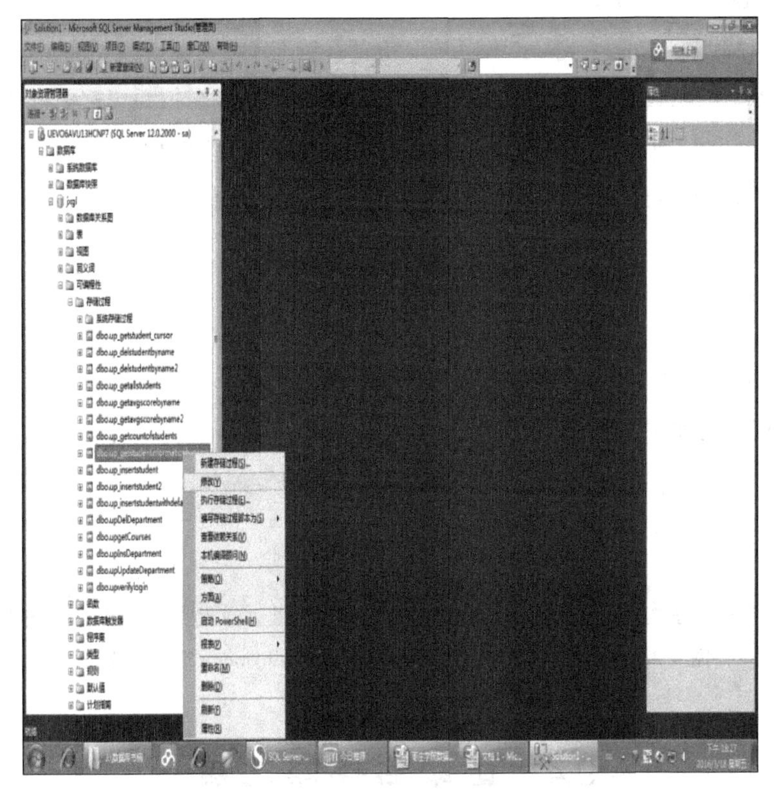

图 9-20　使用对象资源管理器修改存储过程

```
SQLQuery6.sql - U...NP7.jxgl (sa (53))
USE [jxgl]
GO
/****** Object:  StoredProcedure [dbo].[up_getstudentinformationbyname]    Script Date: 2016/3/18 星期五 下午
SET ANSI_NULLS ON
GO
SET QUOTED_IDENTIFIER ON
GO
ALTER PROCEDURE [dbo].[up_getstudentinformationbyname]
@sname varchar(30) --参数定义
AS
BEGIN
SELECT s.stu_id, stu_name, cour_name, score FROM students s ,courses c ,course_score cs
WHERE s.stu_id=cs.stu_id AND cs.cour_id=c.cour_id AND stu_name=@sname
END
```

图 9-21　使用查询编辑器修改存储过程

```
GO
EXEC up_getstudentinformationbyname '陈'
```

以上代码执行结果如图 9-22 所示。

	stu_id	stu_name	cour_name	score
1	200712110101	陈琛军	大学语文	45
2	200712110101	陈琛军	计算机专业英语	68
3	200712110101	陈琛军	Delphi应用程序设计	63
4	200712110101	陈琛军	操作系统	78
5	200712110101	陈琛军	编译原理	60
6	200712110101	陈琛军	马克思主义基本原理	80
7	200712110101	陈琛军	中国近现代史纲要	90

查询已成功执行。 UEVO6AVU13HCNP7 (12.0 RTM) sa (54) jxgl 00:00:00 7 行

图 9-22　执行存储过程 up_getstudentinformationbyname

这时，再来查看该存储过程的代码，会发现无法查看该存储过程的定义文本。代码如下：

```
USE jxgl
GO
EXEC sp_helptext 'up_getstudentinformationbyname'
```

以上代码执行结果如图 9-23 所示。

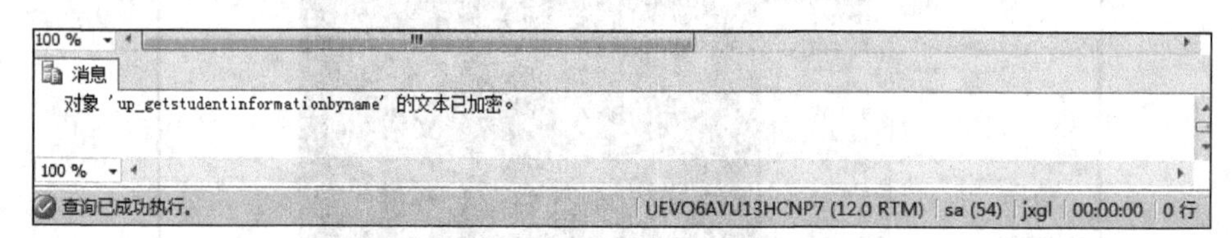

图 9-23　存储过程 up_getstudentinformationbyname 定义的查看

9.4　重命名存储过程

当需要对存储过程进行重命名时，既可以通过手动操作，也可借助系统存储过程 sp_rename 实现。实现方法如下。

1. 手动重命名存储过程

(1) 在 Management Studio 中的对象资源管理器中，找到将要重命名的存储过程所在的数据库。

(2) 从该数据库的子结点中找到需要重命名的存储过程，右击，选择“重命名”，然后对名称进行修改。

2. 使用系统存储过程 sp_rename 实现重命名

sp_rename 可以在当前数据库中对用户创建的对象，如表、索引、列、存储过程的名称进行修改。其语法如下：

```
sp_rename [@objname=] 'object_name ',[ @newname=] 'new_name '
```

参数说明：

① [@objname=] 'object_name'：要修改名称的用户对象或数据类型的当前的限定或非限定名称。

② [@newname=] 'new_name'：指定对象的新名称。

【例 9-16】 将存储过程 up_insertstudent 改名为 up_insertstudentinfo。

代码如下：

```
USE jxgl
GO
EXEC sp_rename 'up_insertstudent ', 'up_insertstudentinfo '
```

以上代码执行结果如图 9-24 所示。

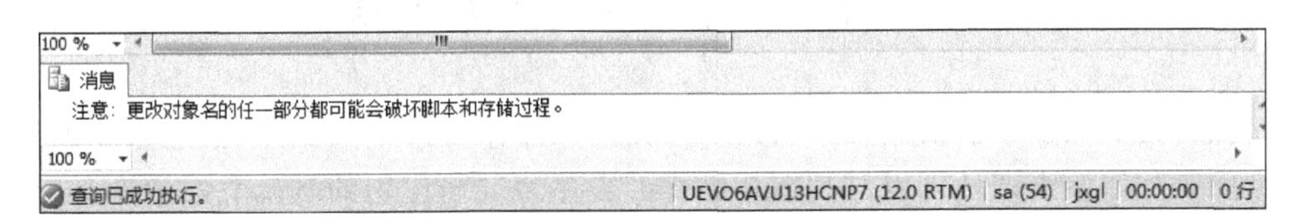

图 9-24 使用 sp_rename 重命名存储过程

在对象资源管理器中刷新后，会发现存储过程的名称已经被修改了。

9.5 删除存储过程

当数据库中某些存储过程不再需要时，就可以将其进行删除，这样可以节省数据库空间。存储过程的删除可以通过手动方式，也可以通过 Drop Procedure 语句实现。

1. 手动删除存储过程

(1) 在 Management Studio 中的对象资源管理器中，找到将要删除的存储过程所在的数据库。

(2) 从该数据库的子结点中找到需要重命名的存储过程，单击右键，选择“删除”，然后在随后出现的“删除对象”窗口中单击“确定”即可。

2. 使用 T-SQL 语句删除存储过程

利用 DROP PROCEDURE 语句可以从当前数据库中删除一个或多个存储过程。也可以删除一个存储过程组。

语法：

```
DROP PROCEDURE{ [ schema_name. ] procedure } [,...n ]
```

参数说明：

① schema_name：过程所属架构的名称。不能指定服务器名称或数据库名称。

② procedure：要删除的存储过程或存储过程组的名称。过程名称必须遵循有关标识符的规则。

例如，删除存储过程sp1的SQL语句如下：

```
DROP PROCEDURE sp1
```

若要删除存储过程sp1和sp2，其语句如下：

```
DROP PROCEDURE sp1,sp2
```

若sp1和sp2都属于过程组mysp，则可以用如下语句将mysp删除。

```
DROP PROCEDURE mysp
```

9.6 存储过程的重新编译

在执行诸如添加索引或更改索引列中的数据等操作更改了数据库时，应重新编译访问数据库表的原始查询计划以对其重新优化。当存储过程使用的基础表发生变化时，用户需要重新编译该存储过程。

SQL Server中，强制重新编译存储过程的方式有三种：

(1) 使用系统存储过程sp_recompile对指定的存储过程进行重新编译。sp_recompile会使得指定的存储过程或触发器等在下次执行时对其重新编译。

语法：

```
sp_recompile [ @objname= ] 'object'
```

参数说明：

[@objname=] 'object'：当前数据库中存储过程、触发器、表或视图的限定或未限定名称。如果object是存储过程或触发器的名称，则该存储过程或触发器将在下次运行时重新编译。如果object是表或视图的名称，则所有引用该表或视图的存储过程都将在下次运行时重新编译。

例如，对于存储过程up_Insertstudent进行重新编译，其语句如下：

```
EXEC sp_recompile 'up_Insertstudent'
```

(2) 在调用存储过程时进行重新编译。可以通过指定WITH RECOMPILE选项，强制在执行存储过程时对其重新编译。仅当自创建该存储过程后数据发生显著变化时，才应使用此选项。

例如，对存储过程up_getcountofstudents在执行时重新编译，其语句如下：

```
EXEC up_getcountofstudents WITH RECOMPILE
```

(3) 在创建存储过程时指定进行重新编译。创建存储过程时在其定义中指定WITH RECOMPILE选项，指明SQL Server将不为该存储过程缓存计划，在每次执行该存储过程时对其重新编译。当存储过程的参数值在各次执行间都有较大差异，导致每次均需创建不同的执行计划时，可使用WITH RECOMPILE选项。

注意：此选项并不常用，因为每次执行存储过程时都必须对其重新编译，这样会导致存储过程的执行变慢。

例如，使用WITH RECOMPILE选项创建存储过程up_getallcourses，用于获取所有的课程信息。代码如下：

```
CREATE PROCEDURE up_getallcourses WITH RECOMPILE
AS
  SELECT * FROM course
```

9.7 【实训项目】 存储过程

1. 实验目的

(1) 掌握利用查询分析器或对象资源管理器创建存储过程。

(2) 掌握存储过程的执行与维护。

(3) 理解使用存储过程来维护数据完整性。

2. 实验内容

本次实验所用的数据库主要包括的数据表为：学生(student)、课程(course)和成绩(stumark)，其创建脚本如下：

```
CREATE TABLE student
(学号 char(10), 姓名 char(8), 性别 char(2),年级 int, 出生日期 datetime)
GO
CREATE TABLE course
(课程号 char(4),课程名 varchar(20),学分 int)
GO
CREATE TABLE stumark
(考试号 char(10), 学号 char(10),
笔试成绩 decimal(18,1),机试成绩 decimal(18,1))
GO
```

(1) 创建一个能向学生表中插入一条记录的存储过程insert_student，该过程需要5个参数，分别用来传递学号、姓名、性别、年级、出生日期5个值。

(2) 写出执行存储过程insert_student的SQL语句，向学生表中插入一个新同学，并提供相应的实参值(实参值自定)。

(3) 创建一个向课程表中插入一门新课程的存储过程 insert_course，该存储过程需要三个参数，分别用来传递课程号、课程名、学分，但允许参数“学分”的默认值为 2，即当执行存储过程 insert_course 时，未给参数“学分”提供实参值时，存储过程将按默认值 2 进行运算。

(4) 执行存储过程 insert_course，向课程表 course 中插入一门新课程。分两种情况写出相应的 SQL 命令：

① 提供三个实参值执行存储过程 insert_course；

② 只提供二个实参值执行存储过程 insert_course，即不提供与参数“学分”对应的实参值。

(5) 创建一个名为 query_student 的存储过程，该存储过程的功能是根据学号查询学生表中某一学生的姓名、年级、性别及出生日期。

(6) 执行存储过程 query_student，查询学号为“20060201”的学生的学号、班级号、性别及出生日期。写出完成此功能的 SQL 命令。

(7) 请创建存储过程，查看本次考试平均分以及未通过考试的学员名单。

(8) 修改上例：由于每次考试的难易程度不一样，每次笔试和机试的及格线可能随时变化(不再是 60 分)，这导致考试的评判结果也相应变化。

分析：上述存储过程添加 2 个输入参数@writtenpass(笔试及格线)和@labpass(机试及格线)。

(9) 如何修改上例程序，根据每次统考指定的及格分数线，显示通过考试的学员名单并返回及格人数。(提示：用输出参数)

(10) 思考：如何返回及格率？(提示：①用输出参数；②存储过程中用查询赋值语句分别求出及格人数与总人数，再求出及格率。)

小结

本章主要介绍了存储过程的概念、分类和优点，并通过大量的实例说明了以对象资源管理器和 T-SQL 语句两种方式对存储过程进行创建、删除、修改、查看、重命名和重新编译的方法。读者特别要注意掌握带参数、带默认值参数、带有返回值、带有局部变量、使用游标参数等几种存储过程的创建。

习题

1. sp_help 属于(　　)。

　A. 系统存储过程　　　　B. 用户定义存储过程

　C. 扩展存储过程　　　　D. 其他

2. 下列(　　)语句用于创建存储过程。

　A. CREATE PROCEDURE　　　　B. CREATE TABLE

C. DROP PROCEDURE　　D. 其他

3. 下列(　　)语句用于删除存储过程。

A. CREATE PROCEDURE　　B. CREATE TABLE

C. DROP PROCEDURE　　D. 其他

4. 判断题：

(1) 使用存储过程可以减少网络流量。(　　)

(2) 存储过程使代码具有重用性。(　　)

(3) 存储过程可以作为一个安全机制来使用。(　　)

5. 学生选课系统,主要表有：学生基本信息表(学号,姓名,性别,专业,出生年月),选课表(学号,课程号,分数),课程表(课程号,课程名,所属专业,学分)。

要求：创建存储过程。

(1) 能够根据给定的学生姓名,查询该学生选修的课程及相应的分数。

(2) 能够根据给定的课程名,以输出参数的形式给出该课程的选课人数及平均分。

6. 在 factory 数据库中,使用 T-SQL 语句完成如下各题。

(1) 创建一个为 worker 表添加职工记录的存储过程 Addworker。

(2) 创建一个存储过程 Delworker 删除 worker 表中指定职工号的记录。

(3) 显示存储过程 Delworker。

(4) 删除存储过程 Addworker 和 Delworker。

7. 什么是存储过程? 存储过程分为哪几类? 使用存储过程有什么好处?

8. 修改存储过程有哪几种方法? 假设有一个存储过程需要修改但又不希望影响现有的权限,应使用哪个语句来进行修改?

第 10 章 chapter 10

数据完整性与触发器

本章教学重点及要求

- 掌握数据完整性的概念、分类及优点
- 掌握实体完整性、域完整性和参照完整性的实现方法
- 掌握 primary key、unique、check 约束、default 约束、foreign key 约束的创建和删除方法
- 掌握默认值对象、规则对象创建、使用和删除方法
- 掌握触发器的概念、优点和分类
- 掌握 DML 和 DDL 触发器的创建方法
- 掌握 DML 和 DDL 触发器的查看、修改、重命名和删除方法

10.1 数据完整性概述

数据完整性是为保证数据库中数据在逻辑上的一致性和准确性，防止数据库中存在不符合语义规定的数据和防止因错误信息的输入输出造成无效操作或错误信息而提出来的。比如，假设在 course_score 表的 score 列上定义了完整性约束，要求该列的值必须界于 0 至 100 之间。这样，如果用户在用 INSERT 进行插入或 UPDATE 进行更新时，如果该列的值违反了这一约束，SQL Server 将回滚该事务，并返回相应的出错信息。

使用完整性约束有以下好处。

(1) 在数据库应用的代码中增强了商业规则。

(2) 使用存储过程，完整控制对数据的访问。

(3) 增强了触发存储数据库过程的商业规则。

在定义完整性约束时，一般使用 SQL 语句。当定义和修改时，不需要额外编程。SQL 语句容易编写，可减少编程错误。完整性规则定义在表上，存储在数据字典中。另外，如果规则比较复杂，还可以通过触发器和存储过程实现。

当完整性约束定义之后，应用程序的任何数据必须满足表的完整性约束。通过将商业规则从应用代码移到完整性约束，数据表能够保证数据存储的合法性。如果通过完整性约束增强的商业规则改变了，管理员只需修改相应的数据完整性，则所有应用程序都会自动与修改后的约束保持一致。相反，如果商业规则实现在应用程序一端，则开发人

员需要修改所有的相关代码,并且重新调试和编译。这样,修改的时间和人力代价就会非常大。

10.2 数据完整性的分类

数据完整性是指数据库中的数据在逻辑上的一致性和准确性。它是为防止数据库中存在不符合语义规定的数据和防止因错误信息的输入输出造成无效操作或错误信息而提出的。一般地,可以把数据完整性分为实体完整性、域完整性(Domain Integrity)和参照完整性(Referential Integrity)。

1. 实体完整性

实体完整性,又称为行完整性,要求表中的每一行都有一个唯一的标识符。这个标识符就是主键。17 世纪末的大哲学家莱布尼茨说过,“世界上没有两片完全相同的叶子”。在数据库的概念设计中,我们知道,所有的实体都是相互区分的。这些反映到数据库的物理实现中,就是数据表中的每一行都是唯一的,在同一个数据表中,不允许存在两个完全相同的行。在 SQL Server 中,可以通过索引、primary key 约束和 unique 约束实现数据的实体完整性。比如,在学生表 students 中,可以通过主键 stu_id 唯一标识该学生所对应的记录信息。这样,在输入数据时,可以保证不存在相同学号的学生记录。

2. 域完整性

域完整性,又称列完整性,指定数据库表中的列必须满足某种特定的数据类型或约束以及确定是否允许取空值。域完整性通常使用有效性检查来实现,还可通过数据类型、格式、取值范围等来实现。

3. 参照完整性

参照完整性,又称为引用完整性。参照完整性用于保证主表中的数据与从表中数据的一致性。比如,成绩表中的学号应该在学生表中有对应的学号。参照完整性的实现是通过从表中的外键(foreign key)和主表中的主键(primary key)之间的对应关系实现的。参照完整性用于确保键值在所有表中的一致。比如,如果学生表中的某一行,在对应的成绩表中有相关记录,则要求该行数据不能删除,也不能更改该行的学号(主键)。

主键:在表中能唯一标识表中每个数据行的一列或多列。

外键:如果一个表中的一个字段或多个字段的组合是另一个表的主键,则称该字段或字段组合为该表的外键。

对于主键,一个表中只能有一个,而外键,则可以有多个。

例如,对于 jxgl 数据库中的学生表 students 和成绩表 course_score。将 students 作为主表,学号 stu_id 为主键。成绩表 course_score 为从表,学号 stu_id 为外键,从而建立了主表和从表之间的联系,实现了参照完整性。

如果定义了两表之间的参照完整性,则有如下要求。

（1）从表不能引用不存在的键值。

（2）如果主表中的键值更改了，那么在整个数据库中，从表中对该键值的引用都要进行一致性修改。

（3）如果主表中没有相关联记录，则不能将该记录添加到从表。

（4）如果要删除主表中的某一记录，应先删除从表中与该记录相匹配的记录。

10.3 实体完整性的实现

如前所述，表中应该有一列或列的组合，其值能唯一地标识表中的每一行。选择这样的列或列的组合作为主键可以实现表的实体完整性。一个数据表只能有一个 primary key 约束，并且主键列不允许取空值。SQL Server 会为主键创建索引，来实现数据的唯一性。在查询中，使用主键时，该索引可用于对数据进行快速访问。若 primary key 约束是多列的组合，则某一列可以重复，但 primary key 定义的组合值不能重复。如果要确保一个表中的非主键列不输入重复值，应在该列上定义 unique 约束。

10.3.1 创建 primary key 约束和 unique 约束

1. 使用对象资源管理器创建 primary key 约束

如果要对教师表的 teach_id 列建立 primary key 约束，可以按如下步骤进行。

（1）在对象资源管理器中选中 teachers 表图标，右击，选择“设计”，进入如图 10-1 所示的表设计器界面。

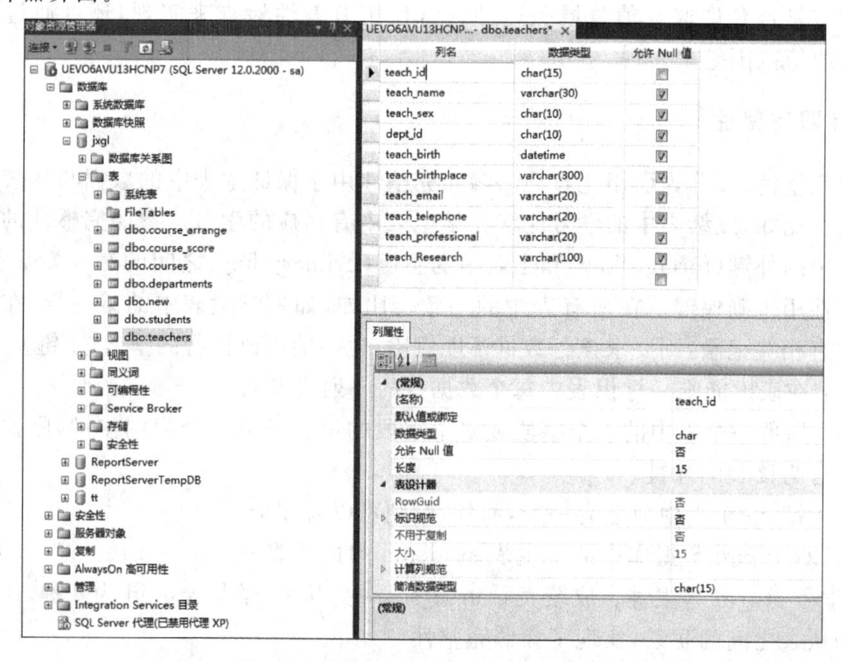

图 10-1 表 teachers 的表设计器界面

(2) 在表设计器界面中选中"teach_id"字段对应行，选择主键图标或单击右键，选择"设置主键"，这样，在"teach_id"这一行的前面，将出现主键图标。

如果主键由多列组成，可以选中某一列的同时，按 Shift 键选择多行，然后单击主键图标。创建主键时，系统将自动创建一个以"pk_"为前缀，后跟表名的主键索引，系统自动按聚集索引的方式组织主键索引。

2. 使用对象资源管理器创建 unique 约束

如果要在表 teachers 中对 teach_name 列建立的 unique 约束，可按以下步骤进行。

(1) 进入 teachers 表的表设计器界面。

(2) 单击工具栏上的"管理索引和键"按钮，就会打开如图 10-2 所示的"索引/键"窗口。

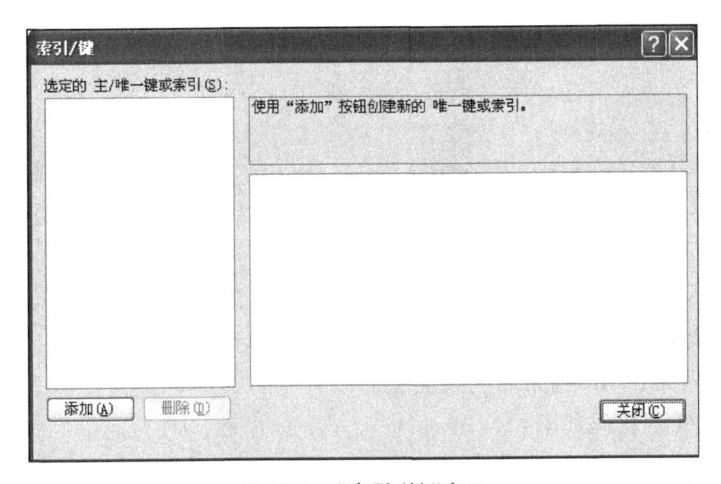

图 10-2 "索引/键"窗口

(3) 在该窗口中单击"添加"按钮，如图 10-3 所示，在右面设置列、是唯一的和名称三个属性，将属性值分为设置为 teach_name，"是"和 u_teachname。

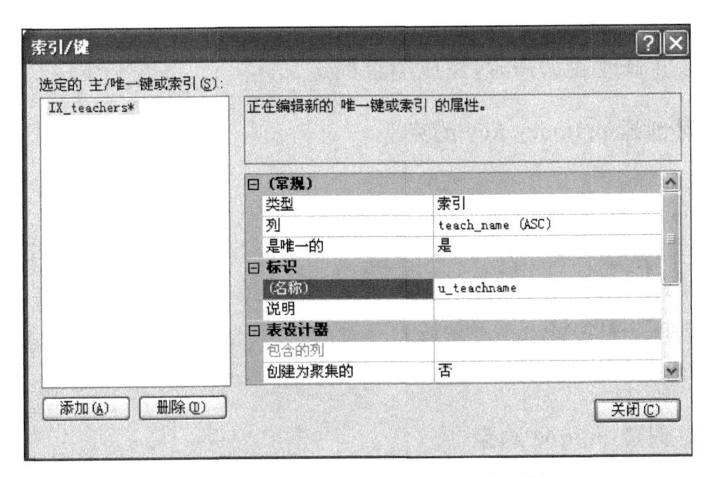

图 10-3 设置 unique 约束的相关属性

（4）单击“关闭”按钮，结束 unique 约束的添加。

3. 使用 T-SQL 语句创建表的同时创建 primary key 约束或 unique 约束

语法格式：

```
CREATE TABLE table_name
(column _ name datatype [CONSTRAINT constraint _ name] [NOT] NULL PRIMARY KEY
|UNIQUE
[clustered|nonclustered]
[,…n])
```

在上述语法格式中，通过关键字 primary key 和 unique 说明所创建约束的类型。

【例 10-1】 定义表 students 时，同时将 stu_id 为主键，为 stu_email 定义为 unique 约束。

代码如下：

```
CREATE TABLE students
(stu_id char(15) primary key,stu_name varchar(30),stu_sex char(10), stu_birth
datetime,stu _ telephone varchar (20) , stu _ birthplacevarchar (300), stu _ email
varchar(20) unique)
```

注意，这种方式称为列级约束，约束直接定义在字段的后面。也可以实现为表级约束，这种约束定义格式与字段并列，一般在字段定义的后面单独定义。

其形式为：constraint 约束名约束类型。

表级约束的实现代码如下：

```
CREATE TABLE students
(stu_id char(15),stu_name varchar(30),stu_sex char(10), stu_birth datetime,stu_
birthplace varchar(300), stu _ email varchar (20), stu _ telephone varchar (20) ,
Constraint pk_students primary key(stu_id),Constraint uk_students unique (stu_
email))
```

当然，也可以在修改表结构时，完成约束的定义。

4. 修改表时创建 primary key 约束

语法格式：

```
ALTER TABLE table_name
ADD [CONSTRAINT constraint_name] PRIMARY KEY
Clustered|NonClustered
[,…n])
```

5. 修改表时创建 unique 约束

语法格式：

```
ALTER TABLE table_name
ADD [CONSTRAINT constraint_name] UNIQUE
Clustered|NonClustered
[,…n])
```

【例 10-2】 创建表 students1，然后修改表结构，分别为 stu_id 和 stu_email 列添加主键和 unique 约束。

代码如下：

首先创建 students 表：

```
CREATE TABLE students1
(stu_id char(15) ,stu_name varchar(30),stu_sex char(10), stu_birth datetime,
stu_ birthplace varchar(300),stu_email varchar(20) ,stu_telephone varchar
(20))
```

修改表结构，分别为 stu_id 和 stu_email 列添加主键和 unique 约束：

```
ALTER TABLE students1
ADD CONSTRAINT pk_students PRIMARY KEY(stu_id),CONSTRAINT uk_students UNIQUE
(stu_email)
```

10.3.2 删除 primary key 约束和 unique 约束

1. 使用对象资源管理器删除 primary key 约束

如果要删除表 teachers 中对 teach_id 列建立的 primary key 约束，有两种方法，一是在“对象资源管理器”中找到表 teachers，右击，选择“设计”打开表设计器，然后，右击，选择“删除主键”；另一种方法是使用“管理索引和键”，其步骤如下：

(1) 进入 teachers 表的表设计器界面；

(2) 单击工具栏上的“管理索引和键”按钮或右击，选择“索引/键”，就会打开如图 10-4 所示的“索引/键”窗口；

(3) 在如图所示的窗口中，选中要删除的索引或键，单击“删除”按钮；

(4) 单击“关闭”按钮，关闭该窗口。

2. 使用对象资源管理器删除 unique 约束

利用对象资源管理器删除 unique 约束的步骤与删除 primary key 约束的步骤相同。

3. 修改表时删除 primary key 约束和 unique 约束

语法格式：

```
ALTER TABLE table_name
DROP CONSTRAINT constraint_name [,……n])
```

【例 10-3】 修改 students 表的结构，删除例 10-2 中创建的 primary key 和 unique

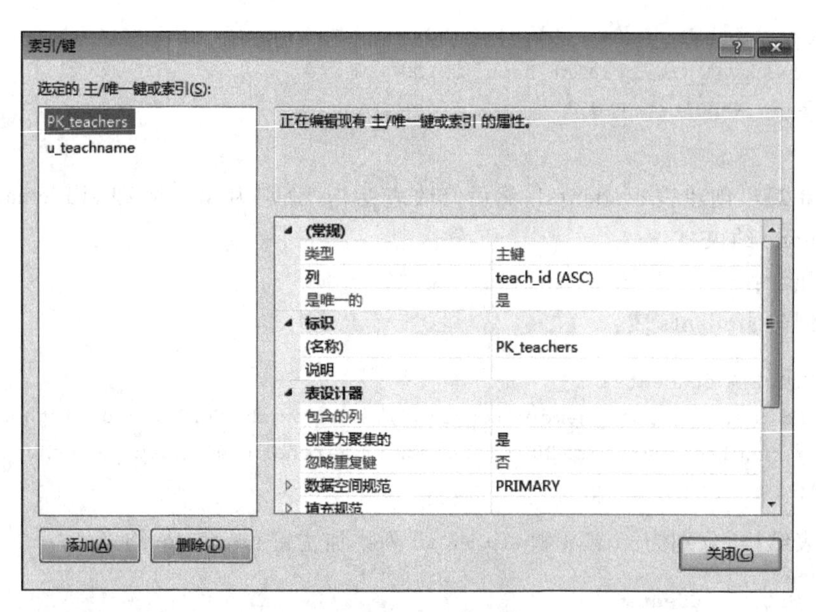

图 10-4 管理索引和键窗口

约束

代码如下：

```
ALTER TABLE students DROP CONSTRAINT pk_students,uk_students
```

10.4 域完整性的实现

在 SQL Server 中可有多种方式实现域完整性，如规则对象、check 约束、是否为空、默认值约束和默认值对象等。

10.4.1 CHECK 约束的定义与删除

CHECK 约束实际上是字段输入内容的验证规则，表示一个字段的输入内容必须满足 CHECK 约束的条件。否则，数据无法输入。

注意：对于 TimeStamp 和 Identity 两种类型的字段不能定义 CHECK 约束。

1. 通过对象资源管理器创建与删除 CHECK 约束

对于 jxgl 数据库中的 students 表，若要求学生的性别 stu_sex 只能为“男”或“女”，通过对象资源管理器定义这一约束可以按如下步骤进行。

方法 1：

(1) 如图 10-5 所示，在 students 表的设计器界面，单击鼠标右键，选择“CHECK 约束”，进入“CHECK 约束”窗口。

(2) 如图 10-6 所示，在“CHECK 约束”窗口，单击“添加”按钮，然后分别设置表达式

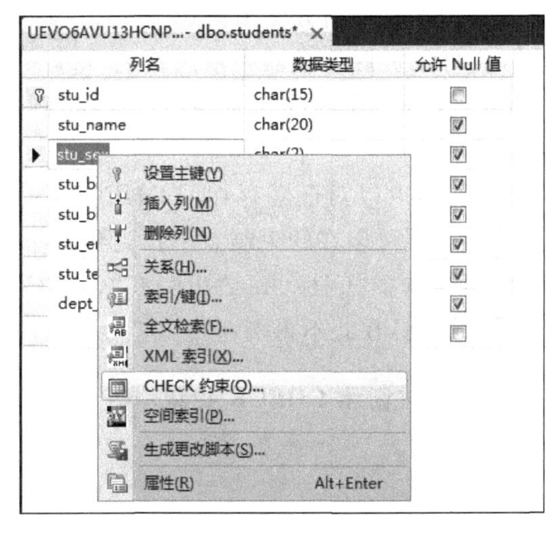

图 10-5 在表设计器中打开“CHECK 约束”

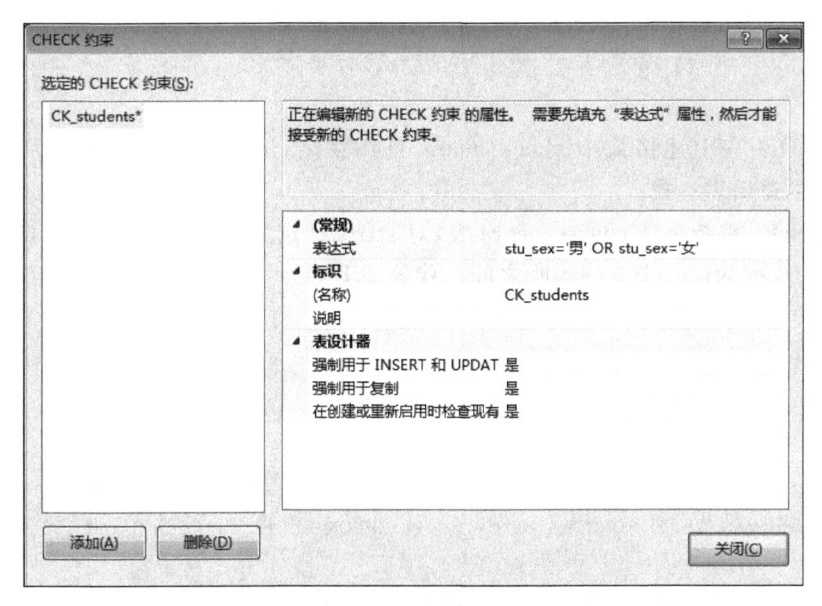

图 10-6 在“CHECK 约束”中定义相关属性

和名称为(stu_sex='男' OR stu_sex='女')和 CK_students，选择“关闭”按钮，结束 CHECK 约束定义。最后关闭 students 表设计器即可。

按上述步骤创建约束后，输入或修改的 stu_sex 数据不满足要求时，系统将报错。

若要删除上述约束，进入如图 10-6 所示的“CHECK 约束”窗口，选择要删除的约束名，然后单击“删除”按钮，选择“关闭”，关闭“CHECK 约束”窗口，最后，关闭表设计器。

方法 2：

创建 CHECK 约束时，在对象资源管理器中依次找到 jxgl 数据库→students 表→“约束”，单击鼠标右键，选择“新建约束”的节点，系统会打开 students 表的表设计器，并打开"CHECK 约束"窗口。后面的操作与方法1相同。

删除 CHECK 约束时,在对象资源管理器中依次找到 jxgl→"数据库"→students→"表"→"约束",展开约束节点,找到要删除的约束,右击,选择"删除",在随后弹出的"删除对象"对话框中选择"确定"。

当然,通过对象资源管理器还可以对已经存在的 CHECK 约束进行重命名、修改等操作。其操作方式与创建相似。既可以在约束结点中找到要操作的约束,单击"重命名"或"修改",也可以打开表设计器,选择"CHECK 约束",在"CHECK 约束"的属性窗口通过修改约束名和约束表达式来实现,在此不再赘述。

2. 使用 SQL 语句在创建表时创建 CHECK 约束

语法格式:

```
CREATE TABLE table_name
(column_name datatype NOT NULL|NULL
[ DEFAUL constraint_expression]
[CONSTRAINT [check_name] CHECK (logical_expression)]
[,…n] )
```

参数含义:在上述格式中 check_name 是约束名,logical_expression 为所定义的 check 约束的逻辑表达式。

【例 10-4】 重新定义 course_score 表,对 score 列定义名为 ck_score 的 CHECK 约束,要求 score 列的值介于 0 到 100 之间。代码如下:

```
USE jxgl
Go
DROP TABLE course_score
CREATE TABLE course_score
( id int identity(1,1) NOT NULL, cour_id char(15), stu_id char(15),
score decimal(18,0) CONSTRAINT ck_score CHECK(score between 0 and 100))
```

3. 使用 T-SQL 语句在修改表时创建 CHECK 约束

语法格式:

```
ALTER TABLE table_name ADD CONSTRAINT check_name CHECK (logical_expression)
```

其相关参数含义与 CREATE TABLE 语句中相同。

【例 10-5】 修改 courses 表,对学期 semester 列定义名为 ck_semester 的 CHECK 约束,要求 score 列的值介于 1 到 8 之间。代码如下:

```
USE jxgl
GO
ALTER TABLE courses ADD CONSTRAINT ck_semester CHECK(semester between 1 and 8)
```

4. 使用 T-SQL 语句在修改表时删除 CHECK 约束

语法格式：

```
ALTER TABLE table_name DROP CONSTRAINT check_name
```

功能：在 table_name 表中删除名为 check_name 的约束。

【例 10-6】 删除 courses 表中名为 ck_semester 的 CHECK 约束。

代码如下：

```
USE jxgl
GO
IF EXISTS (SELECT name FROM sysobjects WHERE name='ck_semester' and type='c')
BEGIN
ALTER TABLE courses DROP CONSTRAINT ck_semester
END
GO
```

10.4.2 规则对象的定义、使用与删除

与 CHECK 约束实现的功能类似，规则也是用来对列值进行限定的方法。但在使用上，规则是一个单独的对象，需要先创建，然后和一个数据表列或自定义类型相绑定。在进行列值限定时，CHECK 约束是首选方法。因为，CHECK 约束比规则更简明，一个列只能应用一个规则，但是却可以应用多个 CHECK 约束。

1. 使用 T-SQL 语句创建规则对象，并将其绑定到自定义类型或数据表列

(1) 规则对象的创建

语法格式：

```
CREATE RULE rule_name AS condition_expression
```

参数说明：

rule_name 是要创建的规则名，须符合标识符规则；

condition_expression 为规则的条件表达式。要求规则表达式中不能包含列或其他数据库对象，可以包含不引用数据库对象的内置函数。在 condition_expression 中包含一个局部变量，使用 UPDATE 或 INSERT 语句修改或插入值时，该表达式用于对规则所关联的列值进行约束。创建规则时，一般使用局部变量表示 UPDATE 或 INSERT 语句输入的值。

说明：

① 创建的规则对于先前已经存在于数据库中的数据无效。

② 规则表达式的类型必须与列的数据类型兼容，不得将规则绑定到 text、image 或 timestamp 列。要用单引号(')将字符和日期常量引起来，在十六进制常量前加 0x。

③ 对于用户自定义数据类型，当在该类型的数据列上插入值，或更新该类型的数据列时，绑定到该类型的规则才会激活。

④ 如果列同时有默认值和规则与之关联，则默认值必须满足规则的定义，与规则冲突的默认值不能关联到列。

(2) 将规则对象绑定到列或自定义数据类型

语法格式：

```
EXEC sp_bindrule [@rulename=] 'rule' , [@objectname=] 'object_name'
[,[@futureonly=] 'futureonly_flag]
```

参数说明：

rule：CREATERULE 语句创建的规则名，要用单引号括起来。

object_name：绑定到规则的列或自定义数据类型，若采用“表名.字段名”形式则为表列，否则认为绑定到自定义数据类型。

futureonly_ flag：仅当将规则绑定到自定义数据类型时才可用。若设置为 futureonly，则自定义数据类型的现有列不继承新规则。若设置为 NULL，当被绑定的数据类型当前无规则时，新规则将绑定到使用该自定义数据类型的每一列。

【例 10-7】 创建一个规则，并将其绑定到教师表的教师编号 teach_id 列，使得教师编号以“T”开头，后面为 6 位数字。

代码如下：

```
USE jxgl
GO
CREATE RULE tchid_rule
AS @id like 'T[0-9] [0-9] [0-9] [0-9] [0-9] [0-9]'
GO
EXEC sp_bindrule 'tchid_rule', 'teachers.teach_id'
GO
```

【例 10-8】 创建一个自定义数据类型 mphone 及规则 mpn_rule，将规则 mpn_rule 绑定到 mphone 列上，最后定义教师表 teachnew，其 mobilephone 列使用数据类型 mphone。

代码如下：

```
USE jxgl
EXEC sp_addtype 'mphone', 'char(11)' ,'null'
GO
IF EXISTS(select name from sysobjects where name='mpn_rule' and type='r')
DROP RULE mpn_rule
GO
CREATE RULE mpn_rule
AS @mpn like '1[0-9] [0-9] [0-9] [0-9] [0-9] [0-9] [0-9] [0-9] [0-9]'
GO
```

```
EXEC sp_bindrule 'mpn_rule', 'mphone'
GO
CREATE TABLE teachnew
( teach_id char(15) PRIMARY KEY,teach_name varchar(30),
teach_sex char(2),teach_mobilephone mphone)
```

2. 规则对象的删除

删除规则对象之前，首先应使用系统存储过程 sp_unbindrule 解除被绑定对象与规则对象的绑定关系。

语法格式：

```
EXEC sp_unbindrule [@objectname=] 'object_name'
[,[@futureonly=] 'futureonly_flag]
```

参数说明：

object_name：用于指定解除规则绑定的列或自定义数据类型，若采用"表名.字段名"形式则为表列，否则认为是自定义数据类型。当为自定义数据类型解绑规则对象时，所有属于该类型的列也同时解除绑定。

futureonly_flag：仅当解除自定义数据类型时才可用。若设置为 futureonly，则规则仍对现有的属于该数据类型的列有效。

在解除了列或自定义数据类型与规则对象间的绑定关系后，就可以删除规则对象了。

语法格式：

```
DROP RULE {rule} [,…n]
```

参数说明：

rule 指被删除的规则名，可以包含规则对象的所有者名。

【例 10-9】 解除规则 tchid_rule 与 teach_id 列的绑定，并将规则对象 tchid_rule 删除。

代码如下：

```
USE jxgl
GO
IF EXISTS ( SELECT name FROM sysobjects WHERE name='tchid_rule' and type='r')
BEGIN
EXEC sp_unbindrule 'teachers.teach_id'
DROP RULE tchid_rule
END
```

【例 10-10】 解除规则 mpn_rule 与自定义数据类型 mphone 的绑定关系，并将规则对象 mpn_rule 删除。

代码如下：

```
USE jxgl
EXEC sp_addtype 'mphone', 'char(11)' ,'null'
GO
IF EXISTS(SELECT name FROM sysobjects WHERE name='mpn_rule' and type='r')
BEGIN
EXEC sp_unbindrule 'mphone'
DROP RULE mpn_rule
END
```

10.4.3 默认值约束的定义与删除

对于某些字段，可在数据表中为其定义默认值，以方便用户的使用。为一个字段定义默认值既可以通过默认值约束实现，也可以通过默认值对象实现。

虽然，默认值约束与默认值对象实现的功能类似，但还是有些区别的。

默认值约束是在一个表内针对某一字段定义的，仅对该字段有效。默认值是数据库的对象之一，在一个数据库内定义，可绑定到一个用户的自定义数据类型或库中某个表的字段。

1. 定义表结构时定义字段的默认值约束

在对象资源管理器中打开表设计器时可以非常方便地为某一字段定义默认值约束。另外，也可以通过 SQL 语句为一个字段定义默认值约束。

语法：

```
CREATE TABLE table_name
(column_name datatype NOT NULL|NULL
[[CONSTRAINT constraint_name ] DEFAULT default_expression]
[,…n] )
```

参数含义：

constraint_name：所定义的默认值约束的约束名。

default_expression：默认值表达式，此表达式只能包含常量、系统函数或 NULL。

注意：对于 timestamp 或带 identity 属性的字段不能定义默认值约束。

【例 10-11】 为 course_score 表的 score 列定义默认值 0。

代码如下：

```
USE jxgl
GO
DROP TABLE course_score
CREATE TABLE course_score
( id int identity(1,1) NOT NULL, cour_id char(15), stu_id char(15),
score decimal(18,0) CONSTRAINT df_score DEFAULT 0)
GO
```

当然，也可以省略默认值约束的约束名，代码如下：

```
CREATE TABLE course_score
( id int identity(1,1) NOT NULL, cour_id char(15), stu_id char(15),
score decimal(18,0) DEFAULT 0)
```

2. 修改表时，增加一个字段，同时定义默认值约束

语法如下：

```
ALTER TABLE table_name
  ADD column_name datatype [NOT NULL|NULL]
    [CONSTRAINT constraint_name ] DEFAULT default_expression WITH VALUES
```

参数说明：

with values 仅用于为表添加新字段的情况，若使用该短语，则将为表中各现有行的该列提供默认值。否则，每一行中该列的值都为 NULL。

【例 10-12】 为 teachers 表添加新列 beizhu，并定义默认值“优秀员工”。

代码如下：

```
USE jxgl
GO
ALTER TABLE teachers
ADD beizhu varchar(300) DEFAULT '优秀员工' WITH VALUES
```

当然，也可以为其指定名称。代码如下：

```
ALTER TABLE teachers
ADD beizhu varchar(300) CONSTRAINT df_beizhu DEFAULT '优秀员工' WITH VALUES
```

3. 修改表时，对表中指定的列定义默认值

语法如下：

```
ALTER TABLE table_name
  ADD [CONSTRAINT constraint_name]
    DEFAULT default_expression FOR column_name
```

参数说明：

column_name 是指表中已存在，需要定义默认值的表列。

【例 10-13】 为 students 表的 stu_sex 列定义默认值“男”。

代码如下：

```
USE jxgl
GO
ALTER TABLE students
ADD CONSTRAINT df_sex DEFAULT '男' FOR stu_sex
```

4. 默认值的删除

当默认值约束不再需要时,可以删除。同样,也可以利用SQL语句将其删除。

语法如下:

```
ALTER TABLE table_name DROP CONSTRAINT constraint_name
```

参数说明:

constraint_name是被删除的约束名。通过该语句可以将表中存在的任何约束,按照指定的约束名进行删除。

【例10-14】 删除例10-13中定义的默认值约束df_sex。

代码如下:

```
USE jxgl
GO
ALTER TABLE students DROP CONSTRAINT df_sex
```

10.4.4 默认值对象的定义、使用与删除

1. 通过T-SQL语句定义默认值对象

语法格式:

```
CREATE DEFAULT default_name AS constant_expression
```

参数说明:

default_name是要创建的默认值对象,其命名必须符合标识符的命名规则,也可以包含默认值对象的所有者。

const_expression是常量表达式,可以包含常量、内置函数等。

2. 通过系统存储过程绑定默认值对象

与规则对象类似,创建完默认值对象后,要使其发挥作用,还需使用系统存储过程sp_bindefault将其绑定到列或自定义类型。

语法格式:

```
sp_bindefault [@defname=] 'default' , [@objectname=] 'object_name'
[,[@futureonly=] 'futureonly_flag]
```

参数说明:

default: create default语句创建的默认对象名,要用单引号括起来。

object_name: 绑定到默认对象的列或自定义数据类型,若采用"表名.字段名"形式则为表列,否则认为绑定到自定义数据类型。

futureonly_flag: 仅当将默认对象绑定到自定义数据类型时才可用。若设置为futureonly,则自定义数据类型的现有列不继承新默认对象。

【例 10-15】 创建一个默认对象 def_sex,并将其绑定到教师表的教师性别 teach_sex 列。

代码如下：

```
USE jxgl
GO
CREATE DEFAULT def_sex AS '男'
GO
EXEC sp_bindefault 'def_sex', 'teachers.teach_sex'
GO
```

【例 10-16】 创建一个自定义数据类型 mydate 及默认对象 def_date,将对象 def_date 绑定到自定义数据类型 mydate 上,最后定义教师表 teachnew,其 bithdate 列使用数据类型 mydate。

代码如下：

```
USE jxgl
EXEC sp_addtype 'mydate', 'datetime' ,'null'
GO
CREATE DEFAULT def_date as getdate()
EXEC sp_bindefault 'def_date', 'mydate'
GO
CREATE TABLE teachnew( teach_id char(15) primary key,teach_name varchar(30),
teach_sex char(2),birthdate mydate)
GO
```

3. 删除默认值对象

如果要删除一个默认值对象,首先要解除默认值对象与自定义数据类型或表列的绑定关系,然后才能删除默认值对象。

使用 sp_unbindefault 解除绑定关系,语法格式：

```
EXEC sp_unbindefault [@objectname=] 'object_name' [,[@futureonly=]
'futureonly_flag]
```

参数说明：

object_name：用于指定解除默认对象绑定的列或自定义数据类型,若采用“表名.字段名”形式则为表列,否则认为是自定义数据类型。当为自定义数据类型解绑默认对象时,所有属于该类型的列也同时解除绑定。

futureonly_flag：仅当解绑自定义数据类型时才可用。若设置为 futureonly,则默认对象仍对现有的属于该数据类型的列有效。

在解除了列或自定义数据类型与默认对象间的绑定关系后,就可以删除默认对象了。

语法格式：

```
DROP DEFAULT {default} [,…n]
```

参数说明:

default:指被删除的默认对象名,可以包含默认对象的所有者名。

【例 10-17】 解除默认对象 def_sex 与 teachers 表 teach_sex 列的绑定,并将其删除。

代码如下:

```
USE jxgl
GO
IF EXISTS(SELECT name FROM sysobjects WHERE name='def_sex' and type='d')
BEGIN
EXEC sp_unbindefault 'teachers.teach_sex'
DROP DEFAULT def_sex
END
GO
```

10.5 参照完整性的实现

对于两个互相关联的数据表,在进行数据的插入、删除和更新时,通过参照完整性可以保证两个数据表之间数据的一致性。

对于从表定义 foreign key 约束,对于主表定义 primary key 或 unique 约束,可以实现主表和从表间的参照完整性。

两个表之间的参照完整性,既可以通过对象资源管理器创建,也可以通过 T-SQL 语句来实现。

10.5.1 参照完整性的实现介绍

1. 为主表创建 primary key 或 unique 约束

实现方法见 10.3,在此不再赘述。

2. 创建外键关系

方法 1:

(1) 如图 10-7 所示,在对象资源管理器中,选中要创建参照完整性的表所在的数据库,选中“数据库关系图”,右击,选中“新建数据库关系图”,随后出现如图 10-8 所示的“添加表”窗口,在该窗口中选中要建立参照完整性的数据表,单击“添加”,然后单击“关闭”,关闭此窗口。

(2) 在随后出现的数据库关系图界面中,在从表中选中要建立 foreign key 约束的字段并拖动到主表,便会出现如图 10-9 所示的“外键关系”窗口,在该窗口中单击“表和列规范”按钮,会打开如图 10-10 所示的“表和列”窗口,在该窗口中设置关系名,主键表、外键表、主键字段和外键字段,然后选择“确定”,在随之出现的“外键关系”窗口中单击“关闭”按钮,即可完成设置。

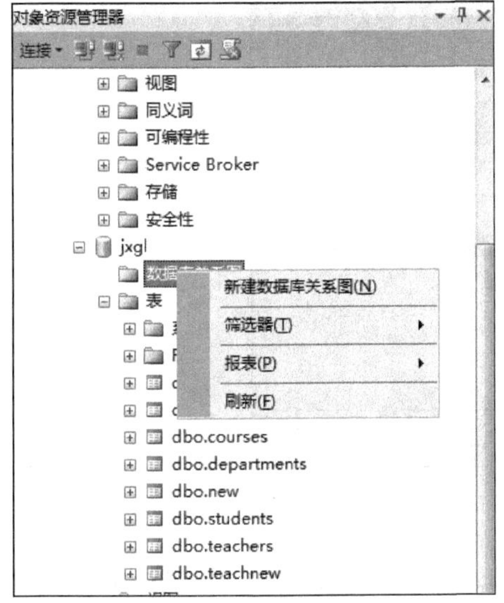

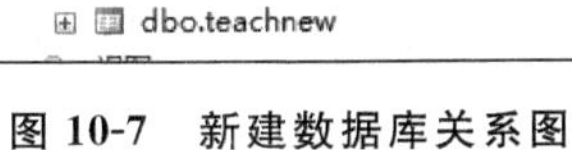

图 10-7 新建数据库关系图

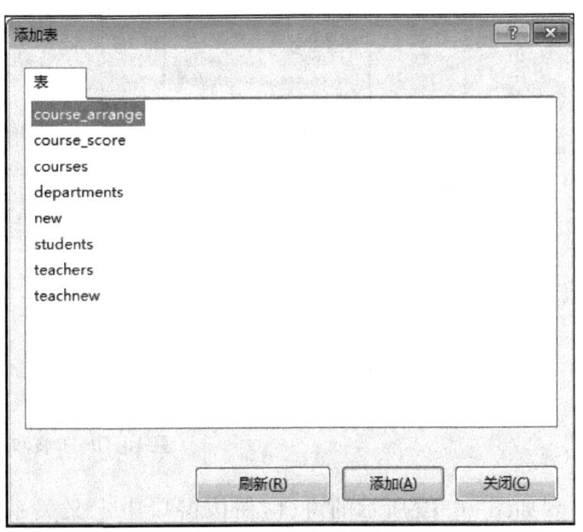

图 10-8 “添加表”窗口

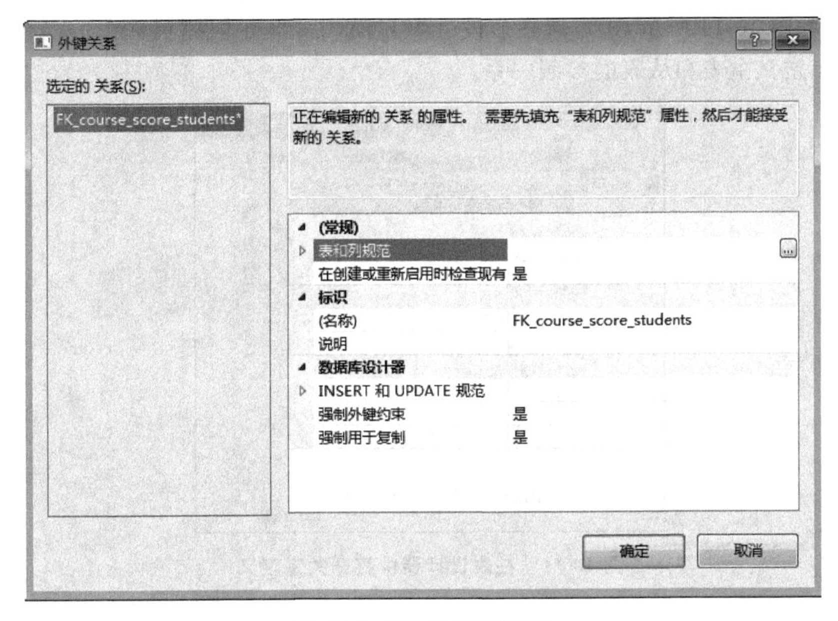

图 10-9 “外键关系”窗口

(3) 最后关闭数据库关系图窗口，并根据提示，将关系图的有关信息存盘，即创建了主表与从表的外键关系。

方法 2：

(1) 如图 10-10 所示，在表设计器界面，右击，在快捷菜单中选择“关系”，随后出现如图 10-9 所示的“外键关系”窗口。

(2) 在“外键关系”窗口中，单击“添加”按钮，在“表和列规范”处单击相应按钮，会出

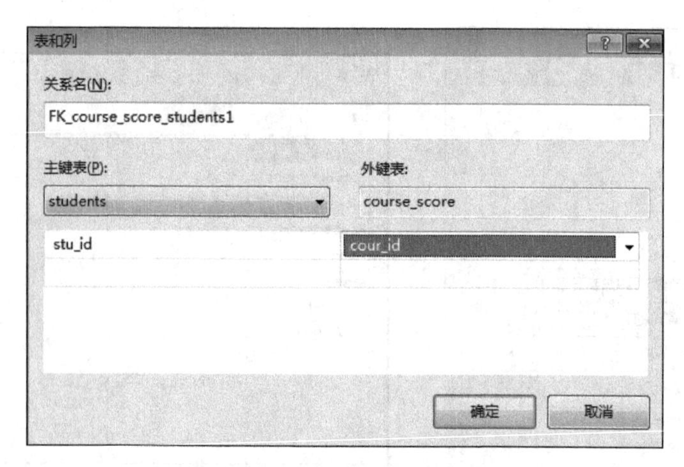

图 10-10 “表和列”窗口

现如图 10-10 所示的窗口,在该窗口中定义关系名、主键表、外键表及相关字段,后单击“确定”按钮关闭该窗口。

(3) 在“外键关系”窗口中单击“关闭”按钮,完成外键关系的定义。

另外,如图 10-11 所示,也可以在表设计器界面,右击,在快捷菜单中选择“关系”,然后根据提示定义主表和从表的参照关系。

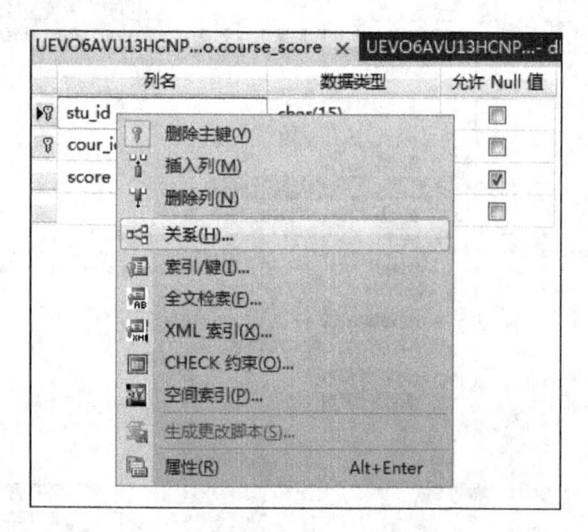

图 10-11 在表设计器中打开关系定义

10.5.2 参照完整性的删除

若要删除表间的参照完整性,只需在外键表中将相应的外键删除即可。有如下两种方法。

方法 1:

(1) 如图 10-11 所示,进入从表的表设计器界面,右击,选择“关系”菜单项,随后出现如图 10-9 所示的“外键关系”窗口。

(2) 在“外键关系”中选择要删除的外键,单击“删除”按钮,最后,单击“关闭”按钮。

这样，便完成了对外键的删除。

方法 2：在对象资源管理器中找到外键表，单击“键”，找到要删除的外键，右击“删除”即可。

10.5.3 使用 T-SQL 语句管理参照完整性

在 10.3 中已经介绍了 primary key 和 unique 约束的 SQL 语句实现方法。下面，我们介绍利用 SQL 语句创建 foreign key 约束的方法。

1. 创建表时同时定义外键约束

语法如下：

```
CREATE TABLE table_name (column_name datatype
[ [CONSTRAINT constraint_name] [FOREIGN KEY] REFERENCES ref_table(ref_column)
[on DELETE {CASCADE|no action}] [on UPDATE {CASCADE|no action}] [,…n] ]
```

参数含义：

table_name 为所创建的从表名称，column_name 为定义的字段名，字段类型由 datatype 指定。foreign key 指明在该字段上定义外键，且该外键与主表 ref_table 中的主键列或 unique 约束列 ref_column 相对应。

短语 on DELETE {cascade|no action} 和 on UPDATE {cascade|no action} 指出当删除和更新主表中的记录时，所对应的从表中的相应记录应执行的操作。若指定 cascade，则删除主表中的记录时，从表中的相应记录也随之删除，当更新主表中的记录时，从表中的相应记录也随之更新。若指定为 no action，SQL Server 会报告错误，并回滚主表中相应的更新操作。默认为 no action。

【例 10-18】 创建数据表 course_score，并为字段 stu_id 和 cour_id 建立外键，分别参照学生表 students 的主键 stu_id 和课程表 courses 的主键 cour_id。

代码如下：

```
USE jxgl
GO
CREATE TABLE course_score
( id int identity(1,1) NOT NULL,
cour_id char(15) REFERENCES courses(cour_id),
stu_id char(15) CONSTRAINT fk_stu FOREIGN KEY REFERENCES students(stu_id),
score decimal(18,0) )
GO
```

2. 修改表时定义外键约束

语法如下：

```
ALTER TABLE table_name
```

```
ADD [ [CONSTRAINT constraint_name] [FOREIGN KEY] (column_name )
REFERENCES ref_table(ref_column)
[on DELETE {CASCADE|no action}] [ON UPDATE {CASCADE|NO ACTION}] [,…n] ]
```

参数含义:

table_namey 为所修改的从表名称,column_name 为从表中定义外键的字段名。foreign key 指明在该字段上定义外键,且该外键与主表 ref_table 中的主键列或 unique 约束列 ref_column 相对应。

其他参数与 Create table 中相应参数的含义相同。

【例 10-19】 修改数据表 course_arrange,并为字段 cour_id 和 teach_id 建立外键,分别参照课程表 courses 的主键 cour_id 和教师表 teachers 的主键 teach_id。

代码如下:

```
USE jxgl
GO
ALTER TABLE course_arrange
ADD CONSTRAINT fk_cour FOREIGN KEY(cour_id) REFERENCES courses(cour_id)
GO
ALTER TABLE course_arrange
ADD CONSTRAINT fk_teach FOREIGN KEY(teach_id) REFERENCES teachers(teach_id)
GO
```

3. 使用 T-SQL 语句删除表间的参照完整性

若要删除表间的参照完整性,删除从表的外键约束即可。利用 SQL 语句删除外键时,其语法与删除其他约束相同。

【例 10-20】 修改数据表 course_arrange,将外键 fk_cour 和 fk_teach 删除。

代码如下:

```
USE jxgl
GO
ALTER TABLE course_arrange DROP CONSTRAINT fk_cour,fk_teach
GO
```

10.6 触发器概述

触发器是一种特殊类型的存储过程。灵活运用触发器可以大大增强应用程序的健壮性、数据库的可恢复性和数据库的可管理性。另外,通过触发器可以帮助开发人员和数据库管理员实现一些复杂的功能,简化应用程序的开发步骤,降低开发成本,提高开发效率。

与存储过程相比,触发器与表关系密切,可用于维护表中的数据。触发器在插入、删除或修改特定表中的数据时触发执行,通常用于强制执行一定的业务规则,以保持数据完整性、检查数据有效性、实现数据库管理任务和一些附加的功能。

与实现完整性的各种约束相比，触发器可以包含复杂的 T-SQL 语句。与存储过程相比，触发器不能通过名称调用，更不允许设置参数。

10.6.1　触发器的优点

(1) 触发器自动执行：对于表中数据进行修改后，触发器立即被激活，无须调用。

(2) 可以调用存储过程：为了实现一些复杂的数据操作，触发器可以调用一个或多个存储过程来完成相应的操作。

(3) 可以强化数据条件约束：与 CHECK 约束相比，触发器能实现一些更加复杂的完整性约束。比如，CHECK 约束不允许引用其他表中的列来完成数据完整性检查，而触发器可以引用其他表中的列，更适用于实现一些复杂的数据完整性。

(4) 触发器可以禁止或回滚违反引用完整性的更改：触发器可以检测数据库内的操作，可以取消未经许可的更新操作，使数据库的修改、更新更加安全。

(5) 级联、并行运行：触发器能够对数据库中的相关表进行级联更改。尽管触发器是基于一个表创建的，但是，它可以对多个表进行操作，从而实现数据库中相关表的级联更改。

(6) 触发器可以嵌套：触发器的嵌套，也被称为触发器的递归调用，指某一个触发器被激活而修改触发表中的内容时，激活了建立在该表上的另一个触发器；另一个触发器又类似地在修改其他触发表时激活了第三个触发器，如此，一层层地传递下去。

10.6.2　触发器的种类

SQL Server 2014 提供了两种类型的触发器：DML 触发器和 DDL 触发器。

1. DML 触发器

DML 触发器是在执行数据操纵语句时被调用的触发器。其中数据操纵的事件包括：INSERT、UPDATE 和 DELETE 语句。触发器中可以包含复杂的 T-SQL 语句。触发器在整体上被看作是一个事务，可以回滚。

DML 触发器根据事件类型的不同，可以分为如下三种。

(1) INSERT 触发器：如果对表执行 INSERT 操作，会触发该表上定义的 INSERT 触发器。

(2) UPDATE 触发器：如果对表执行 UPDATE 操作，会触发该表上定义的 UPDATE 触发器。

(3) DELETE 触发器：如果对表执行 DELETE 操作，会触发该表上定义的 DELETE 触发器。

根据触发器与触发事件的操作时间的不同，DML 触发器可以分为以下几类。

(1) AFTER 触发器：该类触发器在 INSERT、UPDATE 和 DELETE 语句执行后才会触发，并且这种触发器只能定义在数据表上。

（2）INSTEAD OF 触发器：该类触发器可以定义在表或视图上，INSTEAD OF 触发器会替代表或视图的触发事件。该类触发器可以使一些不能更新的视图支持更新。

2. DDL 触发器

与 DML 触发器类似，这种触发器也是一种特殊的存储过程，由相应事件触发后执行。但是，引起触发的不是数据操纵语句的执行，而是数据定义语句的执行，包括：CREATE、ALTER 和 DROP 等语句。该类触发器只能是 AFTER 类型的，只能在事件发生后才能触发。该类触发器可用于执行一些数据库管理任务。

10.6.3 使用触发器的限制

使用触发器有如下限制。

（1）触发器的创建语句必须是批处理中的第一条语句，并且只能应用到一个表中。

（2）触发器只能在当前数据库中创建，但触发器可以引用当前数据库的外部对象。

（3）如果指定触发器所有者名限制触发器，要以相同的方式限定表名。

（4）在同一触发器的创建语句中，可以为多种操作（如 INSERT、UPDATE 或 DELETE）定义相同的触发器操作。

（5）如果一个表的外键在 DELETE、UPDATE 操作上定义了级联，则不能在该表上定义 INSTEAD OF DELETE、INSTEAD OF UPDATE 触发器。

（6）触发器中不允许包含以下 T-SQL 语句：CREATE DATABASE、ALTER DATABASE、LOAD DATABASE、RESTORE DATABASE、DROP DATABASE、LOAD LOG、RESTORE LOG、DISK INIT、DISK RESIZE 和 RECONFIGURE。

（7）触发器不能返回任何结果，为了阻止从触发器返回结果，不要在触发器定义中包含 SELECT 语句或变量赋值。如果必须在触发器中进行变量赋值，则应该在触发器的开头使用 SET NOCOUNT ON 语句以避免返回任何结果集。

10.7 触发器的创建

10.7.1 DML 触发器的创建

1. 使用对象资源管理器创建 DML 触发器

在 Management Studio 中创建 DML 触发器的步骤如下。

（1）打开 Management Studio，在对象资源管理器，找到要创建触发器所在的表结点，在其展开后的子结点中单击“触发器”结点。然后右击，在快捷菜单中选择“新建触发器”，随后，便会在右面弹出查询分析器窗口。

（2）在查询分析器中编辑创建触发器的 SQL 代码。

（3）代码编辑完成后，单击“执行”按钮，编译刚才创建的触发器，编译成功后，在该表的触发器节点下，将会生成该触发器对象。

2. 用 T-SQL 语句创建 DML 触发器

语法如下：

```
CREATE TRIGGER [SCHEMA_NAME.] trigger_name on {TABLE|VIEW}
[WITH <dml_trigger_option>[,…n] ]
{FOR|AFTER| INSTEAD OF } {[INSERT] [,] [UPDATE] [,] [DELETE]}
[WITH APPEND] [ NOT FOR REPLICATION] AS
{sql_statement [;] [,…n]|external name <method specifier [;]>}
<dml_trigger_option>::=[encryption] [execute as clause]
<method_specifier>::=assembly_name.class_name.method_name
```

参数说明：

schema_name：DML 触发器所属架构名称。DML 触发器的作用域是为其创建该触发器的表或视图的架构。

trigger_name：要创建的触发器名称。触发器的命名须符合标识符规则，但不能以#或##开头。

table|view：执行 DML 触发器的表或视图，有时也称作触发器表或触发器视图。

<dml_trigger_option>：DML 触发器的参数选项。其中，Encryption 选项指的是对 CREATE TRIGGER 语句的文本进行加密处理，使用该选项后禁止触发器作为 SQL Server 复制的一部分被发布，不能为 CLR 触发器指定该选项。Execute as 选项指定用于执行该触发器的安全上下文。使用该选项后，允许用户控制 SQL Server 实例用于验证被触发器引用的任意数据库对象的权限的用户账户。

FOR|AFTER| INSTEAD OF：用于指定触发器的类型，如果仅指定 FOR，则 AFTER 为默认，用于创建 AFTER 触发器。AFTER 触发器不能在视图上。INSTEAD OF 指定用触发器中的操作替代触发语句的操作。在表或视图上，每个 INSERT、UPDATE 或 DELETE 语句最多可以定义一个 INSTEAD OF 触发器。如果触发器存在约束，则在 INSTEAD OF 触发器执行之后和 AFTER 触发器执行之前检查这些约束。如果违反这些约束，则回滚 INSTEAD OF 触发器操作且不执行 AFTER 触发器。注意，INSTEAD OF 触发器不能在 WITH CHECK OPTION 可更新视图上定义。

[INSERT] [,] [UPDATE] [,] [DELETE]：指定数据修改语句，这些语句可在 DML 触发器对此表或视图进行尝试时激活该触发器。必须至少指定一个选项。在触发器定义中允许使用上述选项的任意顺序组合。

WITH APPEND：指定应该再添加一个现有类型的触发器。该关键字只与 FOR 触发器一起使用。

NOT FOR REPLICATION：指示当复制代理修改涉及到触发器的表时，不应执行触发器。

sql_statement：触发条件和操作。触发器条件指定其他标准，用于确定尝试的 DML 或 DDL 语句是否导致执行触发器操作。当用户尝试激活触发器的 DML 或 DDL 操作时，将执行 sql_statement 中指定的触发器操作。触发器可以包含任意数量和种类的 T-

SQL 语句，也可包含流程控制语句。触发器的用途是根据数据修改或定义语句来检查或更改数据；它不应向用户返回数据。

< method_specifier >：对于 CLR 触发器，指定程序集与触发器绑定的方法。该方法不能带有任何参数，并且必须返回空值。

3. 触发器中使用的特殊表

执行触发器时，系统创建了两个特殊的逻辑表 inserted 表和 deleted 表。下面进行介绍。

（1）inserted：当向表中插入数据时，INSERT 触发器执行，新的记录插入到触发器表和 inserted 表中。

（2）deleted：用于保存已从表中删除的记录，当触发一个 DELETE 触发器时，被删除的记录保存到 deleted 表中。

修改一条记录等于插入一条新记录，同时删除旧记录。当对定义了 UPDATE 触发器的数据表中的记录进行修改时，表中原记录移到 deleted 表中，修改过的记录插入到 inserted 表中。触发器可以检查 deleted 表、inserted 表以及被修改的表。

inserted 表和 deleted 表的查询方法与数据库表的查询方法相同。

4. DML 触发器举例

【例 10-21】 创建一个 DML 触发器 ins_update_student，当对学生表 students 进入插入或更新时，向客户端显示一条信息。

代码如下：

```
USE jxgl
GO
IF OBJECT_ID('ins_update_student', 'tr') is NOT NULL
DROP TRIGGER ins_update_student
GO
CREATE TRIGGER ins_UPDATE_student on students AFTER INSERT,UPDATE
AS
BEGIN
RAISERROR('用户插入或更改了一条学生记录',16,10)
END
GO
```

【例 10-22】 创建一个 DML 触发器 ins_course_score，当对成绩表 course_score 添加一条数据时，首先判断一下学号 stu_id 和课程号 cour_id 在学生表 students 和课程表 courses 是否存在，若不在，拒绝插入。

代码如下：

```
USE jxgl
GO
```

```
IF EXISTS ( SELECT name FROM sysobjects WHERE name=' ins_course_score' and type='
tr')
  DROP TRIGGER ins_course_score
GO
CREATE TRIGGER ins_course_score on course_score AFTER INSERT
AS
BEGIN
  IF EXISTS (SELECT * FROM inserted a WHERE a.stu_id not in ( SELECT b.stu_id FROM
students b ) or a.cour_id not in (SELECT c.cour_id FROM courses c) )
  BEGIN
    RAISERROR('违背了数据的一致性',16,1)
    ROLLBACK TRANSACTION
END
ELSE
    RAISERROR('插入成绩记录成功!',16,10)
END
GO
```

【例 10-23】 创建一个 DML 触发器 upda_course，当对课程表 courses 修改数据时，首先判断一下课程号 cour_id 是否被修改，若被修改，拒绝该修改。

代码如下：

```
CREATE TRIGGER upda_course on courses AFTER UPDATE
AS
BEGIN
  IF update(cour_id)
  /* 函数 update(colname)用于触发器中判断指定的列 colname 是否进行修改,如果被修改,
     返回 true,否则返回 false */
  BEGIN
    RAISERROR('课程编号不允许修改',16,1)
    ROLLBACK TRANSACTION
  END
ELSE
  RAISERROR('课程记录修改成功!',16,10)
END
GO
```

5. INSTEAD OF 触发器的设计

在数据库设计中，如果视图数据来自多个表，那么该视图就无法更新。如果想让用户通过视图进行数据的插入、删除或更新，就必须为视图创建相应的 INSTEAD OF 触发器。

例如，若在一个多表视图上定义了 INSTEAD OF INSERT 触发器，视图中各列的值可能允许为空，也可能不允许为空，若视图某列的值不允许为空，则 INSERT 语句必须为

该列提供相应的值。

如果视图的列为以下几种情况之一：

（1）基表中的计算列；

（2）Identity INSERT 为 off 的基表中的标识列；

（3）具有 timestamp 类型的基表列。

该视图的 INSERT 语句必须为这些列指定值，INSTEAD OF 触发器在构成将值插入基表的 INSERT 语句时会忽略指定的值。

【例 10-24】 基于学生表 students、课程表 courses 和成绩表 course_score 创建一个视图，为视图创建一个 INSTEAD OF INSERT 触发器。若课程表中没有要插入的课程，则在课程表中插入该课程，若学生表中无此学生，则在学生表中插入此学生，最后在成绩表中插入该学生的成绩记录。

代码如下：

```
/* 创建一个视图 */
CREATE VIEW v_stu_score(stu_id,stu_name,cour_id,cour_name,score) as
SELECT s.stu_id,stu_name,c.cour_id,cour_name,score FROM
students s,courses c,course_score cs
WHERE cs.stu_id=s.stu_id and cs.cour_id=c.cour_id
/* 为视图 v_stu_score 创建一个 INSTEAD of INSERT 触发器
CREATE TRIGGER ins_stu_score on v_stu_score
INSTEAD OF INSERT
AS
  BEGIN
  IF NOT EXISTS(SELECT * FROM inserted a WHERE a.stu_id in (SELECT stu_id FROM
  students))
  BEGIN
    INSERT INTO students(stu_id,stu_name)
    SELECT stu_id,stu_name FROM inserted
  END
  IF NOT EXISTS(SELECT * FROM inserted a WHERE a.cour_id in (SELECT cour_id FROM
  courses))
  BEGIN
    INSERT INTO courses(cour_id,cour_name)
    SELECT cour_id,cour_name FROM inserted
  END
  INSERT INTO course_score(cour_id,stu_id,score)
    SELECT cour_id,stu_id,score FROMinserted
END
GO
```

10.7.2 DDL 触发器的创建

1. 使用对象资源管理器创建 DDL 触发器

使用 Management Studio 创建 DDL 触发器的步骤与使用 Management Studio 创建

DML 触发器的方法一样，只要最后输入创建 DDL 触发器的 SQL 语句即可。

代码编辑完成后，单击“执行”按钮，编译刚才创建的触发器，编译成功后，选择该数据库所在节点，依次展开“可编程性”、“数据库触发器”就会找到该触发器，选中该数据库，就可以非常方便地进行触发器的修改、删除、重命名等操作。

2. 使用 T-SQL 语句创建 DDL 触发器

语法如下：

```
CREATE TRIGGER trigger_name ON {ALL SERVER|DATABASE}
[with <ddl_trigger_option>[,…n] ]
{FOR|AFTER|} {event_type|event_group} […n]
as
{sql_statement [;] [,…n]|external name <method specifier [;]>}
<ddl_trigger_option>::=[encryption] [execute as clause]
<method_specifier>::=assembly_name.class_name.method_name
```

参数说明：

ALL SERVER|DATABASE：DDL 触发器响应范围，当前服务器或当前数据库。

<ddl_trigger_option>：DDL 触发器的参数选项。其中，Encryption 选项和 Execute as 选项的含义与 DML 触发器中相同。

Event_type|Event_group：DDL 触发器触发的事件或事件组的名称，当该类型的事件或事件组发生时，此触发器执行。

其他参数含义与 DML 触发器中同名参数含义相同，在此不再赘述。

3. 应用举例

【例 10-25】 创建一个 DDL 触发器 del_view，当对视图进行删除时，显示错误信息，并禁止删除操作。代码如下：

```
CREATE TRIGGER del_view ON DATABASE FOR drop_view
AS
BEGIN
  PRINT('若要删除视图,请禁止 del_view 触发器')
  ROLLBACK TRANSACTION
END
GO
```

上面的触发器的作用域是当前数据库。编译后，该触发器显示在当前数据库的数据库触发器节点中。下面举一下作用域为当前服务器的例子。

【例 10-26】 创建一个 DDL 触发器 ddl_login_events，当发生登录事件时，显示错误信息，并禁止登录操作。

代码如下：

```
CREATE TRIGGER ddl_trig_login ON ALL SERVER FOR ddl_login_events
```

```
AS
    PRINT '登录相关事件被触发器 DDL_LOGIN_EVENTS 禁止,若要使用,请禁用删除该触发器.'
    ROLLBACK TRANSACTION
GO
```

编译后,该触发器显示在当前服务器的服务器对象的触发器节点中。

10.8 触发器的查看与修改

10.8.1 触发器的查看

触发器的查看,既可以通过 Management Studio 的对象资源管理器实现,也可以通过系统存储过程完成。下面我们详细介绍利用系统存储过程查看触发器的方法。

查看触发器的信息可以在查询分析器中利用系统存储过程 sp_helptext、sp_depends 和 sp_help 等来对触发器的不同信息进行查看。

1. sp_helptext

利用该存储过程,可以查看触发器的定义文本信息。要求该触发器在创建时不带 with encryption 子句。

语法:

```
sp_helptext [@objname=] 'name'
```

参数说明:

[@objname=] 'name'是要查看的触发器的名称。要求该触发器必须在当前数据库中。

2. sp_depends

利用该存储过程,可以查看触发器的相关性信息。

语法:

```
sp_depends [@objname=] 'name'
```

参数说明:

[@objname=] 'name'是要查看的触发器的名称。要求该触发器必须在当前数据库中。

3. sp_help

利用该存储过程,可以查看触发器的一般性信息。

语法:

```
sp_help [@objname=] 'name'
```

参数说明:

[@objname=] 'name'是要查看的触发器的名称。要求该触发器必须在当前数据

库中。

4. 实例

【例 10-27】 利用系统存储过程 sp_helptext、sp_depends 和 sp_help 查看触发器 ins_stu_score 的信息。代码如下：

```
USE jxgl
GO
EXEC sp_helptext 'ins_stu_score'
EXEC sp_depends 'ins_stu_score'
EXEC sp_help 'ins_stu_score'
GO
```

10.8.2 触发器的修改

触发器的修改，既可以通过 Management Studio 的对象资源管理器实现，也可以通过 SQL 语句实现。如果采用第一种方法，在对象资源管理器中找到要修改的触发器，右击，选择“修改”菜单项，即可在右面的查询分析器中显示相应的命令行。在查询分析器中进行修改，修改完成后单击“执行”即可。

下面我们详细介绍 SQL 语句修改触发器的方法

1. 语法格式

```
ALTER TRIGGER schema_name.trigger_name
ON ( table|view )
[ WITH <dml_trigger_option> [ ,...n ] ]
( FOR|AFTER|INSTEAD OF )
{ [ DELETE ] [ , ] [ INSERT ] [ , ] [ UPDATE ] }
[ NOT FOR REPLICATION ]
AS { sql_statement [ ; ] [ ...n ] |EXTERNAL NAME <method specifier> [ ; ] }
<dml_trigger_option>::=
    [ ENCRYPTION ]
    [ <EXECUTE AS Clause> ]
<method_specifier>::=
    assembly_name.class_name.method_name
```

2. 参数含义

ALTER TRIGGER 语句中的各参数含义与 CREATE TRIGGER 语句相同，在此不再赘述。

注意： 如果原来的触发器是用 WITH ENCRYPTION 选项或 RECOMPILE 选项创建的，那么只有在 ALTER TRIGGER 语句中也包含这些选项时，这些选项才会有效。

【例 10-28】 修改触发器 ins_update_student。代码如下：

```
USE jxgl
GO
IF object_id('ins_update_student', 'tr') is not null
ALTER TRIGGEr ins_update_student on students AFTER INSERT,UPDATE
AS
BEGIN
    PRINT('用户插入或更改了一条学生记录,INS_UPDATE_STUDENT 触发器被触发')
END
GO
```

查看触发器的信息可以在查询分析器中利用系统存储过程 sp_helptext、sp_depends 和 sp_help 等来对触发器的不同信息进行查看。

10.8.3 触发器的重命名

触发器的重命名可以通过系统存储过程 sp_rename 实现。但是，使用该存储过程重命名触发器时，不会更改 sys. sql_modules 视图的 definition（用于定义此模块的 SQL 文本）列中相应对象名的名称。所以，建议大家尽量不要使用此存储过程重命名触发器，而是先删除该触发器，再用新名称重新创建该触发器。

使用 sp_rename 重命名触发器与重命名存储过程相同。比如，重命名触发器 ins_update_student 为 ins_update_students，其语句如下：

```
EXEC sp_rename 'ins_update_student' ,'ins_update_students'
```

10.9 触发器的启用和禁用

在某些场合下，需要禁用触发器。触发器被禁用后，仍存在于数据库中，但是，当相关事件发生时，触发器将不再被激活。若想使得触发器重新发挥作用，可以对被禁用的触发器进行启用操作。重新启用后，当相关事件发生时，触发器便又可以被正常激活了。

1. 禁用触发器

无论是 DDL 触发器还是 DML 触发器都可以通过执行 Disable trigger 语句将其禁用。

（1）语法格式

```
DISABLE TRIGGER {[schema_name.] trigger_name[,…n]|ALL}
ON {OBJECT_NAME|DATABASE|ALL SERVER}
```

（2）参数含义

Schema_name：触发器所属架构的名称。DDL 触发器不能指定 schema_name。

Trigger_name：要禁用的 DDL 或 DML 触发器的名称。

All：禁用 on 子句指定作用域中定义的所有触发器。

Object_name：将被禁用触发器在创建时所作用的表或视图名称。
DATABASE：用于 DDL 触发器，指示该触发器在创建时的作用域为当前数据库。
ALL SERVER：用于 DDL 触发器，指示该触发器在创建时的作用域为当前服务器。
(3) 应用实例
【例 10-29】 使用 SQL 命令禁用例 10.24 创建的 DDL 触发器 del_view。代码如下：

```
DISABLE TRIGGER del_view ON DATABASE
GO
```

【例 10-30】 使用 SQL 命令禁用数据表 courses 上创建的所有触发器。
代码如下：

```
DISABLE TRIGGER ALL on courses
GO
```

2. 启用触发器

被禁用的触发器可以通过 enable trigger 语句进行重新启用。
(1) 语法格式

```
ENABLE TRIGGER {[schema_name.] trigger_name[,…n]|ALL}
ON {object_name|DATABASE|ALL SERVER}
```

(2) 参数含义
该语句中的参数含义与 DISABLE TRIGGER 语句相同，在此不再赘述。
(3) 应用实例
【例 10-31】 使用 SQL 命令启用 DDL 触发器 del_view。代码如下：

```
ENABLE TRIGGER del_view ON DATABASE
GO
```

【例 10-32】 使用 SQL 命令启用数据表 courses 上创建的所有触发器。代码如下：

```
ENABLE TRIGGER ALL ON courses
GO
```

另外，触发器的禁用和启用除了可以通过 SQL 语句之外，也可以通过 Management Studio 中的对象资源管理器来进行。其操作非常简单，在对象资源管理器中找到要操作的触发器，右击，选择“禁用”就会将该触发器禁用，选择“启用”就可以将触发器重新启用。

10.10 触发器的删除

当触发器不再需要时，就可以将其删除了。删除触发器是将触发器对象从当前数据库中永久删除。DDL 触发器和 DML 触发器的删除，既可以通过 SQL 语句，也可以通过对象资源管理器手动删除。

1. 使用 DROP TRIGGER 语句删除

（1）语法格式

```
DROP TRIGGER [schema_name].trigger_name [,…n] ON {DATABASE|ALL SERVER }
```

（2）参数说明

schema_name：被触发器所属架构的名称。DDL 触发器不能指定 schema_name。

trigger_name：要删除的 DDL 或 DML 触发器的名称。

DATABASE：用于 DDL 触发器，指示该触发器在创建时的作用域为当前数据库。

ALL SERVER：用于 DDL 触发器，指示该触发器在创建时的作用域为当前服务器。

（3）应用实例

【例 10-33】 使用 SQL 命令删除 DDL 触发器 del_view。

代码如下：

```
DROP TRIGGER del_view ON DATABASE
GO
```

【例 10-34】 使用 SQL 命令删除数据表 students 上创建的触发器 ins_update_student

代码如下：

```
DROP TRIGGER ins_update_student
GO
```

2. 使用对象资源管理器删除

在 Management Studio 中，可以非常方便地使用对象资源管理器删除需要删除的触发器。其步骤是：首先在对象资源管理器中找到要删除的触发器，右击，选择“删除”菜单项，在随后出现的“删除对象”对话框中，单击“确定”按钮即可。

10.11 【实训项目】 触发器

1. 实验目的

（1）掌握 primary key、unique、check、default 约束、foreign key 约束的创建和删除方法。

（2）掌握默认值对象、规则对象创建、使用和删除方法。

（3）掌握 DML 和 DDL 触发器的创建方法。

（4）掌握 DML 和 DDL 触发器的查看、修改、重命名和删除方法。

2. 实验内容

（1）分别利用对象资源管理器和 T-SQL 语句为 student 和 course 表创建主键约束。

(2) 分别利用对象资源管理器和 T-SQL 语句为 student 和 course 表创建唯一约束。

(3) 分别利用对象资源管理器和 T-SQL 语句删除实验内容(1)和(2)中创建的索引。

(4) 分别利用对象资源管理器和 T-SQL 语句为 student 表的性别列定义默认值约束,默认值为“男”。

(5) 分别利用对象资源管理器和 T-SQL 语句为 student 表的性别列定义 CHECK 约束,值域为(‘男’,‘女’)。

(6) 分别利用对象资源管理器和 T-SQL 语句为 student 表的性别列创建默认值对象和规则对象,并将其与性别列相绑定。

(7) 分别利用对象资源管理器和 T-SQL 语句将实验内容(6)中创建的默认值对象和规则对象与性别列解除绑定,并删除。

(8) 创建一个当学生表中插入一个新同学信息时能自动列出全部同学学生信息的触发器 display_trigger。

(9) 调用上次实验创建的存储过程 Insert_student,向学生表中插入一新同学,看触发器 display_trigger 是否被执行。

(10) 练习和管理触发器。

① 建立数据库 testdb,并在数据库中建立两个表:

```
Txl(ID int, Name char(10), Age int)
Person_ counts(Person_ count int)
```

② 使用 T-SQL 编写一个触发器 tr_person_ins,每当 txl 表中插入一行数据时,表 Person_ counts 中对应的数量也相应地发生变化。

③ 使用对象资源管理器创建一个触发器 tr_person_del,每当 txl 表中删除记录时,表 Person_ counts 中对应的数量也相应地发生变化。

(11) 使用对象资源管理器和 T-SQL 语句两种方法查看触发器 tr_person_del 的内容,并将该触发器的内容加密。

小结

本章主要讲解了数据完整性的概念、分类及其实现,读者重点要掌握用对象资源管理器和 T-SQL 语句两种方式实现 primary key、foreign key、unique、check、default 等约束和规则对象与默认值对象的创建和删除方法。另外,本章的另一重点是触发器。首先讲解了触发器的概念、分类,然后讲解了采用对象资源管理器与 T-SQL 语句创建 DML 和 DDL 触发器的方法。另外,读者还应掌握使用对象资源管理器和 T-SQL 语句对各种约束和触发器进行管理的方法。

习题

1. 下列(　　)语句用于创建触发器。

A. CREATE TRIGGER　　　　B. DROP TRIGGER

C. CREATE PROCEDURE　　　　D. ALTER TRIGGER

2. 下列(　　)语句用于删除触发器。

A. CREATE PROCEDURE　　　　B. DROP TRIGGER

C. DROP PROCEDURE　　　　D. 其他

3. 判断题

(1) 触发器不能被调用,它可以自动执行。(　　)

(2) 触发器可通过数据库中的相关表实现级联运行。(　　)

4. 什么是数据完整性? 如果数据库不实施数据完整性会产生什么结果?

5. 数据完整性有哪几类? 如何实施? 它们分别在什么级别上实施?

6. 什么是触发器? 其主要功能是什么?

7. 触发器分为哪几种?

8. AFTER触发器和INSTEAD OF触发器有什么不同?

9. 在factory数据库中,使用T-SQL语句完成如下各题。

(1) 创建worker表的"性别"列默认值为"男"的约束。

(2) 创建salary表的"工资"列值限定在0～9999的约束。

(3) 创建depart表的"部门号"列值唯一的非聚集索引的约束。

(4) 为worker表建立外键"部门号",参考表depart的"部门号"列。

(5) 建立一个规则sex: @性别='男' OR @性别='女',将其绑定到worker表的"性别"列上。

(6) 删除(1)小题所建立的约束。

(7) 删除(2)小题所建立的约束。

(8) 删除(3)小题所建立的约束。

(9) 删除(4)小题所建立的约束。

(10) 解除(5)小题所建立的绑定并删除规则sex。

10. 为表class创建触发器,当更新classno列时,能自动更新student表的classno列。

11. 在factory数据库中,使用T-SQL语句完成如下各题:

(1) 在表depart上创建一个触发器depart_UPDATE,当更改部门号时同步更改worker表中对应的部门号。

(2) 在表worker上创建一个触发器worker_DELETE,当删除职工记录时同步删除salary表中对应职工的工资记录。

(3) 删除触发器depart_UPDATE。

(4) 删除触发器worker_DELETE。

第11章 chapter 11

用户自定义函数

本章教学重点及要求

- 了解用户自定义函数的定义和分类
- 掌握使用对象资源管理器和 T-SQL 语句创建和调用用户自定义函数的方法
- 掌握用户自定义函数的查看、修改、删除和重命名等常用操作

11.1 用户自定义函数概述

在前面章节，我们学习了 SQL Server 的系统内置函数。有了这些函数，大大方便了用户的程序设计。但是，很多情况下，用户需要将一个或多个 T-SQL 语句组成子程序，以便反复进行调用。为此，SQL Server 提供了用户定义函数这一数据库对象。

用户自定义函数(User Defined Functions，UDF)是 SQL Server 提供的另外一项强大功能。与存储过程类似，UDF 也是一系列 T-SQL 语句的有序集合，它可以被预优化和编译，并且可以在工作中被作为一个单一的单元来调用。借助 UDF，数据库开发人员可以实现复杂的运算操作，例如实现功能更加强大的聚合运算。

SQL Server 从其 2000 版本开始就已向数据库开发人员提供了用户自定义函数功能。开发人员可以使用 T-SQL 语句根据需要开发所需的自定义函数。而进入 SQL Server 2014 后，与存储过程、触发器以及自定义类型一样，自定义函数也可以由 CLR 实现，即通过高级语言实现自定义函数。

虽然用户自定义函数与存储过程和触发器有很多共同点，但是与它们相比，自定义函数具有某些更加灵活的特点。例如，虽然一个存储过程可以返回一组数据集，但是存储过程却不能作为其他查询表达式的一部分。简单地说，存储过程不能出现在查询语句中的 FROM 子句之后。而下面介绍的用户自定义函数则可以出现在一个查询语句的 FROM 子句之后。如果自定义函数返回一组数据集，那么仍然可以在该数据集的基础上进一步执行查询操作。除此之外，开发人员还可以设计一个只返回特定字段的数据集，这一功能类似于一个视图，但与一个简单的视图不同，采用自定义函数实现的视图，可以根据需要接受相应的参数。

按照用户自定义函数编写时所用的语言，可分为 T-SQL 函数和 CLR 函数两类。限于篇幅，本章只讨论 T-SQL 函数。根据用户定义函数返回值的类型，可将用户定义函数

分为如下3类。

(1) 标量值函数：标量型函数返回一个确定类型的标量值，其返回值类型为除 TEXT、NTEXT、IMAGE、CURSOR、TIMESTAMP 和 TABLE 类型外的其他数据类型。函数体语句定义在 BEGIN…END 语句内，其中包含了可以返回值的 T-SQL 命令。

(2) 内联表值函数：以表的形式返回一个返回值，即它返回的是一个表。内联表值函数没有由 BEGIN…END 语句包括起来的函数体。其返回的表由一个位于 RETURN 子句中的 SELECT 命令段从数据库中筛选出来。内联表值型函数功能相当于一个参数化的视图。

(3) 多语句表值函数：可以看作标量型和内嵌表值型函数的结合体。它的返回值是一个表，但它和标量型函数一样有一个用 BEGIN…END 语句包括起来的函数体，返回值的表中的数据是由函数体中的语句插入的。由此可见，它可以进行多次查询，对数据进行多次筛选与合并，弥补了内嵌表值型函数的不足。

11.2 用户自定义函数的创建和调用

用户自定义函数建立于 T-SQL 语句的基础之上。数据库编程人员可以借助用户自定义函数来进行查询、计算列值，以及实现约束等操作。从自定义函数返回值的类型上划分，自定义函数可以分为标量值自定义函数和表值型自定义函数两种类型，下面就这两种自定义函数分别进行介绍。

用户自定义函数的创建有两种方式，一种方式是在 Management Studio 中利用对象资源管理器来创建，另一种方式是利用 SQL 语句来实现。

11.2.1 标量值函数

标量值型自定义函数的最大特点是返回一个单值，即标量值。需要注意的是，在创建一个标量值函数时需要显示式地使用 BEGIN 和 END 关键字来定义函数体。

1. 使用对象资源管理器来创建标量值函数

在 Management Studio 中利用对象资源管理器来创建标量值函数时，其步骤如下：首先在函数所在的数据库中，依次展开“可编程性”、“函数”，找到“标量值函数”，右击，选择“新建标量值函数”，然后在右面查询分析器中给出的 SQL 语句模板中进行编辑，编写好相关代码后，单击“执行”即可。如果编译成功，则创建后的函数便会出现在对象资源管理器中的“标量值函数”节点下了。

2. 使用 T-SQL 语句创建标量值函数

语法格式：

```
CREATE FUNCTION [schema_name.]function_name
(
```

```
    [ {@parameter_name scalar_data_type [=default]} [,...n] ]
) /*形参定义部分*/
RETURNS scalar_data_type
[WITH {ENCRYPTION|SCHEMABINDING} [,...n] ]
[AS]
BEGIN
    function_body
    return scalar_expression
END
```

参数说明：

schema_name：函数所属架构名称。

function_name：用户自定义函数名，命名须符合标识符规则，对其所有者来说，该名在数据库中必须唯一。

@parameter_name：用户自定义函数的参数名，create function 语句中可以声明一个或多个参数，用@作为第一个字符来指定参数名，每个函数的参数都局部于该函数。

scalar_data_type：参数的数据类型，可以为 SQL Server 支持的基本标量类型，不能为 timestamp 类型、非标量类型(如 cursor 和 table)。

scalar_data_type：函数的返回值类型，可以是 SQL Server 支持的基本标量类型，但 text、ntext、image 和 timestamp 类型除外。

scalar_expression：函数所返回表达式。

function_body：函数体，由 T-SQL 语句序列构成。

encryption：用于指定对 create function 语句的文本进行加密，这样就可以避免将函数作为 SQL Server 复制的一部分发布。

schemabinding：用于指定将函数绑定到它所引用的数据库对象。若函数是用此选项创建的，则不能更改或删除该函数引用的数据库对象。函数与其引用对象之间的绑定关系当函数被删除或使用不带 schemabinding 选项的 alter 语句进行修改后方可解除。

图 11-1 使用对象资源管理器创建函数

3. 应用实例

【例 11-1】 定义一个函数 getAge，可以根据输入的数据表名和编号，计算该同学或教师的年龄。

如图 11-1 所示，打开 Management Studio，在对象资源管理器中，单击“数据库”→jxgl→“可编程性”→“函数”。选中“标量值函数”，右击，选择“新建标量值函数”，会弹出如图 11-2 所示的查询分析器窗口。

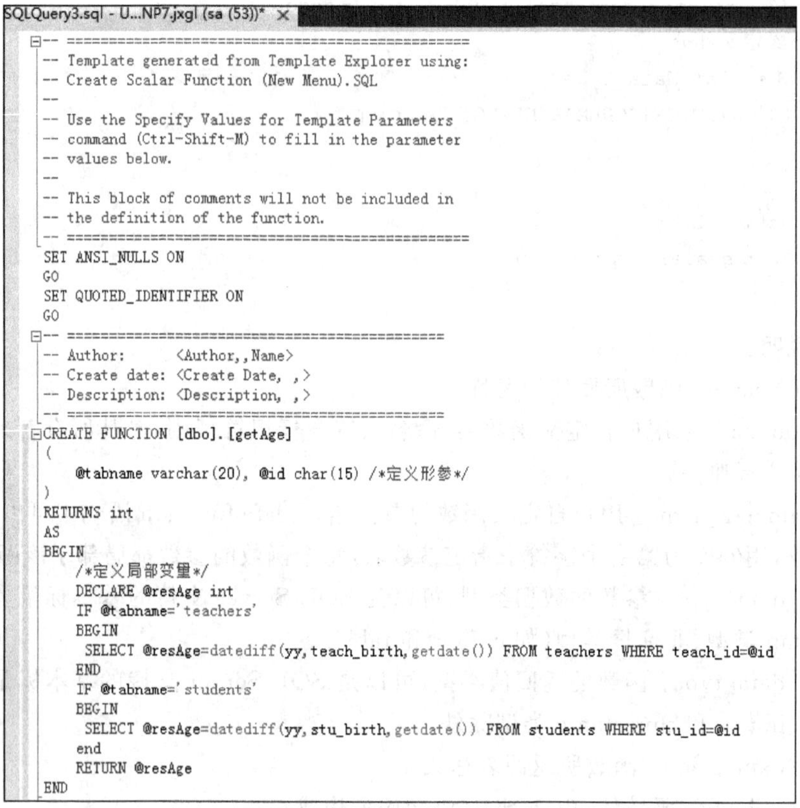

```
SQLQuery3.sql - U...NP7.jxgl (sa (53))*
-- ================================================
-- Template generated from Template Explorer using:
-- Create Scalar Function (New Menu).SQL
--
-- Use the Specify Values for Template Parameters
-- command (Ctrl-Shift-M) to fill in the parameter
-- values below.
--
-- This block of comments will not be included in
-- the definition of the function.
-- ================================================
SET ANSI_NULLS ON
GO
SET QUOTED_IDENTIFIER ON
GO
-- =============================================
-- Author:      <Author,,Name>
-- Create date: <Create Date, ,>
-- Description: <Description, ,>
-- =============================================
CREATE FUNCTION [dbo].[getAge]
(
    @tabname varchar(20), @id char(15) /*定义形参*/
)
RETURNS int
AS
BEGIN
    /*定义局部变量*/
    DECLARE @resAge int
    IF @tabname='teachers'
    BEGIN
     SELECT @resAge=datediff(yy,teach_birth,getdate()) FROM teachers WHERE teach_id=@id
    END
    IF @tabname='students'
    BEGIN
     SELECT @resAge=datediff(yy,stu_birth,getdate()) FROM students WHERE stu_id=@id
    end
    RETURN @resAge
END
```

图 11-2 使用查询分析器编辑函数代码

在图 11-2 所示的查询分析器窗口中输入以下代码：

```
CREATE FUNCTION [dbo].[getAge]
(
  @tabname varchar(20), @id char(15)            /*定义形参*/
)
RETURNS int
AS
BEGIN
  /*定义局部变量*/
  DECLARE @resAge int
    IF @tabname='teachers'
    BEGIN
    SELECT @resAge=datediff(yy,teach_birth,getdate()) FROM teachers WHERE
    teach_id=@id
    END
    IF @tabname='students'
    BEGIN
    SELECT @resAge=datediff(yy,stu_birth,getdate()) FROM students WHERE stu_id
    =@id
```

```
    end
  RETURN @resAge
END
```

以上代码的执行结果如图 11-3 所示。

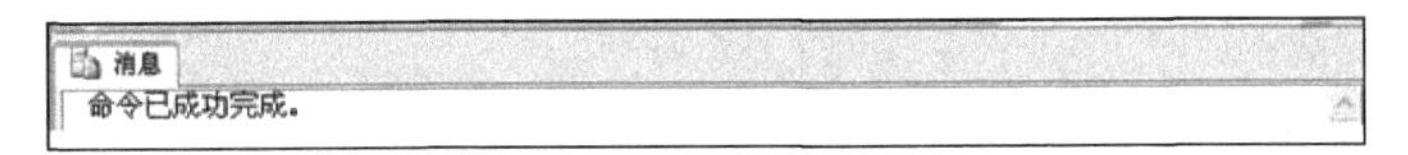

图 11-3　创建函数 getAge

函数创建完成后，在对象资源管理器中就会看到该函数了。

【例 11-2】 定义一个函数 getAverAge，可以根据输入的数据表名和性别，计算学生表或教师表中指定性别的平均年龄。

在新建的查询分析器窗口中输入以下代码：

```
CREATE FUNCTION [dbo].[getAverAge]
(
  @tabname varchar(20), @sex char(10) /*定义形参*/
)
RETURNS int
AS
BEGIN
  /*定义局部变量*/
  DECLARE @resAge int
    IF @tabname='teachers'
    BEGIN
     SELECT @resAge=avg(datediff(yy,teach_birth,getdate())) FROM teachers
     WHERE teach_sex=@sex
    END
    IF @tabname='students'
    BEGIN
    SELECT @resAge=avg(datediff(yy,stu_birth,getdate())) FROM students WHERE
    stu_sex=@sex
    END
  RETURN @resAge
END
```

4. 标量值函数的调用

当调用用户定义的标量函数时，必须提供至少由两部分组成的名称(Schema_name.function_name)。可按以下方式调用标量函数。

(1) 在 SELECT 语句中调用

调用形式：

```
SELECT 变量名=schema_name.function_name(实参1,…,实参n)
```

实参为已赋值的局部变量或表达式，实参的顺序要与函数创建时的顺序完全一致。

【例 11-3】 对例 11-1 创建的函数 getAge 进行调用。

在查询编辑器中，输入以下代码：

```
USE jxgl
/*定义局部变量*/
DECLARE @age int
SELECT @age=dbo.getAge('students','200712110101')
SELECT @age
```

以上代码的执行结果如图 11-4 所示。

(2) 利用 EXEC 语句执行

调用形式：

```
EXEC 变量名=Schema_name.function_name(实参 1,…,实参 n)
```

或

```
EXEC 变量名=Schema_name.function_name 形参名 1=实参 1,…,形参名 n=实参 n
```

注意：前者实参顺序应与函数定义时的形参顺序一致，后者参数顺序可以与函数定义的形参顺序不一致。

另外，如果函数的形参有默认值，在调用函数时必须指定 default 关键字才能获得默认值。这一点不同于存储过程中有默认值的参数，在存储过程中省略参数就意味着使用默认值。

【例 11-4】 利用 Exec 调用函数 getAverAge。

在查询编辑器中，输入以下代码：

```
USE jxgl
DECLARE @age int
EXEC @age=dbo.getaverage @tabname='students',@sex='男'
PRINT '男学生的平均年龄：'+CONVERT(varchar(10),@age)
```

以上代码的执行结果如图 11-5 所示。

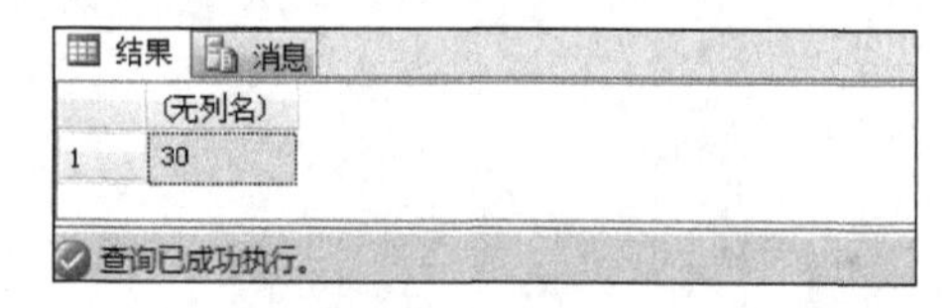

图 11-4 调用函数 getAge

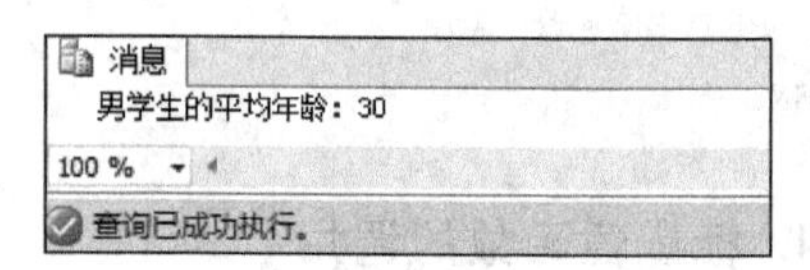

图 11-5 调用函数 getAverAge

11.2.2 内联表值函数

内联表值函数是一种表值型自定义函数，这类函数通常被用于一条查询语句的 FROM 子句中。换句话说，开发人员可以在任何使用一个数据表(或视图)的地方使用一个表值型自定义函数，同时这类表值型自定义函数可以根据需要使用相应的参数，从而比数据表或视图更具动态性。

1. 使用对象资源管理器来创建标量值函数

在 Management Studio 中利用对象资源管理器来创建内联表值函数时，其步骤如下：首先在函数所在的数据库中，依次展开“可编程性”、“函数”，找到“表值函数”，右击，选择“新建内联表值函数”，然后在右面查询分析器中给出的 SQL 语句模板中进行编辑，编写好相关代码后，单击“执行”即可。如果编译成功，则创建后的函数便会出现在对象资源管理器中的“表值函数”节点下。

2. 使用 T-SQL 语句创建内联值函数

语法格式：

```
CREATE FUNCTION [schema_name.]function_name          /* 定义函数名 */
(
    [ {@parameter_name scalar_data_type [=default]} [,…n] ]
) /* 形参定义部分 */
RETURNS table
[WITH {ENCRYPTION|SCHEMABINDING} [,…n] ]
[AS]
RETURN([select_statement] )
```

参数说明：

内联表值函数的 returns 子句仅包含关键字 table，表示此函数仅返回一个表。内联表值函数的函数体仅有一个 return 语句，并通过参数 select_statement 指定的 select 语句返回相应的记录集。另外，语法格式中的其他参数项与标量值函数语法格式中的相同。

3. 应用举例

【例 11-5】 创建内联表值函数 getCourseScore，根据学生的姓名，返回该学生选修的课程及其成绩。

如图 11-6 所示，打开 Management Studio，在对象资源管理器中，单击“数据库”→jxgl→“可编程性”→“函数”。选中“表值函数”，右击，选择“新建内联表值函数”，会弹出如图 11-7 所示的查询分析器窗口。

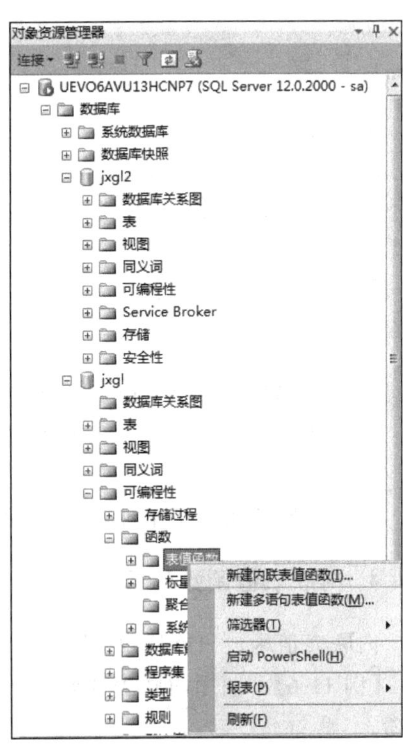

图 11-6 使用对象资源管理器创建内联表值函数

在如图 11-7 所示的查询分析器中输入以下

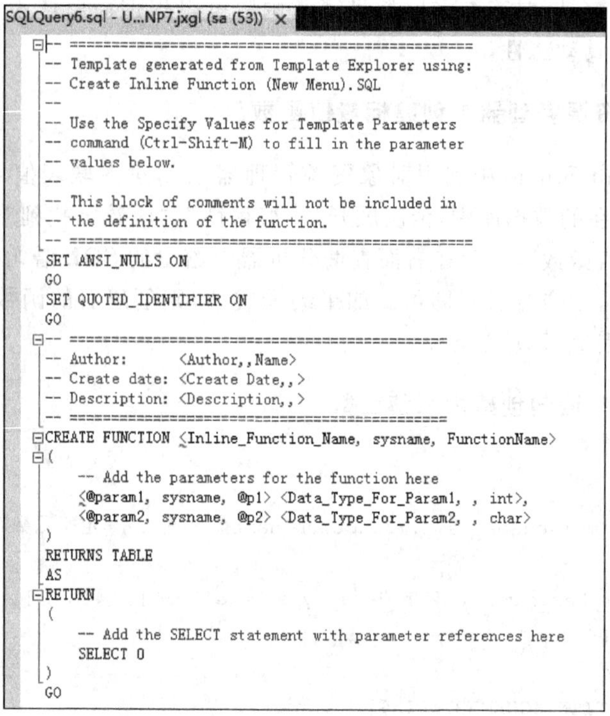

```
SQLQuery6.sql - U...NP7.jxgl (sa (53))
-- ================================================
-- Template generated from Template Explorer using:
-- Create Inline Function (New Menu).SQL
--
-- Use the Specify Values for Template Parameters
-- command (Ctrl-Shift-M) to fill in the parameter
-- values below.
--
-- This block of comments will not be included in
-- the definition of the function.
-- ================================================
SET ANSI_NULLS ON
GO
SET QUOTED_IDENTIFIER ON
GO
-- =============================================
-- Author:       <Author,,Name>
-- Create date: <Create Date,,>
-- Description: <Description,,>
-- =============================================
CREATE FUNCTION <Inline_Function_Name, sysname, FunctionName>
(
    -- Add the parameters for the function here
    <@param1, sysname, @p1> <Data_Type_For_Param1, , int>,
    <@param2, sysname, @p2> <Data_Type_For_Param2, , char>
)
RETURNS TABLE
AS
RETURN
(
    -- Add the SELECT statement with parameter references here
    SELECT 0
)
GO
```

图 11-7 使用查询分析器编辑函数代码

代码：

```
USE jxgl
CREATE FUNCTION dbo.getCourseScore
( @stuname varchar(30) )
RETURNS TABLE
AS
RETURN
(
    SELECT stu_name,cour_name,score FROM students s,courses c, course_score cs
    WHERE s.stu_id=cs.stu_id and cs.cour_id=c.cour_id and stu_name=@stuname
)
```

以上代码的执行结果如图 11-8 所示。

4. 内联表值函数的调用

内联表值函数只能通过 SELECT 语句进行调用，调用时，可以仅使用函数名。

【例 11-6】 调用内联表值函数 getCourseScore，查询学生韩建锋所选修的课程及其成绩。

在查询分析器中输入以下代码：

```
USE jxgl
```

```
SELECT * FROM getCourseScore('韩建锋')
GO
```

以上代码的执行结果如图11-9所示。

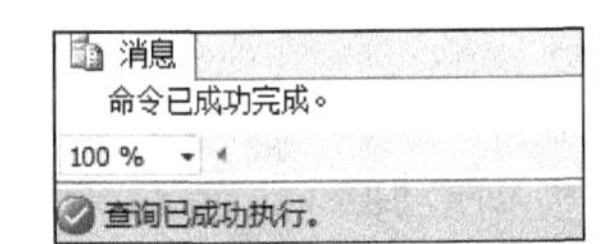

图 11-8 创建函数 getCourseScore

结果 消息

	stu_name	cour_name	score
1	韩建锋	大学语文	68
2	韩建锋	马克思主义基本原理	81
3	韩建锋	中国近现代史纲要	60
4	韩建锋	计算机专业英语	80
5	韩建锋	Delphi应用程序设计	63
6	韩建锋	操作系统	85
7	韩建锋	编译原理	60

查询已成功执行。

图 11-9 调用函数 getCourseScore

11.2.3 多语句表值函数

多语句表值函数和内联表值函数都返回表，二者的不同之处在于：内联表值函数没有函数主体，返回的表是单个SELECT语句的结果集；而多语句表值函数在BEGIN…END块中定义的函数主体由T-SQL语句序列构成，这些语句可生成记录行并将行插入到表中，最后返回表。

1. 使用对象资源管理器来创建多语句值函数

在Management Studio中利用对象资源管理器来创建多语句表值函数时，其步骤如下：首先在函数所在的数据库中，依次展开“可编程性”、“函数”，找到“表值函数”，右击，选择“新建多语句表值函数”，然后在右面查询分析器中给出的SQL语句模板中进行编辑，编写好相关代码后，单击“执行”即可。如果编译成功，则创建后的函数便会出现在对象资源管理器中的“表值函数”节点下。

2. 使用T-SQL语句创建标量值函数

语法格式：

```
CREATE FUNCTION [schema_name.]function_name/*定义函数名*/
(
    [ {@parameter_name scalar_data_type [=default]} [,...n] ]
) /*形参定义部分*/
RETURNS @return_variable table <table_type_definition>
                                                    /*返回值表的定义部分*/
[WITH {ENCRYPTION|SCHEMABINDING} [,...n] ]
[AS]
    Function_body
```

```
    RETURN
END
```

参数说明：

@return_variable 为表变量，用于存储作为函数值返回的记录集。

Function_body 为 T-SQL 语句序列，在多语句表值函数中，Function_body 为一系列在表变量@return_variable 中插入记录行的 T-SQL 语句。

语法格式中的其他参数项与标量值函数语法格式中的相同。

3. 应用举例

【例 11-7】 创建多语句表值函数 stu_teach_score，根据教师的姓名，返回选修该教师所授课程的学生的成绩信息。

如图 11-10 所示，打开 Management Studio，在对象资源管理器中，单击“数据库”→jxgl→“可编程性”→“函数”。选中“表值函数”，右击，选择“新建多语句表值函数”，会弹出如图 11-11 所示的查询分析器窗口。

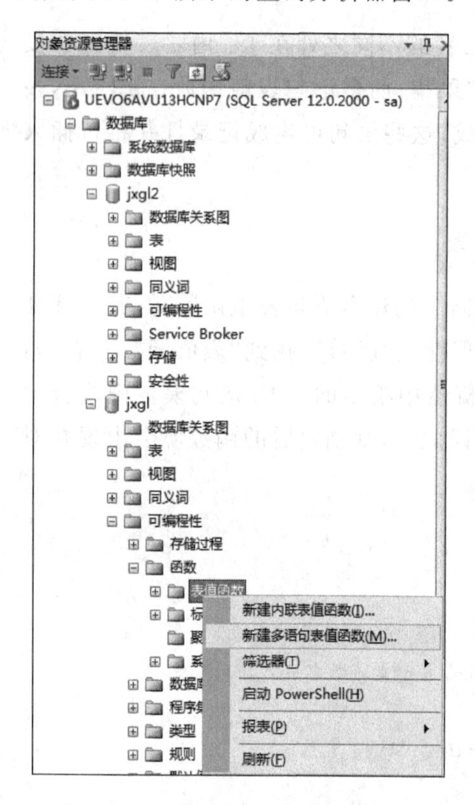

图 11-10　使用对象资源管理器创建多语句表值函数

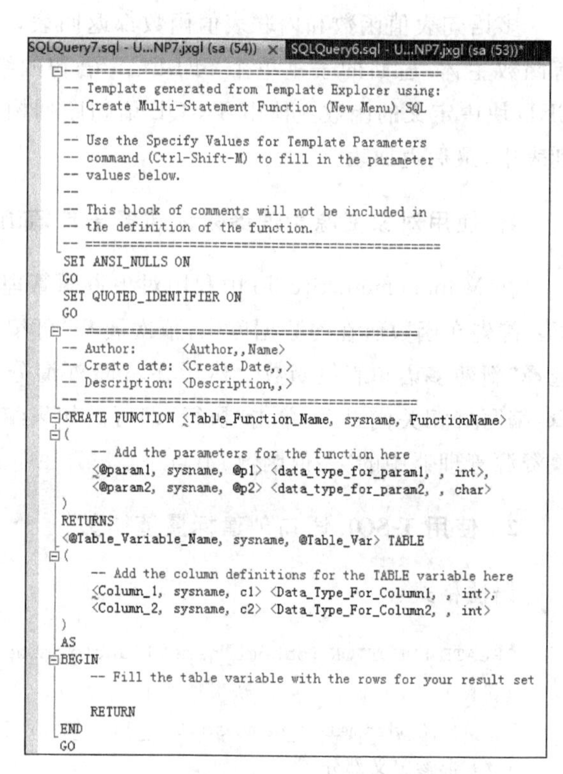

图 11-11　使用查询分析器编辑函数代码

在如图 11-11 所示的查询分析器中输入以下代码：

```
USE jxgl
```

```
GO
CREATE FUNCTION stu_teach_score(@teachname varchar(30))
RETURNS @stu_teach_scorelist table
(stu_name varchar(30),
  cour_name varchar(30),
  teach_name varchar(30),
  score decimal(18,0))
AS
BEGIN
  INSERT @stu_teach_scorelist
    SELECT stu _name, cour _name, teach _name, score FROM students s, courses c,
    course_score cs ,teachers t, course_arrange ca
    WHERE (s.stu_id=cs.stu_id) and (cs.cour_id=c.cour_id) and (cs.cour_id=ca.
    cour_id) and (ca.teach_id=t.teach_id) and
    cs.cour_id in
    (select cour_id from course_arrange where teach_id in
    (select teach_id from teachers where teach_name=@teachname))
  RETURN
END
```

4. 多语句表值函数的调用

多语句表值函数的调用与内联表值函数的调用方式相同。例 11-8 是对多语句表值函数 stu_teach_score 的调用

【例 11-8】 调用多语句表值函数 stu_teach_score,查询选修张丽英老师所授课程的成绩信息。

在查询分析器中输入如下代码:

```
USE jxgl
GO
SELECT * FROM stu_teach_score ('张丽英')
```

以上代码的执行结果如图 11-12 所示。

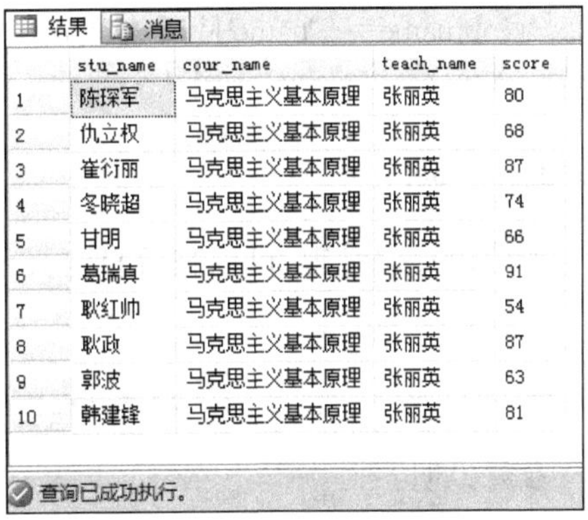

结果 消息

	stu_name	cour_name	teach_name	score
1	陈琛军	马克思主义基本原理	张丽英	80
2	仇立权	马克思主义基本原理	张丽英	68
3	崔衍丽	马克思主义基本原理	张丽英	87
4	冬晓超	马克思主义基本原理	张丽英	74
5	甘明	马克思主义基本原理	张丽英	66
6	葛瑞真	马克思主义基本原理	张丽英	91
7	耿红帅	马克思主义基本原理	张丽英	54
8	耿政	马克思主义基本原理	张丽英	87
9	郭波	马克思主义基本原理	张丽英	63
10	韩建锋	马克思主义基本原理	张丽英	81

查询已成功执行。

图 11-12 运行函数 stu_teach_score

11.3 查看和修改用户自定义函数

11.3.1 用户自定义函数的查看

用户自定义函数的查看既可以通过 Management Studio 的对象资源管理器实现,也可以通过系统存储过程查看。下面我们详细介绍利用系统存储过程查看自定义函数的方法。

查看用户自定义函数的信息可以在查询分析器中利用系统存储过程 sp_helptext、sp_depends 和 sp_help 等来对自定义函数的不同信息进行查看。

1. sp_helptext

利用该存储过程，可以查看自定义函数的定义文本信息。要求该函数在创建时不带 with encryption 子句。

语法：

```
EXEC sp_helptext [@objname=] 'name'
```

参数说明：

[@objname=] 'name'是要查看的自定义函数的名称。要求该函数必须在当前数据库中。

2. sp_depends

利用该存储过程，可以查看自定义函数的相关性信息。

语法：

```
EXEC sp_depends [@objname=] 'name'
```

参数说明：

[@objname=] 'name'是要查看的自定义函数的名称。要求该函数必须在当前数据库中。

3. sp_help

利用该存储过程，可以查看自定义函数的一般性信息。

语法：

```
EXEC sp_help [@objname=] 'name'
```

参数说明：

[@objname=] 'name'是要查看的自定义函数的名称。要求该函数必须在当前数据库中。

4. 实例

【例 11-9】 利用系统存储过程 sp_helptext、sp_depends 和 sp_help 查看自定义函数 stu_teach_score 的信息。

在查询分析器中输入如下代码：

```
USE jxgl
GO
EXEC sp_helptext 'stu_teach_score'
```

以上代码的执行结果如图 11-13 所示。

结果 消息

	Text
1	CREATE FUNCTION stu_teach_score(@teachname varc...
2	RETURNS @stu_teach_scorelist table
3	(stu_name varchar(30),
4	cour_name varchar(30),
5	teach_name varchar(30),
6	score decimal(18,0))
7	AS
8	BEGIN
9	INSERT @stu_teach_scorelist
10	SELECT stu_name, cour_name, teach_name, score FR...
11	WHERE (s.stu_id=cs.stu_id) and (cs.cour_id=c....
12	cs.cour_id in
13	(select cour_id from course_arrange where tea...
14	(select teach_id from teachers where teach_na...
15	RETURN
16	END

查询已成功执行。

图 11-13 用 sp_helptext 查看函数定义

在查询分析器中输入如下代码：

```
USE jxgl
GO
EXEC sp_depends 'stu_teach_score'
```

以上代码的执行结果如图 11-14 所示。

结果 消息

	name	type	updated	selected	column
1	dbo.students	user table	no	yes	stu_id
2	dbo.students	user table	no	yes	stu_name
3	dbo.course_score	user table	no	yes	stu_id
4	dbo.course_score	user table	no	yes	cour_id
5	dbo.course_score	user table	no	yes	score
6	dbo.teachers	user table	no	yes	teach_id
7	dbo.teachers	user table	no	yes	teach_name
8	dbo.course_arrange	user table	no	yes	cour_id
9	dbo.course_arrange	user table	no	yes	teach_id
10	dbo.courses	user table	no	yes	cour_id
11	dbo.courses	user table	no	yes	cour_name

查询已成功执行。 UEV

图 11-14 用 sp_depends 查看函数相关性

在查询分析器中输入如下代码：

```
USE jxgl
GO
EXEC sp_help 'stu_teach_score'
```

以上代码的执行结果如图 11-15 所示。

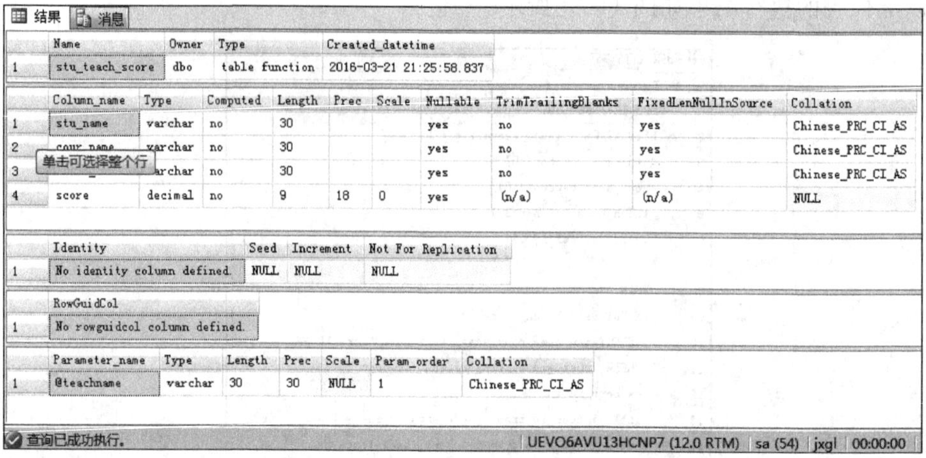

结果 消息

	Name	Owner	Type	Created_datetime
1	stu_teach_score	dbo	table function	2016-03-21 21:25:58.837

	Column_name	Type	Computed	Length	Prec	Scale	Nullable	TrimTrailingBlanks	FixedLenNullInSource	Collation
1	stu_name	varchar	no	30			yes	no	yes	Chinese_PRC_CI_AS
2	cour_name	varchar	no	30			yes	no	yes	Chinese_PRC_CI_AS
3		varchar	no	30			yes	no	yes	Chinese_PRC_CI_AS
4	score	decimal	no	9	18	0	yes	(n/a)	(n/a)	NULL

单击可选择整个行

	Identity	Seed	Increment	Not For Replication
1	No identity column defined.	NULL	NULL	NULL

	RowGuidCol
1	No rowguidcol column defined.

	Parameter_name	Type	Length	Prec	Scale	Param_order	Collation
1	@teachname	varchar	30	30	NULL	1	Chinese_PRC_CI_AS

查询已成功执行。 UEVO6AVU13HCNP7 (12.0 RTM) sa (54) jxgl 00:00:00

图 11-15 用 sp_help 查看函数一般性信息

11.3.2 用户自定义函数的修改

用户自定义函数的修改既可以通过 Management Studio 的对象资源管理器实现，也可以通过 SQL 语句实现。如果采用第一种方法，在对象资源管理器中找到要修改的函数，右击，选择“修改”菜单项，即可在右面的查询分析器中显示相应的命令行。在查询分析器中进行修改，修改完成后单击“执行”即可。

下面我们详细介绍利用 SQL 语句修改自定义函数的方法。

1. 语法格式

(1) 修改标量值函数的 SQL 语句

```
ALTER FUNCTION [schema_name.]function_name
( [ {@parameter_name scalar_data_type [=default]} [,…n] ]) /*形参定义部分*/
RETURNS scalar_data_type
[WITH {ENCRYPTION|SCHEMABINDING} [,…n] ][AS]
BEGIN
    function_body
    return scalar_expression
END
```

(2) 修改内联表值函数的 SQL 语句

```
ALTER FUNCTION [schema_name.]function_name                    /*定义函数名*/
(     [ {@parameter_name scalar_data_type [=default]} [,…n] ])
                                                               /*形参定义部分*/
RETURNS table
[WITH {ENCRYPTION|SCHEMABINDING} [,…n] ][AS]
RETURN ( [select_statement] )
```

(3) 修改多语句表值函数的 SQL 语句

```
ALTER FUNCTION [schema_name.]function_name                              /*定义函数名*/
([ {@parameter_name scalar_data_type [=default]} [,...n] ])  /*形参定义部分*/
RETURNS @return_variable table <table_type_definition>  /*返回值表的定义部分*/
[WITH {ENCRYPTION|SCHEMABINDING} [,...n] ][AS]
Begin
    Function_body
    RETURN
End
```

2. 参数含义

Alter Function 语句中的各参数含义与 Create Function 语句中各同名参数的含义相同。

11.3.3 用户自定义函数的重命名

用户自定义函数的重命名可以通过对象资源管理器来实现,也可以通过系统存储过程 sp_rename 实现。使用对象资源管理器时,首先在对象资源管理器中找到要重命名的函数,右击,选择"重命名"即可。

使用 sp_rename 重命名自定义函数与重命名存储过程相同。比如,重命名函数 stu_teach_score 为 xs_jiaoshi_chengji,其语句如下:

```
EXEC sp_rename 'stu_teach_score' ,' xs_jiaoshi_chengji'
```

11.4 删除用户自定义函数

当自定义函数不再需要时,就可以将其删除了。自定义函数的删除既可以通过 SQL 语句,也可以通过对象资源管理器手动删除。若使用对象资源管理器,首先在对象资源管理器中找到要删除的自定义函数,右击,选择"删除"即可。下面,我们学习使用 SQL 语句删除自定义函数的方法。

1. 语法格式

```
DROP FUNCTION [schema_name].function_name [,…n]
```

2. 参数说明

schema_name: 要删除的自定义函数所属架构的名称。
function_name: 要删除的自定义函数的名称。

3. 应用实例

【例 11-10】 使用 SQL 命令删除函数 getCourseScore。

代码如下：

```
DROP FUNCTION getCourseScore
GO
```

11.5 【实训项目】 自定义函数

1. 实验目的

（1）掌握使用对象资源管理器和T-SQL语句创建和删除用户自定义函数的方法。
（2）掌握用户自定义函数的查看、修改、重命名和删除方法。

2. 实验内容

（1）本次实验所用的数据库主要包括的数据表为：系部、学生、教师和教师任课，其创建脚本如下：

```
CREATE TABLE 系部
(系部代码 char(2) CONSTRAINT pk_xbdm PRIMARY KEY,
系部名称 varchar(30) NOT NULL,
系主任 char(8)
)
GO
CREATE TABLE 学生
(学号 char(12) CONSTRAINT pk_xh PRIMARY KEY,
姓名 char(8),
性别 char(2),
出生日期 datetime,
入学时间 datetime,
班级代码 char(9) CONSTRAINT fk_xsbjdm REFERENCES 班级(班级代码),
系部代码 char(2) CONSTRAINT fk_xsxbdm REFERENCES 系部(系部代码),
专业代码 char(4) CONSTRAINT fk_xszydm REFERENCES 专业(专业代码))
GO
CREATE TABLE 教师
(教师编号 char(12) CONSTRAINT pk_jsbh PRIMARY KEY,
姓名 char(8) NOT NULL,
性别 char(2),
出生日期 datetime,
学历 char(10),
职务 char(10),
职称 char(10),
系部代码 char(2) CONSTRAINT fk_jsxbdm REFERENCES 系部(系部代码),
专业 char(20),
备注 varchar(50))
```

```
GO
CREATE TABLE 教师任课
(教师编号 char(12) CONSTRAINT fk_jsrkjsbh REFERENCES 教师(教师编号),
课程号 char(4) CONSTRAINT fk_jsrkch REFERENCES 课程(课程号),
专业学级 char(4) ,
专业代码 char(4) CONSTRAINT fk_jsrkzydm REFERENCES 专业(专业代码),
学年 char(4),
学期 tinyint,
学生数 smallint)
GO
```

(2) 创建一个自定义函数 department(),根据系部名称返回该系部学生总人数。

(3) 创建一个自定义函数 teacher_info(),根据教师姓名返回该教师任课的基本信息。

(4) 删除自定义函数 department 和 teacher_info。

小　　结

本章主要讲解了用户自定义函数的分类及作用,读者重点要掌握用对象资源管理器和 T-SQL 语句两种方式创建三种自定义函数的方法。另外,读者还应掌握使用对象资源管理器和 T-SQL 语句对各种用户自定义函数进行查看、修改、删除、重命名等操作的方法。

习　　题

1. 下面可以调用用户自定义函数的两个语句是(　　)。

   A. PRINT　　B. SELECT

   C. CREATE FUNCTION　　D. ALTER FUNCTION

2. 下列用于创建用户自定义函数的语句是(　　)。

   A. CREATE FUNCTION　　B. DROP FUNCTION

   C. DELETE FUNCTION　　D. DROP FUNCTION

3. 什么是用户自定义函数?
4. 请比较一下存储过程、触发器与用户自定义函数的区别。
5. 标量值函数有几种调用方式?请举例说明。
6. 如何使用 SQL 语句查看和修改用户自定义函数?请举例说明。
7. 如何使用 SQL 语句删除用户自定义函数?请举例说明。

第12章 chapter 12

综合案例——教学管理系统

本章教学重点及要求

- 了解基于SQL Server的数据库管理系统的开发流程
- 掌握数据库管理系统的分析、设计和实现的各项技术，特别注意数据库的设计及实现

12.1 项目开发的目的和意义

教学工作是高校工作的基础和核心。教学管理工作是指学校管理人员按照一定的教育方针，运用先进的管理手段，组织、协调、指挥并指导各方面人员的活动，以便高效率、高质量地完成各项教学任务。教学管理工作是学校教学工作的中心环节，是保证学校教学机制正常运转的枢纽，是一项目的性、计划性、科学性很强的工作。

随着计算机技术的飞速发展和教育体制改革的不断深入，传统的教学管理手段已经不能适应新的发展需要，无法很好地完成教学管理工作。提高教学管理水平的主要途径是更新管理者的思想，增强对管理活动的科学认识。同时，要运用先进的信息技术，开发教学管理系统，这是深化教学管理体制改革的有力措施。

为了提高学生管理的效率，实现教学管理的规范化和自动化，许多高校都利用计算机来进行管理。要成功开发教学管理系统，必须要全面了解教学管理的需求，了解教学管理的内容、方法和流程。

12.2 系统分析

12.2.1 任务目标

教学管理系统作为学校的一种典型的教学管理软件，为教学管理人员、学生和教师三类用户提供相关功能。教学管理相关人员利用该系统可以进行基础信息管理、课程管理、成绩管理及系统设置等。学生利用该系统可以进行基础信息的查看和修改、选课以及成绩查询等功能。教师利用该系统可以进行基础信息的查看和修改、课程申请、成绩录入以及成绩查询等功能。

12.2.2 可行性分析

开发任何一个基于计算机的系统，都会受到时间和资源上的限制。因此，在接受任何一个项目开发任务之前，必须根据客户可能提供的时间和资源条件进行可行性分析，以减少项目开发风险，避免人力、物力和财力的浪费。

本系统数据库采用目前比较流行的 Microsoft SQL Server 2014，该数据库在安全性、准确性、运行速度方面有绝对的优势，并且处理数据量大，效率高；开发工具采用 Visual Studio 2010，Visual Studio 2010 是目前应用较为广泛的数据库应用系统开发工具之一，可以快速开发 Web 应用程序。

12.2.3 性能要求

通过调查，该系统在性能方面有以下要求。

(1) 界面美观友好、信息查询灵活、方便、快捷、准确。

(2) 数据保密性强，不同用户对应不同的操作级别。

(3) 图形化数据分析。

(4) 对用户输入的数据进行过滤，当输入有误时提示用户。

(5) 系统最大限度地实现了易安装性、易维护性和易操作性。

(6) 系统运行稳定、安全可靠。

12.2.4 需求描述

通过需求分析，教学管理系统由以下几个子系统构成。

(1) 管理员子系统。

(2) 学生子系统。

(3) 教师子系统。

其中，各个子系统又包含一些各自的独立功能模块，详细模块分配如图 12-1 所示。

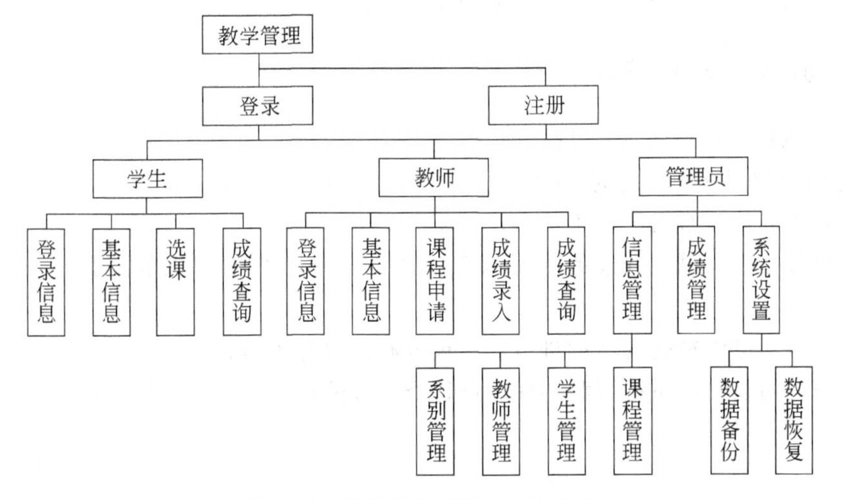

图 12-1 教学管理系统功能结构图

12.3 功能模型

教学管理系统的参与者主要有以下三类。

(1) 学生。

(2) 教师。

(3) 系统管理员。

12.3.1 学生子系统的用例图

学生子系统的用例图如图12-2所示。

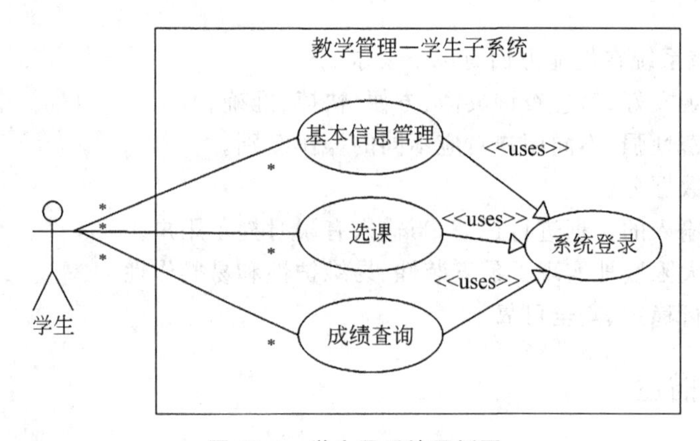

图12-2 学生子系统用例图

学生用户使用该子系统时，在登录成功后，可以进行以下操作：

(1) 查看和修改自己的基本信息；

(2) 可以对各位教师开设的课程进行选课操作；

(3) 可以对已经学完的课程进行成绩查询操作。

12.3.2 教师子系统的用例图

教师子系统的用例图如图12-3所示。

教师用户使用该子系统时，在登录成功后，可以进行以下操作：

(1) 查看和修改自己的基本信息；

(2) 可以申请自己要开设的课程，并可以对自己所教授的课程信息进行查看和修改操作；

(3) 可以对已经授完的课程进行成绩录入和修改等操作；

(4) 可以对自己所讲授课程的成绩进行查询和分析。

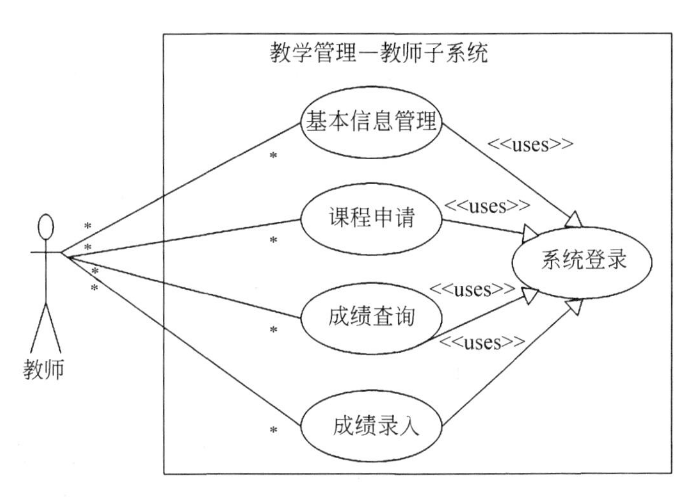

图 12-3 教师子系统用例图

12.3.3 管理员子系统的用例图

管理员子系统的用例图如图 12-4 所示。

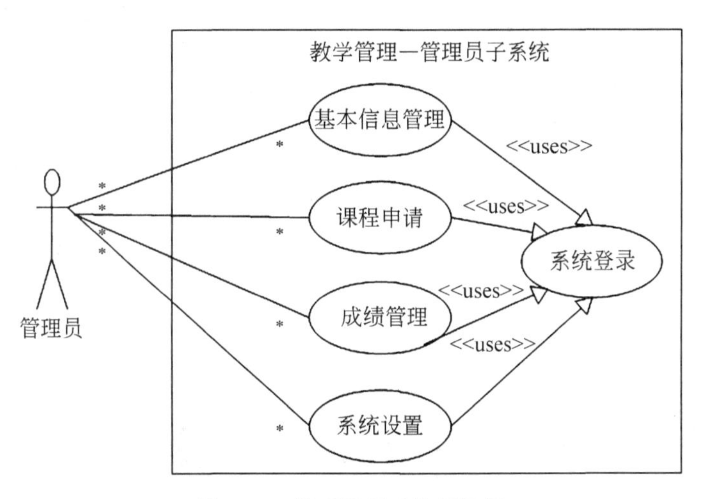

图 12-4 管理员子系统用例图

管理员使用该子系统时，在登录成功后，可以使用以下模块。

(1) 基本信息模块

基本信息模块主要实现对基础数据的管理，涉及的基础数据包括：系、学生、教师、课程。

(2) 课程管理模块

课程管理模块的主要功能包括：课程审批、课程资源配置和选课查询。该模块的用户为教务人员，可以对教师申请开设的课程进行审批、对待开设的课程进行排课以及对学生的选课结果进行查询。

(3) 成绩管理模块

成绩管理模块主要包括成绩查询和成绩统计。用户可以对成绩记录进行查询和统计,并生成相应的统计图表。

(4) 系统设置模块

系统设置模块主要实现用户管理、数据库设置、数据的备份和还原等功能。

12.4 系统设计

12.4.1 数据库概念结构设计

数据存储层是整个管理信息系统的基础,其设计直接决定了系统开发的成败。本系统在进行数据库设计时,采用了基于 3NF 的设计方法。系统的概念模型使用 Sybase 公司的 Power Designer 设计实现,概念模型 CDM 如图 12-5 所示。

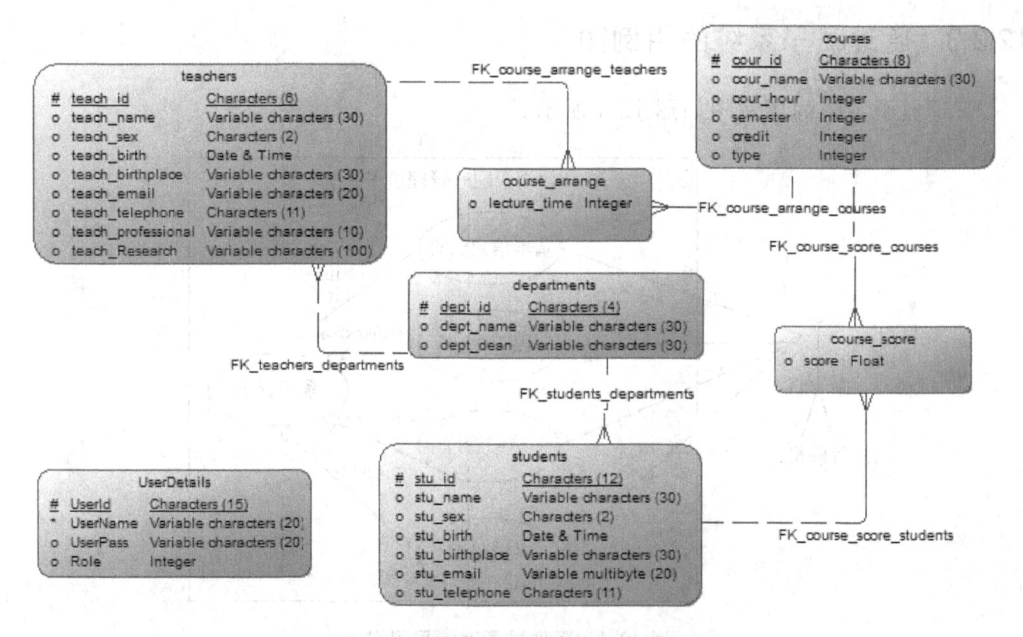

图 12-5 教学管理系统的概念模型

12.4.2 数据库逻辑结构设计

在 PowerDesigner 中,由概念模型 CDM 转换成 PDM 即教学管理系统的物理模型,如图 12-6 所示。

由图 12-6 可以看出,教学管理系统的数据库涉及的数据表主要有学生表、教师表、课程表、授课表、学生选课表等。

各个表结构分别如表 12-1～表 12-6 所示。

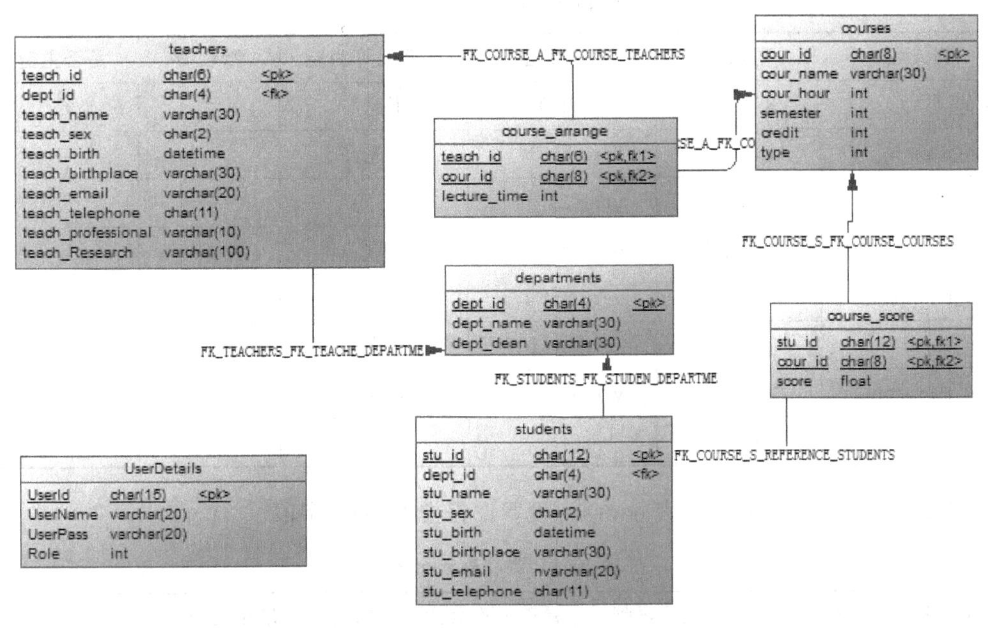

图 12-6 教学管理系统的物理模型

表 12-1 系表 departments

列　名	列说明	数据类型	是否允许为空	默认值	是否主键
dept_id	系别号	char(4)	不允许		是
dept_name	系名称	varchar(30)	不允许		
dept_dean	系主任	varchar(30)	允许		

表 12-2 教师表 teachers

列　名	列说明	数据类型	是否允许为空	默认值	是否主键
teach_id	教师号	char(6)	不允许		是
teach_name	姓名	varchar(30)	不允许		
teach_sex	性别	char(2)	允许		
dept_id	所在系	char(4)	允许		
teach_birth	出生年月	datetime	允许		
teach_birthplace	籍贯	varchar(30)	允许		
teach_email	邮箱	varchar (20)	允许		
teach_telephone	电话	char(11)	允许		
teach_ professional	职称	varchar(10)	允许		
teach_ research	研究方向	varchar(100)	允许		

表 12-3 学生表 students

列 名	列说明	数据类型	是否允许为空	默认值	是否主键
stu_id	学号	char(12)	不允许		是
stu_name	姓名	varchar(30)	不允许		
stu_sex	性别	vhar(2)	允许		
stu_birth	出生年月	datetime	允许		
stu_birthplace	籍贯	varchar(30)	允许		
stu_email	邮箱	varchar(20)	允许		
stu_telephone	电话	varchar(11)	允许		
dept_id	所在系	char(4)	允许		

为方便学生选课,为课程表 courses 设置课程类型 type 字段。

表 12-4 课程表 courses

列 名	列说明	数据类型	是否允许为空	默认值	是否主键	备 注
cour_id	课程号	char(8)	不允许		是	
cour_name	课程名	varchar(30)	不允许			
cour_hour	周课时	int	允许			
semester	学期	int	允许			
credit	学分	int	允许			
type	课程类型	int	不允许			专业必修:1 公共必修:2 公共选修:3

表 12-5 教师授课表 course_arrange

列 名	列说明	数据类型	是否允许为空	默认值	是否主键
teach_id	教师号	char(6)	不允许		是
cour_id	课程号	char(8)	不允许		是
lecture_time	总课时	int			

表 12-6 学生选课表 course_score

列 名	列说明	数据类型	是否允许为空	默认值	是否主键
stu_id	学号	char(12)	不允许		是
cour_id	课程号	char(8)	不允许		是
score	成绩	float			

根据系统的需要,增加用户表 UserDetails。UserDetails 表的结构如表 12-7 所示。

表 12-7 用户表 UserDetails

列　名	列说明	数据类型	是否允许为空	默认值	是否主键	备　注
UserId	用户编号	varchar(12)	不允许		是	
UserName	用户名	varchar(30)	不允许			
UserPass	用户密码	varchar(30)	允许			
Role	角色	int	允许			管理员：0 教师：1 学生：2

此外，还要根据系统功能的需要，对各个表设置完整性约束，创建索引、视图等。

12.4.3 数据库实现

1. PDM 生成 SQL 脚本

在 Power Designer 中由物理数据模型 PDM 生成 SQL Server 对应的 SQL 脚本。部分脚本如图 12-7 所示。

```
/*==============================================================*/
/* Table: courses                                               */
/*==============================================================*/
create table courses (
   cour_id              char(8)              collate Chinese_PRC_CI_AS not null,
   cour_name            varchar(30)          collate Chinese_PRC_CI_AS null,
   cour_hour            int                  null,
   semester             int                  null,
   credit               int                  null,
   type                 int                  null,
   constraint PK_COURSES primary key nonclustered (cour_id)
)
go

/*==============================================================*/
/* Table: departments                                           */
/*==============================================================*/
create table departments (
   dept_id              char(4)              collate Chinese_PRC_CI_AS not null,
   dept_name            varchar(30)          collate Chinese_PRC_CI_AS null,
   dept_dean            varchar(30)          collate Chinese_PRC_CI_AS null,
   constraint PK_DEPARTMENTS primary key nonclustered (dept_id)
)
go

/*==============================================================*/
/* Table: students                                              */
/*==============================================================*/
create table students (
   stu_id               char(12)             collate Chinese_PRC_CI_AS not null,
   dept_id              char(4)              null,
   stu_name             varchar(30)          collate Chinese_PRC_CI_AS null,
   stu_sex              char(2)              collate Chinese_PRC_CI_AS null,
   stu_birth            datetime             null,
   stu_birthplace       varchar(30)          collate Chinese_PRC_CI_AS null,
   stu_email            nvarchar(20)         collate Chinese_PRC_CI_AS null,
   stu_telephone        char(11)             collate Chinese_PRC_CI_AS null,
   constraint PK_STUDENTS primary key nonclustered (stu_id)
)
go
```

图 12-7 由 PDM 生成 SQL 代码

2. 教学管理系统在 SQL Server 2014 中的实现

在 SQL Server 2014 中创建数据库 jxgl，并在查询分析器中运行生成的 SQL 脚本，创建 7 个表，并生成数据库关系图，如图 12-8 所示。

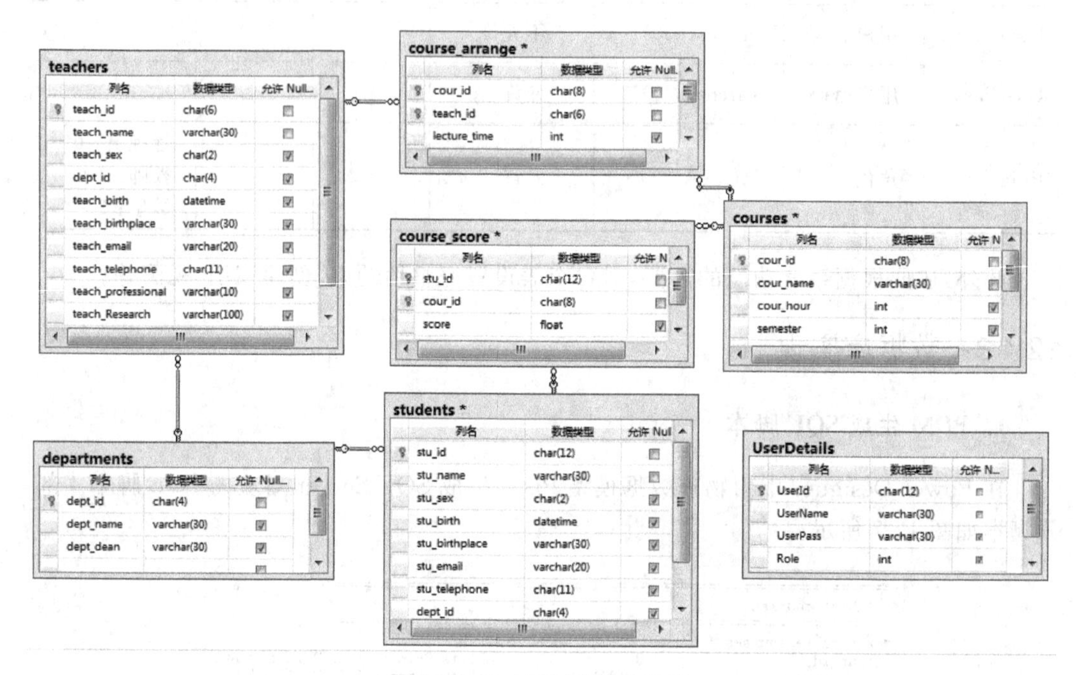

图 12-8　jxgl 数据库表关系图

3. 编写触发器

根据系统功能需要，编写触发器 tri_Insert_User。

一旦在 UserDetails 表中插入一条用户信息，如果角色 Role 是 1，就在 teachers 表中插入一条记录，对应的 UserId 为该教师编号，对应的 UserName 为教师姓名；如果 Role 是 2，就在 students 表中插入一条记录，UserId 为该学生编号，UserName 为学生姓名。

```
CREATE TRIGGER tri_Insert_User
ON UserDetails
AFTER INSERT
AS
DECLARE @id char(12),@name varchar(30),@role1 int
SELECT @id=UserId,@name=USERNAME, @role1=Role FROM inserted
IF @role1=2
INSERT students(stu_id,stu_name) VALUES(@id,@name)
    ELSE  IF @role1=1
          INSERT teachers(teach_id,teach_name) VALUES (@id,@name)
```

12.5　主要技术介绍

12.5.1　ADO.NET

ASP.NET 的数据访问功能是通过使用 ADO.NET 组件类相关对象的方法实现的。ADO.NET 是.NET Framework 中用于数据访问的组件，对主要的关系数据库配备了 OLE DB 供应器的数据源的访问，可以采用断开式访问技术，提高数据的访问效率，加强了数据操作的安全性。ADO.NET 包括两部分：.NET 数据源提供程序和数据集(DataSet)，如图 12-9 所示。

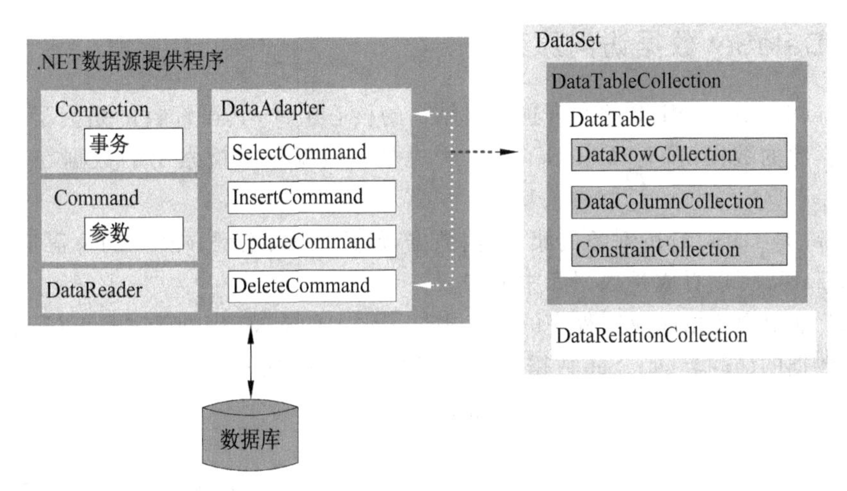

图 12-9　ADO.NET

.NET 数据源提供程序包含 4 个对象：Connection 对象、Command 对象、DataReader 对象和 DataAdapter 对象。数据集(DataSet)是数据库中的表和数据记录在内存中的映像，它包含了表及表间关系 ADO.NET 基本类库包含数据提供程序和数据源的五个对象。分别为：

Connection 对象：用于实现程序与数据源的物理连接。

Command 对象：代表在数据源上执行的 SQL 语句或存储过程。

DataReader 对象：用于从数据源获取只进的、只读的数据流。

DataAdapter 对象：是数据提供程序组件中功能最复杂的对象，它是 Connection 对象和数据集之间的桥梁。

DataSet 对象：即数据集对象，主要提供一个存储从数据源中获取到的数据的载体。

其中 Command 对象方法有 ExecuteNonQuery、ExecuteReader 和 ExecuteScalar 3 种方法。

(1) ExecuteNonQuery 方法

ExecuteNonQuery 方法执行更新操作，诸如那些与 UPDATE、INSERT 和 DELETE

语句有关的操作，在这些情况下，返回值是命令影响的行数。对于其他类型的语句，诸如 SET 或 CREATE 语句，则返回值为−1；如果发生回滚，则返回值也为−1。

（2）ExecuteReader 方法

ExecuteReader 方法通常与查询命令一起使用，并且返回一个数据阅读器对象 SqlDataReader 类的一个实例。数据阅读器是一种只读的、向前移动的游标，客户端代码滚动游标并从中读取数据。如果通过 ExecuteReader 方法执行一个更新语句，则该命令成功执行，但是不会返回任何受影响的数据行。

（3）ExecuteScalar 方法

执行查询，并返回查询所返回的结果集中第一行的第一列，与诸如那些与 SUM、AVG 函数有关的操作一起使用。

12.5.2 DataSet 数据访问原理

DataSet 是 ADO.NET 的断开连接式结构的核心组件，其设计目的是为了实现独立于任何数据源的数据访问。DataSet 可以看成是从数据库中检索出的数据在内存中的缓存。

DataSet 是 DataTable 对象的集合，由数据行、数据列、主键、外键、约束等信息组成。因此 DataTable 可以看成是数据库中的表。

.NET 框架为数据库应用程序的开发提供了强大的支持，借助于 ADO.NET 可以方便的实现数据的访问。DataSet 数据访问原理如图 12-10 所示。

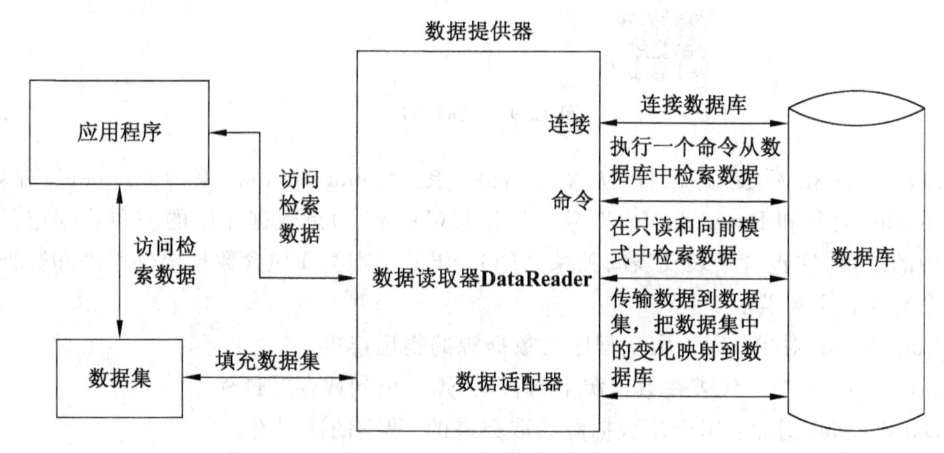

图 12-10 DataSet 数据访问原理

12.5.3 四层结构解决方案

在 Visual Studio 实际开发 Web 过程中，项目通常采用分层结构来实现，便于项目的管理、维护与升级。其中，Web 层用于显示数据和接收用户的输入数据，提供用户操作界面；BLL 层提供相关业务逻辑处理的功能，通常采用类库的形式；DAL 层提供数据的访问修改和存取操作，通常也采用类库的形式；Model 层是实体类，用面向对象的思想消除关系数据库与对象之间的差异。这样一来，业务逻辑层只关心业务功能；数据访问层只负责对数据库的访问。各层各负其责，符合软件工程中"低耦合，高内聚"的思想。四层结构的作用以及关系如图 12-11 所示。

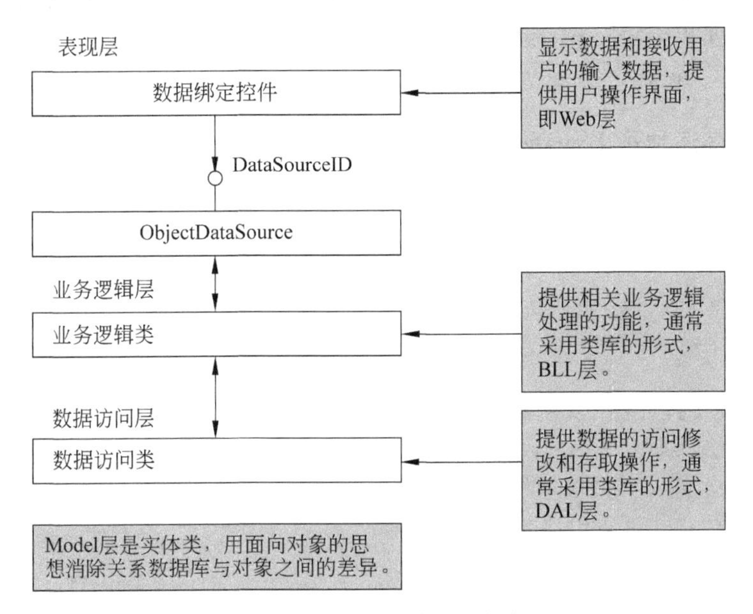

图 12-11 四层结构解决方案

12.6 详细设计

为了提高程序的可维护性和可扩展性，在实现四层结构时通常将每一层作为一个独立的项目进行。

12.6.1 建立教学管理系统解决方案

建立一个项目解决方案 ManageStudent，依次添加类库项目 Models、DAL、BLL 和表示层 Web 项目，并建立各层之间的依赖关系。

创建完成后，ManageStudent 项目解决方案包含四个项目，如图 12-12 所示。

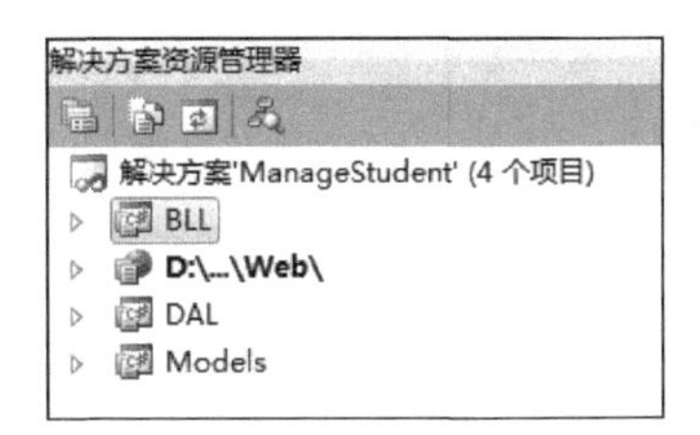

图 12-12 ManageStudent 解决方案

12.6.2 实体类层 Models 的实现

在 Models 层创建实体类。JXGL 数据库中的系表 departments，教师表 teachers，学生表 students，课程表 courses，教师授课表 course_arrange，学生选课表 course_score，用户表 UserDetails 在 Models 对应 7 个实体类。

1. Model 层添加类 UserDetails 对应用户表 UserDetails

```
[Serializable]
  public class UserDetails
{
    private string UserId;
    public string UserId1
    {
        get { return UserId; }
        set { UserId=value; }
    }
    private string UserName;
    public string UserName1
    {
        get { return UserName; }
        set { UserName=value; }
    }
    private string UsePass;
    public string UsePass1
    {
        get { return UsePass; }
        set { UsePass=value; }
    }
    private int Role;//定义用户权限
    public int Role1
    {
        get { return Role; }
        set { Role=value; }
    }
    public UserDetails()
    {
    }
}
```

2. Model 层添加类 Students 对应学生表 students

```
[Serializable]
  public class Students
```

```
{
    private string stu_id;
    public string Stu_id
    {
        get { return stu_id; }
        set { stu_id=value; }
    }
    private string stu_name;
    public string Stu_name
    {
        get { return stu_name; }
        set { stu_name=value; }
    }
    private string stu_sex;
    public string Stu_sex
    {
        get { return stu_sex; }
        set { stu_sex=value; }
    }
    private DateTime stu_birth;
    public DateTime Stu_birth
    {
        get { return stu_birth; }
        set { stu_birth=value; }
    }
    private string stu_birthplace;
    public string Stu_birthplace
    {
        get { return stu_birthplace; }
        set { stu_birthplace=value; }
    }
    private string stu_email;
    public string Stu_email
    {
        get { return stu_email; }
        set { stu_email=value; }
    }
    private string stu_telephone;
    public string Stu_telephone
    {
        get { return stu_telephone; }
        set { stu_telephone=value; }
    }
    private string dept_id;
```

```
    public string Dept_id
    {
        get { return dept_id; }
        set { dept_id=value; }
    public Students()
    {
    }
}
```

3. Model 层添加类 Courses 对应课程表 courses

```
[Serializable]
  public class Courses
{
    private string cour_id;
    public string Cour_id
    {
        get { return cour_id; }
        set { cour_id=value; }
    }
    private string cour_name;
    public string Cour_name
    {
        get { return cour_name; }
        set { cour_name=value; }
    }
    private int cour_hour;
    public int Cour_hour
    {
        get { return cour_hour; }
        set { cour_hour=value; }
    }
    private int semester;
    public int Semester
    {
        get { return semester; }
        set { semester=value; }
    }
    private int credit;
    public int Credit
    {
        get { return credit; }
        set { credit=value; }
    }
    private int type;
```

```
        public int Type
        {
            get { return type; }
            set { type=value; }
        }
        public Courses()
      {
        }
    }
```

图 12-13　在 Models 层创建实体类

其他院系表 departments，教师表 teachers，教师授课表 course_arrange，学生选课表 course_score，在 Models 层对应的实体类类似，此处省略。创建完实体类后，Models 层的变化如图 12-13 所示。

12.6.3　数据库访问层 DAL 层的实现

1. 配置 Web. config 文件

打开 Web 网站的配置文件 Web. config，配置数据库的连接字符串，代码如下。

```
<connectionStrings>
    <add name =" ApplicationServices " connectionString =" data source =. \
    SQLEXPRESS; Integrated Security = SSPI; AttachDBFilename = DataDirectory | \
    aspnetdb.mdf;User Instance=true" providerName="System.Data.SqlClient"/>
    <add name =" jxglConn " connectionString =" Data Source = USER - 20150810DV;
    Initial Catalog=jxgl;User ID=sa;Password=123" providerName="System.Data.
    SqlClient"/>
</connectionStrings>
```

上述代码在＜connectionStrings＞标签内配置了一个名为“jxglConn”的连接字符串。

2. 创建访问数据库访问数据库基础类 DBHelper

为了有效维护系统数据库的访问，在数据访问层 DAL 项目中定义了数据访问的公共类 DBHelper，该类是对系统中所需要进行数据访问操作的封装，来实现数据的插入、查找、更新和删除操作，无须使用大量的 ADO. NET 代码进行连接。

```
public class DBHelper
{
    private static SqlConnection connection;
    //定义连接属性
    public static SqlConnection Connection
    {
        get
```

```
    {
        //从配置文件中获取连接数据库的连接字符串
string connectionString= ConfigurationManager.ConnectionStrings["jxglConn"].
ConnectionString;
        if (connection==null)
        {
            connection=new SqlConnection(connectionString);
            connection.Open();
        }
        else if (connection.State==System.Data.ConnectionState.Closed)
        {
            connection.Open();
        }
        else if (connection.State==System.Data.ConnectionState.Broken)
        {
            connection.Close();
            connection.Open();
        }
        return connection;
    }
}
//不带参数的方法
public static int ExecuteCommand(string safeSql)
{
    SqlCommand cmd=new SqlCommand(safeSql, Connection);
    int result=cmd.ExecuteNonQuery();
    return result;
    //connection.Close();
}
//带参数的方法
public static int ExecuteCommand(string sql, params SqlParameter[] values)
{
    SqlCommand cmd=new SqlCommand(sql, Connection);
    cmd.Parameters.AddRange(values);
    return cmd.ExecuteNonQuery();
    //connection.Close();
}
//不带参数返回单值的方法
public static int GetScalar(string safeSql)
{
    SqlCommand cmd=new SqlCommand(safeSql, Connection);
    int result=Convert.ToInt32(cmd.ExecuteScalar());
    return result;
    //connection.Close();
```

```
    }
    //带参数返回单值的方法
    public static int GetScalar(string sql, params SqlParameter[] values)
    {
        SqlCommand cmd=new SqlCommand(sql, Connection);
        cmd.Parameters.AddRange(values);
        int result=Convert.ToInt32(cmd.ExecuteScalar());
        return result;
        //connection.Close();
    }
//不带参数返回集合的方法
public static SqlDataReader GetReader(string safeSql)
    {
        SqlCommand cmd=new SqlCommand(safeSql, Connection);
        SqlDataReader reader=cmd.ExecuteReader();
        return reader;
        //connection.Close();
    }
//带参数返回集合的方法
    public static SqlDataReader GetReader (string sql, params SqlParameter [ ]
    values)
    {
        SqlCommand cmd=new SqlCommand(sql, Connection);
        cmd.Parameters.AddRange(values);
        SqlDataReader reader=cmd.ExecuteReader();
        return reader;
        //connection.Close();
    }
    public static DataTable GetDataSet(string safeSql)
    {
        DataSet ds=new DataSet();
        SqlCommand cmd=new SqlCommand(safeSql, Connection);
        SqlDataAdapter da=new SqlDataAdapter(cmd);
        da.Fill(ds);
        return ds.Tables[0];
    }
    public static DataTable GetDataSet(string sql, params SqlParameter[] values)
    {
        DataSet ds=new DataSet();
        SqlCommand cmd=new SqlCommand(sql, Connection);
        cmd.Parameters.AddRange(values);
        SqlDataAdapter da=new SqlDataAdapter(cmd);
        da.Fill(ds);
        return ds.Tables[0];
```

```
    }
}
```

上述代码中使用ConfigurationManager获取配置文件中的连接字符串，因此必须添加System. Configuration的引用。

3. UserService. cs的实现

在DAL项目中添加UserService类，该类提供访问Userdetails表的各种操作方法。

```
public static partial class UserService
{
    /// <summary>
    /// 添加User
    /// </summary>
    /// <param name="user"></param>
    /// <returns></returns>
    public static UserDetails AddUser(UserDetails user)
    {
        string sql=
            "INSERT UserDetails(UserId,UserName,UserPass,Role) "+
            "VALUES(@UserId,@UserName,@UserPass,@Role)";
        try
        {
            SqlParameter[] para=new SqlParameter[]
    {
      new SqlParameter("@UserId", user.UserId1),
                    new SqlParameter("@UserName",user.UserName1),
      new SqlParameter("@UserPass",user.UsePass1),
      new SqlParameter("@Role", user.Role1)
    };
            int newId=DBHelper.GetScalar(sql, para);
            return GetUserByUserId(newId.ToString());
        }
        catch (Exception e)
        {
            Console.WriteLine(e.Message);
            throw e;
        }
    }
    /// <summary>
    /// 删除User
    /// </summary>
    /// <param name="user"></param>
    public static void DeleteUser(UserDetails user)
```

```
{
    DeleteUserByUserId(user.UserId1);
}
/// <summary>
/// 根据 userId 删除用户
/// </summary>
/// <param name="userId"></param>
public static void DeleteUserByUserId(string userId)
{
    string sql="DELETE UserDetails WHERE UserId=@UserId";
    try
    {
        SqlParameter[] para=new SqlParameter[]
        {
        new SqlParameter("@UserId", userId)
        };
        DBHelper.ExecuteCommand(sql, para);
    }
    catch (Exception e)
    {
        Console.WriteLine(e.Message);
        throw e;
    }
}
/// <summary>
/// 修改用户
/// </summary>
/// <param name="user"></param>
public static void ModifyUser(UserDetails user)
{
    string sql=
        "UPDATE UserDetails "+
        "SET "+
            "UserId=@userId,"+
            "UserName=@userName, "+
            "UserPass=@userPass, "+
            "role=@role "+

        "WHERE UserId=@userId";
    try
    {
        SqlParameter[] para=new SqlParameter[]
        {
            new SqlParameter("@userId", user.UserId1),
```

```
                new SqlParameter("@userName", user.UserName1),
                new SqlParameter("@userPass", user.UsePass1),
                new SqlParameter("@role", user.Role1),
            };
            DBHelper.ExecuteCommand(sql, para);
        }
        catch (Exception e)
        {
            Console.WriteLine(e.Message);
            throw e;
        }
}
/// <summary>
/// 获取所有用户
/// </summary>
/// <returns></returns>
public static IList<UserDetails>GetAllUsers()
{
    string sqlAll="SELECT * FROM UserDetails";
    return GetUserBySql(sqlAll);
}
/// <summary>
/// 根据 userId 获取用户信息
/// </summary>
/// <param name="userId"></param>
/// <returns></returns>
public static UserDetails GetUserByUserId(string userId)
{
    string sql="SELECT * FROM UserDetails WHERE UserId=@UserId";
    try
    {
        SqlDataReader reader=DBHelper.GetReader(sql, new SqlParameter
        ("@UserId", userId));
        if (reader.Read())
        {
            UserDetails user=new UserDetails();
            user.UserId1=(string)reader["UserId"];
            user.UserName1=(string)reader["UserName"];
            user.UsePass1=(string)reader["UserPass"];
            user.Role1=(int)reader["Role"];
            reader.Close();
            return user;
        }
        else
```

```
        {
            reader.Close();
            return null;
        }
    }
    catch (Exception e)
    {
        Console.WriteLine(e.Message);
        throw e;
    }

}
/// <summary>
/// 根据 name 获取用户信息
/// </summary>
/// <param name="name"></param>
/// <returns></returns>
public static UserDetails GetUserByUserName(string name)
{
    string sql="SELECT * FROM UserDetails WHERE UserName=@UserName";
    try
    {
        SqlDataReader reader=DBHelper.GetReader(sql, new SqlParameter
        ("@UserName", name));
        if (reader.Read())
        {
            UserDetails user=new UserDetails();
            user.UserId1=(string)reader["UserId"];
            user.UserName1=(string)reader["UserName"];
            user.UsePass1=(string)reader["UserPass"];
            user.Role1=(int)reader["Role"];
            reader.Close();
            return user;
        }
        else
        {
            reader.Close();
            return null;
        }
    }
    catch (Exception e)
    {
        Console.WriteLine(e.Message);
        throw e;
```

```
        }
    }
    /// <summary>
    /// 根据 sql 获取用户列表
    /// </summary>
    /// <param name="safeSql"></param>
    /// <returns></returns>
    private static IList<UserDetails>GetUserBySql(string safeSql)
    {
        List<UserDetails>list=new List<UserDetails>();
        try
        {
            DataTable table=DBHelper.GetDataSet(safeSql);
            foreach (DataRow row in table.Rows)
            {
                UserDetails user=new UserDetails();
                user.UserId1=(string)row["UserId"];
                user.UserName1=(string)row["UserName"];
                user.UsePass1=(string)row["UserPass"];
                user.Role1=(int)row["role"];
                list.Add(user);
            }
            return list;
        }
        catch (Exception e)
        {
            Console.WriteLine(e.Message);
            throw e;
        }
    }
    /// <summary>
    /// 根据 sql 获取用户列表,带参数
    /// </summary>
    /// <param name="safeSql"></param>
    /// <returns></returns>
    private static IList < UserDetails > GetUserBySql ( string sql, params
    SqlParameter[] values)
    {
        List<UserDetails>list=new List<UserDetails>();
        try
        {
            DataTable table=DBHelper.GetDataSet(sql, values);
            foreach (DataRow row in table.Rows)
            {
```

```
                UserDetails user=new UserDetails();
                user.UserId1=(string)row["UserId"];
                user.UserName1=(string)row["UserName"];
                user.UsePass1=(string)row["UserPass"];
                user.Role1=(int)row["Role"];
                list.Add(user);
            }
            return list;
        }
        catch (Exception e)
        {
            Console.WriteLine(e.Message);
            throw e;
        }
    }
}
```

4. StudentService 的实现

在 DAL 项目中添加 UserService 类，该类提供访问学生表 students 的各种操作方法。

```
public static partial class StudentService
{
    /// <summary>
    /// 添加学生信息
    /// </summary>
    /// <param name="student"></param>
    /// <returns></returns>
    public static Students AddStudent(Students student)
    {
        string sql=
            "INSERT students (stu_id,stu_name,stu_sex,stu_birth,stu_birthplace,
            stu_email,stu_telephone)"+
            "VALUES (@stu_id, @stu_name, @stu_sex, @stu_birth, @stu_birthplace,
            @stu_email, @stu_telephone, @dept_id)";
        try
        {
            SqlParameter[] para=new SqlParameter[]
            {
            new SqlParameter("@stu_id", student.Stu_id), //FK
            new SqlParameter("@stu_name", student.Stu_name),
            new SqlParameter("@stu_sex", student.Stu_sex),
            new SqlParameter("@stu_birth",student.Stu_birth),
            new SqlParameter("@stu_birthplace", student.Stu_birthplace),
```

```
            new SqlParameter("@stu_email", student.Stu_email),
            new SqlParameter("@stu_telephone", student.Stu_telephone),
            new SqlParameter("@dept_id", student.Dept_id)
            };
            string newId=DBHelper.GetScalar(sql, para).ToString();
            return GetStudentByStudentId(newId);
        }
        catch (Exception e)
        {
            Console.WriteLine(e.Message);
            throw e;
        }
    }
    //删除学生简历
    public static void DeleteStudent(Students student)
    {
        DeleteStudentByStudentId(student.Stu_id);
    }
    //删除学生简历
    public static void DeleteStudentByStudentId(string stuId)
    {
        string sql="DELETE students WHERE stu_id=@stuId";
        try
        {
            SqlParameter[] para=new SqlParameter[]
            {
            new SqlParameter("@stuId", stuId)
            };
            DBHelper.ExecuteCommand(sql, para);
        }
        catch (Exception e)
        {
            Console.WriteLine(e.Message);
            throw e;
        }
    }
    /// <summary>
    /// 修改学生个人信息
    /// </summary>
    /// <param name="Students"></param>
    public static void ModifyStudent(Students student)
    {
        string sql=
            "UPDATE students "+
```

```
            "SET "+
                "stu_id=@stu_id, "+//FK
                "stu_name=@stu_name, "+
                "stu_sex=@stu_sex, "+
                "stu_birth=@stu_birth, "+
                "stu_birthplace=@stu_birthplace, "+
                "stu_email=@stu_email, "+
                "stu_telephone=@stu_telephone, "+
"dep_id=@dep_id, "+
            "WHERE Stu_id=@StudentsId";
try
        {
            SqlParameter[] para=new SqlParameter[]
            {
            new SqlParameter("@stu_id", student.Stu_id), //FK
            new SqlParameter("@stu_name", student.Stu_name),
            new SqlParameter("@stu_sex", student.Stu_sex),
            new SqlParameter("@stu_birth",student.Stu_birth),
            new SqlParameter("@stu_birthplace", student.Stu_birthplace),
            new SqlParameter("@stu_email", student.Stu_email),
            new SqlParameter("@stu_telephone", student.Stu_telephone),
            new SqlParameter("@dept_id", student.Dept_id)
            };
            DBHelper.ExecuteCommand(sql, para);
        }
        catch (Exception e)
        {
            Console.WriteLine(e.Message);
            throw e;
        }
    }
    //根据 Stu_Id 获取学生
    public static Students GetStudentByStudentId(string stuId)
    {
        string sql="SELECT * FROM students WHERE stu_id=@stuId";
        //string stuId;
        try
        {
            SqlDataReader reader=DBHelper.GetReader(sql, new SqlParameter
            ("@stuId", stuId));     //设置参数
            if (reader.Read())
            {
                Students student=new Students();
                student.Stu_id=(string)reader["Stu_id"];
```

```
                student.Stu_name= (string)reader["Stu_name"];
                student.Stu_sex= (string)reader["Stu_sex"];
                student.Stu_birth= (DateTime)reader["Stu_birth"];
                student.Stu_birthplace= (string)reader["Stu_birthplace"];
                student.Stu_email= (string)reader["Stu_email"];
                student.Stu_telephone= (string)reader["Stu_telephone"];
                student.Dept_id= (string)reader["Dept_id"];
                reader.Close();
                return student;
            }
            else
            {
                reader.Close();
                return null;
            }
        }
        catch (Exception e)
        {
            Console.WriteLine(e.Message.ToString());
            throw e;
        }
    }
    /// <summary>
    /// 根据姓名获取学生
    /// </summary>
    /// <param name="name"></param>
    /// <returns></returns>
    public static Students GetStudentByStuName(string sname)
    {
        string sql="SELECT * FROM students WHERE stu_name=@StuName";
        try
        {
            SqlDataReader reader=DBHelper.GetReader(sql, new SqlParameter
            ("@StuName", sname));
            if (reader.Read())
            {
                Students student=new Students();
                student.Stu_id= (string)reader["Stu_id"];
                student.Stu_name= (string)reader["Stu_name"];
                student.Stu_sex= (string)reader["Stu_sex"];
                student.Stu_birth= (DateTime)reader["Stu_birth"];
                student.Stu_birthplace= (string)reader["Stu_birthplace"];
                student.Stu_email= (string)reader["Stu_email"];
                student.Stu_telephone= (string)reader["Stu_telephone"];
```

```
                student.Dept_id= (string)reader["Dept_id"];
                reader.Close();
                return student;
            }
            else
            {
                reader.Close();
                return null;
            }
        }
        catch ( Exception e)
        {
            Console.WriteLine(e.Message.ToString());
            throw e;
        }
    }
}
```

5. CourseService.cs 类的实现

在 DAL 项目中添加 CourseService 类，该类提供访问课程表 courses 的各种操作方法。

```
public static partial class CourseService
{
    public static Courses GetCourseByCourId(string courId)
    {
        string sql="SELECT * FROM courses WHERE cour_id=@courId";
        try
        {
            SqlDataReader reader=DBHelper.GetReader(sql, new SqlParameter
            ("@courId", courId));
            if (reader.Read())
            {
                Courses course=new Courses();
                course.Cour_id= (string)reader["Cour_id"];
                course.Cour_name= (string)reader["Cour_name"];
                course.Cour_hour= (int) reader["Cour_hour"];
                course.Semester= (int)reader["Semester"];
                course.Credit= (int)reader["Credit "];
                course.Type= (int)reader["Type "];
                reader.Close();
                return course;
            }
            else
```

```
            {
                reader.Close();
                return null;
            }
        }
        catch (Exception e)
        {
            Console.WriteLine(e.Message);
            throw e;
        }
    }
    public static Courses GetCourseByCourname(string courname)
    {
        string sql="SELECT * FROM courses WHERE cour_name=@courname";
        try
        {
            SqlDataReader reader=DBHelper.GetReader(sql, new SqlParameter
            ("@courname", courname));
            if (reader.Read())
            {
                Courses course=new Courses();
                course.Cour_id=(string)reader["Cour_id"];
                course.Cour_name=(string)reader["Cour_name"];
                course.Cour_hour=(int)reader["Cour_hour"];
                course.Semester=(int)reader["Semester"];
                course.Credit=(int)reader["Credit"];
                course.Type=(int)reader["Type"];
                reader.Close();
                return course;
            }
            else
            {
                reader.Close();
                return null;
            }
        }
        catch (Exception e)
        {
            Console.WriteLine(e.Message);
            throw e;
        }
    }
    public static Courses GetCourseByType(int type)
    {
```

```
        string sql="SELECT * FROM courses WHERE type=@type";
        try
        {
            SqlDataReader reader=DBHelper.GetReader(sql, new SqlParameter
            ("@type", type));
            if (reader.Read())
            {
                Courses course=new Courses();
                course.Cour_id=(string)reader["Cour_id"];
                course.Cour_name=(string)reader["Cour_name"];
                course.Cour_hour=(int)reader["Cour_hour"];
                course.Semester=(int)reader["Semester"];
                course.Credit=(int)reader["Credit"];
                course.Type=(int)reader["Type"];
                reader.Close();
                return course;
            }
            else
            {
                reader.Close();
                return null;
            }
        }
        catch (Exception e)
        {
            Console.WriteLine(e.Message);
            throw e;
        }
    }
}
```

12.6.4 业务逻辑层 BLL 层的实现

1. UserManager. cs 的实现

在 BLL 项目中添加 UserManager 类，该类提供对用户操作的业务方法。

```
namespace BLL
{
    public static partial class UserManager
    {     //添加用户
    public static UserDetails AddUser(UserDetails user)
    {
      return UserService.AddUser(user);
```

```
        }
        //删除用户
        public static void DeleteUser(UserDetails user)
        {
          UserService.DeleteUser(user);
        }
        //根据 userId 删除用户
            public static void DeleteUserByUserId(string userId)
        {
            UserService.DeleteUserByUserId(userId);
        }
        //修改用户
        public static void ModifyUser(UserDetails user)
        {
          UserService.ModifyUser(user);
        }
        //获取所有用户
        public static IList<UserDetails>GetAllUsers()
        {
          return UserService.GetAllUsers();
        }
        //根据 userId 获取用户
            public static UserDetails GetUserByUserId(string userId)
        {
            return UserService.GetUserByUserId(userId);
        }
        //根据用户名获取用户
        public static UserDetails GetUserByUserName(string name)
        {
          return UserService.GetUserByUserName(name);
        }
    }
}
```

2. ManagerStudent.cs 的实现

在 BLL 项目中添加 ManagerStudent 类，该类提供对学生操作的业务方法。

```
namespace BLL
{
    public static partial class ManagerStudent
        {
            //添加学生信息
            public static Students AddStudent(Students student)
            {
```

```
            return StudentService.AddStudent(student);
        }
        //删除学生信息
        public static void DeleteStudent(Students student)
        {
            StudentService.DeleteStudent(student);
        }
        //根据stuId删除学生
        public static void DeleteStudentByStudentId(string stuId)
        {
            StudentService.DeleteStudentByStudentId(stuId);
        }
        //修改学生
        public static void ModifyStudent(Students student)
        {

            StudentService.ModifyStudent(student);
        }
        //根据stuId获取学生
        public static Students GetStudentByStudentId(string stuId)
        {
            return StudentService.GetStudentByStudentId(stuId);
        }
        //根据sname获取学生
        public static Students GetStudentByStuName(string sname)
        {
            return StudentService.GetStudentByStuName(sname);
        }
    }
}
```

3. ManagerCourse.cs 的实现

在 BLL 项目中添加 ManagerCourse 类,该类提供对课程操作的业务方法。

```
namespace BLL
{
    public static partial class ManagerCourse
    {
        public static Courses GetCourseByCourId(string courId)
        {
            return CourseService.GetCourseByCourId(courId);
        }
        public static Courses GetCourseByCourname(string courname)
        {
```

```
            return CourseService.GetCourseByCourname(courname);
        }
        public static string GetCourseByType(int type)
        {
            return CourseService.GetCourseByType(type).Cour_name;
        }
    }
}
```

12.6.5 表示层Web层的实现与实现

表示层主要用于与用户的交互，接收用户请求或将用户请求的数据在页面上显示出来。

在解决方案ManageStudent中建立Student，Teacher，Manager文件夹，分别存放学生用户、教师用户、管理员用户的页面信息。

1. 登录页面

用户登录页面是学生用户、教师用户、管理员用户的共同页面，在Web层根目录下创建。用户登录页面用于实现合法用户的登录，完成用户名和口令信息的验证。

用户登录信息包括：用户名、密码、确认密码和用户类型。使用RequiredFieldValidator控件验证用户名和密码不能为空。设计页面如图12-14所示。

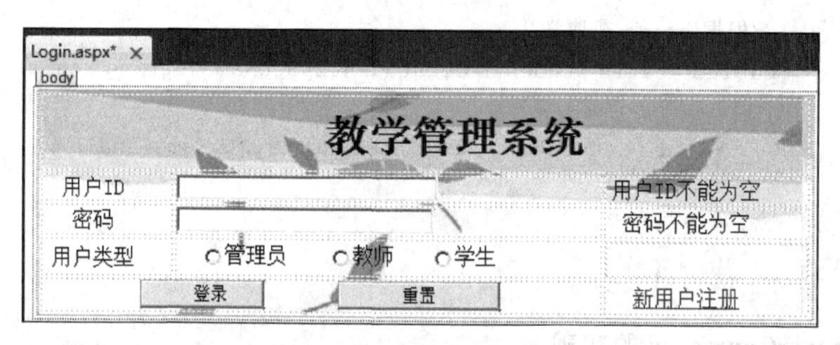

图12-14 登录页面设计窗口

“登录”按钮的单击事件代码如下：

```
protected void btnLogin_Click2(object sender, EventArgs e)
    {
        string strId=txtId.Text.Trim();
        string strPwd=txtPwd.Text.Trim();
        //int role=0;
        if (Rdrole.SelectedIndex==2)
        {
            //根据用户名获取student表中的用户对象
            UserDetails user=UserManager.GetUserByUserId(strId.Trim());
```

```
            if (user !=null)
            {
                //检查用户输入的数据是否正确
                if (strPwd.Equals(user.UsePass1.Trim()))
                {
                    //将当前用户保存到 Session 中
                    Session.Add("CurUser", user);
                    //Session.Add("Username",user.UserName1);
                    //跳转到个人用户主页
                    Response.Redirect("~/Student/StudentMain.aspx");
                }
                else
                {
                  Response.Write("<Script>alert('密码或权限不正确!');</Script>");
                }
            }
            else
            {
             Response.Write("<Script>alert('没有该用户!请注册后再登录!');</Script>");
            }
        }
}
```

“重置”按钮的单击事件代码如下：

```
protected void btnReset_Click1(object sender, EventArgs e)
{
    txtId.Text="";
    txtPwd.Text="";
}
```

分别输入正确用户名、密码和错误用户名、密码，登录窗口运行页面如图 12-15 和图 12-16 所示。

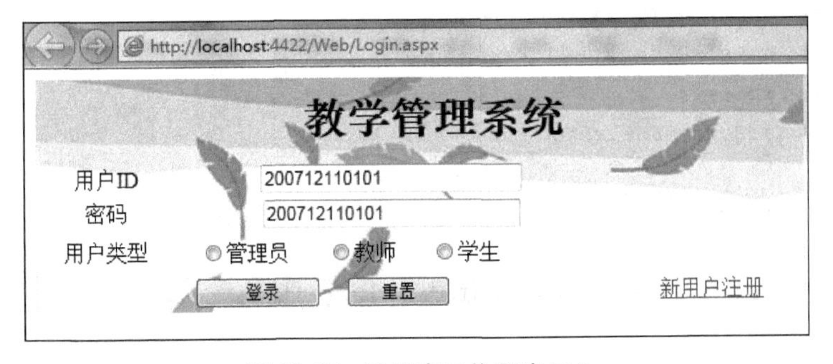

图 12-15　登录窗口执行窗口 1

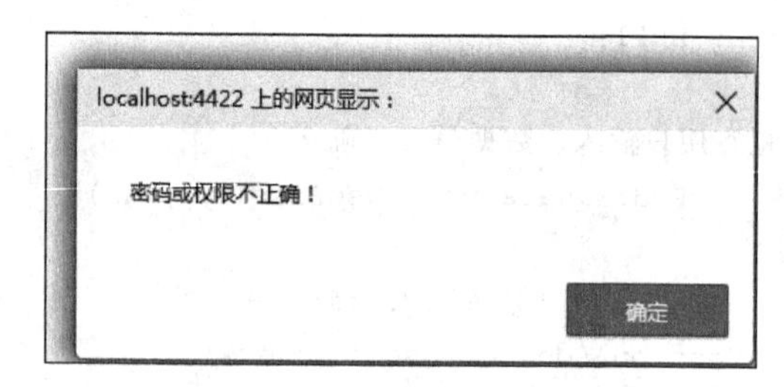

图 12-16 登录窗口执行窗口 2

2. 注册页面 Regist.aspx 的设计

注册页面是学生用户、教师用户、管理员用户的共同页面，在 Web 层根目录下创建。

用户注册信息包括：用户名、密码、确认密码和用户类型。使用 RequiredFieldValidator 控件验证用户名和密码不能为空。使用 CompareValidator 控件验证确认密码和第一次输入密码必须相同。设计页面如图 12-17 所示。

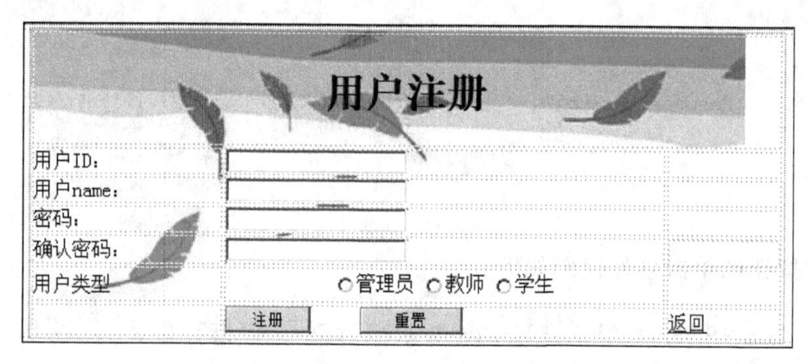

图 12-17 注册页面设计窗口

“注册”按钮的单击事件代码如下：

```
protected void Button2_Click(object sender, EventArgs e)
    {
        string strId=txtId.Text;
        string strName=txtName.Text;
        string strPwd=txtPwd.Text;
        int role=0;
        if (rdPerson.SelectedIndex==1)
        {
            role=1;
        }
        else if (rdPerson.SelectedIndex==2)
        {
            role=2;
        }
        //根据用户名查询用户,确保用户名不重复
```

```
        if (BLL.UserManager.GetUserByUserName(strName) !=null)
        {
            Response.Write("<Script>alert('此用户 Name 已被使用,请重新填写');
            </Script>");
            ResetText();
            txtId.Focus();
            return;
        }
        //将信息封装到 User 对象中
        UserDetails user=new UserDetails();
        user.UserId1=strId;
        user.UserName1=strName;
        user.UsePass1=strPwd;
        user.Role1=role;
        //添加用户
        if (UserManager.AddUser(user)==null)
        {
            Response.Write("<Script>alert('注册成功,请记住您的信息!');
            </Script>");
        }
        else
        {
            Response.Write("<Script>alert('注册失败!');</Script>");
        }
}
```

"重置"按钮的代码如下:

```
protected void btnReset_Click(object sender, EventArgs e)
{
    ResetText();
}
//重置文本信息
private void ResetText()
{
    txtName.Text="";
    txtPwd.Text="";
    txtRePwd.Text="";
    rdPerson.SelectedIndex=0;
}
```

3. 设计站点地图文件和学生用户所需要的树形菜单 XML 文件

站点地图文件 Web. sitemap:

```
<? xml version="1.0" encoding="utf-8" ? >
```

```
<siteMap xmlns="http://schemas.microsoft.com/AspNet/SiteMap-File-1.0">
<siteMapNode url="login.aspx" title="教学管理" description="">
      <siteMapNode title="学生个人管理" url="~\Student\StudentMain.aspx"
      description="">
            <siteMapNode title="添加/修改简历" url="~\Student\Student.
            aspx" description="" />
           <siteMapNode title="信息预览" url="~\Student\StudentView.aspx"
           description="" />
     </siteMapNode>
   <siteMapNode title="课程管理" url="" description="">
            <siteMapNode title="选修课程" url="~\Student\SelectCourse1.
            aspx" description="" />
          <siteMapNode title="成绩查询" url="~\Student\SearchScore.aspx"
          description="" />
   </siteMapNode>
<siteMapNode title="教师个人管理" url="~\Teacher\TeacherMain.aspx"
description="">
  <siteMapNode title="添加/修改信息" url="~\Teacher\Teacher.aspx" description
="" />
  <siteMapNode title="教师信息预览" url="~\Teacher\TeacherView.aspx"
description="" />
    </siteMapNode>
<siteMapNode title="成绩管理" description="">
  <siteMapNode title="成绩录入/修改" url="~\Teacher\ScoreInsert.aspx"
  description="" />
  <siteMapNode title="成绩查询" url="~\Teacher\ScoreSearch.aspx" description="" />
    </siteMapNode>
…
</siteMapNode>
</siteMap>
```

学生用户所需要的树形菜单 XML 文件 StuTree.xml：

```
<? xml version="1.0" encoding="utf-8" ? >
<siteMapNode url="StudentMain.aspx" title="个人管理" description="">
  <siteMapNode title="个人信息维护" url="" description="">
    <siteMapNode title="添加/修改简历" url="Student.aspx" description="" />
    <siteMapNode title="信息预览" url="StudentView.aspx" description="" />
  </siteMapNode>
  <siteMapNode title="课程管理" url="" description="">
    <siteMapNode title="选修课程" url="SelectCourse.aspx" description="" />
    <siteMapNode title="成绩查询" url="FindScore.aspx" description="" />
  </siteMapNode>
</siteMapNode>
```

4. 设计学生用户的母版页

为保持各个页面风格一致，创建学生用户的母版页 StudentMaster. master，设计页面图 12-18 所示。

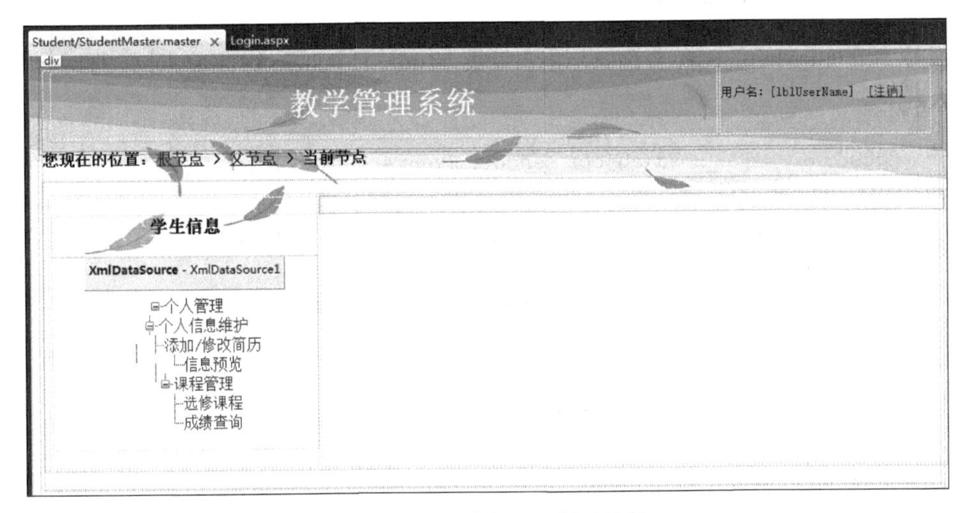

图 12-18 教学窗口母版页设计

使用 SiteMapPath 控件显示站点导航，使用 TreeView 控件显示树形菜单。

母版页面的后台代码文件：

```
protected void Page_Load(object sender, EventArgs e)
    {
        //判断用户是否是非法访问
    if (Session["CurUser"] !=null)
    {
      //从 Session 中取出当前用户信息并显示
      UserDetails user= (UserDetails)Session["CurUser"];
      lblUserName.Text=user.UserName1;
            Session.Add("sname", user.UserName1);
    }
    else
    {
      //跳转到登录页面
      Response.Redirect("../Login.aspx");
    }
  }
  //注销
  protected void LinkButtonOut_Click(object sender, EventArgs e)
  {
    //清空 Session 中的数据
    Session["CurUser"]=null;
```

```
    Session["UserId"]=null;
    Response.Redirect("../Login.aspx");
  }
```

5. 设计 StudentMain. aspx 页面

设计 StudentMain. aspx 页面，使用母版页 StudentMaster. master，对应的后台代码如下：

```
protected void Page_Load(object sender, EventArgs e)
    {
        UserDetails user=(UserDetails)Session["CurUser"];
        //判断当前用户是否有简历
        Students student=ManagerStudent.GetStudentByStudentId(user.UserId1);
        if (student !=null)
        {
            Session["stuId"]=student.Stu_id;
        }
        else
        {
            Session["stuId"]=null;
        }
    }
```

学生用户登录成功后，进入学生用户主页面，标题栏显示当前登录用户名，如图 12-19 所示。

图 12-19　教学登录后执行窗口

6. 设计个人信息管理页面 StudentView

合法学生用户登录后，进入个人信息管理页面，显示该学生的个人信息（见图 12-20），也可以单击“编辑”，对个人信息修改。

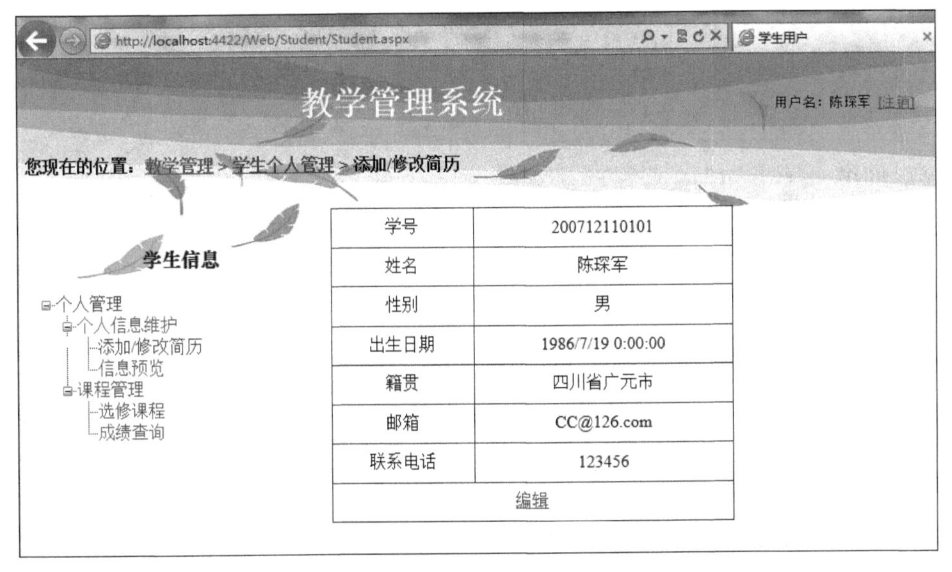

图 12-20　学生个人信息管理页面设计

后台代码：

```
protected void Page_Load(object sender, EventArgs e)
    {
        if (Session["stuId"]==null)
        {
            Response.Redirect("Student.aspx");
        }
        else
        {
             UserDetails user=(UserDetails)Session["CurUser"];
            //判断当前用户是否有简历
            Students student=new Students();
             student=ManagerStudent.GetStudentByStudentId(user.UserId1);
             lblid.Text=student.Stu_id;
             lblname.Text=student.Stu_name;
             lblsex.Text=student.Stu_sex;
             lblbirth.Text=student.Stu_birth.ToShortDateString();
             lblbirth.Text=student.Stu_birthplace;
             lblbirthplace.Text=student.Stu_birthplace;
             lblemail.Text=student.Stu_email;
             lblphone.Text=student.Stu_telephone;
        }
    }
```

单击“编辑”进入编辑页面，如图 12-21 所示。学生个人信息可以编辑修改，单击“更新”，可以把更新后的结果保存数据库中。

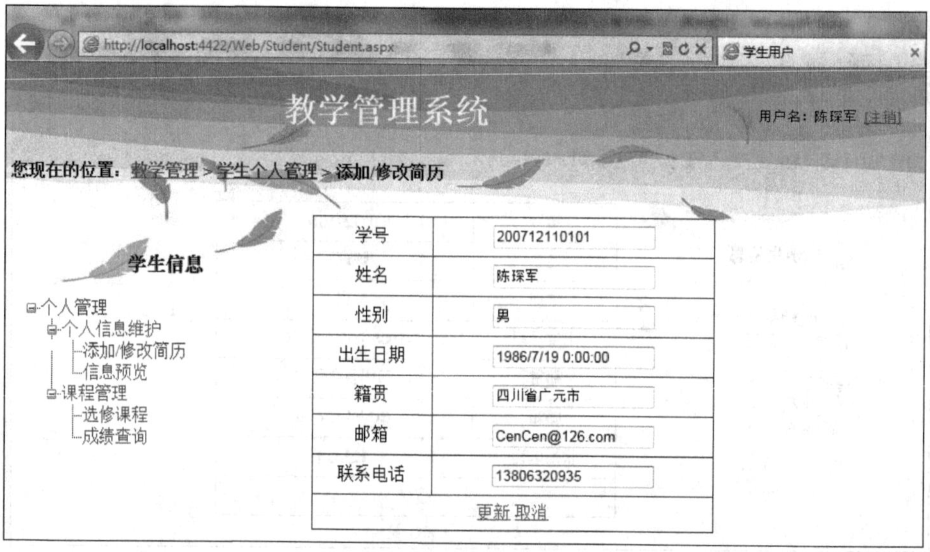

图 12-21 学生个人信息编辑页面设计

7. 选修课程页面设计

课程选修设计页面如图 12-22 所示。设计页面使用 SqlDataSource 控件和 ObjectDataSource 控件，选择出学生所选修的课程的类别信息。

SqlDataSource 控件的配置信息如下：

```
<asp:SqlDataSource ID="SqlDataSource1" runat="server"
        ConnectionString="<%$ConnectionStrings:jxglConn %>"
        SelectCommand="SELECT cour_name FROM courses where type=@type">
           <SelectParameters>
<asp:ControlParameter ControlID="RadioButtonList1" DefaultValue="1" Name=
"type"         PropertyName="SelectedValue" />
        </SelectParameters>
    </asp:SqlDataSource>
```

使用 ObjectDataSource 控件，选择出学生所选修的课程的详细信息。ObjectDataSource 控件的配置信息如下：

```
<asp:ObjectDataSource ID="ObjectDataSource1" runat="server"
    SelectMethod="GetCourseByCourname" TypeName="BLL.ManagerCourse">
    <SelectParameters>
        <asp:ControlParameter ControlID="DropDownList1" DefaultValue="操作系统"
    Name="courname" PropertyName="SelectedValue" Type="String" />
    </SelectParameters>
</asp:ObjectDataSource>
```

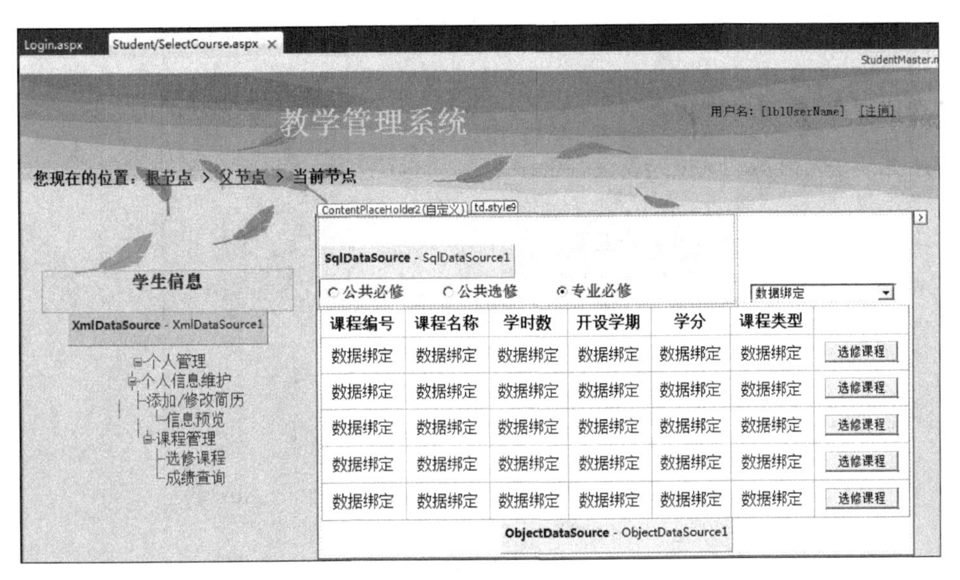

图 12-22 选修课程设计页面

学生选修课程执行页面如图 12-23 所示。

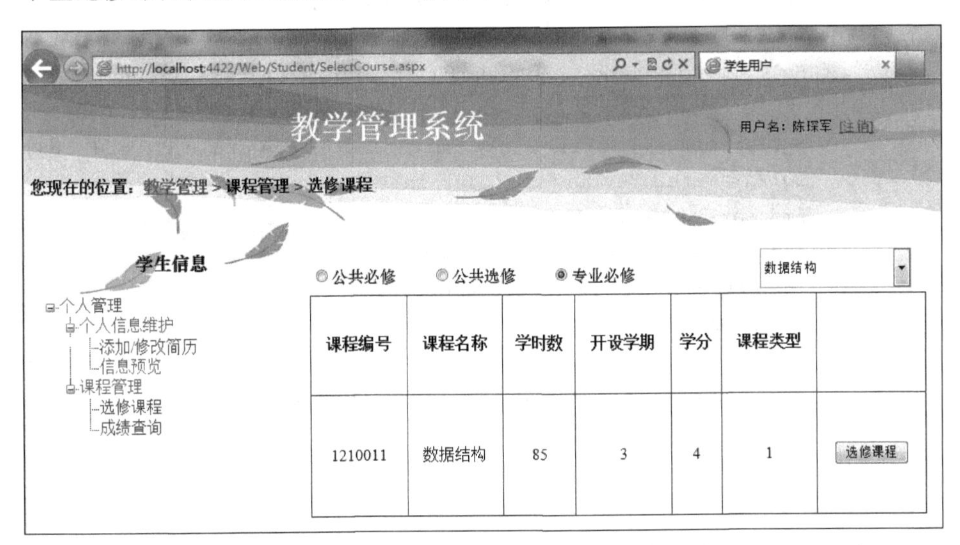

图 12-23 学生选修课程执行页面

为实现选修课程功能，可以在 SQL Server 中定义存储过程 InsertCourseScore，单击“选修课程”按钮时调用。

```
CREATE PROCEDURE InsertCourseScore
   @stu_id varchar(15),
     @cour_id varchar(15)
AS
BEGIN
  SET NOCOUNT ON;
```

```
  INSERT INTO course_score values(@stu_id,@cour_id,NULL)
END
```

"选修课程"按钮对应代码:

```
protected void GridView1_RowCommand(object sender, GridViewCommandEventArgs e)
    {
        //判断是否有学生用户登录
    if (Session["stuId"]==null)
        {
            Response.Redirect("Student.aspx");
        }
        else
        {
            UserDetails user=(UserDetails)Session["CurUser"];
            string stu_id=user.UserId1;
            string courname=DropDownList1.SelectedValue;
            Courses course=ManagerCourse.GetCourseByCourname(courname);
            string cour_id=course.Cour_id;
            SqlConnection conn=DBHelper.Connection;
    //调用存储过程 InsertCourseScore
            SqlCommand cmd=new SqlCommand("InsertCourseScore ", conn);
                                                    //调用存储过程 InsertCourseScore
            SqlParameter[] paras={ new SqlParameter("@stu_id", stu_id), new
            SqlParameter("@cour_id", cour_id) };
            cmd.Parameters.AddRange(paras);
            cmd.CommandType=CommandType.StoredProcedure;
            int effectCount=cmd.ExecuteNonQuery();
        if (effectCount==1)
            {
                Response.Write("<script>alert('选课成功!')</script>");
            }
        }
    }
```

选修课程成功后,会弹出图12-24页面。

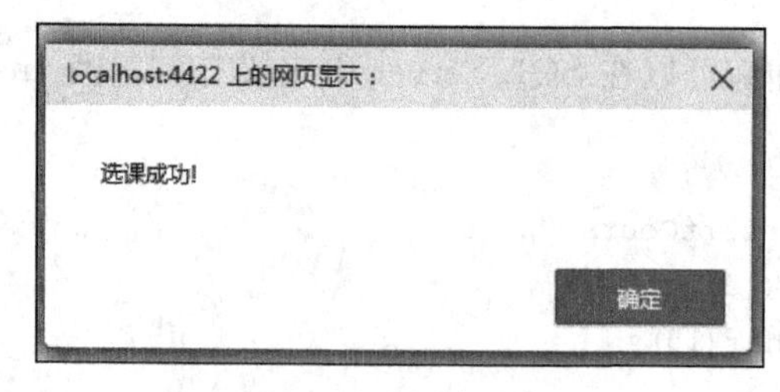

图12-24 选课成功

8. 成绩查询页面设计

实现成绩查询功能，在 SQL Server 中定义存储过程 SearchScore，存储过程代码如下：

```
CREATE PROCEDURE SearchScore
  @stu_id varchar(15)
AS
BEGIN
  SELECT courses.cour_name,courses.semester,courses.type,score
  FROM course_score,courses,students
WHERE students.stu_id=course_score.stu_id and course_score.cour_id=courses.
cour_id and students.stu_id=@stu_id
END
GO
```

成绩查询页面后台代码：

```
protected void Page_Load(object sender, EventArgs e)
    {
        if (Session["stuId"]==null)
        {
            Response.Redirect("Student.aspx");
        }
        else
        {
            UserDetails user=(UserDetails)Session["CurUser"];
            string stu_id=user.UserId1;
            SqlConnection conn=DBHelper.Connection;
                                                    //调用存储过程 SearchScore
            SqlCommand cmd=new SqlCommand("SearchScore ", conn);
            SqlParameter[] paras={ new SqlParameter("@stu_id", stu_id)};
            cmd.Parameters.AddRange(paras);
            cmd.CommandType=CommandType.StoredProcedure;
            SqlDataAdapter SelectAdapter=new SqlDataAdapter();
            SelectAdapter.SelectCommand=cmd;
            DataSet ds=new DataSet();
            SelectAdapter.Fill(ds, "ffc");
            SelectAdapter.Fill(ds);
            GridView1.DataSource=ds.Tables[0].DefaultView;
            GridView1.DataBind();
            GridView1.HeaderRow.Cells[0].Text="课程名";
            GridView1.HeaderRow.Cells[1].Text="开设学期";
            GridView1.HeaderRow.Cells[2].Text="课程类型";
            GridView1.HeaderRow.Cells[3].Text="分数";
```

```
            GridView1.AllowPaging=true;
            GridView1.AllowSorting=true;
            conn.Close();
        }
}
```

单击“成绩查询”，结果如图 12-25 所示。

http://localhost:4422/Web/Student/SearchScore.aspx 学生用户

教学管理系统 用户名：陈琛军 [注销]

您现在的位置：教学管理 > 课程管理 > 成绩查询

学生信息

个人管理
个人信息维护
添加/修改简历
信息预览
课程管理
选修课程
成绩查询

课程名	开设学期	课程类型	分数
大学语文	2	3	45
计算机专业英语	5	1	68
Delphi应用程序设计	5	1	63
操作系统	4	1	78
编译原理	5	1	60
马克思主义基本原理	3	2	80
中国近现代史纲要	4	2	90

图 12-25　成绩查询结果

到此为止，学生模块的功能已基本实现，此时解决方案管理器的文件结构如图 12-26 所示。其他模块的实现基本类似，读者可以自行完成。

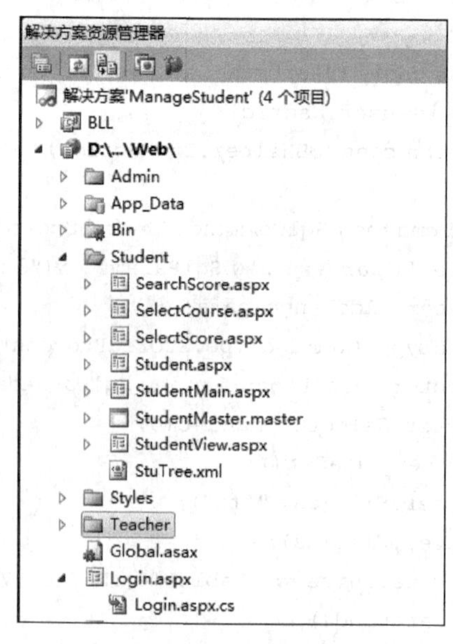

图 12-26　学生用户所涉及的文件

12.7 【实训项目】 图书借阅系统的开发

1. 实验目的

(1) 根据图书借阅系统的业务需求,进行数据库设计,并利用 SQL Server 2014 实现。

(2) 根据图书借阅系统的业务需求,以 VS 2010 作为开发工具,开发基于 SQL Server 2014 的数据库应用系统。

2. 实验内容

(1) 数据库应用系统的开发涉及如下内容。

① 系统功能设计。

② 数据库设计。

③ 页面设计。

④ 程序代码设计。

(2) 图书借阅系统应提供的主要功能如下。

① 对读者信息进行管理:读者信息的添加、修改、删除和查询。

② 对图书信息进行管理:图书信息的添加、修改、删除和查询。

③ 借还书进行管理,并可查询当前的借阅情况及借阅历史信息。

小结

本章介绍了数据库应用系统开发的相关知识,以教学管理系统为例,详细讲解了基于 SQL Server 2014 和 VS 2010 的数据库应用系统的详细开发过程。通过学习本章,读者应对 B/S 结构的数据库应用系统有一个详细的了解,并能学会如何通过 VS 2010+SQL Server 2014 开发数据库管理系统。

附录A　习题参考答案

A.1　第1章习题解答

1. **答**：人工管理阶段的特点：

(1) 数据不保存；

(2) 系统没有专用的软件对数据进行管理；

(3) 数据不共享；

(4) 数据不具有独立性。

文件系统阶段与人工管理阶段相比，文件系统阶段对数据的管理有了很大的进步，但一些根本性问题仍没有彻底解决，主要表现在以下三方面。

(1) 数据没有完全独立：虽然数据和程序分开，但是，文件系统中的数据文件是为了满足特定业务领域，或某部门的专门需要而设计的，服务于某一特定应用程序。这样，所设计的数据是针对某一特定程序，所以无论是修改数据文件和程序文件都要相互影响。

(2) 存在数据冗余：数据没有合理和规范的结构，使得数据的共享性极差，哪怕不同程序使用部分相同数据，也得要创建各自的数据文件，造成数据的重复存储。

(3) 数据不能集中管理：数据文件没有集中的管理机制，数据的安全性和完整性都不能保障。各数据之间、数据文件之间缺乏联系，给数据处理造成不便。

2. **答**：关系模型就是用二维表格结构来表示实体及实体之间联系的模型，关系模型包括四类完整性：域完整性、实体完整性、参照完整性和用户定义的完整性。

3. **答**：不等价。

4. **答**：E-R模型向关系模型的转换规则如下：

(1) 一个实体型转换为一个关系模式，实体的属性就是关系的属性，实体的码就是关系的码。

(2) 1∶1联系可以转换为一个独立的关系模式，也可以与任意一端对应的关系模式合并。如果转换为一个独立的模式，则与该联系相连的各实体的码及联系本身的属性均转换为关系的属性，每个实体的码均是该关系的候选键。

(3) 1∶n联系的转换有两种方式。一是将联系转换成一个独立的关系模式，关系模式的名称取联系的名称，关系模式的属性取该联系所关联的两个实体的码及联系的属性，关系的码是多方实体的码；另一方式是将联系归并到关联的两个实体的多方，给待归并的多方实体属性集中增加一方实体的码和该联系的属性即可，归并后的多方实体码保持不变。一般采用后一种方式。

(4) 3 个以上实体间的一个多元联系可以转换为一个独立的关系模式，与该联系相连的各实体的码及联系本身的属性均转换为关系的属性，而关系的码为各实体码的组合。

5. **答**：在 E-R 模型图中，实体用矩形框表示，实体的属性用椭圆表示，它们之间的联系用菱形框表示，在实体和联系之间用无向边连接起来，无向边带有“1”、“n”或“m”等值，用来表示联系的性质，即表示实体之间的联系是一对一、一对多或多对多等关系。联系也会有属性，用于描述联系的特征，如学生参加比赛的成绩等。

6. **答**：数据库设计的过程：

(1) 需求分析阶段

(2) 概念结构设计阶段

(3) 逻辑结构设计阶段

(4) 物理结构设计阶段

(5) 实施和维护阶段

7. **答**：因为关系模式至少是 1NF 关系，即不包含重复组，并且不存在嵌套结构，给出的数据集显然不可直接作为关系数据库中的关系，改造为 1NF 的关系如下：

系　名	课程名	教师名	系　名	课程名	教师名
计算机系	DB	李军	造船系	CAM	王华
计算机系	DB	刘强	自控系	CTY	张红
机械系	CAD	金山	自控系	CTY	曾键
机械系	CAD	宋海			

8. **答**：(1) 满足上述需求的 E-R 图如下图所示。

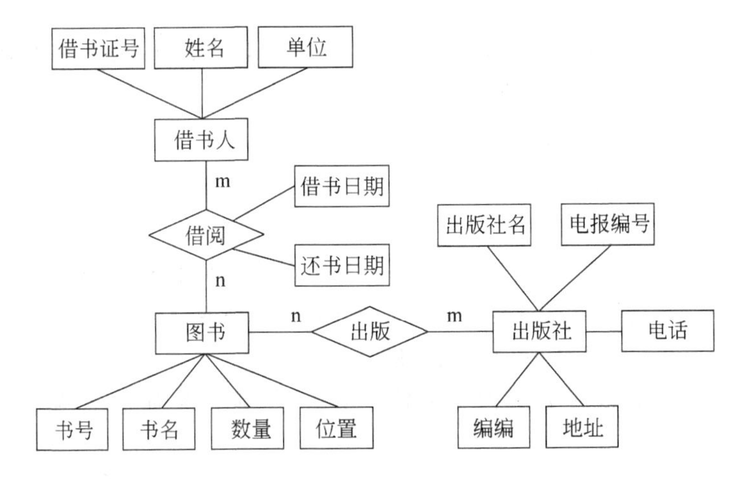

(2) 转换为等价的关系模型结构如下:

借书人(借书证号,姓名,单位)主键:借书证号

图书(书号,书名,数量,位置,出版社名)主键:书号,外键:出版社名

出版社(出版社名,电报,电话,邮编,地址)主键:出版社名

借阅(借书证号,书号,借书日期,还书日期)。主键:借书证号+书号

9. **答**:(1) E-R图如下图所示。

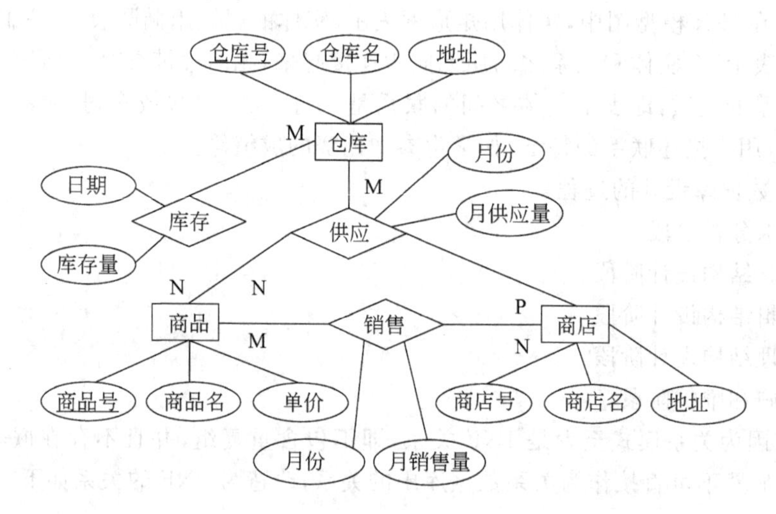

(2) 根据转换规则,上图可转换成6个关系模式:

仓库(仓库号,仓库名,地址)

商品(商品号,商品名,单价)

商店(商店号,商店名,地址)

库存(仓库号,商品号,日期,库存量)

销售(商店号,商品号,月份,月销售量)

供应(仓库号,商店号,商品号,月份,月供应量)

10. **答**:它为1NF。

因为该关系的候选关键字为(工程号,材料号),而非主属性(开工日期和完工日期)部分函数依赖于候选关键字的子集工程号,即:

(工程号,材料号)→p 开工日期

(工程号,材料号) →p 完工日期

所以它不是2NF。

它存在操作异常。如果工程项目确定后,若暂时未用到材料,则该工程的数据因缺少关键字的一部分(材料号)而不能进入到数据库中,出现插入异常。若某工程下马,则删去该工程的操作也可能丢失材料方面的信息。

将其中的部分函数依赖分解为一个独立的关系,则产生如下的两个2NF关系子模式:

R_1

工程号	材料号	数量	价格
P_1	I_1	4	250
P_1	I_2	6	300
P_1	I_3	15	180
P_2	I_1	6	250
P_2	I_4	18	350

R_2

工程号	开工日期	完工日期
P_1	9805	9902
P_2	9811	9812

分解后,新工程确定后,尽管还未用到材料,该工程数据可在关系 R_2 中插入。删除某工程数据时,仅对关系 R_2 操作,不会丢失材料方面的信息。

A.2　第2章习题解答

1. **答**:略

2. **答**:所谓实例就是虚拟的 SQL Server 2014 服务器,在同一台计算机上可以安装一个或多个单独的 SQL Server 2014 实例,每个实例就好比是一个单独的 SQL Server 2014 服务器,实例之间互不干扰。例如,如果有学生管理系统和教师管理系统两个应用程序,需要分别使用不同的 SQL Server 2014,可以在一台计算机上实装两个 SQL Server 2014 实例,各自管理学生教师和数据,两者不会相互影响。

3. **答**:SQL Server 有如下两种身份验证模式。

Windows 身份验证模式:该身份验证模式是在 SQL Server 中建立与 Windows 用户账户对应的登录账号,在登录 Windows 后,登录 SQL Server 就不用再一次输入用户名和密码了。

混合模式(Windows 身份验证和 SQL Server 身份验证):该身份验证模式就是在 SQL Server 中建立专门的账户和密码,这些账户和密码与 Windows 登录无关。在登录 Windows 后,登录 SQL Server 还需要输入用户名和密码。

4. **答**:安装有 SQL Server 服务器组件的计算机就是 SQL Server 服务器。安装有 SQL Server 客户机组件的计算机就是 SQL Server 客户机。

5. **答**:SQL Server 管理控制平台是为 SQL Server 数据库的管理员和开发人员提供的图形化、集成了丰富开发环境的管理工具,它包括各种数据库对象的创建和管理、数据查询和分析等功能。

6. **答**:SQL Server 配置工具用于管理与 SQL Server 相关联的服务,配置 SQL Server 使用的网络协议,以及从 SQL Server 客户端计算机管理网络连接配置。

7. **答**:第 1 个阶段是身份验证,验证用户是否具有"连接权";第 2 个阶段是数据库的访问权,验证连接到服务器实例的用户,即已登录到服务器实例的用户,是否具有"访问权"。

8. **答**:先用 Windows 身份验证的方式登录,然后在对象资源管理器中单击"数据库”→“安全性”→“登录名”→sa，右击，选择“属性”，修改密码后，单击“确定”就可以了。

9. **答**：打开“程序”→“所有程序”→Microsoft SQL Server 2014→“配置工具”→“SQL Server 配置管理器”，在弹出的窗体中，找到“SQL Server 2014 网络配置”，把 MSSQLServer 协议下的 Named Pipes 和 TCP/IP 启动，然后重新启动 Microsoft SQL Server 2014 就可以了。

A.3 第3章习题解答

1. **答**：SQL Server 2014 采用操作系统文件来存放数据库，数据库文件可分为主数据文件、次数据文件和事务日志文件共3类。

主数据文件：用于存放数据，它是所有数据库文件的起点（包含指向其他数据库文件的指针）。每个数据库都必须包含也只能包含一个主数据文件。主数据文件的默认扩展名为.mdf。

次数据文件：次数据文件也用来存放数据。一个数据库中，可以没有次数据文件，也可以拥有多个次数据文件。次数据文件的默认扩展名为.ndf。

事务日志文件：用于存放事务日志，事务日志记录了 SQL Server 所有的事务和由这些事务引起的数据库的变化，存放恢复数据库所需的所有信息。每个数据库至少有一个日志文件，也可以拥有多个日志文件。日志文件的默认扩展名为.ldf。

2. **答**：系统自动提供的4个系统数据库分别是 master 数据库、model 数据库、msdb 数据库、tempdb 数据库。作用略。

3. **答**：文件组就是把各个数据库文件组成一个组，对它们整体进行管理。通过设置文件组，可以有效地提高数据库的读写速度。例如，有3个数据文件分别存放在3个不同的物理驱动器上（D盘、E盘、F盘），将这3个文件组成一个文件组。在创建表时，可以指定将表创建在该文件组上，这样该表的数据就可以分布在3个盘上。当对该表执行查询操作时，可以并行操作，从而可大大提高查询效率。

SQL Server 2014 提供3种文件组类型，分别是主文件组、自定义文件组（user_defined）和默认文件组。

4. **答**：创建数据库：CREATE DATABASE 命令；查看数据库定义信息：EXEC sp_helpdb 命令；设置数据库选项：EXEC sp_dboption 命令；修改数据库结构：ALTER DATABASE 命令；删除数据库：DROP DATABASE 命令。

5. **答**：参考代码：

```
CREATE DATABASE libray
ON PRIMARY
( NAME='libraydat ',
  FILENAME='D:\sqllx\libray.mdf',
  SIZE=5MB,
  MAXSIZE=100MB,
  FILEGROWTH=2MB)
```

```
  LOG ON
( NAME='libray _log',
  FILENAME='D:\sqllx\libray.ldf',
  SIZE=3MB,
  MAXSIZE=28MB,
  FILEGROWTH=5MB
)
```

A.4 第4章习题解答

1. **答**：CREATE、ALTER 和 DROP。

2. **答**：优点：方便录入数据，可以让计算机为表中的记录按照要求自动地生成标识字段的值。

缺点：标识列值的形成是按照用户确定的初值和增量进行的，如果在经常进行删除操作的表中定义了标识列，那么在标识值之间就会产生不连续现象。如果要求不能出现这种不连续的值，那么就不能使用标识列属性。

3. **答**：在使用 T-SQL 语句向表中插入数据时要注意以下几点：

当向表中所有列都插入新数据时，可以省略列表名，但是必须保证 VALUES 后的各数据项位置同表定义时的顺序一致；要保证表定义时的非空列必须有值，即使这个非空列没有出现在插入语句中，也必须如此；插入字符型和日期型值时，要加入单引号；没有列出的数据类型应该具有以下属性之一：identity 属性、timestamp 数据类型、具有 NULL 属性或者有一个默认值。对于具有 identity 属性的列，其值由系统给出，用户不必往表中插入数据。

4. **答**：参考代码：

```
USE library
GO
CREATE TABLE sales
( salesid uniqueidentifier NOT NULL PRIMARY KEY,
  bookcode char(8) NOT NULL,
  price MONEY NOT NULL,
  num int NOT NULL DEFAULT 0 ,
  summoney AS price * num)
```

注：uniqueidentifier 数据类型是用于存储十六进制的数据；default 表示默认值，当不输入时以默认值添加；sumoney 是计算列，它的值由 price 和 num 列相乘所得。

5. **答**：参考代码：

(1) ALTER TABLE authors ADD sex char NULL,city nvarchar(20) NULL

(2) ALTER TABLE authors DROP column city

(3) ALTER TABLE authors ALTER column address nvarchar(500) NOT NULL

6. **答**：略

A.5 第5章习题解答

1. **答**：在数据库中，NULL 是一个特殊值，表示数值未知。NULL 不同于空字符或数字 0，也不同于零长度字符串。比较两个空值或将空值与任何其他数值相比均返回未知，这是因为每个空值均为未知。空值通常表示未知、不可用或以后添加数据。如果某个列上的空值属性为 NULL，表示接受空值；空值属性为 NOT NULL，表示拒绝空值。如果数值型列中存在 NULL，则在进行数据统计时就会产生不正确的结果。

2. **答**：在 SQL Server 2014 中，共提供了 4 个通配符。%：代表任意多个字符。_（下划线）：代表一个任意字符。[]：代表方括号内的任意一个字符。[^]：表示任意一个在方括号内没有的字符。

3. **答**：各子句的功能如下。DISTINCT：查询唯一结果。ORDER BY：使查询结果有序显示。GROUP BY：对查询结果进行分组。HAVING：筛选分组结果。

4. **答**：其执行顺序如下：

(1) 执行 WHERE 子句，从表中选取行。

(2) 由 GROUP BY 对选取的行进行分组。

(3) 执行聚合函数。

(4) 执行 HAVING 子句选取满足条件的分组。

5. **答**：连接查询是指以指定表中的某个列或某些列作为连接条件，从两个或更多的表中查询关联数据的查询。进行连接查询时应注意以下几点：基于主键和外键指定查询条件，连接条件可使用“主键＝外键”；如果一个表有复合关键字，在连接表时，必须引用整个关键字；应尽可能限制连接语句中表的数目，连接的表越多，查询处理的时间越长；对于连接表的两个列应有相同或类似的数据类型；不要使用空值作为连接条件，因为空值计算不会和其他任何值相等。

6. 答：内连接是从结果中删除与其他被连接表中没有匹配行的所有行，因此内连接可能会丢失信息。外连接会把内连接中删除原表中的一些行保留下来，保留哪些行由外连接的类型决定。

7. **答**：视图是一个由 SELECT 语句指定，用以检索数据库表中某些行或列数据的语句存储定义。从本质上说，视图其实是一种 SQL 查询。

优点：视图能简化用户的操作；视图机制可以使用户以不同的方式查询同一数据；视图对数据库重构提供了一定程度的逻辑独立性；视图可以对机密的数据提供安全保护。

缺点：降低性能，通过视图查询起来需要花费时间；视图是只读的，更新时需要更新原表，对用户来说很麻烦。

8. CREATE VIEW 语句，ALTER VIEW 语句，DROP VIEW 语句。SELECT 语句。sp_helptext 存储过程，EXEC sp_helptext 存储过程，EXEC sp_ depends 存储过程。

9. **答**：视图是虚表，它在存储时只存储视图的定义，而没有存储对应的数据。视图通过定义从基表中搜集数据，并展现给用户。数据存储在对应的数据表中。

10. **答**：略。

11. WITHCHECK OPTION。

12. **答**：参考代码：

(1) SELECT xs. xh，xm，kch，cj FROM xs，xs_kc WHERE xs. xh=xs_kc. xh。

(2) SELECT xs. xh，xm，kch，cj FROM xs JOIN xs_kc on xs. xh=xs_kc. xh。

A.6 第6章习题解答

1. **答**：索引是对数据库表中一个或多个字段的值进行排序而创建的一种分散存储结构。索引是一个单独的、物理的数据库结构，它是某个表中一列或若干列值的集合和相应的指向表中物理标识这些值的数据页的逻辑指针清单。索引是依赖于表建立的，它提供了数据库中编排表中数据的内部方法。使用索引有如下优点：

可以大大加快数据检索速度；通过创建唯一索引，可以保证数据记录的唯一性；在使用order by和group by子句检索数据时，可以显著减少查询中分组和排序的时间；使用索引在检索数据的过程中使用优化隐藏器，提高系统性能；可以加速表与表之间的连接。

2. **答**：按照存储结构划分，索引分为聚集索引和非聚集索引。

(1) 聚集索引：聚集索引对表在物理数据页中的数据排列进行排序，然后重新存储到磁盘上，表中的数据行只能以一种方式存储在磁盘上，故一个表只能有一个聚集索引。创建任何非聚集索引之前必须创建聚集索引。

(2) 非聚集索引：非聚集索引具有完全独立于数据行的结构，使用非聚集索引不会影响数据表中记录的实际存储顺序。

3. **答**：创建索引时，可以指定每列的数据是按升序还是降序存储。如果不指定，则默认为升序。另外，CREATE TABLE、CREATE INDEX和ALTER TABLE语句的语法在索引中的各列上支持关键字ASC(升序)和DESC(降序)。例如：

```
CREATE TABLE ObjTable   --创建表 ObjTable
( ObjID int PRIMARY KEY,
  ObjName char(10),
  ObjWeight decimal(9,3)
)
CREATE NONCLUSTERED INDEX DescIdx ON --创建索引 DescIdx
          ObjTable(ObjName ASC, ObjWeight DESC)
```

非聚集索引DescIdx以ObjName列升序、ObjWeight列降序进行索引。

4. **答**：删除索引时，表不会删除。

5. **答**：利用Sp_helpindex表名。

6. **答**：FILLFACTOR的物理含义是指定在SQL Server创建索引的过程中，各索引页的填满程度。将一个非只读表的FILLFACTOR设为合适的值时，当系统向表中插入或更新数据时，SQL Server不需要花时间拆分该索引页。对于更新频繁的表，系统可以获得更好的更新性能。一个只读表的FILLFACTOR应设为100%。

7. **答**：自动创建聚集索引和唯一索引。

A.7 第7章习题解答

1. **答**：事务(Transaction)是用户定义的一个数据库操作序列，是一个不可分割的工作单位。要么所有的操作都顺序完成，要么一个也不要做，绝不能只完成了部分操作，还有一些操作没有完成。事务取消用ROLLBACK语句。

事务需要用户根据实际业务规则定义，有一定的难度，但其原理比较简单。举例说，如果我们正在使用UPDATE语句同时对学生表、成绩表中的学号"20030001"改为"20040001"。这个任务需要两条UPDATE语句组成，即：

```
UPDATE 学生表 SET 学号='20040001' WHERE 学号='20030001'
UPDATE 成绩表 SET 学号='20040001' WHERE 学号='20030001'
```

如果在执行完第一个语句后，计算机突然断电，而第二条语句还没来得及执行，数据出现了不一致怎么办？这时候就需要用到SQL的事务控制功能了。

如果使用了SQL Server的事务控制机制，以上两个问题均可获得很好的解决。在使用事务的情况下，SQL Server可以保证，要么所有的记录全部处理，要么一行也不处理。如果修改了全部记录的一半时服务器出错了，SQL Server会返回到以前未执行UPDATE操作前的位置，清除它已经修改过的数据，这就是事务处理的作用。

2. **答**：事务作为一个逻辑工作单元有4个属性，分别是原子性、一致性、隔离性和持久性。SQL Server 2014有以下3种事务模式。

(1) 自动提交事务。这是SQL Server 2014的默认模式。每个单独的SQL语句都是一个事务，并在其完成后提交。不必指定任何语句控制事务。

(2) 显式事务。每个事务均以BEGIN TRANSACTION语句显式开始，以COMMIT或ROLLBACK语句显式结束。

(3) 隐性事务。通过API函数或Transact-SQL的SET IMPLICIT_TRANSACTIONS ON语句，将隐性事务模式设置为打开。这样在前一个事务结束时新事务隐式启动，但每个事务仍以COMMIT或ROLLBACK语句显式结束。

3. **答**：锁是防止其他事务访问指定的资源的手段，也是实现并发控制的主要方法，是多个用户能够同时操纵同一个数据库中的数据而不发生数据不一致现象的重要保障。

在事务和锁的使用过程中，死锁是一个不可避免的现象。对数据库的修改由一个事务组成，此事务读取记录，获取资源的共享锁，如果要修改记录行，需要转换成排它锁。如果两个事务获得了资源上的共享锁，然后试图同时更新数据，都要求加排它锁，就会发生两个事务互相等待对方释放共享锁的情况，这种现象称为死锁，如果不加干预，死锁中的两个事务都将无限期等待下去。

4. 答：参考代码：

```
USE jxgl
DECLARE @i INT
BEGIN TRANSACTION
INSERT INTO departments (dept_id,dept_name,dept_dean)
VALUES('d010','生物系','王凯')
IF @@ERROR=0
BEGIN
    SELECT @i=COUNT(*) FROM departments where dept_name='生物系'
IF @i=1
PRINT '添加成功'
COMMIT TRANSACTION
END
ELSE
BEGIN
ROLLBACK TRANSACTION
    PRINT '添加失败'
END
```

5. 答：参考代码：

```
BEGIN TRANSACTION TRAC1
UPDATE students SET stu_ID='200712110111' WHERE stu_ID='200712110110 '
UPDATE course_score SET stu_ID='200712110111 ' WHERE stu_ID='200712110110 '
    IF(@@Error=0)
      COMMIT TRANSACTION TRAC1
    ELSE
      ROLLBACK TRANSACTION TRAC1
END
```

6. 答：C
7. 答：A

A.8 第8章习题解答

1. SELECT(ABS(－5.5)＋SQRT(9) * SQUARE(2))
结果 17.5

```
SELECT(ROUND(456.789,2)-ROUND(345.678,-2))
```

结果 156.790

```
SELECT(SUBSTRING(REPLACE('北京大学','北京','清华'),3,2))
```

结果“大学”

2. SELECT count(*) as '人数' from students group by stu_sex

3. **答**:全局变量以两个@@字符开头,由系统定义和维护。

SQL Server 使用全局变量来记录 SQL Server 服务器的活动状态。全局变量的作用范围不仅仅局限于某一个程序,它们可以在整个 SQL Server 系统内使用,任何程序都可以随时调用它。全局变量中通常存储的是一些 SQL Server 的配置设定值和统计数据。用户可以在程序中使用全局变量来测试系统的设定值或 Transact-SQL 命令执行后的状态值。

4. 参考代码:

```
USE jxgl
Go
SELECT stu_ID, score,Grade=
CASE
WHEN score>=90 THEN 'A'
WHEN score>=80 AND score<90 THEN 'B'
WHEN score>=70 AND score<80 THEN 'C'
WHEN score>=60 AND score<70 THEN 'D'
ELSE 'E'
END FROM course_score
GO
```

5. 参考代码:

```
USE jxgl
Go
WHILE (SELECT avg(score) FROM course_score1)<80
  BEGIN
UPDATE course_score1
SET score=score*1.05
IF (SELECT avg(score) FROM course_score1)<95
BREAK
ELSE
CONTINUE
END
GO
```

6. 参考代码:

```
DECLARE @i INT
DECLARE @id CHAR(20),@name CHAR(20),@sex CHAR(4),@birth datetime
DECLARE stu_CURSOR cursor for SELECT stu_ID,stu_name,stu_sex,stu_birth from
students where stu_sex='男'
OPEN stu_CURSOR
SELECT @i=count(*) from students where stu_sex='男'
WHILE @@FETCH_status=0 and @i>1
```

```
BEGIN
    FETCH next from stu_CURSOR INTO @id,@name,@sex,@birth
    SET @i=@i-1
  PRINT @name++rtrim(@id) +@sex+CONVERT(VARCHAR,@birth,1)
END
CLOSE stu_CURSOR
DEALLOCATE stu_CURSOR
```

7. 参考代码：

```
DECLARE @i INT
DECLARE @id CHAR(20),@name CHAR(20),@birth datetime,@sex char(4)
DECLARE stu_CURSOR cursor for SELECT stu_ID, stu_name, stu_birth from students
where stu_sex='男' and left(stu_name,1)='郭' for Update of stu_birth
OPEN stu_CURSOR
FETCH next from stu_CURSOR INTO @id,@name,@birth
PRINT '修改前'+@name+'的出生日期为'+CONVERT(VARCHAR,@birth,1)
UPDATE students SET stu_birth=dateadd(yy,1,stu_birth)
PRINT '修改后'+@name+'的出生日期为'+CONVERT(VARCHAR,@birth,1)
CLOSE stu_CURSOR
DEALLOCATE stu_CURSOR
```

8. 参考代码：

```
Declare @i int
Declare @asum int
BEGIN
  SET @i=2
  SET @asum=0
  while @i<=500
    BEGIN
    SET @asum=@i+@asum
    SET @i=@i+1
END
SELECT @asum
END
```

9. 参考代码：

```
Declare @x smallint,@y smallint,@nums smallint
SET @x=0
SET @y=1
SET @nums=0
while (@y<=100)
    BEGIN
    IF(@y%3=0)
        BEGIN
```

```
        SET @x=@x+@y
        SET @nums=@nums+1
        END
    SET @y=@y+1
    END
PRINT str(@x)+','+str(@nums)
```

A.9 第9章习题解答

1. A　2. A　3. C　4. (1) √　(2) √　(3) √

5. 参考代码如下：

(1)

```
USE 学生选课
GO
CREATE PROCEDURE up_getxsinfo
@xm varchar(10)
AS
BEGIN
SELECT xs.姓名,kc.课程名,xk.分数 FROM 学生基本信息表 AS xs,选课表 AS xk,课程表 AS kc
WHERE xs.姓名= @ xm AND xs.学号= xk.学号 AND xk.课程号= kc.课程号
END
--调用该存储过程：
EXEC up_getxsinfo @xm='陈小明'
```

(2)

```
USE 学生选课
GO
CREATE PROCEDURE up_getkcinfo
@kcm varchar(10),
@xxrs float output,
@pjf float output
AS
BEGIN
SELECT @xxrs=count(*) FROM 选课表 WHERE 课程号 IN ( SELECT 课程号 FROM 课程表
WHERE 课程名=@kcm)
SELECT @pjf=avg(分数) FROM 选课表 WHERE 课程号 IN (SELECT 课程号 FROM 课程表 WHERE
课程名=@kcm)
END
--调用该存储过程：
DECLARE @rs float
DECLARE @fs float
EXEC up_getkcinfo @kcm='数据库原理',@rs=@xxrs out,@fs=@pjf out
```

```
PRINT '数据库原理的选修人数：'+convert(varchar(5),@rs)
PRINT '数据库原理的平均分数：'+convert(varchar(5),@fs)
```

6. 参考代码：

(1)

```
USE factory
GO
CREATE PROCEDURE addworker
    @no int=NULL,
    @name char(10)=NULL,
    @sex char(2)=NULL,
    @birthday datetime=NULL,
    @na char(2)=NULL,
    @wtime datetime=NULL,
    @depno int=NULL
AS
IF @no IS NULL OR @name IS NULL OR @sex IS NULL OR
    @birthday IS NULL OR @depno IS NULL
BEGIN
  PRINT '请重新输入该职工信息！'
  PRINT '你必须提供职工号、姓名、性别、出生日期、部门号'
  RETURN
END
BEGIN TRANSACTION
  INSERT INTO worker
            VALUES(@no,@name,@sex,@birthday,@na,@wtime,@depno)
  IF @@error<>0
  BEGIN
     ROLLBACK TRAN
     RETURN
  END
COMMIT TRANSACTION
PRINT '职工'+@name+'的信息成功添加到表 worker 中'
```

执行下列语句，可验证存储过程的正确性：

```
USE factory
GO
addworker 20,'陈立','女','55/03/08','否','75/10/10',4
GO
```

(2)

```
USE factory
GO
```

```
CREATE PROCEDURE delworker
  @no int=NULL
AS
IF @no IS NULL
BEGIN
  PRINT '必须输入职工号!'
  RETURN
END
BEGIN TRANSACTION
  DELETE FROM worker WHERE 职工号=@no
  IF @@error<>0
  BEGIN
     ROLLBACK TRAN
     RETURN
  END
COMMIT TRANSACTION
PRINT '成功删除职工号为'+CAST(@no AS CHAR(2))+'的职工记录'
```

执行下列语句,可验证存储过程的正确性:

```
USE factory
GO
delworker 20
GO
```

(3)

```
USE factory
GO
EXEC sp_helptext delworker
GO
```

(4)

```
USE factory
GO
IF EXISTS (SELECT name FROM sysobjects
        WHERE name='addworker' AND type='P')
    DROP PROCEDURE addworker
GO
IF EXISTS (SELECT name FROM sysobjectsWHERE name='delworker' AND type='P')
    DROP PROCEDURE delworker
GO
```

7. **答**:存储过程是一系列预先编辑好的、能实现特定数据操作功能的 SQL 代码集,它与特定的数据库相关联,存储在 SQL Server 服务器上。用户可以像使用函数一样重复调用这些存储过程,实现它所定义的操作。

存储过程分为：系统存储过程、用户定义的存储过程、临时存储过程、远程存储过程和扩展存储过程。使用存储过程有如下好处。

(1) 存储过程提供了处理复杂任务的能力。存储过程提供了许多标准 SQL 所没有的高级特性，通过传递参数和执行逻辑表达式，能够处理复杂任务。

(2) 增强代码的重用性和共享性。每一个存储过程可以在系统中重复地调用，可以被多个有访问权限的用户访问。存储过程可以增强代码的重用性和共享性，加快应用系统的开发速度，提高开发的质量和效率。

(3) 减少网络数据流量。存储过程是存放在服务器中并在服务器上运行的，应用系统调用存储过程时只有触发执行存储过程的命令和执行结束返回的结果在网络中传输。所以，使用存储过程可以减少网络中的数据流量。

(4) 加快系统运行速度。第一次执行后的存储过程会驻留在内存中，以后可以直接运行，从而加快应用系统的处理速度。

(5) 加强系统安全性。SQL Server 可以不授予用户某些表、视图的访问权限，但授予用户执行存储过程的权限，通过存储过程来对这些表或视图进行访问操作，从而保证表中数据的安全性。

8. **答**：修改存储过程有两种方法：一种方法是把旧的存储过程删除，然后再重新建立该存储过程；另一种方法是用单个的步骤更改该存储过程。使用前一种方法修改存储过程，所有与该存储过程相关联的权限都将丢失。而使用后一种方法可以更改过程或参数定义，但为该存储过程定义的权限将保留。所以要修改一个存储过程但又不希望影响现有的权限时可使用后一种方法，使用的语句为 ALTER PROCEDURE。

A.10　第10章习题解答

1. A　　2. B　　3. (1) √　　(2) √

4. **答**：数据完整性是指数据的正确性、完备性和一致性，是衡量数据库质量好坏的重要标准。如果数据库不实施数据完整性，在用 INSERT、DELETE、UPDATE 语句修改数据库内容时，数据的完整性可能会遭到破坏，就可能会存在下列情况：无效的数据被添加到数据库的表中，如将学生考试成绩输入成负数；对数据库的修改不一致，如在一个表中修改了某学生的学号，但该学生的学号在另外一个表中却没有得到修改；将存在的数据修改为无效的数据，如将某学生的班号修改为并不存在的班级号。

5. **答**：数据完整性分为以下 3 类。

(1) 域完整性：指一个列的输入有效性，是否允许为空值。强制域完整性的方法有：限制类型(通过设定列的数据类型)、格式(通过 CHECK 约束和规则)或可能值的范围(通过 FOREIGN KEY 约束、CHECK 约束、DEFAULT 定义、NOT NULL 定义和规则)。如：学生的考试成绩必须在 0～100 之间，性别只能是“男”或“女”。

(2) 实体完整性：指保证表中所有的行唯一。实体完整性要求表中的所有行都有一个唯一标识符。这个唯一标识符可能是一列，也可能是几列的组合，称为主键。也就是说，表中的主键在所有行上必须取唯一值。强制实体完整性的方法有：索引、UNIQUE

约束、PRIMARY KEY 约束或 IDENTITY 属性。如：student 表中 sno(学号)的取值必须唯一，它唯一标识了相应记录所代表的学生，学号重复是非法的。学生的姓名不能作为主键，因为完全可能存在两个学生同名同姓的情况。

(3) 参照完整性：指保证主关键字(被引用表)和外部关键字(引用表)之间的参照关系。它涉及两个或两个以上表数据的一致性维护。外键值将引用表中包含此外键的记录和被引用表中主键与外键相匹配的记录关联起来。在输入、更改或删除记录时，参照完整性保持表之间已定义的关系，确保键值在所有表中一致。这样的一致性要求确保不会引用不存在的值，如果键值更改了，那么在整个数据库中，对该键值的所有引用要进行一致的更改。参照完整性是基于外键与主键之间的关系。例如学生学习课程的课程号必须是有效的课程号，score 表(成绩表)的外键 cno(课程号)将参考 course 表(课程表)中主键 cno(课程号)以实现数据完整性。

域完整性、实体完整性及参照完整性分别在列、行、表上实施。数据完整性任何时候都可以实施，但对已有数据的表实施数据完整性时，系统要先检查表中的数据是否满足所实施的完整性，只有表中的数据满足了所实施的完整性，数据完整性才能实施成功。

6. **答**：触发器是一种实施复杂数据完整性的特殊存储过程，在对表或视图执行 UPDATE、INSERT 或 DELETE 语句时自动触发执行，以防止对数据进行不正确、未授权或不一致的修改。触发器主要用于保持数据完整性、检查数据有效性、实现数据库管理任务和一些附加的功能。

7. **答**：触发器分为 DML 和 DDL 触发器。

DML 触发器：在执行数据操纵语言事件时被调用的触发器。其中数据操纵语言事件包括：INSERT、UPDATE 和 DELETE 语句。触发器中可以包含复杂的 T-SQL 语句，触发器整体被看作一个事务，可以进行回滚。

DDL 触发器：它也是一种特殊的存储过程，由相应的事件触发后执行。与 DML 不同的是，它相应的触发事件是由数据定义语言引起的事件，包括 CREATE、ALTER 和 DROP 语句。DDL 触发器用于执行数据库管理任务，如调节和审计数据库运转。DDL 触发器在触发事件发生后才会调用执行，即它只能是 AFTER 类型的。

8. **答**：两者的区别如下：

AFTER 触发器：在执行 INSERT、UPDATE 或 DELETE 语句操作之后执行 AFTER 触发器。指定 AFTER 与指定 FOR 相同，它是 SQL Server 早期版本中唯一可用的选项。AFTER 触发器只能在表上指定。一个表可以有多个 AFTER 触发器。

INSTEAD OF 触发器：执行 INSTEAD OF 触发器代替通常的触发动作。还可为带有一个或多个基表的视图定义 INSTEAD OF 触发器，而这些触发器能够扩展视图可支持的更新类型。一个表只能具有一个给定类型的 INSTEAD OF 触发器。

9. **答**：参考代码：

(1)

```
USE factory
GO
```

```
ALTER TABLE worker
    ADD CONSTRAINT default_sex DEFAULT '男' FOR 性别
GO
```

(2)

```
USE factory
GO
ALTER TABLE salary
    ADD CONSTRAINT check_salary CHECK(工资>0 AND 工资<9999)
GO
```

(3)

```
USE factory
GO
ALTER TABLE depart
    ADD CONSTRAINT unique_depart UNIQUE NONCLUSTERED(部门号)
GO
EXEC sp_helpindex depart --显示 depart 表上的索引
GO
```

(4)

```
USE factory
GO
ALTER TABLE worker
    ADD CONSTRAINT FK_worker_no
     FOREIGN KEY(部门号)
     REFERENCES depart(部门号)
GO
```

(5)

```
USE factory
GO
CREATE RULE sex AS @性别='男' OR @性别='女'
GO
EXEC sp_bindrule 'sex','worker.性别'
GO
```

(6)

```
USE factory
GO
ALTER TABLE worker
DROP CONSTRAINT default_sex
GO
```

(7)

```
USE factory
GO
ALTER TABLE salary
DROP CONSTRAINT check_salary
GO
```

(8)

```
USE factory
GO
ALTER TABLE depart
DROP CONSTRAINT unique_depart
GO
```

(9)

```
USE factory
GO
ALTER TABLE worker
DROP CONSTRAINT FK_worker_no
GO
```

(10)

```
USE factory
GO
EXEC sp_unbindrule 'worker.性别'
GO
DROP RULE sex
GO
```

10. 答：参考代码：

```
CREATE TRIGGER tr_UPDATEclassno
ON class
FOR UPDATE
AS
Declare @oldclassno char(10)
Declare @newclassno char(10)
BEGIN
IF UPDATE(classno)
BEGIN
  SELECT @oldclassno=classno from deleted
SELECT @newclassno=classno from inserted
UPDATE stuent SET classno=@newclassno WHERE classno=@oldclassno
END
```

```
END
```

11. 答：参考代码：

(1)

```
USE factory
GO
IF EXISTS (SELECT name FROM sysobjects
    WHERE type='TR' AND name='depart_UPDATE')
    DROP TRIGGER depart_UPDATE
GO
CREATE TRIGGER depart_UPDATE ON depart
    FOR UPDATE
     AS
        DECLARE @olddepno int,@newdepno int
        SELECT @olddepno=部门号 FROM deleted
        SELECT @newdepno=部门号 FROM inserted
UPDATE worker
SET 部门号=@newdepno
WHERE 部门号=@olddepno
GO
```

(2)

```
USE factory
GO
IF EXISTS (SELECT name FROM sysobjects
    WHERE type='TR' AND name='worker_DELETE')
    DROP TRIGGER worker_DELETE
GO
CREATE TRIGGER worker_DELETE ON worker
    FOR DELETE
     AS
        DECLARE @no int
        SELECT @no=职工号 FROM DELETED
DELETE FROM salary
WHERE 职工号=@no
GO
```

(3)

```
USE factory
GO
DROP TRIGGER depart_UPDATE
GO
```

(4)

```
USE factory
GO
DROP TRIGGER worker_DELETE
GO
```

A.11 第 11 章习题解答

1. A B　2. A　3. 略　4. 略　5. 略　6. 略　7. 略

参考文献

[1] 姚丽娟,曲文尧,张宗国,等.基于 SQL Server 2008 的数据库技术项目教程[M].北京：清华大学出版社,2014.

[2] 刘俊强. SQL Server 2008 入门与提高[M].北京：清华大学出版社,2014.

[3] 顾兵.数据库技术与应用(SQL Server)[M].北京：清华大学出版社,2010.

[4] 祝红涛,王伟平. SQL Server 2008 从基础到应用[M].北京：清华大学出版社,2014.

[5] 刘亚姝,刘小松,乔俊玲.数据库技术与应用开发教程(SQL Server 2008 版)[M]. 北京：清华大学出版社,2013.

[6] 郑阿奇. SQL Server 实用教程：SQL Server 2014 版[M]. 北京：电子工业出版社,2015.

[7] Adam Jorgensen,Bradley Ball,Steven Wort,Ross LoForte,Brian Knight 著.宋沄剑,高继伟译. SQL Server 2014 管理最佳实践(第 3 版)[M].北京：清华大学出版社,2015.

[8] SQL Server 死锁总结.(EB/OL). http://www.kuqin.com/database/20081115/27093.html,2008.

[9] 姜桂洪,孙福振,曹雁锋. SQL Server 2008 数据库应用与开发[M].北京：清华大学出版社,2015.